教育部科学技术委员会战略研究重大专项

Key Projects on Strategic Studies

U0731756

科技人力资源能力建设研究

Research on the Capacity Building of
Human Resources in Science and Technology

孔寒冰　陈劲 等　著

中国人民大学出版社
·北京·

专项课题组成员名单

项目负责人： 陈 劲 孔寒冰（执行）

课题组成员（按姓氏拼音字母顺序）：

陈 劲 陈汉聪 范惠明 顾 征 黄扬杰

孔寒冰 李 文 刘继荣 刘小明 柳宏志

邱秧琼 石变梅 宋 扬 王沛民 吴 伟

项杨雪 余 晓 郑尧丽 郑忠伟 邹晓东

说明：本项目还利用了浙江大学科教发展战略研究中心已毕业研究生章敏、黄陈冲、蔡岚、韩勤硕士和王雁、张竞、朱学彦、沈漪文博士，以及朱凌博士的部分研究成果。

序

当今世界各国都在关注一种愈显重要的资源——科技人力资源，并在国家层面上出台涉及科技人力资源能力建设的国家战略规划，例如英国的"2004—2014年科学与创新投入框架计划"、欧盟的"竞争力和创新框架计划（2007—2013）"、美国的"美国竞争力计划"、日本的"创新25战略"等等。我国继2006年发布《国家中长期科学和技术发展规划纲要（2006—2020年）》后，今年又出台了《国家中长期人才发展规划纲要（2010—2020年）》和《国家中长期教育改革和发展规划纲要（2010—2020年）》，把科技人力资源的开发和能力建设再次推向高潮，为转变经济发展方式、调整优化经济结构、促进社会和谐进步，提供了强大的政策支撑与保障。开展中国特色的科技人力资源能力建设，必将进一步落实"科技兴国战略"和"人才强国战略"，实现我国由人口大国到人力资源大国的转变，并逐步实现向人力资源强国的迈进。

本专项研究聚焦于科技人力资源能力建设，及时而深刻地回答了相关的理论与实践问题。本研究从阐释和挖掘科技人力资源能力建设的意义出发，通过借鉴发达国家的一系列具体政策及其实施，为我国制定相关政策提供了参考。建设创新型国家至少需要关注三件事：一是解决本国的优先事项，包括经济竞争力、国家和国土安全、公共卫生和社会保障；二是应对全球性的挑战，包括能源、环境、人口、食品、卫生等在内的全球可持续发展问题，以及地区政治冲突；三是找到新的发展机遇和机会，包括新兴的技术、跨学科的活动，以及开发复杂的大规模系统。显而易见，借助科技人力资源开发，加速科学技术进步和关键技术开发，优先发展战略性新型产业，方能应对创新型国家建设中亟须解决的上述问题。

我国目前有本科学士学位授予权的高校有700多所，美国有1 000多所；我国具有博士学位授予权的高校已超过310所，美国只有253所；我国每年授予博士人数超过5万人，已达到与美国博士学位授予量相当的水平。但在培养质量

1

上，中美两国差距巨大。对 2000—2007 年世界 39 个国家人力资本对经济增长贡献率的调查结果表明：排在第一位的美国为 64.5%，而我国仅有 15.5%。

我国科技人力资源能力建设相对落后的深层次原因，主要是缺少顶层设计、结构性失衡严重。目前，我国高等教育体系存在种种结构不合理现象：首先是学科专业结构不合理，毕业生的短缺和过剩现象同时存在；其次是学位教育在区域结构上不合理，不同地区的高等教育发展不平衡；最后是学术性学位和专业学位结构不合理，注重职业能力培养的专业学位不足 25%。这种同时存在的结构性失调和人才相对过剩的严重问题，必须借助精心的顶层设计和系统筹划方有解决的可能。

那么，如何开发高素质创新型科技人力资源？其能力建设的重点应体现在哪些方面？该专项研究亦从系统构思、学科设置、课程体系、培养途径等多个方面提供了相应的范例和建议。该研究还设计了科技人力资源能力建设的行动计划，阐述了行动方案的设计思想，提出了行动方案的若干政策要点，最后给出了九项建议，包括坚持多样化人才培养目标、试验与探索新的创新创业教育模式、重视学科会聚与跨学科创新平台建设，以及选择系统再造、产学合作、国际合作、大学联盟、虚拟平台等发展战略与举措，等等。

可以说，该专项研究从一定程度上探讨论证了科技人力资源能力建设的必要性和可行性，为今后具体制定和落实我国科技人力资源战略规划提供了初步思路，对培养我国高素质创新型科技人力资源、提升科技人力资源的能力有一定的借鉴意义。

教育部战略研究基地浙江大学科教发展战略研究中心承担了该专项研究。在研究过程中，课题组的多位老师、博士后、博士和硕士研究生参与了工作，教育部科技委的许多专家也对该成果的编撰及出版提供了宝贵意见，我们在此表示深深的感谢。同时，我们也希望该成果的出版，能够对我国高等学校整合育人和科研活动产生一定影响，对我国科技人力资源的能力建设和创新型国家的全面建设起到积极的作用。

教育部科学技术委员会主任

2010 年 11 月

研究概要

　　2006 年新年伊始，在党中央、国务院召开的有重大历史意义的全国科学技术大会上颁布了《国家中长期科学和技术发展规划纲要（2006—2020 年)》。科技大会上，胡锦涛同志发表了《坚持走中国特色自主创新道路、为建设创新型国家而努力奋斗》的重要讲话，并把"科技人力资源能力建设"的历史使命明确地摆在全党全国人民的面前。时隔四年的 2010 年 6 月和 7 月，党和国家又分别正式颁布《国家中长期人才发展规划纲要（2010—2020 年)》和《国家中长期教育改革和发展规划纲要（2010—2020 年)》，把人力资源的开发和能力建设再次推向高潮。三个中长期发展规划必将带来中国发展的新契机，为转变经济发展方式、调整优化经济结构、促进社会和谐进步，提供强大的人才保障与支撑。它们的具体实施，将进一步落实"科技兴国战略"和"人才强国战略"，帮助我国实现由人口大国到人力资源大国的转变，并实现向人力资源强国的迈进。

　　本研究聚焦于科技人力资源的能力建设，因为在当今的科技文明时代，科技人力资源是最重要的一种人力资源。科技人力资源（human resources in science and technology，HRST）关系到一个国家能否提升自己的竞争力以蠹立于世界民族之林，关系到国家前途、民族兴衰。从理论上讲，科技人力资源是指实际从事或有潜力从事系统性科学和技术知识的产生、促进、传播和应用活动的人力资源。本项研究主要针对"有潜力从事"科技活动的那部分科技人力资源，确切指那些由各类高等学校在自然科学、工程技术、生命农医领域培养的本专科生和硕博士研究生。而本项研究中的"能力建设"，主要指开发这类优质科技人力资源所必需的体制政策、发展战略、组织架构、教育模式、质量标准的规划设计能力、实施能力和可持续发展的创新能力。

一、研究动因：科技人力资源能力建设的意义

在高等教育界，我们对人力资源及其开发尚未有产业界那般地关注，对科技人力资源及其能力建设更未有科技界那样的热情，还没有充分意识到该重大主题对创新型国家建设，对可持续创新能力提升和科技进步，对具体落实科教兴国、人才强国的国策，对大学深化改革、加速发展、多作贡献的深远影响和意义。在教育实践中，普遍存在对科技人力资源的严重认识不足，少数人沉溺于对普世价值和人文关怀的空洞鼓吹，甚至为拒绝科教兴国而对科学技术大肆攻讦。显然，今天完全有必要深入揭示与大力宣传科技人力资源能力建设的重大意义。这个意义至少表现在以下三个方面：

第一，加强 HRST 能力建设是建设创新型国家、提升国家竞争力的迫切需要。

加强科技人力资源能力建设，首先是建设创新型国家、提升国家竞争力的迫切需要。对中国而言如此，对其他发达国家而言亦是如此。

2004 年 7 月，英国贸工部、财政部、教育和技能部联合发布英国 "2004—2014 年科学与创新投入框架计划"，这是英国首次制定的中长期科技规划，随后每年发表该计划的进程报告。2008 年 8 月，英国创新、大学与技能部（DIUS，前 "教育与技能部"）又发布题为《创新国家》的白皮书。白皮书为英国提出的目标是 "使英国成为世界上管理创新企业或公共服务最优秀的国家"，并且 "通过投资人力资源和知识，发掘各个层次的人才，投资研究和知识开发，利用规则、公共采购和公共服务创建创新解决方案市场来实现这个目标"。

2005 年 4 月，欧盟委员会提出建议，要求制定一项欧洲的 "竞争力和创新框架计划（2007—2013）"。2006 年 1 月，欧盟又提出报告《创建一个创新型欧洲》，制定了一项创新欧洲的新的战略。2006 年 10 月，框架计划制定成功并获得批准，次年 1 月开始实施，预算总金额为 36.2 亿欧元。2010 年，欧盟又推出一项指引未来十年经济发展的 "欧盟 2020 战略"。这些战略计划和报告，均把加大教育投入、推动教育系统的改革和创新放在显著的战略重点地位。

2006 年 1 月 31 日，美国总统布什在其《国情咨文》中宣告了 "美国竞争力计划"，并于 2 月 2 日正式签署该计划且立即向公众发布。这项经费高达 1 360 亿

美元的庞大计划，是一个对美国未来竞争力产生重大影响的一揽子方案，它提出了美国的两个大目标：一是在创新方面引领世界，二是在人才和创造力方面引领世界。在金融风暴中的 2009 年 9 月，美国总统执行办公室、国家经济委员会和科技政策办公室联合发布了《美国创新战略：推动可持续增长和高质量就业》。总统奥巴马发表演讲，亲自阐释《美国创新战略：推动可持续增长和高质量就业》的核心内容。奥巴马政府的创新战略概括起来即三句话：一是强化创新要素，二是激励创新创业，三是催生重大突破。整个战略架构呈现为金字塔式的三层结构。底层是投资打造美国创新的基石，包括：恢复美国的基础研究的领先地位，催生新兴产业，增加就业岗位；培养具有新世纪知识和技能的下一代，建设一支世界一流的劳动大军；建设先进的物质基础设施；发展先进的信息技术生态系统。中间层是建设一个鼓励创业的有竞争力的市场，包括：促进出口；支持开放的资本市场；鼓励高增长和基于创新的创业；改善公共部门的创新能力和支持社区的创新。顶层是推动国家的若干优先项目取得突破，包括：发动一场清洁能源革命；支持先进运载技术；推动健康信息技术的突破；应对 21 世纪工程"大挑战"（Grand Challenges）。

2006 年 8 月，德国联邦政府史无前例地推出了它的第一个涵盖所有政策范围的"德国高技术战略"（High-Tech Strategy for Germany），以期发起新的"创意攻势"，持续加强创新力量，使德国在最重要的未来市场上位居世界前列。"德国高技术战略"包括五个方面：促进科学与产业之间的紧密合作、增加私人创新义务、有目的地扩散尖端技术、推动研究与发展的国际化以及人才培养。2008 年 10 月 2 日，全德教育界发表德累斯顿宣言：《借教育抢占先机——德国能力计划》。2009 年，德国联邦教育科学部发布《德国研究与创新》报告，积极响应德累斯顿宣言的各项动议，包括构建早期儿童教育、中小学校、培训和大学之间的接口，系统解决在从幼儿教育到继续教育的所有教育领域中培养具有高度能力的人才的问题；报告还对"德国高技术战略"的实施成果和未来展望作了描述，并对优秀人才和熟练技工的获得、科学政策的创新，以及国际化和欧洲研究区（ERA）的建设均作了详细的规划。

2006 年 9 月，日本安倍内阁以 2025 年为目标，着手研制日本"创造未来，向无限可能挑战"的政策路线；2007 年 6 月 1 日，安倍内阁正式审议通过了这项以创新立国的长期战略，即"创新 25 战略"。"创新 25 战略"以 2025 年为目标，制定了研究开发、社会体制改革、人才培养等方面的短期政策目标和中期政策目标，旨在把日本建设成为一个终身健康的社会、安全与安心的社会、人生丰富多彩的社会、为解决世界性课题作出贡献的社会以及向世界开放的社会。"创新25战略"给出的政策路线主要包括"社会体制改革战略"和"技术革新战略"两部分。日本政府的这个国家战略声明，要求政府的所有机构都必须遵循创新路线图，根据战略的特定目标来编制政府的预算；要求大幅增加教育经费并改革日本的大学，将公共经费更多地用于人力资源建设而不仅是物质基础设施的建设。"创新25战略"中提出的建议是提升日本创新能力的关键，尤其是将能源和环境作为经济发展的动力，以及要求大幅增加教育经费、改革日本的大学等。日本文部科学省随即在其2008年度的预算案中提出一系列新计划，希望通过增加对年轻科学家的资助经费、国际合作经费和教育经费等，全面实施政府的"创新25战略"。2009年日本又发布《科学技术白皮书》，以《知识创造·社会应用·人才培养》为题，具体部署相关的战略实施。

从官方正式提出创新和科技人力资源相关议题的时间来看，我国先于美国、德国和日本。在2006年的全国科学技术大会期间，我国颁布了《国家中长期科学和技术发展规划纲要（2006—2020年)》（以下简称《纲要》），同时发布中共中央、国务院《关于实施科技规划纲要，增强自主创新能力的决定》，对《纲要》进行了全面部署。为保证创新型国家建设目标的顺利实现，《纲要》从支持企业成为创新主体、深化科研机构改革、推进科技管理体制改革、全面推进中国特色国家创新体系建设等四个方面提出了一系列具体政策措施。

显而易见，作为创新时代国家发展的头等战略大事，现代国家在自己的创新型国家发展战略及实施中，莫不把人才和教育作为一种创新工具，并将其置于优先的战略地位。

第二，加强HRST能力建设是加速科技进步、打造国家可持续创新能力的迫切需要。

以上列举的创新型国家战略表明，国家创新战略的核心要素包括：通过研究产生的新知识，通过教育开发的科技人力资源、集聚的人力资本，精心打造的创新基础设施（组织机构、实验室、虚拟组织等各类平台）以及创新政策工具（税收、知识产权、研发投入等）。只有借助这些创新要素，一个创新型国家才能在以下兴衰攸关的三个方面有所作为：（1）解决本国的优先事项，包括经济竞争力、国家和国土安全、公共卫生和社会保障；（2）应对全球性的挑战，适应包括能源、环境、人口、食品、卫生等在内的全球可持续发展的需要，以及应对地区政治冲突；（3）找到新的发展机遇和机会，包括新兴的技术、跨学科的活动，以及开发复杂的大规模系统。把这些焦点问题归纳起来就是：借助科技人力资源加速科技进步，应对国家和民族发展所面临的种种新老问题。

解决这些问题的战略性关键技术并不是现成的，它们不仅是技术先进、处于科学前沿的，而且在现有学科《目录》或《指南》中难觅踪影；它们不仅是多学科的集成，而且是科学技术与经济、管理、公共政策的大跨度交叉。更为重要的是，这些关键技术必须由并非现成的强大的科技人力资源来支撑。然而，这类科技人才从何处来？正在从事前沿探索和研发活动的现有科技人才当然是其主力，但他们在数量上严重短缺且无后备。因此，加速这类科技人力资源的开发就是当务之急。从各国高等教育改革的经验看，创新的开发途径主要集中在设置新的跨学科教育计划、创办新的教育和研究组织，以及把大学的科研和育人活动加以整合集成上。这从上述一些国家的科技教育行政机关的组织创新亦可见一斑，如日本的文部科学省，德国的联邦教育和科学部，英国的创新、大学与技能部，以及俄罗斯的联邦教育和科学部，等等。

第三，加强 HRST 能力建设是重塑大学精神、落实科教兴国战略的迫切需要。

对于科技人力资源能力建设而言，高等院校是一个强大的阵地，是一支重要的方面军。这一方面是由大学培育人才的基本属性所决定的，一方面也是由大学在知识的生产、传播和应用方面的优势条件所决定的。所谓人学的精神，其实就是在特定环境背景下的大学功能发挥的态度和价值取向。尽管这种精神是在大学历史发展中淀积凝聚而成的，相对稳定，但它总应当发挥引领文化、创造未来的功用。抱残守缺、故步自封是一种取向，开拓创新、努力奋进是另外一种取向，反映着两种不同的大学精神风貌。从大学的传统讲，保守与革新相比总是占据上风的，大学对外部环境和需求的变化也并不总是自觉地积极应对。从历史上看，绝大多数大学的任何较大的变动都是由外力造成的，只有为数不多的学校能够洞察未来、顺应形势、引导潮流，开创新的时代风尚。19 世纪初第一次学术革命中研究型大学的问世，曾经被多少古典大学嗤之以鼻；20 世纪后期至今第二次学术革命中创业型大学的崛起，同样让许多老牌综合性大学不以为然。

对中国的大学来说，要把科教兴国落到实处，首要的可能并不是张扬国学精粹、增加人文修养，而是塑造新时代的大学精神。今天的时代是飞速发展与变革的时代，人类社会前进的速度高于有史以来任何时代的发展速度。只要不带偏见，人们都会承认现代文明的这种进步主要是由现代科学技术助动的社会生产力造成的。邓小平同志曾说："科学技术是第一生产力。"江泽民同志进一步指出："工程科技是第一生产力的一个最重要因素。"胡锦涛同志在 2006 年两院院士大会上也作了宣布和动员："抓紧并持之以恒地培养造就创新型科技人才……把培养造就创新型科技人才作为建设创新型国家的战略举措，加紧建设一支宏大的创新型科技人才队伍。"其实，发达国家自知识经济到来之后，就一直不断地加大科技人力资源开发的力度，励精图治、强化实力，夺取国际竞争力的制高点，并且具体制定出一系列方针大略和政策实施。人们从下列政策报告的标题即可见其主旨与声势：

- 《面对变化世界的工程教育》（美国工程教育协会，1994）；
- 《重建工程教育：聚焦变革》（美国国家自然科学基金会，1995）；
- 《工程教育：设计一个适配的系统》（美国国家研究委员会，1995）；
- 《科技人力资源（HRST）手册》（经济合作与发展组织，1995）；
- 《塑造未来：透视科学、数学、工程和技术的本科教育》（美国国家自然科学基金会，1996）；
- 《科学与工程的人力：挖掘美国潜力》（美国国家自然科学基金会，2003）；
- 《增加欧洲的科学技术人力资源报告》（欧盟委员会，2004）；
- 《科学与创新投资框架计划（2004—2014）》（英国贸工部、财政部和教育部联合报告，2004）；
- 《维护国家创新生态系统：保持美国强势的科学与工程能力报告》（美国总统科技顾问委员会，2004）；
- 《2020 的工程师：新世纪工程的愿景》（美国工程院和美国国家自然科学基金会，2004）；
- 《培养 2020 的工程师：为新世纪而改革工程教育》（美国工程院和美国国家自然科学基金会，2005）；
- 《搏击风暴：美国动员起来为着更加辉煌的未来》（美国学术院，2005）；
- 《21 世纪工程教育：工业的看法》（英国皇家工程院，2006）；

● 《美国的紧迫挑战：建设一个更加强大的基础》（美国国家科学委员会，2006）；

● 《国家行动计划：应对美国科学、技术、工程和数学教育系统的紧急需要》（美国国家科学委员会，2007）；

● 《努力推进工程教育》（美国国家科学委员会，2007）；

● 《培养 21 世纪的工程师》（英国皇家工程院，2007）；

● 《变革世界的工程：工程实践、研究和教育的未来之路》（密歇根大学，2008）；

● 《培养工程师：谋划工程的未来》（美国卡耐基教学促进基金会，2008）；

● 《研究与开发：美国在全球经济中竞争力的实质性基础》（美国国家科学委员会，2008）；

● 《再造欧洲的工程教育》（欧盟 E4 计划，2008）；

● 《K-12 教育中的工程教育：现状与改进》（美国工程院和国家研究委员会，2009）；

● 《推进教育与训练的里斯本目标：指标与基准》（欧盟委员会，2009）。

我国自 20 世纪 90 年代以来，在全球发展与竞争态势驱动下，陆续有过一些对相关对策的研究，例如：

● 《改革我国高等工程教育，增强我国国力和国际竞争力》（中国科学院，1994 报告）；

● 《我国工程教育改革与发展》（中国工程院，1998 报告）；

● 《培养未来的中国工程师》（浙江大学等六校，2001 报告）；

● 《面向创新型国家的工程教育改革研究》（教育部科学技术委员会，2006 报告）；

● 《创新型工程科技人才培养研究》（中国工程院，2006 启动，2009 报告）；

● 《科学与工程教育创新研究》（中国科学院，2007 启动，2009 报告）；

● 《我国工程科技人才成长若干重大问题研究》（中国工程院，2010 启动）。

这些咨询研究及其对策建议不乏真知灼见，但由于缺乏相应的宏观政策形成机制的支持，其结果仍旧落入"结题、评审、出版、报奖"的套路，很少进入高层决策的视野，更不要说形成国家的意志，也谈不上去影响教育界的相关实践。

21 世纪的人类已经处在信息时代，但很少人意识到自己还生活在一个创业的时代。这个时代既要求我们继承和发扬优良的传统，更要求我们去面对和开创美好的未来。很难设想，如果不塑造 21 世纪大学走出象牙塔的时代精神，如果不把创新创业作为现代大学的历史使命，如果不抓紧建设中国的科技人力资源能力，我们的素质教育、人文精神、爱国主义还有什么意义？科教兴国岂不是成了一个空洞无物、有气无力的口号？

二、HRST 能力建设的全球态势与创新最佳实践

鉴于科技人力资源（HRST）是国家的战略资源和提升国家竞争力的核心要素，关系到国家、民族的未来和科技事业的前途，本研究将围绕这个关键主题，着力探讨其能力建设的要害之一，即高等教育阶段的科技人才培养造就问题。通过对全球 HRST 能力建设的态势的讨论，以及对能力建设的创新实践和战略举措的分析探讨，本研究致力于解答：大学和高等教育的时代精神与应有贡献是什么？提升科技人力资源能力的方法和路径是什么？对宏微观层面的相关政策诉求是什么？

1. 全球 HRST 能力建设的态势与特征

在国际金融风暴一波三折、财政危机和经济危机阴云密布之际，我国《国家中长期人才发展规划纲要（2010—2020 年)》及时出台，不仅重申了人力资源的重大战略意义，而且对各类人力资源的开发进行了周密部署，为走出危机阴霾筹划了积极的行动。

人力资源中的科技人力资源（HRST），在今天各国借助科技第一生产力振兴经济、获取实体经济优先地位、打造创新未来的过程中，可能是最为重要的一种人力资源。HRST 最先被世界经济合作与发展组织（OECD）和欧盟（EU）识别；它们将其作为国家竞争力和经济实力、创新能力的重要指标，并在其能力建设过程中精心呵护、大力扶持，取得了许多各具特色的经验。

本书第 2 章用较大的篇幅，分别讨论 HRST 能力建设的全球态势及其典型特征。首先利用较新的数据介绍 HRST 的国际状况，适当加以比较；随后一般性地讨论 OECD 和 EU 两大国际组织对 HRST 的普遍重视程度和相关的政策实施。对 HRST 的能力建设，不同国家有不同的策略重点，由此也形成了各自的特色。本书第 2 章有选择地揭示了三个国家 HRST 能力建设的战略举措：美国

加强科学、技术、工程和数学（STEM）四大学科教育，造就 STEM 人才的举国体制和政策实施；德国把 HRST 作为国家创新能力的焦点，对其加大投入和开发力度的战略视角；以及俄罗斯在保持 HRST 能力传统优势的基础上，近年来借助国际化战略努力获取新的优势。

2. HRST 能力建设的创新实践之一：现代研究型大学的崛起

1809 年德国柏林大学的开办，标志着第一次学术革命的开始。之所以称为学术革命，是因为柏林大学的出现使得大学出现一种新的形态，即如今已为人熟知的"研究型大学"。这种新的大学正规地把研究引进校园，并使研究活动与传统的教学活动紧密结合起来。当 19 世纪后期，美国人引进"德国模式"并改造成"美国模式"后，研究型大学在美国得到长足发展，成为 20 世纪乃至今天世界高等教育的标杆。

自 20 世纪 50 年代美国斯坦福大学在硅谷成功创办第一家科技公司并逐渐开辟出大学科技园开始，尤其是 80 年代以来，"开发高技术，催生新产业，推动国家和地区经济发展"成为美国斯坦福、麻省理工、密歇根、佐治亚理工诸校，以及英国剑桥、荷兰特文特、日本筑波、澳大利亚莫纳什等许多研究型大学的新的使命。这是大学组织形态的又一次成功转型。尽管当代人还没有普遍意识到或者还不承认这个变化的意义，但是已经有一些有深邃历史眼光和洞察力的学者将这个变化称为"第二次学术革命"，并最终把这一类大学冠以"创业型大学"（Entrepreneurial University）之名。

创业型大学的崛起和涌现，为科技人力资源的开发提供了新的基础和条件，成为志在争夺竞争优势地位的大学的强大推动力。本书第 3 章以美国亚利桑那州立大学和德国慕尼黑工业大学为例，阐述它们的创业型大学主张和实践；同时，第 3 章详细介绍了著名的哈佛、耶鲁和普林斯顿三所综合性大学急起直追，打造自己的创业能力、振兴工程教育的艰苦历程与经验教训。

3. HRST 能力建设的创新实践之二：创新创业教育的拓展

创业型大学的斐然成就，给新世纪的大学带来希望和生机，也把传统的商学院创业教育从学院模式中解放出来，成为大学的共同财富。"创新"、"创业"现在成为几乎所有大学的最热门话题，大学的创新创业教育风起云涌，科技人力资源的能力建设也驶上了快车道。

本书第 4 章简要阐述了美国和日本高等学校开展的创业教育，展示了这两个世界发达经济体和人力资源强国的最佳实践；尤其对作为创业教育发源地的美国作了较为深入的剖析，对日本创业教育的国家政策背景也作了一定深度的探讨。大学的创新创业教育并没有固定的模式，也不应当有固定的模式，因为模式的创新正是大学创新创业教育的一项目标和结果。本书第4章从大量成功的实例中选出美国纽约大学理工学院（NYU-Poly）的i2e（invention，innovation and entrepreneurship）模式和史蒂文斯理工学院（SIT）的AE（Academic Entrepreneurship）模式，作了详细介绍。

这两所学院都有悠久的历史，且以理、工、商诸科的学科特色著称。NYU-Poly创建于1854年，SIT创建于1870年，它们在建校之初即秉承创新、创业宗旨，一个半世纪来，办学更加有其特色。i2e模式和AE模式是一个最好的见证，也为今天我国打造科技人力资源开发能力提供了大可效仿并发扬光大的榜样。

4. HRST能力建设的创新实践之三：特色教育计划的设置

高等教育机构开发人力资源，皆须借助精心设计的课程计划及相应编定的合适课程。当代科技进步日新月异，社会需求层出不穷，造就未来科技人才的教育计划不能响应迟缓，更不能一成不变。明智的办法就是加强预见、敏捷回应，及时地调整原有的计划和开发新的计划。科技人力资源开发能力的表现之一，就是教育计划的这种与时俱进的能力。本书第5章从不同视角，深入讨论了反映此种能力的有代表性的几个特色教育计划。

第一种是"跨学科"计划。这类计划起源于培养为解决多学科交叉问题而急需的跨学科人才。现实世界的问题常常不是靠单一学科就能解决的，只有跨学科复合型人才方能应裕自如。

第二种是面向"高科技"的计划。21世纪的高科技集中在信息、材料和生物等领域以及对新兴产业有战略意义的关键技术上。高科技对人力资源的需求是大量的，可是人力资源不仅严重短缺，而且储备阙如，必须开辟全新的培养计划。本书第5章的微系统教育计划即为一例。

第三种是面向"专业实践"的计划。工程专业的第一属性就是实践性，但是多数工程教育计划并不反映这种属性，反而过度强调理论，以致培养的工程师不是一个实干家，而常常是不懂工程实践的理论家。本书第5章用较大篇幅，介绍了著名的麻省理工学院（MIT）鲜为人知的化工实践学院，讨论了它的深刻教育理念和光辉办学实践。

本书第 5 章最后讨论了两种新型的硕士学位：一种涉及设计，另一种涉及管理。这些硕士计划均表现出大跨度的学科交叉，突显出这类科技人才的重要性和需求的紧迫性，成为 HRST 开发的亮点和焦点。

5. 开发 HRST 能力的几种战略选择

先前各章的讨论，无论是科技人力资源能力建设的宏观态势，还是微观层面上的 21 世纪大学的转型、创业创新教育的开展，以及各式人才培养计划的开设，都给了我们许多重要启示。它们让我们看到，在进行 HRST 开发的时候存在许多有价值的战略选择，主要有：

第一，"系统化"策略。改革不宜零敲碎打，创新也不是各行其是。任何规划如要成功，必先做好总体思考和顶层设计，人力资源能力建设也不能例外。

第二，"产学合作"策略。该策略打破传统的"大学中心主义"或孤芳自赏的"象牙塔"心态，把人力资源的开发和使用紧密结合在一起，是新时代大学发展的一条基本途径。

第三，"国际化"策略。该策略基于知识经济的时代背景。经济和科技的全球化，要求科技人才尤其是高端科技人才必须具备国际视野和相应的能力。

第四，"信息化"策略。该策略同样基于知识经济和信息社会的时代背景。CIT（信息和通信技术）的迅速发展与普及，为科技人力资源能力建设提供了强大的工具，极大提高了人力资源开发的生产力，改变着人力资源传统的生产方式。

第五，"大学联盟"策略。与被人津津乐道的"常春藤盟校"不同，现代大学在自身发展中选择强强联合、优势互补的联盟战略，为的是通过合作更好地参与竞争，而不独是仿效名校俱乐部。因此，现代的大学联盟具备更多的实质内容；同时，它借助信息化、国际化和产学合作等策略，把优质科技人力资源的开发推向极致。

借助以上这些战略或策略，可以最大限度地提升 HRST 能力建设水平和效率，确保能力建设的方向性和竞争力。本书第 6 章的研究通过具体案例，阐释了以上策略制定的理念和原则、实施过程的细节与方法，希望能够方便我们正确地理解和借鉴。

三、科技人力资源能力建设的对策建议

本研究在最后部分，基于对我国 HRST 状态的一般描述，梳理出了我国 HRST 能力建设所存在的问题，讨论了 HRST 战略设计的目标与原则，设计和构造了相应的行动计划方案，并在国家宏观层面和大学微观层面提供了相应的可行性政策建议。

尽管我国科技人力资源建设取得了一系列举世瞩目的成就，但是当前所存在的一系列深层次问题仍不能忽视。我国科技人力资源现状与实际需求之间仍存在着较大的差距和不适应性，特别是在创新程度、人才培养质量等指标上仍与世界水平相差甚远，这些都必须引起高度重视。

我国目前有学士学位授予权的高校有 700 多所，美国有 1 000 多所。我国具有博士学位授予权的高校已超过 310 所，美国只有 253 所。我国每年被授予博士学位的人数超过 5 万人，已达到与美国博士学位授予量相当的水平，但在培养质量上差距巨大。对 2000—2007 年世界 39 个国家人力资本对经济增长贡献率的调查结果显示：排在第一位的美国为 64.5%，而我国仅有 15.5%。

有碍我国科技人力资源能力建设的深层次原因，首先是缺少顶层设计，结构性失衡严重。目前，我国高等教育体系主要存在着三大结构不合理现象：（1）学科领域结构不合理，不同学科招生培养数量差异较大；（2）学位教育在区域结构上不合理，不同地区的高等教育发展不平衡；（3）学术性学位和专业学位结构不合理，注重职业能力培养的专业学位不足 25%。结构性失调和人才相对过剩的倾向同时存在，必须进行精心的顶层设计方有解决的可能。

其他深层次的原因依次是：产学分离，师生实践能力均不足；教学内容陈旧，培养方式落后；学科之间沟壑难平，跨学科困难重重；大学缺乏国际竞争力，人才流失严重；等等。

按照《国家中长期人才发展规划纲要（2010—2020 年)》的精神，必须从结构优化、量质并举、人才流向引导等方面，在国家层面合理布局 HRST 后备军的培养结构，并建立系统的人才导向体制，使得 HRST 在顺畅的发展通道上拓展其专业空间；大力实施科教集成的综合创新战略，积极探索人才培养模式创新，构筑产学研战略联盟机制，走科技人力资源强国之路。

1. 行动方案的设计思想

作为行动方案，可以研究开发并实施一项"高素质、创新型科技人力资源培养计划"。该计划致力于实现现代教育理念、教学内容、培养模式、学科集成、教学路径与人才战略的综合创新。其核心工作就是通过"拓宽口径、夯实基础、重视设计、加强综合、回归实践"来不断推进科技教育改革，在新的起点和更高的平台上谋求高等教育的跨越式发展。

在教育理念创新上，积极构建现代教育观，以"三重"（重基础、重设计、重创造）教育理念为指导思想，坚持实践性、综合性与创造性的发展方向，坚持"以人为本、和谐发展、整合培养、集成创新、追求卓越"的指导方针，坚持树立 PKAQ〔personality（人格）、knowledge（知识）、ability（能力）、quality（素质）〕四位一体、"宽专交"并行和 3M（多规格、多通道、模块化）体系完备的工科人才培养理念，实现高素质、创新型科技人才的整合培养和教研互动。

在教学内容创新上，秉承"核心要凝聚、边界要跨越、知识要融通、交叉要创新"的指导思想，不断完善知识结构、强化实践能力和提高综合素质。

在教学路径创新上，坚持以问题为导向，重视工程实践，坚持归纳为主、演绎为辅的教学模式。

在人才培养模式创新上，积极推行各种行之有效的人才培养模式，尤其是面向 2020 年的高素质、创新型科技人力资源能力建设，全面建立起基于通识基础教育、专业高等教育、综合高等教育和创新创业教育四位一体的人才培养模式，把综合教育改革及人才培养模式创新作为培养高素质、创新型科技人才的根本途径。

2. 行动方案的关键点

高素质、创新型科技人力资源能力建设应在专业设置、课程体系、培养途径、教学运行机制、教学组织形式、教学管理等方面不断探索和实践，走科教集成综合创新之路，在培养目标、培养规格、教学计划等重点方面不断取得新突破。主要的关键点有：

（1）在培养战略上，实施 SEIM（科学教育、工程教育、创新教育与管理教育）集成创新人才培养战略，鼓励高校邀请相关企业共同深入研究和制定基于 SEIM 战略的教学改革、课程体系、培养环节、模式创新和工程实践。坚持多样化人才培养目标，加强分类管理，鼓励特色培养，推进不同人才培养模式的综合改革与实践创新。

（2）在培养标准上，结合高校定位、优势与特色、服务面向等，分别制定通用标准和行业标准，并将培养标准细化为知识能力大纲和矩阵表，依据知识能力大纲对课程进行整合，将知识能力大纲落实到具体的课程和教学环节，以提高学生自身能力建设。

（3）在课程设置上，让高水平的工程类通识课程（如工程导论、工程史、工程科学、工程哲学、系统科学与工程、工程设计、工程管理、工程服务、工程经济学等）进入工科学生教学培养体系。对于科技人力资源还要坚持工程基础、工程设计、工程管理与工程实践互动匹配的模块化改革方向。

（4）在教学组织上，鼓励教师设置能力培养型课程，如自学课、讨论课、设计课、研究课、训练课、竞赛课等，通过必修课、选修课和实践课，以及理论教学、课堂分组讨论、课后团队设计与开发、多位教师独立综合评价设计成果、创新项目和系统方案等环节来保证高素质、创新型科技人力资源能力建设的贯彻落实。

（5）在实践环节上，强化"四实"（课程实习、生产实习、毕业实习、科研实践），突出"四化"（国际化、产业化、研究化、专门化），注重"四性"（自主性、创新性、实践性、兴趣性），坚持人才培养与社会需求相结合、与产业需求相结合。

（6）在实验教学上，建立基础规范实验、综合设计实验、研究探索实验三层次的实验教学体系，通过远程实时控制、学科以及企业新实验学术交流、全天候开放等实验教学手段，倡导以学生"自我学习、自由探索、自主实验、自行管理"的"四自"模式为宗旨的实验教学新模式。

（7）在能力建设上，依托国家级人才培养基地、校内外实践性教学基地，全面增强工科学生的创新意识、创新精神和创新能力。以能力培养为主线，构建起相互衔接、适应学科特点的实验教学体系和多层次、创新型的实践训练体系，全面培养学生的科学作风、实验技能，以及思维创新能力、综合分析能力和发现解决问题的能力。积极推进毕业设计实战计划，强化毕业实习工作，在时间分配、项目实践、流程环节等方面给予全力保证。

（8）在基地建设上，充分发挥综合工程训练、实验教学示范中心、国家人才培养和基础课程基地以及省级实验教学示范中心的作用，积极推进实验教学示范中心建设工作，加快形成国家、省、校三级实验中心建设的合理布局，为高素质、创新型科技人力资源培养提供坚实的条件保障。

（9）在产学合作上，大力实施校企联盟战略，积极推进名企名校产学合作教育，联合知名企业加快建立一批产学实训基地和青年就业创业见习基地，积极推行实习生制度，建立产学合作教育专项经费资助制度。建立产学合作教育委员会，吸收产业界知名人士全面参与教育指导和教学改革工作。

（10）在国际教育上，全力推进国际化教育，大力提升未来科技人力资源国际化能力，将国际化教育作为培养未来科技人力资源的重要目标之一。积极鼓励工科学生进入海内外跨国企业学习，建立专项经费资助制度，鼓励学生参加国际性的交流、学习、研究和会议，不断增强实践意识和综合能力。

（11）在出口通道上，扩大全日制工程硕士和工学硕士推荐免试研究生比例，推荐免试研究生名额单独下达。保研生不但可以自由选择攻读的学科和专业方向，而且其中部分优秀学生还将进入国际化联合培养通道，被选派到海内外著名大学和科研机构攻读博士学位。

（12）在师资建设上，改革工科教师评聘与考核制度，全面增强师资队伍的工程实践意识和能力，着力建设一支拥有一定工程经历的高水平工程型师资队伍。大力培养和引进"双师型"教师，不断优化研究、实践和教学的专职及兼职教师的结构。

（13）在教育经费支持上，联合知名企业发起设立"高素质、创新型科技人力资源能力建设专项基金"。以高校启动资金为引导，积极筹集社会资金，吸引社会各界资金进入，重视校友捐赠，对教育创新形成长期稳定的支持和鼓励，特别是支持面向国家经济建设主战场及产业升级的教育创新和人才培养。

3. 具体的九条建议

（1）在研究型大学建设中，应当解放思想、拓新思路，认真研究和借鉴创业型大学的经验。认清创业型大学的兴起对改造大学传统、推进大学发展的意义，将21世纪的中国大学建设成为推动社会发展和个人发展的时代中枢。我国科技人力资源培养应从战略层面上对人才培养进行结构优化，建立关键学科人才培养的紧急响应机制，并从政策设置层面上对人才流向进行引导，避免在高层次人才领域持续出现"千军万马备战国考"的局面。

（2）改造理论脱离实践的书斋式教育，努力创建、试验与探索新的创新创业教育模式。对国内外创新创业教育的最佳实践要广泛发掘、认真总结与宣传，借以改造陈旧的课程模式、教学模式、课外活动模式和人才评价模式。尤其在研究生教育层次上，要把创新创业教育更加密切地贯串于培养过程始终。

（3）设计和实施多样化的人才培养计划。借鉴国内外课程改革的创新经验，设置多种特色学位计划，包括面向专业实践、面向跨学科、面向尖端科技、面向全球问题（能源、环境、人口、粮食、灾疫等）的特色计划，以及创意设计类硕士、工程与公共政策硕士、理管结合的专业科学硕士（PSM）等新颖学位计划，使新兴学科和学位计划的创设与前沿关键技术的开发密切联系起来。

（4）坚持多样化人才培养目标，加强分类管理，鼓励特色办学。对设置科学与工程专业的高校进行合理分类和科学定位，如划分为研究生院校、普通本科院校、高等职业院校等。严格按照分类管理、分类考核的原则，推进不同高校实施不同的人才培养规格与模式。

（5）创新与选择有效的 HRST 开发的战略工具和方略，包括系统再造、产学合作、国际合作、大学联盟、虚拟平台等战略与举措。HRST 开发战略的基本点是面向问题、面向实际，"通过集成来创新"，集成的对象即任何显性的、隐性的知识，特别是在改革发展中创造出来的种种最佳实践。

（6）高度重视学科会聚与跨学科创新平台建设，合理设置学科，强调适度综合，注重学生"宽专交"能力的构建。合理设置基础课程和专业课程，教学环节必须严格、规范，培养学生扎实的学科基础和专业能力。秉承"核心凝聚、边界跨越、交叉融合、知识创新"的原则，推进教学内容创新。鼓励高校适当调整专业设置，增加跨学科的专业门类和学位类别，鼓励本科生适度接触跨学科的课程和内容。

（7）针对高校教师缺少专业实践的状况，全面增强师资队伍的实践意识和能力。设计新的"工科教师评价制度"，将其毕业生优秀程度、科技贡献程度及产业实践程度等引入评价系统，以实现对个体绩效与团队绩效的综合考核。通过制定政策，规定一定比例的工科年轻教师在工业界进行一至两年的博士后工作；工科生进入企业学习一年以上，全面增强工程实践能力。强化工科师生的工程经历和实践能力，并设置准入门槛。

（8）通过校企互动的方式积极构建产学合作教育网络，为高素质、创新型科技人力资源开发提供多样化的实践通道。

（9）全力推进国际化教育，大力提升科技人才国际化能力。面对各国对科技人力资源的激烈争夺，我们必须居安思危，不断增强开放意识，以战略眼光来看待这场对知识资本和智慧财富的争夺，并作出积极的应对。在信息化、全球化的大背景下，必须坚持融科技、经济、社会和教育于一体的集成创新战略，建立起与国家战略、发展模式和社会需求相适应的教育创新系统，通过教育理念、教学内容和培养模式的综合创新来实现学科创新、路径创新和战略创新。

教育创新和科技人力资源能力建设是一项长期的、复杂的系统工程，需要政府、高校、企业、学生等社会各界的积极参与和跨组织合作，尤其需要注重发挥政府部门的组织和协调作用。同时，"科技人力资源能力建设行动计划"也需要在创新理念、指导方针、操作模式、管理体制、运行机制、重要工程、主要工作、保障体系等方面，进一步提出和制定更为详尽的执行方案与实施细则，设计出更具有操作性的行动指南和实施步骤。

（孔寒冰　陈　劲　撰文）

目　录

第 1 章

研究问题的提出

人力资源是我们人类赖以生存的地球上的第一资源。在当今的科技文明时代，科技人力资源又是其中最重要的一种人力资源。科技人力资源（human resources in science and technology，HRST）已经被几乎所有的国家视若珍宝、求之若渴，因为它关系到一个国家能否提升自己的竞争力以矗立于世界民族之林，关系到国家前途、民族兴衰。

HRST 不是有钱就能现成买来的。重金收买、高价雇佣、海外引进的人才，虽可称为“大师”或“领军人物”，但毕竟只是凤毛麟角，代替不了千军万马，解决不了本土 HRST 的贫乏与短缺。HRST 也不是在本土就能自发生长的。就像优良的种子需要足够的土壤肥力、充足的阳光与水分、精心的照料与管理才能生长一样，HRST 也要在适宜的成长环境中才能成为优质的可用的资源。营造这样的 HRST 环境，就是科技人力资源的“能力建设”（capacity building）。

早在 2006 年年初的全国科学技术大会上，胡锦涛同志就明确地指出：“无论是发达国家还是发展中国家，都把科技人力资源视为战略资源和提升国家竞争力的核心因素，大力加强科技人力资源能力建设。源源不断地培养造就大批高素质的具有蓬勃创新精神的科技人才，直接关系到我国科技事业的前途，直接关系到国家和民族的未来。”2006 年 6 月，中国科学院和中国工程院召开两院院士大会，胡锦涛同志再一次强调加紧建设创新型科技人才队伍的极端重要性。他指出，要“抓紧并持之以恒地培养造就创新型科技人才”，“把培养造就创新型科技人才作为建设创新型国家的战略举措，加紧建设一支宏大的创新型科技人才队伍”。

毫无疑问，今天的中国已经是全球科技人力资源的数量大国，通过深化改革必将成为科技人力资源的强国。为此，本书在识别“科技人力资源”、“能力建设"和"科技人力资源能力建设"等关键主题的基础上，从全球的相关发展态势出发，进一步认识加强我国科技人力资源能力建设的紧迫性和必要性，深入探讨科技人力资源能力建设的最佳实践和基本经验，以便揭示科技人力资源能力建设的内在规律和模式创新，提供基于科教集成的创新型优质科技人力资源能力建设的战略设计和实施方案。

一、两个关键的主题

"科技人力资源能力建设"是个全新的概念，也是紧迫的行动议程。该术语出现的时间不长，人们对它的认识和理解还比较有限，我国高等教育界和科技界至今对之尚缺少足够的认知与响应。"科技人力资源"和"能力建设"是"科技人力资源能力建设"的两个关键主题，本节分别简述其内涵与意义。

（一）科技人力资源

与人相关的资源通常分为三类：人口资源、人力资源和人才资源。其中，人口资源是指一个国家或地区所拥有的人口的总量，主要表现为人口的数量；人力资源，是指在一定时空范围内的、能够直接或间接参与社会活动的、具有一定劳动能力的人口，该资源具有质和量的规定性；人才资源，是指在一定时空范围内的、具有较多科学知识和较强劳动技能、在价值创造过程中起关键或重要作用的那部分人。显然，人才资源是人力资源的一部分，即前者是优质的人力资源（陈乐等人，2007）。

工业发达国家较早地注意到科技人力资源的问题。1964 年，世界经济合作与发展组织（OECD）发布了以《研究与发展调查手册》（又称《弗拉斯卡蒂手册》）为标志的科技统计规范，受到世界各国的普遍关注；该手册几经修订，于 1993 年发布了第五版。1990 年、1993 年和 1994 年，OECD 又相继发布了《技术国际收支手册》、《技术创新调查手册》（又称《奥斯陆手册》）和《专利科技指标手册》。在过去几十年里，OECD 国家一直把研究开发（R&D）人员作为测量科技人力资源的指标，但后来逐渐意识到，作为国家创新活动中的重要核心力量的 R&D 人员仅仅是国家创新活动中很小的一部分力量，并不能完全反映国家科技人力资源的整体发展状况。于是，1995 年，OECD 和欧盟有关专家在共同的努力下，发布了《科技人力资源手册》（又称《堪培拉手册》）。该手册对科技人力资源的基本定义、分类标准、相关因素与数据来源等进行了较为详细的分析和解释，是国际上第一个有关科技人力资源统计的标准和规范。世界上许多国家，特别是 OECD 和欧盟成员国，基本上都参照该手册进行本国的科技人力资源统计调查和分析研究。

理论上讲，科技人力资源是指实际从事或有潜力从事系统性科学和技术知识的生产、促进、传播和应用活动的人力资源。但用该定义难以获取科技人力资源的统计数据。因此，为了给各国提供一个统计框架，以便收集、整理科技人力资源的流量和存量数据，分析科技人力资源的概况与发展趋势，《科技人力资源手册》从科技人力资源供求的角度，以资格和职业两个指标为基础，对科技人力资源进行了重新界定，即科技人力资源是指满足下列条件之一的人：（1）完成了科学技术学科领域的第三级教育［对应于《国际教育标准分类》（ISCED-97）中的第 5a、第 5b 和第 6 级］；（2）虽然不具备上述正式资格，但从事通常需要上述资格的科技职业［对应于《国际标准职业分类》（ISCO-88）中的第 2 和第 3 大类］。

依据这个界定，我们可以按照"可更换活动"（职业）和"不可更换活动"（教育）来划分科技人力资源（见图 1—1）。按"职业"统计的"科技人力资源"数据，反映了科技人力实际投入水平和社会经济发展对科技人力的现实需求（图中 A 部分）。按"资格"即受教育程度统计的"科技人力资源"数据，反映了科技人力储备水平和供给能力（图中 B 部分）。人们一旦完成了高等教育，不管他们职业如何，终身都属于科技人力资源。对那些并不具备正规资格而按当前职业被列为科技人力资源的人们来说，情况则不尽相同：一旦他们改为从事科技以外的职业、退休、被解雇或不工作，他们作为科技人力资源的身份就立即结束；如果他们随后又开始另一项科技工作，他们将再次成为科技人力资源。

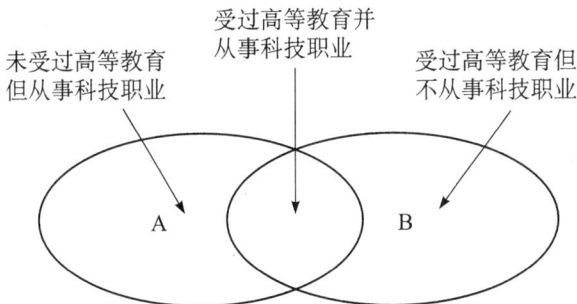

图 1—1 科技人力资源的范畴

B部分椭圆代表符合正规科技资格标准的人，A部分椭圆代表资格不限而目前正在从事科技职业的人，这两个椭圆重叠部分所代表的中间一组人，是科技人力资源的主要群体：具有科技学科领域第三级教育正式资格并从事科技职业的人。受过高等教育但不从事科技职业的那部分人可以看作科技人力资源的储备，即资格齐备但未从事科技职业的人；未受过高等教育但从事科技职业的那部分人，包括了仅仅由他们目前的职业而被确定为科技人力资源的人。

根据该统计定义，科技人力资源包括所有完成高等教育的人，不管他们是否把学到的知识应用于工作，也不管他们的知识在中断学习之后是否仍跟得上时代。这一定义背后的基本观点是：受过第三级教育的人即使从未使用过他们所受的教育或暂时离开科技工作一段时间，也仍然拥有可以"刷新"的基础知识，因而能够被聘用（或重新被聘用）从事科技职业。

对于一些从事科技工作、但在开始工作时并不具备所需知识技能的人员，根据该统计框架，他们也是从被聘用的第一天起就被算作科技人力资源。虽然从理论上说，这些人在获得经验之前不应该被包括在科技人力资源之内，但因在实践中很难判定多长时间才可以获得"足够的"经验，而且在任何情况下，收集关于经验的资料都极端困难，因此在统计中不考虑这部分人的经验缺乏与否，都将其列入科技人力资源。

（二）能力建设

"能力建设"也是一个全新的术语，它由"设施建设"这个术语演变而来。早在20世纪70年代，联合国开发计划署（UNDP）就开始研究制度建设（institution building）问题，范围包括国家的基础设施，提高诸如民用航空、气象、农业、健康、营养等基础设施的能力，所有的联合国专家组织都被要求积极参与相应专业的能力建设。1991年，UNDP将设施建设术语拓展为能力建设（capacity building），并在国际水力与环境工程研究所于荷兰代尔夫特举行的"制定水部门能力建设战略"专题讨论会上，将"能力建设"定义为：（1）利用适当的政策和法律框架创造一个有利的环境；（2）组织发展，包括社区（特别是妇女）的参与；（3）开发人力资源和加强管理制度。UNDP认为，能力建设是一个长期、持续的过程，需要所有利害相关者的参与（包括政府部门、地方当局、非政府组织、专业协会、学会及其他）（UN，2006）。

1992 年，联合国在于巴西里约热内卢召开的环境与发展首脑会议上，通过了著名的《21 世纪议程》（Agenda 21）（UNESCO，1992a）。《21 世纪议程》首次提出"人力资源开发和能力建设"（human resource development and capacity building）的任务，指出能力建设是个人、组织、机构和社会建设能力以履行职责、解决问题来确定和实现目标的进程。因此，必须在个人、机构和社会三者相互关联的水平上加以处理。

《21 世纪议程》还提出了"可持续发展能力"的概念："一个国家的可持续发展能力，在很大程度上取决于在其生态和地理条件下人民和体制的能力。具体地说，能力建设包括一个国家在人力、科学、技术、组织、设施和资源方面的能力的培养与增强。能力建设的基本目标就是提高对政策的发展模式评价和选择的能力，这个能力提高的过程是建立在其国家的人民对环境限制与发展需求之间关系的正确认识的基础上的。所有国家都有必要增强这个意义上的国家能力。"（UN，1992b）

联合国开发计划署（UNDP）在其 1997 年的政策文件中进一步指出（见图 1—2）：在个人水平上，能力建设涉及创造条件使公务员能够开展持续的学习进程和适应改革，即借助并加强现有的知识和技能，而且用于新的领域。这样，就需要对人力资源管理采取一项新的办法，以知识管理作为提高学习的新手段。在组织与设施水平上，必须采取类似的办法。与其建立往往依照外国蓝图的新设施，不如重点资助有关设施的现代化，以制度和进程为优先事项。在这个过程中，政策支持、组织绩效、收入和支出管理方面的能力建设极为重要。最后，必须在社会水平上建设能力，以支持一个交互性更强的公共行政模式，既从其行动中吸取经验教训，也从一般民众提供的反馈中吸取经验教训。必须监测公共行政机构的表现；要使公共行政机构成为大家心目中一个敏感和负责的服务提供者，必须进行社会改革。（UN，1997）

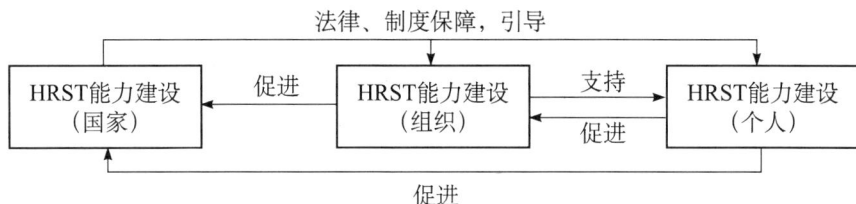

图 1—2　HRST 能力建设的三个层面

（三）我国科技人力资源能力建设的提出

人力资源能力建设的提出与人类可持续发展战略的制定密切相关。在我国，最早提出人力资源开发和能力建设的是 1994 年发表的《中国 21 世纪议程》。这份报告根据《21 世纪议程》的要求，结合中国实际情况，制定了我国可持续发展战略、计划和对策。《中国 21 世纪议程》由国务院环委会于 1992 年 7 月开始组织编制，并于 1994 年 3 月 25 日由国务院第十六次常务会议审议通过。《中国 21 世纪议程》在第六章"教育与可持续发展能力建设"中明确指出，人力资源开发和能力建设是我国教育与可持续发展能力建设的一个领域。

2001 年 5 月，江泽民同志在《加强人力资源能力建设、共促亚太地区发展繁荣——在亚太经合组织人力资源能力建设高峰会议上的讲话》中指出："开发人力资源，加强人力资源能力建设，已成为关系当今各国发展的重大问题。"在随后不久的亚太经合组织第九次领导人非正式会议上，江泽民再次强调："要实现这一（亚太经合组织的）目标，加强以人力资源能力建设为核心的经济技术合作，使之与贸易投资自由化平衡发展，是一条有效途径。人力资源是最可宝贵的资源。加强人力资源能力建设，既是长远的考虑，又是现实的需要。"

2006 年 1 月，胡锦涛同志在全国科学技术大会上首次正式提出科技人力资源能力建设的问题。胡锦涛指出：科技创新，关键在人才。杰出科学家和科学技术人才群体，是国家科技事业发展的决定性因素。当前，人才竞争正成为国际竞争的一个焦点，无论是发达国家还是发展中大国，都把科技人力资源视为战略资源和提升国家竞争力的核心因素。能否大力加强科技人力资源能力建设、源源不断地培养造就大批高素质的具有蓬勃创新精神的科技人才，直接关系到我国科技事业的前途，直接关系到国家和民族的未来。

随后，科技部在《国家"十一五"科学技术发展规划》中对科技人力资源的数量提出了要求，即 2010 年我国科技人力资源总量要达到 5 000 万人，并且指出要深入实施人才强国战略，把科技人力资源作为最重要的战略资源。

2010 年，党和国家加大了科技人力资源能力建设的步伐和力度，陆续制定和实施《国家中长期人才发展规划纲要（2010—2020 年）》、《国家中长期教育改革和发展规划纲要（2010—2020 年）》。2010 年 2 月 22 日，中共中央政治局召开会议，在审议《国家中长期人才发展规划纲要（2010—2020 年）》时强调指出：

（规划）是贯彻落实科学发展观、更好实施人才强国战略的重大举措，是在激烈的国际竞争中赢得主动的战略选择。实现全面建设小康社会的奋斗目标，必须加快建立人才竞争比较优势，努力建设人才强国。要坚持服务发展、人才优先、以用为本、创新机制、高端引领、整体开发的指导方针，加强人才资源能力建设，推动人才结构战略性调整，创新人才工作体制机制，实行人才投资优先，实施更加开放的人才政策，加快人才工作法制建设，加强和改进党对人才工作的领导，培养造就宏大的高素质人才队伍。《国家中长期教育改革和发展规划纲要（2010—2020 年)》的实施亦将进一步落实"科技兴国战略"和"人才强国战略"，帮助我国实现由人口大国到人力资源大国的转变，以及由人力资源大国向人力资源强国的迈进。

二、科技人力资源能力建设的意义

在高等教育界，我们对人力资源及其开发尚未有产业界那般的关注，对科技人力资源及其能力建设更未有科技界那样的热情，还没有充分意识到该重大主题对创新型国家建设，对可持续创新能力提升和科技进步，对具体落实科教兴国、人才强国的国策，对大学深化改革、加速发展、多作贡献的深远影响和意义。在教育实践中，普遍存在对科技人力资源的严重认识不足，少数人沉溺于对普世价值和人文关怀的空洞鼓吹，甚至为拒绝科教兴国而对科学技术大肆攻讦。显然，今天完全有必要深入揭示与大力宣传科技人力资源能力建设的重大意义。

（一）建设创新型国家、提升国家竞争力的需要

加强科技人力资源能力建设，首先是建设创新型国家、提升国家竞争力的需要。对中国而言如此，对任何其他国家而言皆如此。英国在 2004 年、欧盟在 2005 年较早地提出了这个问题，中国、美国、日本和德国均在 2006 年几乎同时明确地提出了这个问题。作为创新时代国家发展的头等战略大事，这些国家在自己的创新型国家发展战略及实施中，莫不把人才和教育当作一种创新工具而置于优先的战略地位。

1. 中国的战略实施

2006 年 1 月 9 日至 11 日，党中央、国务院举行了有重大历史意义的全国科

学技术大会。会上，胡锦涛同志以《坚持走中国特色自主创新道路、为建设创新型国家而努力奋斗》为题发表重要讲话，提出党和国家的自主创新、建设创新型国家的重大战略决策。会上还颁布了《国家中长期科学和技术发展规划纲要（2006—2020年）》（以下简称为《纲要》），同时发布《中共中央国务院关于实施科技规划纲要，增强自主创新能力的决定》，对《纲要》进行了全面部署，推进提高自主创新能力、建设创新型国家战略的实施。

胡锦涛同志在全国科技大会上庄严宣布，中国要在2020年建成创新型国家；为了实现进入创新型国家行列的奋斗目标，要突出抓好以下几个方面的工作：

(1) 实施正确的指导方针，努力走中国特色自主创新道路；

(2) 坚持把提高自主创新能力摆在突出位置，大幅度提高国家竞争力；

(3) 深化体制改革，加快推进国家创新体系建设；

(4) 创造良好环境，培养造就富有创新精神的人才队伍；

(5) 发展创新文化，努力培育全社会的创新精神。

《纲要》则明确指出，今后15年，我国科技工作的指导方针是"自主创新，重点跨越，支撑发展，引领未来"。《纲要》还提出了我国科学技术发展的总体目标，即：到2020年，使我国的自主创新能力显著增强，科技促进经济社会发展和保障国家安全的能力显著增强，基础科学和前沿技术研究综合实力显著增强，取得一批在世界具有重大影响的科学技术成果，进入创新型国家行列，为全面建设小康社会提供强有力的支撑。

《纲要》进而提出相对具体的8个定性目标和4个定量目标，并在此基础上重点确立了能源、水和矿产资源、环境、农业、制造业、交通运输业、信息产业及现代服务业、人口与健康、城镇化与城市发展、公共安全、国防等11个国民经济和社会发展的重点领域和68项优先主题；瞄准国家目标安排了核心电子器件、高端通用芯片及基础软件等16个重大专项；针对未来挑战重点安排了生物技术、信息技术、新材料技术、先进制造技术、先进能源技术、海洋技术、激光技术和空天技术等8个技术领域的27项前沿技术、18个基础科学问题，以及蛋白质研究、量子调控研究、纳米研究和发育与生殖研究等4个重大科学研究计划。

为保证创新型国家建设目标的顺利实现，《纲要》从支持企业成为创新主体、大幅度增加科技投入、推进国家创新体系建设、加强创新人才队伍建设等四个方面提出了一系列具体政策措施；同时要求在财税、金融、政府采购、知识产权保护、人才队伍建设等方面，加强经济政策和科技政策的相互协调，形成激励自主创新的政策体系。显而易见，增强自主创新能力、努力建设创新型国家，必须成为各行各业各个部门的共识，才能使这项宏观战略决策落到实处，才能齐心协力共同完成这项伟大的历史任务。

从第二次世界大战后至今的世界各国发展模式看，一般认为实现工业化和现代化大体有三种道路：（1）主要依靠自身丰富的自然资源来增加国民财富（如中东地区一些产油国家）；（2）主要依附于发达国家的资本、市场和技术取得有限的发展（如拉美地区一些国家）；（3）主要以（科技）创新作为基本战略，大幅度提高创新能力，形成日益强大的竞争优势，走所谓"创新型国家"之路。目前世界上公认的创新型国家有 20 个左右，包括美国、日本、芬兰、韩国等，其共同特征是：创新综合指数明显高于其他国家，科技进步贡献率在 70% 以上，研发投入占 GDP 的比例一般在 2% 以上，对外技术依存度指标一般在 30% 以下；此外，这些国家所获得的美国、欧洲和日本授权的"三方专利"数占世界总量的绝大多数。《商业周刊》网络版 2009 年 3 月载文称，波士顿咨询公司公布的调查报告显示，中国在接受创新能力调查的国家和地区中仅处于中等水平，位列第 27 名（宁弦，2009）。由此可见，把提高自主创新能力作为提高国家竞争力的中心环节，把建设创新型国家作为面向未来的重大战略选择，是丝毫不能懈怠的大事。

《国家中长期科学和技术发展规划纲要（2006—2020 年）》、《国家中长期人才发展规划纲要（2010—2020 年）》和《国家中长期教育改革和发展规划纲要（2010—2020 年）》的贯彻落实，必将带来中国发展的新的契机，为转变经济发展方式、调整优化经济结构、促进社会和谐进步，提供强大的人才保障与支撑。

2. 美国的战略实施

2006 年 1 月 31 日，美国总统小布什在其《国情咨文》中宣告了"美国竞争力计划"（American Competitiveness Initiative，ACI），并于 2 月 2 日正式签署该计划且立即向公众发布。这项经费高达 1 360 亿美元的庞大计划，是一个对美国未来竞争力产生重大影响的一揽子方案，它提出了美国的两个大目标：一是在创新方面引领世界，二是在人才和创造力方面引领世界。"美国竞争力计划"预想在未来十年内，投入 500 亿美元使美国国家自然科学基金会（NSF）、能源部科学办公室（DOE SC）和商务部国家标准与技术局（NIST）以及其他机构的研究基金翻番，投入 860 亿美元的课税免除，以体现对研究和开发的政策倾斜。为达此目标，该计划针对第一目标提出研究方面的措施，包括对联邦资助的研究投资翻番和对研究开发的税收减免永久化；针对第二目标提出教育、劳动力培训和移民三方面的若干措施。其中，在教育方面的措施包括：加强中小学的数学和科学教育、培养和招聘高素质的数理教师、开发基于研究的教材和教学方法、评估政府投资数理教育的效果，以及鼓励大学生修读 STEM（科学、技术、工程、数学）领域的课程。"美国竞争力计划"发布一年半以后，美国国会又通过一项旨在促进创新的《竞争力法案》（American Competes Act），要求进一步加大对国家自然科学基金会和能源部及其国家实验室的资金支持力度。

美国政府希望通过竞争力行动计划与立法，掀起新一轮的通过创新和人才提升美国竞争力的活动。这些计划和法案，反映的是美国政治界、学术界和企业界对美国的创新、科技、人才和国家竞争力的一些共识，体现出国家和民族的意志。

早在 1999 年，美国竞争力委员会（The Council on Competitiveness）就发布了题为《繁荣面临的新挑战：从创新指标取得的新发现》的报告，在第一章就开宗明义地指出创新是美国长期竞争力和繁荣的基础。随后在 2003 年，美国竞争力委员会又启动了"国家创新计划"（National Innovation Initiative）。该计划有三个行动目标：（1）集中国内精英的智慧，全面提升美国竞争力的国家意识和战略架构；（2）认识创新过程中的变化，并了解如何将变化转化为经济增长的动力；（3）建设最具吸引力的美国创新环境。计划的最终成果在 2004 年 12 月的国家创新高层论坛上发布，题为《创新美国：在竞争与变革的世界中繁荣》（Innovate America：Thriving in a World of Challenge and Change），报告明确指出"创新是美国在整个 21 世纪确保成功的唯一的最重要因素"。报告详尽论述了"国家创新计划"的三大主题，即"人才"、"投资"和"基础设施"。"人才"是创新的人的维度，它包括知识创造、教育、培训和劳动力支撑，建议在研究、商业化以及终身能力发展之间提供一种合作的文化和共生的关系。"投资"是创新的财政维度，它包括研发投入、风险投资和创业，以及鼓励长期战略性创新，建议寻求给创新者以走向成功的资源和激励。"基础设施"是支持创新者的物质和政策安排，它包括信息、运输、医疗保健和能源网络，包括知识产权、商务规则以及创新利害相关者之间合作的架构，建议支持新型的工业与学术联盟、21 世纪创新基础设施、灵活的知识产权制度、美国制造企业扶持政策，以及一个国家创新领导力网络。

2005 年 5 月，美国国会参议院的能源与资源委员会交给美国国家学术院（National Academies，NA）一项任务：评估美国的技术竞争力，并提出维持和提高这种竞争力的建议。美国国家学术院是美国的国家科学院（National Academies of Science，NAS）、国家工程院（National Academies of Engineering，NAE）、医学研究院（Institute of Medicine，IOM）和国家研究理事会（National Research Council，NRC）的总称，是由美国顶尖科学家和工程师组成的科学界和工程界的最重要学术团体。接此任务后，美国国家学术院旋即成立一个 20 人组成的"在 21 世纪全球经济中谋求繁荣委员会"，由美国工程院院士、洛克希德马丁公司前董事会主席和首席执行官 Augustine 任主席，并在 5 个月后递交了题为《搏击风暴》（Rising above the Gathering Storm）的著名报告。报告指出，如果没有强有力的力量去巩固美国竞争力的基础，那么，美国将很快失去自己的卓越地位。因此，美国目前的最高目标是：通过发展源于天才科学家和工程师的新工业，为全美国公民创造全新的、高质量的工作。为实现这个目标，委员会在报告中提出了四大建议和 20 项将这些建议付诸实施的具体行动。这四项建议是：(1) 借助"万名师资、千万才俊"（10 000 Teachers，10 Million Minds）大幅提升中小学（K-12）的科学和数学教育，以增加美国的人才储备；(2) 借助科学和工程研究播撒创新的种子，持续并强化国家对长期基础性研究的投入；(3) 借助科学和工程教育中的最佳环境与顶尖人才，将美国建设为学习和研究之胜地，以培育、延揽且留住美国和世界各地的最优秀学生、科学家和工程师；(4) 借助创新激励，加大对制造、营销等下游产业的投资，增加基于创新的高薪酬工作岗位，确保美国成为全球创新的首选之地。

在金融风暴中的 2009 年 9 月，美国总统执行办公室、国家经济委员会和科技政策办公室联合发布了《美国创新战略：推动可持续增长和高质量就业》（A Strategy for American Innovation：Driving Towards Sustainable Growth and Quality Jobs）。美国总统奥巴马发表演讲，阐释了《美国创新战略：推动可持续增长和高质量就业》的核心内容，承诺要充分发挥创新潜力，促进新就业、新企业和新产业。美国奥巴马政府的创新战略概括起来即三句话：一是强化创新要素，二是激励创新创业，三是催生重大突破。整个战略架构呈现为金字塔式的三层结构。第一层（底层）是投资打造美国创新的基石，包括：恢复美国的基础研究的领先地位，催生新兴产业，增加就业岗位；培养具有新世纪知识和技能的下一代，建设一支世界一流的劳动大军；建设先进的物质基础设施；发展先进的信息技术生态系统。第二层（中间层）是建设一个鼓励创业的有竞争力的市场，包括：促进出口；支持开放的资本市场；鼓励高增长和基于创新的创业；改善公共部门的创新能力和支持社区的创新。第三层（顶层）是推动国家的若干优先项目取得突破，包括：发动一场清洁能源革命；支持先进运载技术；推动健康信息技术的突破；应对 21 世纪工程"大挑战"（Grand Challenges）。

3. 欧盟的战略实施

2005 年 4 月，欧盟委员会（European Commission）提出建议，要求制定一项欧洲的"竞争力和创新框架计划（2007—2013）"［Competitiveness and Innovation Framework Programme（2007—2013），CIP］。CIP 计划在 2006 年 10 月制定成功，年底得到批准，2007 年 1 月开始实施，预算总金额为 36.2 亿欧元。该项计划旨在通过鼓励创业行动、打造能够提升创新能力的有益环境，创造一个更具投资吸引力的欧洲以实现修订后的"里斯本战略"。CIP 计划由三个专项计划组成：（1）企业与创新专项计划（EIP）；（2）信息通讯技术支撑专项计划（ICT - PSP）；（3）欧洲智能能源专项计划（IEE）。每项计划均贯串统一的"生态创新"主题。CIP 计划的总体目标是：培养企业竞争力，尤其是中小企业的竞争力；推进包括生态创新在内的全方位创新；加速发展一个持久、竞争、创新和信息化的社会；以及在包含交通在内的各个方面提高能源使用效率、开发新能源和可再生能源（EU，2009a）。

2006 年 1 月，欧盟又推出一项由"研发与创新"独立专家组提供的报告《创建一个创新型欧洲》（Creating an Innovative Europe）。该报告提出一项创新欧洲的新的战略，为达此目标：（1）需要为创新的产品和服务开拓市场，即需要为欧洲企业的创造性产品提供一个创新友好型市场，并根据这一方向调整内部市场；（2）需要集中力量为研究和创新提供充足的资源，即在利用市场手段的同时，也需要借助政府的力量充分地支持科学发展、工业研发，加强科学与工业的合作，协调用于研究和创新的结构性基金；（3）需要提高欧洲在结构上的灵活性和适应性，以此作为驱动型创新成功的基础，即在人力资源、财政、组织和知识几方面增加流动性，转变以往狭窄的研发和创新的范式，建设良好的创新生态系统。报告还对各成员国内部的创新领域、资源共享、科技人力资源流动、资金投入、激励机制、成果转化等方面，进行了分析论述；在整合创新和社会价值的过程中，通过以上三个方面的努力共同完成一种范式转变。

2009 年 11 月，欧盟委员会发布了由 27 位"欧洲创造与革新年"大使共同发起的《欧洲创造与革新宣言》（EU，2009b；江洋，2009）。该宣言提出的以"知识三角"（即研究、教育、创新）为基础推动新增长的纲领与行动，反映出欧盟成员国面向 2020 年的新的战略眼光。宣言提出的七条纲领包括：（1）在终身学习过程中理论结合实践，培养创新精神；（2）使学校成为学生和教师进行创造性思维和"在做中学"的场所；（3）将工作场所转变为学习场所；（4）促进强大、独立和多元的文化事业的发展，保持文化间的长期对话；（5）推动科学研究以了解世界、改善生活并激励创新；（6）改进设计流程、理念和工具，了解用户的需求、情感、愿望和能力；（7）支持有助于繁荣和可持续发展的商务创新。宣言还提出了七项行动，具体包括：

（1）进行知识投资：为了增强欧洲竞争力，需要高度重视对人和知识投资的新预算原则。从短期来看，应给失业人员以提高工作技能的机会。通过公共和私人资金，企业、行会和政府应该共同致力于提高工人的技能。欧洲结构基金的规模和目标都必须提升，将投资重点集中于研究、知识以及支持在工作中学习的制度框架建设。

（2）彻底改造教育：学校里的师生关系需要彻底改造，使教育能为学习型社会储备人才。教师的再培训和家长的参与有助于建立这样一个教育体系，它能够为开展不同文化间的对话、进行批判性思维以及提出具有创造力的解决问题方案，提供必要的知识、技能和态度。各级教育都要高度重视对教育的设计规划。在全欧洲范围内使教育研究与发展形成合力，努力提高各级教育的质量和创造力。

（3）奖励首创精神：公共部门和民间社会应对人们在商业方面的新点子给予奖励。社会政策可通过为从事改革的公民分担风险来促进创新。艺术家、设计师、科学家和企业家，无论是谁贡献了新思路，都应得到回报。奖励应结合知识产权的法律保护，在公平奖励创新和促进知识共享之间达成平衡。

（4）维护文化：应通过欧洲各国和整个欧洲的项目与机制支持文化业的能力

建设，以保持文化的多样性、独立性和文化间对话。应搭建艺术、哲学、科学、商业之间的新桥梁，以推动创意产业的发展。应提高内容质量，以激励新媒体的开发和使用。必须开发新的经济模式，以资助自由、多元、独立和高品质的数字媒体。

（5）推动创新：欧洲需要一个更加雄心勃勃和基础广阔的创新政策。对科学、技术和设计的投资的增加应与扩大知识需求相结合。应鼓励企业把科学知识与实践知识相结合，并鼓励其聘用不同性别、不同教育背景和国籍的员工。对工程师、管理人员和设计人员的教育，应既有理论又有实践经验。创新政策、劳动力市场和教育，应在变革过程中有效地调动雇主和雇员的积极性。政治领导人必须重点关注如何制定和实施广泛的创新政策战略。

（6）进行全球性思维：在科学、文化和竞争力方面，欧洲应走在世界前列。欧洲范围内的科技、教育、设计、文化合作，需要向世界各地进一步开放。有竞争力的欧洲，应同时与强大的新兴经济体及最需要支持的贫穷国家开展经济合作。促进贫困国家创新是一种道义，它将减少移民的压力。欧洲应在全球层面建立有助于保护和分享知识的公平规则。

（7）发展绿色经济：欧洲必须主动创新，向低碳社会转变。一个关键的因素是进行生态创新和建立"新技术—经济路径"，从末端的治理开始，从根本上改变生产、分配和消费模式。投资需要与新制度、新法则和新习惯相结合。创造力是获取可持续性与繁荣相结合之良方的主要工具。

美国次贷危机引发的国际金融危机对欧洲国家的金融和实体经济均产生较大影响，凸显了欧盟国家产业结构老化、创新能力较弱和科技实力不足等诸多问题，也"搅黄"了十年前雄心勃勃的"里斯本战略"。2010 年，欧盟正在制定和推出未来十年指引欧盟经济发展的"欧盟 2020 战略"，取代即将到期的"里斯本战略"。新战略将建立在三大支柱上：一是继续沿着知识经济的道路前进，加大教育投入，推动创新，促进数字经济发展，通过发展互联网建成真正意义上的网上单一市场；二是建成一个具有竞争力、互联共通、更加绿色的经济体，包括完善交通运输、能源输送、宽带网接入等方面的基础设施；三是建成一个更加宽容的社会，最终实现在科技水平上追赶美国的"欧洲梦"。

4. 英国的战略实施

2004 年 7 月，英国贸工部、财政部、教育和技能部联合发布了英国

"2004—2014 年科学与创新投入框架"（Science & Innovation Investment Framework 2004—2014）计划。这是英国首次制定中长期科技规划，随后每年发表 SIIF 进程报告（UK，2004；BIS，2009）。该框架制定的目标是：政府同私营和非营利部门一起致力于使英国成为全球经济中的一个主要的知识集成和扩散中心（knowledge hub），不仅是声誉卓著的科技发现中心，也是将知识转换成新产品和服务的世界级领先者。框架试图在未来几年中建立起英国科学、研究和创新体系，对知识基础（knowledge base）、更有效的知识转换和公共服务创新方面加强投入，将创新转变成商业机会，继续保持英国经济在未来十年中的增长。框架从六方面作了详细规划：（1）将英国最优秀的研究中心建设成为世界级的研究中心；（2）继续加大公共投入的研究机构对经济需求和公共服务的反馈能力；（3）促进企业增加对研发的投入和学科思想的商业化；（4）进一步加强对科学家、工程师和技术专家的培养；（5）为英国优秀大学和国家实验室提供持续的财政支持；（6）增加英国社会对科学研究和创新应用的信心与认识。上述第四方面的举措即有：提高每所中小学校、学院和大学中科学教员的素质，确保达到国家的教师培训目标；引导中学学生学习自然科学，增加 16 岁以上青年选择 STEM 学科的人数；使更多高素质的学生从事研发事业；提高妇女和少数族裔接受高等教育的比例。

2008 年 8 月，英国创新、大学与技能部（DIUS，前"教育与技能部"）发布了题为《创新国家》的白皮书。该部事务大臣 Denham 在白皮书前言中写道："我们希望把英国创建成为一个创新国家，因为在全球化经济浪潮中，只有发掘我们国家中的人才，英国才能繁荣昌盛。""在本白皮书中，我们为英国制定了这样一个目标——使英国成为世界上管理创新企业或公共服务最优秀的国家。我们可以通过投资人力资源和知识，发掘各个层次的人才，投资研究和知识开发，利用规则、公共采购和公共服务创建创新解决方案市场来实现这个目标。""政府可以鼓励、促进创新，但只有国民才能真正创造出一个创新型国家。"白皮书以"挖掘全民中的人才并发展成为一个创新型国家"为红线，分"序言"、"政府的作用"、"需求创新"、"支持企业创新"、"实力雄厚的创新研究基地"、"国际创新"、"创新人才"、"公共部门创新"、"创新场所"以及"创新国家：今后打算"共计 10 个篇章，阐述了英国政府的创新政策和建设创新国家的举措。

为了最大限度地扩大英国公民的创新能力，白皮书在"创新人才"章列出了下述重大措施：（1）推动《利奇技能培训评估》的实施，以提高整个国家的技能水平，增加创新机会；（2）建立基于税收的继续教育的专门化与创新基金，通过合作和知识流动推动企业创新；（3）在每个主要经济部门至少建立一个国家技能研究院（National Skills Academy，NSA）；（4）出版《高等技能战略》，提供有助于提升企业创新高等技能的整体框架；（5）发展"获益培训"项目和见习计划；（6）改革部门技能委员会（Reformed Sector Skills Councils）将努力确定出阻碍创新的技能差距；（7）成立英国就业与技能委员会（UK Commission for Employment and Skills），制定高绩效工作准则；（8）制定高等教育未来发展框架，新建 20 个高等教育中心，研究如何挖掘人的潜力及推动革新；（9）发展地区性"大学企业网"；（10）促进中学和高等院校更大程度地接纳科学、技术、工程与数学（STEM）课程；（11）制定关于劳动力市场 STEM 技能需求的跨部门项目，并根据研究结果对政策实施调整。

5. 德国的战略实施

2006 年 8 月，德国联邦政府史无前例地推出了它的第一个涵盖所有政策范围的"德国高技术战略"（High-Tech Strategy for Germany），以期发起新的"创意攻势"，持续加强创新力量，使德国在最重要的未来市场上位居世界前列（BMBF，2006；黄群，2008）。"德国高技术战略"的目标是：开辟主导市场，促进经济界和科学界的联合，为研究人员、创新者和企业家创造自由空间，最终使德国成为世界上对研究与创新最友好的国家之一，使创意迅速转换为有市场的新产品、工艺和服务。"德国高技术战略"包括五个方面：科学与产业之间的紧密合作、增加私人创新义务、有目的地扩散尖端技术、研究与发展的国际化以及人才培养。

创新需要有才干的人。德国政府正在加强教育链条的所有环节，包括学前教育、中小学教育、初期职业训练、大学学习和继续教育与训练，致力于打造先进的德国教育系统。这对满足德国社会日益增长的对高质量熟练劳动力的需要、造就青年科学家与学者、提供有吸引力的公共部门研究条件，都是极为重要的。德国在人才培养方面的计划与措施有：

（1）落实《高等教育公约 2020》，确保德国大学生人数的增长，并制定更有吸引力的学习与研究的框架条件。联邦政府计划投入 7 亿欧元以保证德国高等院校的国际竞争力。（2）职业教育体系：借由"职业教育创区"（ILBB）对接受委托的教育部门提出了十条指导方针，其核心目标是改善德国教育体系的渗透性，确保年轻人具有重获完整培训的可能性，并加强德国职业教育的国际竞争力。(3) 继续教育：在提高既有继续教育模式吸引力的基础上探索新的模式，自2008 年起，联邦政府将围绕以下措施开展为期三年的继续教育模式探索性试验，即将继续教育奖学金额度提高到每人每月 154 欧元、在《财产形成法》许可范围内自由支取教育资金使无收入者获得继续教育贷款。(4) "50＋计划"：联邦政府借助 "50＋计划" 捆绑措施，鼓励有经验的、50 岁以上的科学技术人员重新发挥其潜能。(5) "继续教育质量" 计划：为了提高政府教育资助的透明度和进一步优化继续教育的内容，联邦教育科学部继续推进 "继续教育质量" 行动，持续对继续教育和 "Warentest 基金" 市场进行检验与评估。(6) "卓越计划"：借助 "卓越计划" 促进大学的尖端教育与研究，包括建设 40 个年轻科学家研究院、30个卓越学科群和 10 个创新概念大学，目标是造就有高度国际显示度的德国 "科学灯塔"，为此，联邦政府批出 14 亿欧元的专项资助。(7)《联邦培训资助法》(BAföG)：2008 年，联邦政府的培训资助经费总额将达到 12.42 亿欧元（增加了1.12 亿欧元），其后每年继续追加。(8)《移民法》：通过新《移民法》简化自费大学生和研究人员申请移民或停留的法定程序，允许研究人员与大学生在申请移民或停留时援用基于欧盟方针的新规定，在全球招募优秀人才和熟练技工。

德国联邦教育科学部 2009 年发布报告《德国研究与创新》(Research and Inno-vation for Germany)，进一步对 "德国高技术战略" 的实施成果和未来展望作了描述，并对优秀人才和熟练技工的获得、科学政策的创新，以及国际化和欧洲研究区(ERA) 的建设作了进一步规划。报告指出，专业技术人才已经在某些部门和地区严重短缺；在数学、信息学、自然科学和技术（MINT）领域，特别需要有能力的专家、受过完整技术训练的技术员和熟练技工。欧洲经济研究中心（ZEW）预计，由于老化和结构变化，到 2014 年，这类人才的缺额将达到 18 万～48 万。为此，该报告提出：(1) 落实 "德国高技术战略" 相关各项措施；(2) 通过增设 MINT 科目、提高奖学金等措施，改善由学校到职场的过渡环节；(3) 响应 2008 年 10 月2 日教育界的德累斯顿宣言《借教育抢占先机——德国能力计划》中的各项动议，构建早期儿童教育、中小学校、培训和大学之间的接口，系统解决在从幼儿教育到继续教育的所有教育领域中培养具有高度能力的人才的问题；(4) 追加对教育基础设施的投入；(5) 吸引国外人才；(6) 增加研究和教育投资。

6. 日本的战略实施

2006 年 9 月，日本首相安倍晋三任命了日本历史上第一位首相科学顾问黑川清；10 月，作为内阁特别顾问的黑川清率领学术界和产业界的 6 位资深人士，以 2025 年为目标，着手研制日本"创造未来，向无限可能挑战"的政策路线。2007 年 6 月 1 日，安倍内阁正式审议通过了这项以创新立国的长期战略，即"创新 25 战略"（"イノベーション 25 戦略"）。所谓创新立国，就是用全新的思维方式，改变传统的习惯做法，努力创造新价值，实现日本经济社会的巨大变化。为实现创新立国，安倍内阁建立了由首相出任本部长的"创新推进本部"，负责制定推进创新的基本计划和各项具体政策措施，并付诸实施。"创新 25 战略"强调，必须以创新精神来应对日本和世界所面临的三大挑战，即：（1）应对日本人口减少和少子、老龄化迅速发展的趋势；（2）应对知识社会、信息化社会和全球化加速发展的潮流，知识和智力竞争将成为国际竞争主流；（3）应对严重威胁人类社会可持续发展的环境恶化、气候异常、能源短缺、传染病蔓延等问题。为此，"创新 25 战略"以 2025 年为目标，制定了研究开发、社会体制改革、人才培养等方面的短期政策目标和中期政策目标，旨在把日本建设成为一个终身健康的社会、安全与安心的社会、人生丰富多彩的社会、为解决世界性课题作出贡献的社会以及向世界开放的社会。

"创新 25 战略"给出的政策路线主要包括"社会体制改革战略"和"技术革新战略"两部分。"社会体制改革战略"有 146 个短期项目和 28 个中长期项目，其中亟待解决的课题有：（1）为促进创新改善社会环境，包括重新审查促进服务创新的法规政策、制定鼓励创新的新制度、建立新的工作方式和生活方式等；（2）增加对下一代的投资，包括增加面向年轻研究人员的竞争性研究资金、建立世界卓越的研究基地、培养领军型和多样化人才等；（3）进行大学改革，包括增强大学的研究和教育能力、提升日本大学的国际竞争力、重新审视文理科划分的体制、完善大学入学考试制度、与海外的大学和研究生院建立合作交流关系、创建世界开放型大学等；（4）依靠日本在环境和能源等领域的科技实力，实现增长并为世界作出贡献；（5）促进国民意识改革，增进国民对创新的理解。"技术革新战略"主要包括四个方面的内容：（1）大力实施技术创新项目，加快应用于社会，让国民能够切身感受到创新，如实施灾害信息通信系统、高速道路交通系统和家庭医疗看护等；（2）推进不同领域的战略性研发，包括在能源、环境、生命科学、纳米技术等重点领域从战略上推进研发；（3）推进富有挑战性的基础研究；（4）进行制度改革，强化进行创新的研发体制。

"创新 25 战略"是日本政府的国家战略声明，它是日本半个多世纪来继加工贸易立国（1950）、技术立国（1980）、科学技术创造立国（1995）、信息技术立国（2000）、知识产权立国（2002）、观光立国（2003）、投资立国（2005）、环境立国（2007）之后的又一重大国策。它要求政府的所有机构都必须遵循这一创新路线图，根据战略的特定目标来编制政府的预算，要求大幅增加教育经费并改革日本的大学，将公共经费更多地用于人力资源建设而不仅是物质基础设施的建设。"创新 25 战略"中提出的建议是提升日本创新能力的关键，尤其是将能源和环境作为经济发展的动力，以及要求大幅增加教育经费、改革日本的大学等。日本文部科学省随即在其 2008 年度的预算案中提出一系列新计划，希望通过增加对年轻科学家的资助经费、国际合作经费和教育经费等，全面实施政府的"创新 25 战略"。2009 年日本发布的《科学技术白皮书》以《知识创造·社会应用·人才培养》为题，具体介绍了战略实施的科技振兴成果。

（二）加速科技进步、打造可持续创新能力的需要

以上列举的创新型国家战略表明，国家创新战略的核心要素包括：通过研究产生的新知识，通过教育开发的科技人力资源、集聚的人力资本，精心打造的创新基础设施（组织机构、实验室、虚拟组织等各类平台），以及创新政策工具（税收、知识产权、研发投入等）。借助这些创新要素，一个创新型国家才能在以下兴衰攸关的三个方面有所作为（Duderstadt，2008）：（1）解决本国的优先事项，包括经济竞争力、国家和国土安全、公共卫生和社会保障；（2）应对全球性的挑战，适应包括能源、环境、人口、食品、卫生等在内的全球可持续发展，以及应对地区政治冲突；（3）找到新的发展机遇和机会，包括新兴的技术、跨学科的活动，以及开发复杂的大规模系统。把这些焦点问题归纳起来就是：借助科技人力资源加速科技进步，应对国家和民族发展所面临的种种新老问题。

我国在 2006 年的中长期科技发展《纲要》中针对科技进步列出了长长的清单，涵盖了 11 个重点领域中的 68 项优先主题、16 个重大专项、8 个技术领域的 27 项前沿技术、18 个基础科学问题，以及 4 个重大科学研究计划。其他国家的此类规划莫不如此。

例如德国在其 4 大重点领域中规划了 42 项主题：（1）健康领域的健康研究和医疗技术，包括"医学技术"行动计划、"临床研究"计划、"综合治疗研究中心"计划、"以治疗疾病为目标的功能网络"、"电子医疗卡"、"再生医学"等 6 项主题；（2）气候与能源领域的环境技术（含 3 项主题）、能源技术（含"可再生能源"等 8 项主题）、植物技术（含"植物基因组"等 5 项主题）；（3）交通领域的机车交通技术（含"安全智能交通"等 9 项主题）、航空技术（含 4 项主题）、海洋技术（含"深水技术系统"等 4 项主题）；（4）安全领域的安全技术（含"应急安全措施"等 3 项主题）。此外，德国还在 8 个关键技术领域提出了一系列关键技术的计划项目。

1. 信息与通信技术（ICT）

计划与措施包括：（1）"ICT2020"计划，重点资助汽车技术和自动化、健康与医疗技术、后勤学、基于 ICT 的服务与远程通信，以及能源技术和资源管理技术；（2）汽车电子计划，重点提高汽车的可靠性、确保道路交通安全、研发节能汽车，以及降低二氧化碳排放量；（3）"老龄人口的流动与协调"创新联盟，重点是联合医疗技术、通信技术和健康的相关组织共同研究能使老年人健康和独立生活的方案；（4）"特修斯计划"（THESEUS）——"德国信息社会 2010"（ID2010）计划的子项目，目标是发展新的、基于互联网的知识基础设施；（5）"电子政府 2.0"计划；（6）多媒体计划；（7）国家信息基础设施保护计划；（8）中小企业创新攻略。

2. 光学技术

计划与措施包括：（1）OLED 项目，建立 OLED 大规模生产线；（2）"塑料电池"计划，研发将光能转换成电能的塑料太阳能电池技术；（3）"分子成像技术"计划，加强基因标记物质、成像方法和图像处理等跨学科领域的合作；（4）第三代生物光子，利用光学方法进行活性细胞的透视与检验；（5）Volumenoptik 计划，对当前如手机和掌上电脑发光束造成挑战的一揽子技术方案；（6）兆兆赫技术，将其用于安全、测量、传感器、医学和通信等技术领域；（7）光学方法测量、检验与智能化；（8）用最佳的激光源加工材料；（9）"新光学"，研发新型的具有非常机敏特性的光学组合元件；（10）"神奇光学"培训计划；（11）"21 世纪光学"欧洲技术平台。

3. 生物技术

计划与措施包括：（1）聚焦"白色"生物技术的"生物产业 2021"计划；

(2)"走近生物"竞赛;(3)"微生物基因组研究拓展"资助计划,促进化学工业、制药工业、食品经济和生物技术能力的联合,协调参与企业的利益和优化技术转移;(4)"生物研究机会拓展"计划;(5)"高技术创办者基金",为年轻生物技术企业提供特别资助经费。

4. 纳米技术

计划与措施包括:(1)"开拓未来天地"行动,将纳米科技尽可能用于众多经济领域,尤其是汽车制造、机器和设备制造、电子技术/电子学、制药和医疗技术,以及纺织工业、环境领域、建筑和能源领域等;(2)"改善框架条件"计划;(3)"纳米技术:纳米颗粒对健康和环境的风险"战略课题;(4)"对话社会"计划;(5)"识别未来需求"项目。

5. 材料技术

计划与措施包括:(1)集约型材料和工艺,集中于功能集成型轻质建筑材料、有机光伏电和更节能的极限功率材料的研发;(2)可再生材料计划;(3)材料仿真创新平台;(4)超高核磁共振"INUMA"德法合作项目。

6. 生产技术

计划与措施包括:(1)"德国信息与研究联盟",探讨对创意的技术保护及执行现有保护法的有效途径;(2)"明天的生产研究"计划,重点资助"纳米技术投产"项目;(3)"德国制造业"技术平台计划;(4)"专科高等院校研究"计划,首先在机器制造和电气工程技术领域设立"工程师后备人才"的资助项目;(5)中小企业创新资助计划。

7. 微系统技术

计划与措施包括:(1)建立 4 个微系统技术中心;(2)"磁性微系统"创新平台,探究磁性微系统的新用途;(3)"智能植入物",为治疗重大常见病(如新陈代谢疾病、心血管与肿瘤疾病)和老龄特种疾病(如肌肉萎缩和神经疾病)寻找药物替代品;(4)"微系统技术的有机功能系统"项目;(5)"微系统技术的微纳米集成"项目;(6)"自动联网的传感器系统",研发全新的小型传感器系统的解决方案、产品和工艺;(7)磁性微纳米技术。

8. 宇宙技术

计划与措施包括:(1)TerraSAR-X 雷达成像卫星;(2)商用 RapidEye 小卫星;(3)国家宇航计划的几项新使命;(4)欧洲空间局的部分 GMES 宇航组

件研制。

我们不厌其烦地列出这些关键技术项目，是想要借此说明：它们不仅是技术先进、处于科学前沿的，而且在现有学科《目录》或《指南》中难觅踪影；它们不仅是多学科的集成，而且是科学技术与经济、管理、公共政策的大跨度交叉。更为重要的是，这些关键技术必须由并非现成的强大的科技人力资源来支撑。然而，这类科技人才从何处来？正在从事前沿探索和研发活动的现有科技人才当然是其主力，但他们在数量上严重短缺且无后备。因此，加速这类科技人力资源的开发就是当务之急。开发途径集中在：（1）新的跨学科教育计划的设置；（2）新的教育和研究组织的创办。本书的随后部分将会涉及详细的相关教育计划和机构，此处仅提及美国三个典型的创新组织：一个是美国的工程研究中心（Engineering Research Centers，ERC），一个是美国的科学和技术中心（Science and Technology Centers，STC），一个是美国计划兴办的发现式创新研究院（Discovery Innovation Institutes，DII）。

1. 工程研究中心（ERC）（王沛民、孔寒冰，2005）

工程研究中心是美国国家自然科学基金会（NSF）从 1985 年开始资助的一项工程教育改革计划。ERC 的首要目的即通过政府的政策导向，促使大学学术研究的资源被充分应用到工业产品创新上，帮助工业开发研究下一代关键性技术、解决重大工业和工程问题，维持美国在世界上的经济强国地位。此外，ERC 理念作为一种催化剂，通过大学和工业的联合，促使大学的工程教育向跨学科、宽基础的方向变化，从而促进教育和研究的整合，培养新型的跨学科工程人才。具体来讲，ERC 的使命包括三个方面：

（1）交叉学科研究和系统导向的研究。ERC 将工程和科学的不同学科结合在一起，并且强调对那些使美国保持其国际上领先地位的高新技术的研究。ERC 处于以发现作为动力的科学研究和以创新为其驱动力的工程研究的结合点上，同时由于其焦点落于下一代工程系统，因而产生了一种科学、工程和工业实践之间的协和作用和协力优势。

（2）教育及其超越计划。每一个 ERC 都形成了一种研究生、大学生在一个交叉学科的工作团队中和工业界伙伴紧密合作进行工作和研究的文化。ERC 实行工程教育和工程研究一体化，并让学生全方位地处于一种工程系统和工业实践一体化的系统中，这培养了学生在以后职业生涯中的胜任力。中心从 ERC 的战略目标出发进行课程创新，从而使 ERC 的教育在深度和广度上都适应了领导岗位终身的职业发展要求。

（3）工业界的合作和技术转移。ERC 建立了大学和工业界之间的强有力的联合，一些 ERC 甚至直接参与到一些服务行业中去，如卫生保健和公共代理等。工业界也通过各种方式活跃地参与到和 ERC 的合作中，如参与中心的战略计划、合作研究、指导学生和参与那些旨在加强工业合作和促进技术转移的孵化基地等。因而，ERC 为工业界提供了一种智力基础，它通过学生和教师参与一般的、长期性的挑战，从而产生出能够保证技术稳步发展和加速技术市场化的知识，同时也培养出了在工程领域更有生命力的学生。

ERC 的焦点是教育、研究和技术转移。每一个 ERC 虽然都各具特色，但所有 ERC 都共同具有以下特征：（1）一个战略性的视野，既要以产生促进复杂的下一代工程系统发展的成果为导向，又要以产生适应美国保持其在全球经济中的竞争性地位的需要的工程师为导向；（2）一个动态的、不断改进的战略研究计划，以保证 ERC 实现其战略性视野；（3）一个交叉学科的研究规划，从而促进工程、科学和其他学科的综合，并形成一个从发现到孵化阶段的连续体，同时也吸收研究生和大学生加入到其研究团队中；（4）一个与工业界的长期合作规划，包括计划、研究和教育，从而产生一个有效的从知识到创新的流程和一种新的工程师培养方式；（5）一个针对研究生和大学生的教育规划，从而产生一种一体化的、系统导向的智力环境和相应的课程创新体系；（6）把 ERC 扩展到其他的研究机构中，从而增强 ERC 实现其目标的能力，并且使工程研究中心的文化在大学和社会上得以传播。

2. 科学和技术中心（STC）（樊春良等，2005）

科学和技术中心是美国国家自然科学基金会（NSF）从 1987 年开始资助的一项大学基础科学研究改革计划。ERC 为 STC 提供了样板，它创立的大学研究和教育的新模式，构建了政府、工业和大学的三方伙伴关系，为社会培养出急需的科技人才。而在大学基础研究的广泛领域，大多没有这样的传统。1986 年白宫科学理事会（White House Science Council）的 Packard-Bromley 报告（即《美国学院和大学健康发展报告》）为 STC 计划的设立和启动提供了思想。该报告强调运用大学和工业现有力量解决国家面临的长期难题，明确地提出："现在到了把多学科、问题导向的工程研究中心的方法运用到更广泛的科学技术中心来的时候了。"

STC 被认为是促进基础研究与工业相结合、培养新型人才的一种有效方式。STC 包括三个方面的活动：（1）从事以大学为基础的学科交叉的研究；（2）开展创新性教育活动；（3）鼓励知识向社会其他部门转移。STC 借助这些活动：第一，促进所有科学领域前沿的基础研究；第二，努力改进科学和数学教育的质量；第三，把大学的科学和工程资源与国家实验室、私营企业的资源结合起来，促进这些机构之间的知识转移。

STC 的具体目标如下：

● 支持最高质量的研究和教育；

● 充分利用中心所能提供的研究复杂科学和工程学问题所需要的活动范围、规模、变化、期限、设备、设施等，创造和抓住产生新发现的机会；

● 支持不同学科或同一个学科内使用不同方法的前沿研究人员之间的接触和互动；

● 在研究与教育的管理活动中，充分吸引全国从各种多样化人群中来的知识人才的参与；

● 促进大学、学院之内和/或大学、学院与其他机构（州、地方、联邦机构、国家实验室、私营公司等）之间的组织联系和合作；

● 注重综合性的学习和发现，为美国学生准备广阔的职业道路；

● 促使科学和工程学服务于社会，特别是有关新的研究领域、有前景的新型仪器，以及有潜力的新技术。

3. 发现式创新研究院（DII）（Duderstadt，2008）

发现式创新研究院是在美国工程院（NAE）支持下，计划在理工科大学开办的一种创新型组织。这个新型机构具备三个典型特征：

（1）多方合作：联邦政府向研究院提供长期的核心支持（可能十年或者更长，可以有所变更）。州政府则以分担成本的方式参与（可能通过提供固定资产的方式）。工业界则作为合作伙伴，既提供与高校师生一起工作的员工，又提供直接的财政支持。大学则负责提供方针策略和组织实施（例如，明晰高效的知识产权政策、因地制宜的人事任免政策、灵活的财务管理措施），以及保证研究院实现绩效的必要的附加投入（例如，实体设施和虚拟组织）。

（2）跨学科：虽然多数发现式创新研究院会包括工学院（如同农业试验站一

定包含农学院），但同样需要与其他学术计划紧密联系，如此才可以通过爱好奇心驱动的研究以及其他与创新过程相关的学科（例如商学院、医学院及其他专业项目）产生新的基础性知识。这类基于校园的研究院还可能吸引创新者和企业家的参与与捐赠。

（3）人才培养：工学院和其他与研究院相关的学科需要重新构建其组织结构、研究活动和培养计划，以契合跨学科团队的工作模式，从而有效地将新知识转化为创新产品、过程、服务和系统，同时培养具备创新技能的毕业生。

构建中的发现式创新研究院有如下几种类型：

● 工程与物质科学、社会科学、环境科学以及商业计划相交叉的研究院。该类研究院旨在解决国家能源可持续发展的迫切问题，例如运输业中氢燃料的生产、存储、输送和使用。

● 工程与创造性艺术（视觉表演艺术、建筑和设计）以及认知科学（心理学、神经科学）相交叉的研究院。该类研究院旨在从事对创新过程本质的研究。

● 工程系统研究与商学院、医学院、教育学院以及社会行为科学相交叉的研究院。该类研究院旨在解决与为经济活动进行知识服务的部门相关的问题。

● 工程与社会科学和专业学院相交叉的研究院。该类研究院旨在从事与通信网络有关的研究，它们进行容量确定、瓶颈识别、延展性评估，以及包含陆上通信、电缆、无线和卫星通信的复杂系统的绩效评定，同时还涉及信息共享引起的法律、伦理、政治和社会问题。

● 工程、商业和公共政策计划与生物医学项目相交叉的研究院。该类研究院旨在研究开发药品、摸索医疗手段、制定协议和政策，以解决健康护理需求和对于老龄化人口的复杂社会选择问题。

通过大力开发科技人力资源来推动科技进步、回应挑战，已经成为现代化国家的一个常态。最新的例子可举出美国工程教育界正在实施的一项庞大的计划与活动。

2008 年 9 月，美国工程院发布题为《21 世纪工程大挑战》（Grand Challenges for Engineering in the 21st Century）的报告，列述了 14 项工程挑战：太阳能经济利用，氢能源开发，CO_2 封存技术开发，氮循环控制，清洁水供应，市政设施改造，健康信息建设，先进药物与治疗，思维技能再造，核恐怖防范，赛博空间安全，虚拟现实（VR）普及，个性化学习拓展，科学与工程合作。该报告分别就每一项"大挑战",阐明了它们的重要性、它们对工程的冲击、关键技术的焦点,以及回应挑战的策略思考(NAE,2008)。

2009 年 3 月,美国杜克大学(Duke University)工学院、欧林工程学院(Olin College of Engineering)、南加州大学(USC)工学院倡议成立一个协作组(consortium)来应对这 14 大挑战。美国工程院也迅速回应、大力支持,特别设立了一项"大挑战学者计划"(Grand Challenge Scholars Program,GCSP),提出了培养能够迎接大挑战主题的新型工程师的课程架构。新的架构包含五个部分:(1)涉及大挑战主题的设计或研究活动;(2)称为"工程+"的跨学科课程计划;(3)创业精神;(4)全球视野;(5)服务的学问。GCSP 计划安排一年时间征集意见和吸收协作组新成员,并争取 NSF 对全国性 GCSP 计划的立项资助。继 2009 年的首次全国峰会之后,GCSP 计划在 2010 年 3—5 月就大挑战主题连续举办五次系列高峰会议,并于 2010 年秋在洛杉矶再举办一次全国的高峰会议。根据该计划的安排,这一系列会议旨在:提高学生对工程与科学的兴趣;提高科学与工程对社会的显示度和重要性;强调认识工程教育必须联系政策、商务和法律,必须以学生为主体的重要性;提高学生对工程科技创业的兴趣;激发科学家、工程师、政策制定与研究者为成功解决复杂社会问题而在商务、法律、社会科学和人文学科方面加强未来合作的兴趣。

2010 年的五次峰会主题分别是:(1)"工程师与医药、核能安全利用、氢能源开发",3 月 3—5 日于北卡罗来纳州 Raleigh 举行,北卡州立大学和杜克大学承办;(2)"先进药物与治疗、氮循环控制、太阳能经济利用、个性化学习拓展",4 月 8—9 日于凤凰城举行,亚利桑那州立大学承办;(3)"CO_2 封存技术开发、清洁水供应、市政设施改造、先进药物与治疗",4 月 21—22 日于芝加哥举行,伊利诺伊理工学院、西北大学、伊利诺伊大学和芝加哥大学承办;(4)"大挑战的教育使命",4 月 21 日于波士顿举行,欧林工程学院等三校承办;(5)"先进药物与治疗、工程和科学的合作",5 月 2—3 日于西雅图举行,华盛顿大学承办。

用系统的观点看,全球面临的严峻挑战和科学技术进步(尤其是其关键技术)的推动力、市场和消费需求的拖动力、国家创新政策工具的助动力,以及创新型科技人力资源的策动力——这四种力量的合力就像一部四缸发动机,是创新型国家建设不可或缺的动力源。高等教育界在此不仅能够发挥积极的重要力量,而且具有不可推卸的重大使命。

（三）重塑大学精神、落实科教兴国战略的需要

对于科技人力资源能力建设，高等院校是一个强大的阵地，是一支重要的方面军。这一方面是由大学培育人才的基本属性所决定的，一方面也是由大学对知识的生产、传播和应用的优势条件所决定的。所谓大学的精神，其实就是在特定环境背景下大学功能发挥的态度和价值取向。尽管这种精神是在大学历史发展中淀积凝聚而成，相对稳定，但它总应当发挥引领文化、创造未来的功用。抱残守缺、故步自封是一种取向，开拓创新、努力奋进是另外一种取向，反映着两种不同的大学精神风貌。从大学的传统讲，保守与革新相比总是占据上风的，大学对外部环境和需求的变化也并不总是自觉地积极应对。从历史上看，绝大多数大学的任何较大的变动都是由外力造成的，只有为数不多的学校能够率先顺应形势，引导潮流，开创新的时代风尚。19 世纪初第一次学术革命中研究型大学的问世，曾经被多少古典大学嗤之以鼻；20 世纪后期至今的第二次学术革命中创业型大学的崛起，同样让许多老牌综合性大学不以为然。

对中国的大学来说，要把科教兴国落到实处，首要的可能并不是张扬国学精粹、增加人文修养，而是塑造新时代的大学精神。今天的时代是飞速发展与变革的时代，人类社会前进的速度高于有史以来任何时代的发展速度。只要不带偏见，人们都会承认现代文明的这种进步主要是由现代科学技术助动的社会生产力造成的。邓小平同志曾说："科学技术是第一生产力。"江泽民同志进一步指出："工程科技是第一生产力的一个最重要因素。"胡锦涛同志在 2006 年两院院士大会上也作了宣布和动员："抓紧并持之以恒地培养造就创新型科技人才……把培养造就创新型科技人才作为建设创新型国家的战略举措，加紧建设一支宏大的创新型科技人才队伍。"其实，发达国家自知识经济到来之后，就一直不断地加大科技人力资源开发的力度，励精图治、强化实力，夺取国际竞争力的制高点。下面的这张不完全清单，就是它们十多年来具体制定的一系列方针大略和政策实施：

- 《面对变化世界的工程教育》（美国工程教育协会，1994）；
- 《重建工程教育：聚焦变革》（美国国家自然科学基金会，1995）；
- 《工程教育：设计一个适配的系统》（美国国家研究委员会，1995）；

- 《科技人力资源（HRST）手册》（经济合作与发展组织，1995）；

- 《塑造未来：透视科学、数学、工程和技术的本科教育》（美国国家自然科学基金会，1996）；

- 《科学与工程人力：挖掘美国的潜力》（美国国家自然科学基金会，2003）；

- 《增加欧洲的科学技术人力资源报告》（欧盟委员会，2004）；

- 《科学与创新投资框架计划（2004—2014）》（英国贸工部、财政部和教育部联合报告，2004）；

- 《维护国家创新生态系统：保持美国强势的科学与工程能力报告》（美国总统科技顾问委员会，2004）；

- 《2020 的工程师：新世纪工程的愿景》（美国工程院和美国国家自然科学基金会，2004）；

- 《培养 2020 的工程师：为新世纪而改革工程教育》（美国工程院和美国国家自然科学基金会，2005）；

- 《搏击风暴：美国动员起来为着更加辉煌的未来》（美国学术院，2005）；

- 《21 世纪工程教育：工业的看法》（英国皇家工程院，2006）；

- 《美国的紧迫挑战：建设一个更加强大的基础》（美国国家科学委员会，2006）；

- 《国家行动计划：应对美国科学、技术、工程和数学教育系统的紧急需要》（美国国家科学委员会，2007）；

- 《努力推进工程教育》（美国国家科学委员会，2007）；

- 《培养 21 世纪的工程师》（英国皇家工程院，2007）；

- 《变革世界的工程：工程实践、研究和教育的未来之路》（密歇根大学，2008）；

- 《培养工程师：谋划工程的未来》（美国卡耐基教学促进基金会，2008）；

- 《研究与开发：美国在全球经济中竞争力的实质性基础》（美国国家科学委员会，2008）；

- 《再造欧洲的工程教育》（欧盟 E4 计划，2008）；

- 《K-12 教育中的工程教育：现状与改进》（美国工程院和国家研究委员会，2009）；

- 《推进教育与训练的里斯本目标：指标与基准》（欧盟委员会，2009）。

我国自 20 世纪 90 年代以来，在全球发展与竞争态势驱动下，陆续有过一些对相关对策的研究和研究结果的发表，例如：

● 《改革我国高等工程教育，增强我国国力和国际竞争力》（中国科学院，1994 报告）；

● 《我国工程教育改革与发展》（中国工程院，1998 报告）；

● 《培养未来的中国工程师》（浙江大学等六校，2001 报告）；

● 《面向创新型国家的工程教育改革研究》（教育部科学技术委员会，2006 报告）；

● 《创新型工程科技人才培养研究》（中国工程院，2006 启动，2009 报告）；

● 《科学与工程教育创新研究》（中国科学院，2007 启动，2009 报告）；

● 《我国工程科技人才成长若干重大问题研究》（中国工程院，2010 启动）。

这些咨询研究及其对策建议不乏真知灼见，但由于缺乏相应的宏观政策形成机制的支持，其结果仍旧落入"结题、评审、出版、报奖"的套路，很少进入高层决策的视野，更不要说形成国家意志，也谈不上去影响教育界的相关实践。

21 世纪的人类已经处在信息时代，但很少人意识到自己还生活在一个创业的时代。这个时代既要求我们继承和发扬优良的传统，更要求我们去面对和开创美好的未来。很难设想，如果不塑造 21 世纪大学走出象牙塔的时代精神，如果不把创新创业作为现代大学的历史使命，如果不抓紧建设中国的科技人力资源能力，我们的素质教育、人文精神、爱国主义还有什么意义？科教兴国岂不是成了一个空洞无物、有气无力的口号？

三、本研究的思路与框架

鉴于 HRST 是国家的战略资源和提升国家竞争力的核心要素，关系到国家、民族的未来和科技事业的前途，本研究将围绕这个关键主题，着力探讨其能力建设的要害之一，即高等教育阶段的科技人才培养造就问题。国家的社会主义建设事业的发展，要求教育部门源源不断地提供大批的、高素质的、有创新创业精神和能力的人才，尤其是科技人才。因此，本课题在占有充分的相关文献和数据基础上，致力于解答三个问题：

（1）大学和高等教育的时代精神与应有贡献是什么？

（2）提升科技人力资源能力的方法和路径是什么？

（3）对宏微观层面的相关政策诉求是什么？

在本章（第1章）提出科技人力资源能力建设的问题之后，课题分三个大的部分讨论研究并回答了上述问题。

第一部分（第2章）：全球 HRST 能力建设态势与特征。

在此部分，分节论述 OECD 组织和欧盟国家的 HRST 的问题提出、政策设计与能力建设的主要进展；分节讨论代表性国家 HRST 能力建设的不同特色，包括美国的体现 HRST 系统集成的"科学、技术、工程、数学"战略与实施，德国的强调国家创新能力中的 HRST 重点定位与举措，俄罗斯的借助国际化战略强化 HRST 的开发等竞争性策略。

第二部分（第3至第6章）：HRST 能力建设的创新实践与探索。

在此部分，通过大量的中外大学开发 HRST 的典型个案，分章论述以下重大的主题：创业型大学提供的机遇，创业创新教育的模式，新型学科教育计划的设置，系统性改革的倡议与实践，以及借助产学合作的 HRST 开发战略，借助国际化、信息化的科教平台和大学战略联盟的 HRST 开发战略。在对这些个案进行充分研究的基础上，揭示 HRST 能力建设的理念、方法与途径。

第三部分（第7章）：HRST 战略设计与行动计划。

在此部分，基于我国 HRST 状态的一般描述，讨论 HRST 战略设计的目标与原则，设计和构造相应的行动计划方案，以及在国家宏观层面和大学微观层面提供经充分论证的可行政策建议。

（孔寒冰　刘继荣　陈　劲　邹晓东　王沛民　撰文）

第 2 章

全球 HRST 能力建设态势与特征

在国际金融风暴一波三折、财政危机和经济危机阴云密布之际，我国《国家中长期人才发展规划纲要（2010—2020 年)》及时出台，不仅重申了人力资源的重大战略意义，而且对各类人力资源的开发进行了周密布署，为走出危机阴霾筹划了积极行动。

人力资源中的科技人力资源（HRST)，在今天各国借助科技第一生产力振兴经济、获取实体经济优先地位、打造创新未来的过程中，可能是最为重要的一种人力资源。HRST 最先被世界经济合作与发展组织（OECD）和欧盟国家（EU）识别，它们将其作为国家竞争力和经济实力、创新能力的重要指标，并在其能力建设过程中精心呵护、大力扶持，取得了许多各具特色的经验。

本章分为六节，分别讨论 HRST 能力建设的全球态势及其典型特征。首先利用较新的数据介绍 HRST 的国际状况，适当加以比较；随后一般性讨论 OECD 和 EU 两大国际组织对 HRST 的普遍重视程度、发展趋势和相关的政策实施。对 HRST 的能力建设，不同国家有不同的策略重点，由此也形成了各自的特色。本章有选择地揭示了三个国家 HRST 能力建设的战略举措：美国加强科学、技术、工程和数学（STEM）四大学科教育，造就 STEM 人才的举国体制和政策实施；德国把 HRST 作为国家创新能力的焦点，对其加大投入和开发力度的战略视角；以及俄罗斯在保持 HRST 能力传统优势的基础上，近年来借助国际化战略努力获取新的优势。

第1节 科技人力资源状况的国际比较

高等教育承担着发展人力资本的社会功能，它借助知识的研究和开发建立知识的基础，同时对知识加以传播、应用和维护。高等教育中的科学与工程教育（S&E教育）提供了有竞争力的劳动力所必需的先进技术；特别是研究生的S&E教育，提供了未来科学家和工程师创新所必需的研究能力。本节根据美国国家科学理事会（NSB）提供的连续出版物《科学与工程指标2010》（*Science and Engineering Indicators 2010*），介绍美国科学与工程人力资源的最新数据，以及世界主要国家理工科人力资源状况的比较。

一、美国高等教育中的S&E教育

本部分从介绍美国高等教育体系及其提供的S&E教育的特征开始，着重介绍其本专科和研究生的S&E教育，以及博士后教育的一般情况。

1. S&E教育概况

高等教育中的S&E教育是极为重要的，因为它所造就的受过教育的S&E劳动力和有知识的公民，是科技人力资源中最为重要的一部分。作为美国经济竞争力的重要组成部分，S&E教育在美国已经受到很多的重视。美国总统奥巴马2009年2月24日在国会两院联席会议上，呼吁所有的美国人承诺接受至少一年的中学后教育。本部分主要介绍高等院校提供的S&E教育的特征和趋势，以及学生和学位获得者的特征。

美国的高等教育系统包括许多类型不同的学术机构，它们有不同的任务使命、学习环境、宗教信仰，提供不同的学位类型和服务类型，包括公共或私人的和营利性或非营利性的。授予学位的院校机构数（包括分校机构）已从1975年的约3 000所增加到2007年的约4 300所，其中在20世纪70年代和80年代经历了快速增长，在2000年到2007年经历了再次增长，后者主要是营利性机构的数量增长。2007年，美国的学术机构授予了超过290万的副学士、学士、硕士和博士学位，其中23%发生在科学与工程领域。

研究型大学（即具有大量研究活动的、有博士学位授予权的大学）是 S&E 的学士、硕士和博士学位的主要产出机构。2007 年，研究型大学在科学与工程领域授予了 S&E 的 70% 的博士学位、40% 的硕士学位和 36% 的学士学位。2007 年，硕士型学院和大学授予了 S&E 的 28% 的学士学位和 25% 的硕士学位。学士型院校则是相对较少的 S&E 学位的其他来源（13%）。

社区学院（也称为两年制大学或副学士学院）培养能直接就业的或以副学士学位过渡到四年制学院或大学的学生。因此，它们也提供一定数量的 S&E 教育或与 S&E 相关的职业教育，这些职业教育的要求比学士学位要求低。

近年来高等教育领域的营利性机构高速增长，已被公共的和非营利性的大学视为一种竞争威胁。2007 年，大约 2 800 所美国高校以营利为基础，超过一半的这些机构提供 2 年的学习计划，并且学位授予的不到一半。在这些授予学位的院校中，授予副学士学位的接近一半。2007 年，营利性院校在学士、硕士和博士层次上授予了 2%～3% 的 S&E 学位，在副学士层次上授予了 29% 的 S&E 学位。由营利性院校授予的 97% 的副学士学位、86% 的学士学位都在科学和工程领域，该领域的 S&E 硕士和博士学位相对较少。

美国高等教育最近的招生趋势反映了美国大学的适龄人口（20～24 岁）正在扩大。本科招生人数、S&E 的学士学位授予数和 S&E 的研究生招生人数普遍上涨，上涨速度远高于人口增长速度。但在 20 世纪 90 年代中期，美国的大学适龄人口尤其是白人人口在下降；所有领域的本科生报名人数和某些领域的学士学位授予数都下降，S&E 的研究生招生人数和 S&E 博士学位授予数在数年后下降。相对于人口趋势，经济总体增长速度高于高等教育招生人数和学位授予数的增长速度。也就是说，这段时期的招生人数和学位授予数相对于美国经济（GDP）普遍下滑（见图 2—1）。

准备攻读 S&E 的学生的构成已变得更加多样化：女性从 1993 年占新生的 44% 增加到 2008 年的 47%；白人学生从 1993 年占新生的 79% 下降到 2008 年的 69%，而亚裔学生比例从 1993 年占新生的 6% 提高到 2008 年的 12%，西班牙裔学生从 1993 年占新生的 4% 提高到 2008 年的 12%，美洲印第安人学生在 1993 年和 2008 年均占新生的 2% 左右，黑人学生则均约占 11%。

外国学生在美国注册本科学位的人数在 2007—2008 学年增加了 5%，接近 17.8 万人。韩国（近 3.3 万）、日本（近 2.1 万）、中国（1.65 万）、加拿大

Undergraduate
enrollment (thousands)

Graduate enrollment and
bachelor's degrees (thousands)

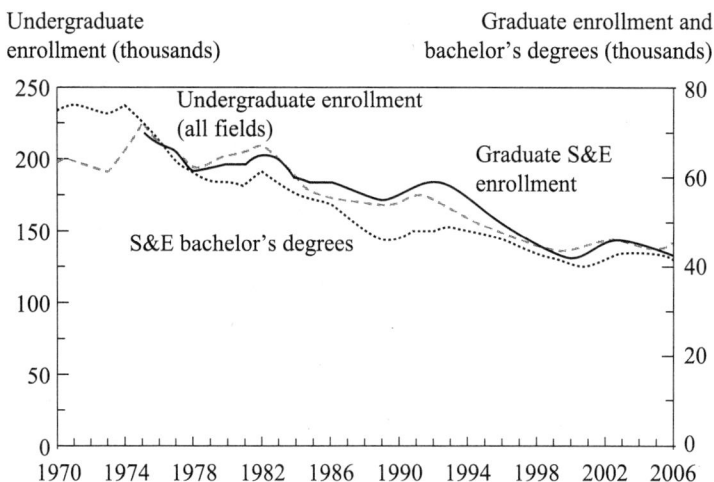

图 2—1　每 10 亿美元 GDP 的招生数和 S&E 学士数（1970—2006 年）

资料来源：S&E Indicator 2010, Fig. 2—1。

（1.36 万）和印度（1.36 万）学生占据了 2007—2008 学年在美国留学的本科生中的绝大部分，其中，中国本科生数量比前一学年增长了 65%，而韩国和印度的本科生分别增长了 17% 和 8%。在 2007—2008 学年间，这些外国学生中（毕业的和还没有毕业的），学习物质科学和生命科学的学生数量与前一年相比增加了 2%，学习农业科学的增加了 20%，学习工程的增加了 7%，学习电脑科学的增加了 4%，学习数学的则增加了 9%。

　　公民与移民服务局的数据显示，从 2008 年 4 月到 2009 年 4 月，注册科学和工程的外国本科生增长了 11%，大多数注册的是工程。2009 年春季，韩国、中国、日本、加拿大和印度是美国本科留学生的主要来源国家，也是 S&E 本科留学生的主要来源国家（见图 2—2）。尼泊尔和沙特阿拉伯的在美本科生在所有本科留学生中占据的数量虽然不多，但它们在 S&E 领域派遣了大量的留学生，比加拿大和日本的还要多。

　　在 20 世纪 80 年代和 90 年代的大部分时候，工程本科招生量都在减少，从 2000 年到 2003 年有所上升，但 2006 年略有下降；2007 年上升至 43.19 万（见图 2—3，表 2—1），是自 20 世纪 80 年代初以来最高的。全日制研究生新生入学情况相似，2007 年达到 11.06 万，达到自 1982 年以来的最高水平。20 世纪 80 年代和 90 年代工程本科招生量的走势与 20 世纪 90 年代初的大学适龄人口下降，特别是 20～24 岁白人人口的下降相似，20～24 岁白人是工科招生的主要生源。

表 2—1　美国工程专业和工程技术专业的本科入学人数（1993—2007 年）

入学水平	1993	1994	1995	1996	1997	1998	1999	2000	2001	2002	2003	2004	2005	2006	2007
工程															
学生数	375 944	367 298	363 3.5	356 177	365 358	366 991	361 395	390 803	409 557	421 178	421 791	411 635	409 326	405 489	431 910
全日制	337 817	328 463	325 459	317 772	326 458	329 657	323 713	353 118	367 954	383 109	384 612	377 040	375 112	371 720	399 429
大一	88 875	85 047	86 299	85 375	90 882	94 909	93 951	101 773	106 825	107 086	103 834	102 395	100 411	100 228	110 558
大二	69 974	68 177	67 931	66 475	67 879	69 608	69 941	76 706	78 348	81 854	82 542	80 704	79 664	78 418	87 018
大三	73 449	71 753	68 834	67 190	68 812	67 638	66 975	74 055	76 938	79 806	80 703	78 014	78 891	77 970	82 094
大四或大五	105 519	103 486	102 315	98 732	98 885	97 502	92 846	100 584	105 843	114 363	117 533	115 927	116 146	115 104	119 759
非全日制	38 127	38 835	37 836	38 405	38 900	37 334	37 682	37 685	41 603	38 069	37 179	34 595	34 214	33 769	32 481
工程技术															
学生数	106 976	107 275	105 839	105 345	108 459	108 993	108 754	107 165	108 886	112 654	110 250	107 931	97 371	96 371	99 476
全日制	65 581	66 457	63 929	62 330	67 864	68 545	69 173	66 771	71 147	72 704	72 040	69 584	62 560	61 977	61 743
大一	24 824	24 574	25 655	26 583	30 227	28 367	29 490	29 531	31 588	30 252	28 033	27 938	25 388	23 195	26 299
大二	19 962	20 997	18 853	17 267	19 106	18 426	17 326	18 318	19 171	20 360	21 009	19 364	17 465	17 641	16 466
其他相关学制	2 564	3 121	2 007	2 780	3 442	6 080	5 289	2 474	2 207	2 786	3 720	2 827	1 822	2 702	2 410
本科工程技术大三及以上	18 231	17 765	17 394	15 700	15 089	15 672	17 068	16 448	18 181	19 306	19 278	19 455	17 885	18 439	16 568
非全日制	41 395	40 818	41 880	43 015	40 595	40 448	39 581	40 394	37 739	39 950	38 210	38 347	34 811	34 394	37 733

资料来源：S&E Indicator 2010，附录表 2—9。

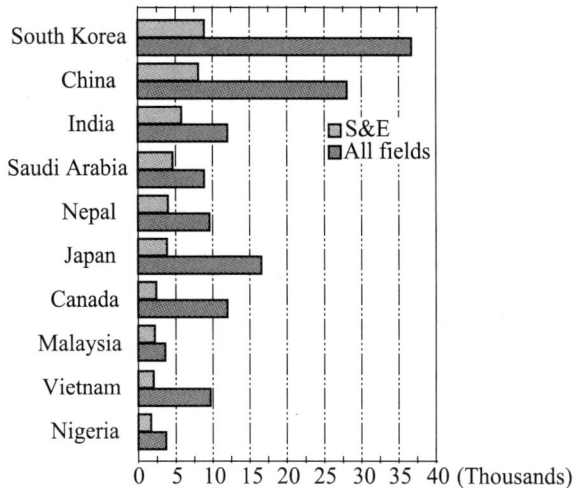

图 2—2　美国本科外国学生情况（2009 年 4 月）

资料来源：S&E Indicator 2010，Fig. 2—3。

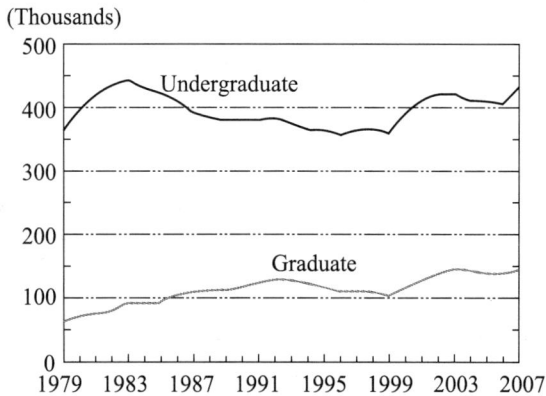

图 2—3　工程本科生和研究生入学变动情况（1979—2007 年）

资料来源：S&E Indicator 2010，Fig. 2—4。

2. 本专科的 S&E 教育概况

在过去 20 年，美国高等院校在 S&E 和非 S&E 领域授予的学位数量不断增多，该趋势将至少持续到 2017 年。

（1）S&E 的副学士学位。

社区学院通常是获得相对低廉的高等教育的重要门户。副学士学位主要通过社区学院两年制的课程学习获得，对某些人而言是最终学位，但其他一些人则继续参加四年制学院或大学学习，随后获得更高的学位。许多学生还未获得副学士学位就直接进入学士学位授予机构。2007 年，获得 S&E 和 ET（工程技术）专业的副学士学位的人数约占副学士学位总数的 11%。

在所有类型的学术机构中，获得 S&E 副学士学位的人数从 1993 年的 2.34 万人增加至 2003 年的 6.28 万人，但是到 2007 年下降至 4.75 万人。2003 年的大幅增加和随后的减少，都是由于计算机科学专业在 2003 年达到高峰。ET 专业（因其侧重应用，故不在 S&E 学位总数范围内）的副学士学位获得者人数，从 20 世纪 90 年代初的 4 万人减少至 2007 年的 3.01 万人。

2007 年，副学士学位的女性获得者，由 1993 年的 59% 增加至 62%，但是她们在 S&E 副学士学位获得者当中所占的份额越来越少：从 1993 年的 48% 下降至 2007 年的 39%。这主要是由于她们在计算机科学中的份额在下降，由 1993 年的 51% 下降至 2007 年的 26%。

（2）S&E 的学士学位。

学士学位是 S&E 的最普遍学位，在 S&E 授予的所有学位中所占比重大于 70%。在 1993—2007 年的 15 年间，S&E 的学士学位始终占所有学士学位数量的 1/3。S&E 的学士学位获得者人数稳步增长，由 1993 年的 36.6 万人增加到 2007 年的 48.58 万人。

S&E 领域的学士学位获得者人数变动趋势在不同专业中情况不一（见图 2—4）。社会和行为科学的学士学位获得者人数在 20 世纪 90 年代相对平稳后急剧上升，然后到 2007 年再趋平缓。在 20 世纪 90 年代末，工程、数学和物质科学的学士学位获得者人数有所下降，但到 2007 年则开始上升。从 1998 年到 2004 年，计算机科学的学士学位获得者人数急剧增加，但随后开始下降。生物科学学士学位获得者人数除了 2000 年到 2002 年下降外，其他年份普遍增加，并在 2007 年达到新的高峰。

自 1982 年以来，就读本科的女性人数多于男性，多年来她们在本科各专业及 S&E 的本科中取得相对稳定的成绩。2002 年以来，女性已获得了所有学士学位中的约 58%；2000 年以来，她们获得了大约一半的 S&E 学士学位。在 S&E 领域内，男性和女性往往选择不同的专业。2007 年，男性获得的学士学位大多数为工程（81%）、计算机科学（81%）、物理学（79%）专业的；女性则在心理学（77%）、农业科学（50%）、生物科学（60%）、化学（50%）以及社会科学（54%）这些专业中获得了一半甚至更多的学士学位。

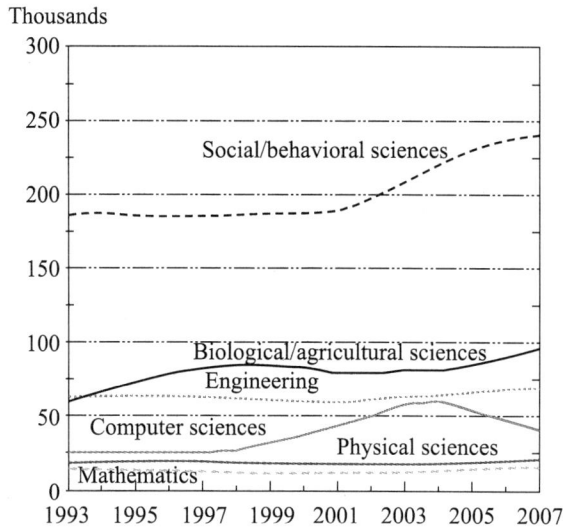

图 2—4　S&E 学士学位变动情况（1993—2007 年）

资料来源：S&E Indicator 2010, Fig. 2—5。

自 1995 年以来，持有美国临时签证的学生在 S&E 领域获得的学士学位数量占总量的比例很小，仅有 4%。2007 年，在这些学生获得的学士学位中，经济学占 9%，电气工程及工业工程大约占 10%。他们 S&E 的学士学位获得者人数由 1995 年的大约 1.47 万人增加到 2004 年的大约 1.88 万人，但是 2007 年又下降到 1.74 万人。

3. 研究生的 S&E 教育概况

（1）一般性描述。

S&E 的研究生是未来的高技能劳动力和知识经济时代研究人才的主要来源。2006 年秋季，美国 S&E 的研究生招生人数为 59.76 万人，达到新的高峰。S&E 的研究生入学量从 20 世纪 70 年代开始经过长期的增长，到了 90 年代后半期下降，然后在 2006 年稳步上升。2006 年的增长量主要出现在最主要的科学和工程领域，除了农业科学（仍然保持不变）和计算机科学（已下降数年）。工程在近几年的招生量下降，但从 2006 年又开始上升。据工程劳动力委员会和美国工程教育协会的数据显示，工程研究生招生量在 2007 年继续上升。此外，全日制工程研究生人数在 2007 年达到 10.49 万人，也创下新高（见表 2—2）。

女性在 S&E 领域的份额也在继续增加。女性 S&E 的研究生在 1993 年占 42%，2006 年占 50%。但是不同专业差异很大。2006 年，女性研究生主要分布

表 2—2　美国工科入学人数（按注册类型）（1987—2007 年）

年份	本科						研究生					
	总数		全日制		非全日制		总数		全日制		非全日制	
	人数	百分比	人数	百分比	人数	百分比	人数	百分比	人数	百分比	人数	百分比
1987	392 198	100.0	356 998	91.0	35 200	9.0	110 778	100.0	69 343	62.6	41 435	37.4
1988	385 412	100.0	346 169	89.8	39 243	10.2	112 007	100.0	69 226	61.8	42 781	38.2
1989	378 277	100.0	338 529	89.5	39 748	10.5	114 048	100.0	68 967	60.5	45 081	39.5
1990	380 287	100.0	338 842	89.1	41 445	10.9	117 834	100.0	72 456	61.5	45 378	38.5
1991	379 977	100.0	339 397	89.3	40 580	10.7	123 497	100.0	74 568	60.4	48 929	39.6
1992	382 525	100.0	344 126	90.0	38 399	10.0	128 854	100.0	78 651	61.0	50 203	39.0
1993	375 944	100.0	337 817	89.9	38 127	10.1	128 081	100.0	78 885	61.6	49 196	38.4
1994	367 298	100.0	328 463	89.4	38 835	10.6	122 242	100.0	74 596	61.0	47 646	39.0
1995	363 315	100.0	325 489	89.6	37 826	10.4	118 506	100.0	72 215	60.9	46 291	39.1
1996	356 177	100.0	317 772	89.2	38 405	10.8	113 063	100.0	70 129	62.0	42 934	38.0
1997	365 358	100.0	326 458	89.4	38 900	10.6	112 257	100.0	70 447	62.8	41 810	37.2
1998	366 991	100.0	329 657	89.8	37 334	10.2	110 355	100.0	69 519	63.0	40 836	37.0
1999	361 395	100.0	323 713	89.6	37 682	10.4	105 005	100.0	67 633	64.4	37 372	35.6
2000	390 803	100.0	353 118	90.4	37 685	9.6	118 257	100.0	81 821	69.2	36 436	30.8
2001	409 557	100.0	367 954	89.8	41 603	10.2	128 764	100.0	87 187	67.7	41 577	32.3
2002	421 178	100.0	383 109	91.0	38 069	9.0	140 240	100.0	97 752	69.7	42 488	30.3
2003	421 791	100.0	384 612	91.2	37 179	8.8	147 940	100.0	103 223	69.8	44 717	30.2
2004	411 635	100.0	377 040	91.6	34 595	8.4	147 497	100.0	102 975	69.8	44 522	30.2
2005	409 326	100.0	375 112	91.6	34 214	8.4	139 755	100.0	97 676	69.9	42 079	30.1
2006	405 489	100.0	371 720	91.7	33 769	8.3	139 905	100.0	99 750	71.3	40 155	28.7
2007	431 910	100.0	399 429	92.5	32 481	7.5	147 398	100.0	104 936	71.2	42 462	28.8

资料来源：S&E Indicator 2010，附录表 2—15。

在心理学（76％）、医疗/其他生命科学（78％）、生物科学（56％）、社会科学（54％）。她们几乎占到地球、大气、海洋科学（47％）和农业科学（48％）研究生的一半，占了数学（37％）、化学（40％）、天文学（34％）的 1/3 以上的比例。2006 年，她们在计算机科学（25％）、工程（23％）和物理学（20％）领域则占了较低份额，虽然这些数据高于 1993 年（分别为 23％、15％和 14％）的数据。

注册 S&E 研究生的外国学生人数从 1993 年的 11.03 万人增至 2003 年的 15.5 万人，随后两年下降，从 2006 年开始略微回升至 15.1 万人。1993 年至 2006 年，外国学生注册最多的专业为工程（45％）、计算机科学（44％）、物质科学（40％）、数学（36％）和经济学（52％）。

公民与移民服务局的数据显示，从 2008 年 4 月至 2009 年 4 月，外国研究生人数持续增加，在 S&E 领域的注册量增加了 8％（见表 2—3）。近几年，大部分的增长主要集中在计算机科学（增长 13％）和工程（增长 11％）领域。2009 年 4 月，印度派遣 56 680 名学生修读 S&E 的研究生课程，中国则为 36 890 人，两个国家在美的 S&E 研究生人数占了美国所有国外 S&E 研究生总数的一半以上。韩国、中国台湾地区、土耳其也派遣大量学生修读 S&E 的研究生课程，韩国和中国台湾地区留学生中修读非 S&E 领域（主要是商科和人文科学）研究生课程的人数也很多。

超过 1/3 的 S&E 研究生是自付学费，主要靠贷款、自有资金或家庭的资金；对另外约 3/2 的研究生的财政支持主要来自联邦政府、学校、雇主、非营利组织和外国政府，资助途径包括助研（RAs）、助教（TAs）、奖学金和培训费（traineeships）。

联邦政府对研究生教育的大部分财政支持，是以 RAs 补助金的形式拨款给学校去做学术研究。RAs 是联邦政府 S&E 全日制研究生的财政支持的主要形式，所占比例由 1993 年的 66％增至 69％。奖学金和培训费占联邦政府资助资金的 21％。S&E 全日制研究生的培训费占联邦政府总资助金的比例，从 1993 年的 15％降至 2006 年的 12％，奖学金的比例从 11％下降到 10％。在 2006 年收到的非联邦资助资金中，TAs（39％）是最主要的途径，其次是 RAs（30％）。

对于博士研究生，各博士学位授予机构在主要资助途径上存在巨大差异。2007 年，RAs 是对研究型大学 S&E 博士生的主要资助途径；奖学金或培训费是对医科大学博士生的主要资助途径，主要由美国国家卫生研究所（NIH）拨款。而博士/研究型大学（即具有极少量研究活动的博士学位授予机构）则较少获得

表 2—3　美国大学注册的外国留学生人数（按领域和生源地）（2008 年 4 月和 2009 年 4 月）

生源地	所有领域	S&E	农业科学	生物科学	计算机科学	工程	数学	物质科学	心理学	社会科学	非 S&E
2008 年 4 月											
所有地区	251 360	146 020	3 440	16 920	23 740	57 770	7 370	16 380	3 080	17 330	105 340
印度	67 890	50 290	700	4 490	13 540	26 570	720	2 760	270	1 250	17 600
中国	46 600	33 140	690	5 160	3 480	11 220	3 290	5 880	260	3 140	13 450
韩国	23 620	9 830	230	990	870	3 940	580	940	260	2 030	13 790
中国台湾地区	15 870	5 980	130	990	730	2 370	280	530	210	740	9 900
土耳其	5 370	3 330	30	230	290	1 300	160	340	90	890	2 050
日本	5 600	2 240	80	270	110	320	90	220	220	950	3 360
加拿大	8 160	2 090	80	370	70	330	80	250	390	530	6 070
伊朗	2 190	1 840	20	80	160	1 280	50	130	30	100	350
尼泊尔	2 890	1 630	110	130	390	420	70	310	10	190	1 260
泰国	4 200	1 390	70	70	300	580	40	90	20	240	2 810
墨西哥	2 860	1 380	100	130	90	440	80	190	40	310	1 480
德国	2 720	1 350	30	180	120	230	100	220	80	380	1 370
哥伦比亚	2 240	1 310	70	250	60	450	70	180	20	210	930
沙特阿拉伯	2 520	1 170	10	70	340	490	30	90	20	140	1 340
法国	2 030	1 020	20	100	50	420	70	140	10	200	1 010
俄罗斯	1 720	990	10	110	90	130	90	310	20	220	740
巴基斯坦	1 540	930	10	40	250	400	20	90	10	120	610
斯里兰卡	1 090	890	30	100	70	160	90	380	10	50	210
尼日利亚	1 880	850	30	90	110	380	20	100	10	110	1 040
罗马尼亚	1 430	840	10	100	130	120	120	170	30	170	590
其他地区	48 940	23 530	980	2 970	2 490	6 220	1 320	3 060	1 070	5 360	25 380
2009 年 4 月											
所有地区	270 770	158 430	3 660	17 830	26 860	64 300	8 120	16 800	3 090	17 770	112 340

续前表

生源地	所有领域	S&E	农业科学	生物科学	计算机科学	工程	数学	物质科学	心理学	社会科学	非 S&E
印度	76 100	56 680	730	5 120	15 800	29 790	780	2 960	260	1 240	19 410
中国	53 800	36 890	830	5 290	3 970	13 110	3 840	6 070	300	3 470	16 910
韩国	24 150	9 880	220	980	940	3 910	590	900	270	2 070	14 270
中国台湾地区	15 380	6 110	140	990	700	2 470	300	540	210	760	9 270
土耳其	5 390	3 340	20	240	320	1 290	160	330	80	910	2 050
伊朗	2 830	2 390	20	90	210	1 710	60	170	30	110	440
日本	5 200	2 110	70	260	100	320	80	210	190	890	3 100
加拿大	8 030	2 080	90	360	70	300	90	220	420	540	5 950
尼泊尔	3 350	2 020	130	180	490	540	90	370	10	220	1 330
墨西哥	2 980	1 430	100	150	100	460	90	180	40	320	1 550
哥伦比亚	2 420	1 410	70	250	70	500	90	190	30	220	1 010
泰国	4 140	1 380	70	80	270	610	40	90	20	210	2 760
德国	2 740	1 360	30	190	120	240	100	200	80	390	1 380
沙特阿拉伯	3 010	1 310	10	80	370	530	40	110	20	160	1 700
法国	2 120	1 070	20	100	50	470	70	140	20	210	1 050
斯里兰卡	1 250	1 020	40	100	100	190	110	450	10	40	230
俄罗斯	1 760	960	20	110	80	130	90	300	20	210	800
尼日利亚	2 250	960	40	100	120	440	20	100	10	120	1 280
孟加拉国	1 190	940	10	60	180	510	30	60	0	90	250
巴基斯坦	1 510	920	10	40	220	430	30	70	10	120	590
其他地区	51 140	24 150	1 010	3 070	2 590	6 350	1 440	3 150	1 080	5 460	27 000

资料来源:S&E Indicator 2010,附录表 2—19。

联邦的资助，主要靠个人资金。这些差异存在于各高等院校的所有 S&E 的专业。约 70％的 S&E 的博士生在有大量研究活动的研究型大学被授予博士学位。

因性别、种族和国籍的差异，对攻读博士学位学生的资助途径也存在着巨大差异。2007 年，在美国公民和永久居民中，男性比女性更可能会以 RAs 的形式得到资助（29％∶21％），女性比男性更可能自我资助（21％∶13％）。此外，在美国公民和永久居民中，白人和亚裔人比其他种族/族裔群体更有可能获得 RAs 形式的资助（分别为 26％和 32％），而少数族裔的博士生更多地依靠奖学金或培训费（35％）。持有临时签证的博士生得到的经济资助主要来自RAs（54％）。

跨学科研究在创新和科学进步上起着重要作用。以跨学科研究为手段应对各种新出现的复杂问题，在科学界得到越来越多的认同。在过去十年中，学术机构和联邦资助机构已作出努力，来促进跨学科教育和研究。虽然学术机构和供资机构已作出新的计划和努力，但是大学的结构、评价和成果推广等做法以及筹资机会，往往不利于跨学科研究。对跨学科招生量和学位授予数量的统计也是一个挑战，因为学生往往只登记一个学科或学系，以避免重复记录，学校被要求上报单一学科或学系的招生或学位情况。正式设立跨学科的学位课程和颁授学位，可使统计变得相对容易。

跨学科研究的一个指标是攻读博士学位者研究学习两门或更多学科。最近获得的博士学位人数调查显示，在 2004—2007 年间，获得学习一个以上学科博士学位的学生的比例在 28％～30％之间变动。研究发现，在论文研究阶段的跨学科研究大多数发生在同类知识领域，不是在科学（80.2％）和工程（58.5％）领域，就是在非科学与工程（69.3％）领域。

（2）硕士 S&E 教育。

在像工程和地质这些专业中，硕士学位对于学生来说通常是终结性学位。而在其他一些专业，硕士学位只是离博士学位更近一步，更确切地说，当学生无法继续攻读博士学位的时候，硕士学位对他们而言也是一种鼓励。专业硕士计划强调的是跨学科训练，例如，专业科学硕士（PSM）学位（参见本书第 5 章第 5节），相对于大学学习是一种新的方向。

在科学工程领域获得硕士学位的人数从 1993 年的 8.64 万人增至 2006 年的12.1 万人。增长发生在大多数主要的科学领域。从 2004 年起，工程和计算机科学的硕士人数开始下降（见图2—5）。

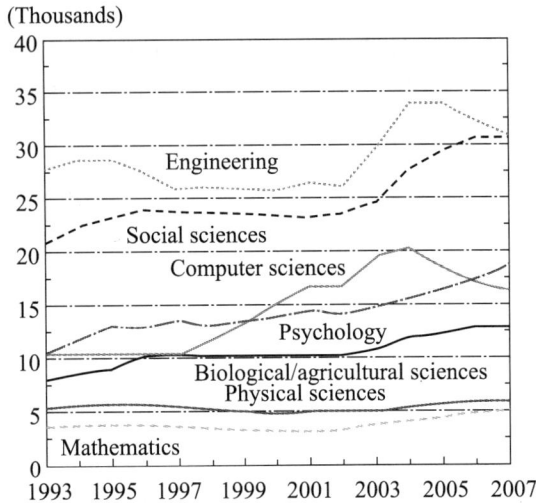

图2—5 S&E硕士学位变动情况（1993—2007年）

资料来源：S&E Indicator 2010，Fig. 2—11。

女性获得 S&E 硕士学位的人数从 1993 年的 3.1 万人上升到 2007 年的
5.49 万人；男性的人数增长则慢一些，从 1993 年的 5.55 万人上升到 2007 年的
约 6.54 万人，且主要发生在 2002—2004 年间。在 2005—2007 年间，获得 S&E
硕士学位的男性人数开始下降，同期女性获得 S&E 硕士学位的百分比却稳步上
升。1993 年，女性获得的 S&E 硕士学位占了所有 S&E 硕士学位的 36%；到
2007 年，则为 46%。女性获得 S&E 硕士学位的份额在各专业变化很大。2007
年，女性得到硕士学位的大多数是在心理学（79%）、生物科学（60%）、社会科
学（56%）和农业科学（55%）领域，而在工程领域仅占了很少的份额（23%）。

在 1995—2007 年间，美国公民和永久居民（包括所有的种族/少数民族团
体）的 S&E 硕士学位的授予量有所增加，尽管在增加之前，授予白人学生的学
位量在 1997—2002 年间有所减少。

外国学生的 S&E 硕士学位授予量比其本科学位或副学士学位的授予量高。
2007 年，S&E 硕士中的外国学生占了 24%，主要集中在计算机科学（39%）以
及工程（38%）领域。持临时签证的 S&E 硕士从 1995 年的近 2.22 万人增至
2004 年的约 3.55 万人，然后在 2007 年降至 2.87 万人。近年来的大多数降低量

主要集中在计算机科学和工程领域。

（3）博士 S&E 教育。

美国的博士教育是为在学术方面发展新的学科和研究，为其他经济部门输送新的高技能劳动力，它所产生的新知识对整个社会和提高美国知识经济在全球的竞争力至关重要。

美国各大学每年授予的 S&E 博士人数经历了从 20 世纪 80 年代中后期到 1998 年的增长后，于 2002 年开始下降，直到最近几年才有所增加，到 2007 年达到了一个新的高峰，近 4.1 万人。2007 年增长的博士学位获得者包括美国公民、永久居民和暂时居民，增长量主要集中在工程、生物、农业科学、医学和生命科学领域（见图 2—6）。

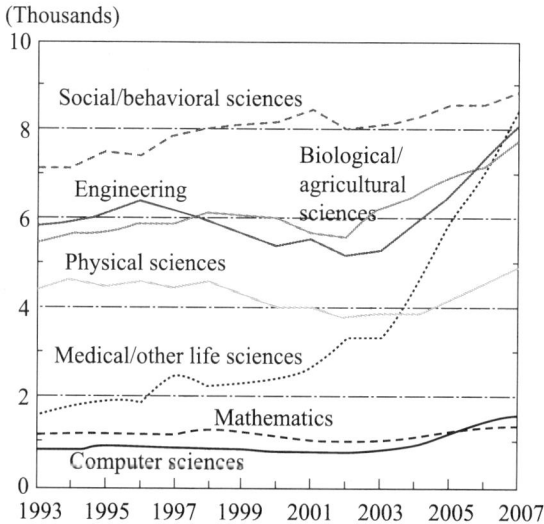

图 2—6　S&E 博士学位变动情况（1993—2007 年）

资料来源：S&E Indicator 2010，Fig. 2—14。

获得博士学位需要的时间和学生修读博士课程的成功率，与所修读的学科、大学颁授学位的情况以及各机构和组织为研究生提供的资金有关。S&E 领域的整体学习时间及各个专业的学位学习时间（以从进入研究生院到获得博士学位的时间衡量）在 20 世纪 90 年代中期有所增加，但自那时以后开始减少。物质科学、数学、生物科学以及工程获得学位所需的时间最短，而社会科学和医疗/其他生命科学所需的时间最长。2007 年，各学科获得博士学位的平均时间为：物质科学 6.4 年，数学和生物科学 6.9 年，工程 7.0 年，社会科学 8.9 年，医疗/其他生命科学 9.7 年。从 1995 年到 2007 年，这些领域的各个学科的学位获得时间都缩短了。在这一时期，科学和工程作为一个整体，获得学位的平均时间从 8.0 年下降到 7.2 年。

从 1993 年至 2007 年，S&E 博士学位大多数在 I 型研究型大学（即具有极大量研究活动的博士学位授予机构）授予。在这些大学获得学位所需最短的时间从 1993 年的 7.8 年降至 2007 年的 7.0 年。医学院和医学中心的博士也能很快地毕业（2007 年为 7.1 年）。II 型研究型大学（即具有较多研究活动的博士学位授予机构）所需的时间较长（2007 年为 7.9 年）。博士/研究型大学所需的时间最长（2007 年为 9.0 年）（见表 2—4）。

表 2—4　　在各类院校获得 S&E 博士学位的平均时间比较（从进入研究生院起算）

年份	所有院校	I 型研究型大学（极大量研究活动）	II 型研究型大学（较多研究活动）	博士/研究型大学	医学院和医学中心	其他/未分类
1993	7.9	7.8	8.4	10.0	7.9	8.5
1994	8.0	7.8	8.6	9.9	8.0	8.6
1995	8.0	7.8	8.6	10.2	7.9	8.9
1996	7.9	7.7	8.7	9.7	8.0	8.8
1997	7.7	7.5	8.6	10.0	7.9	8.4
1998	7.6	7.4	8.3	9.8	7.2	8.3
1999	7.6	7.4	8.3	9.2	7.0	7.8
2000	7.7	7.5	8.3	9.2	7.2	8.3
2001	7.6	7.4	8.3	9.9	7.3	8.0
2002	7.7	7.5	8.4	10.0	7.1	8.4
2003	7.7	7.5	8.3	10.0	7.1	9.0
2004	7.3	7.1	8.0	9.3	7.0	7.8
2005	7.4	7.3	8.0	9.6	7.1	8.4
2006	7.3	7.1	8.0	8.7	7.0	8.0
2007	7.2	7.0	7.9	9.0	7.1	8.0

资料来源：S&E Indicator 2010，Table 2—4。

在美国公民和永久居民中，女性获得 S&E 博士学位的比例自 1993 年以来显著提高，2007 年达到新高（55%）。在此期间，女性博士学位获得者人数在大多数主要领域增长，但各领域间存在巨大差异。2007 年，女性在非 S&E 领域获得一半或以上博士学位的，是社会/行为科学以及医疗/其他生命科学领域，但在

S&E 领域远少于半数，包括物质科学（31%）、数学/计算机科学（26%）和工程科学（23%）。女性获得 S&E 博士学位比例的增加主要是由于女性入学人数的增加和男性获得这些学位人数的减少。

2007 年，临时居民获得 S&E 博士学位的约 1.37 万人，这个数字由 1995 年的 0.87 万人开始增长。持临时签证的外国学生获得博士学位的比例远大于他们获得硕士、学士或副学士学位的比例。他们获得一半或以上的工程、物理、数学、计算机科学和经济学的博士学位。在其他 S&E 领域，他们获得博士学位的比例要低得多，如生物科学（30%）、医疗/其他生命科学（8%）、心理学（5%）。

从 1987 年到 2007 年，来自 4 个亚洲国家/经济体（中国、印度、韩国和中国台湾地区）的学生获得美国授予外国学生的 S&E 博士学位占总数的一半以上，是欧洲学生的近 4 倍。其中大部分被授予的学位集中在工程、生物科学和物质科学领域（见表 2—5）。

表 2—5　　　亚洲留学生在美国攻读博士学位的学科分布（1987—2007 年）

领域	亚洲	中国	印度	韩国	中国台湾地区
所有领域	168 627	53 665	24 386	26 402	22 577
S&E	143 927	50 220	21 354	20 549	18 523
工程	53 621	16 183	9 419	7 965	8 332
科学	90 306	34 037	11 935	12 584	10 191
农业科学	5 746	1 562	534	807	727
生物科学	23 637	11 532	3 240	2 386	2 701
计算机科学	7 186	2 166	1 791	849	959
地球、大气和海洋科学	2 947	1 461	230	367	319
数学	6 888	3 184	641	921	700
医学/其他生命科学	4 621	992	888	492	819
物质科学	21 162	10 181	2 606	2 561	2 038
心理学	2 198	350	265	369	308
社会科学	15 921	2 609	1 740	3 832	1 620
非 S&E	24 700	3 445	3 032	5 853	4 054

资料来源：S&E Indicator 2010，Table 2—6。

在 1987 年至 2007 年期间，来自中国的学生是获得美国授予外国学生的 S&E 博士学位人数最多的（约 5.02 万人），其次是印度（约 2.14 万人）、韩国（约 2.05 万人）和中国台湾地区（约 1.85 万人）（见表 2—5）。中国和印度学生获得 S&E 博士学位的人数在 20 世纪 90 年代末明显下降，但此后一直呈上升趋势（见图 2—7）。在这二十年间，中国学生获得 S&E 博士学位的人数增长超过十倍，印度增长超过三倍。韩国在 20 世纪 90 年代末下跌，然后有所上涨，但涨幅没有中国和印度大。1987 年，中国台湾地区学生获得美国 S&E 博士学位的人数超过来自中国、印度和韩国的学生；但是由于在 20 世纪 90 年代中国台湾地区的大学提高了它们的 S&E 教育能力，因此中国台湾地区学生获得美国大学 S&E 博士学位的人数开始下降。

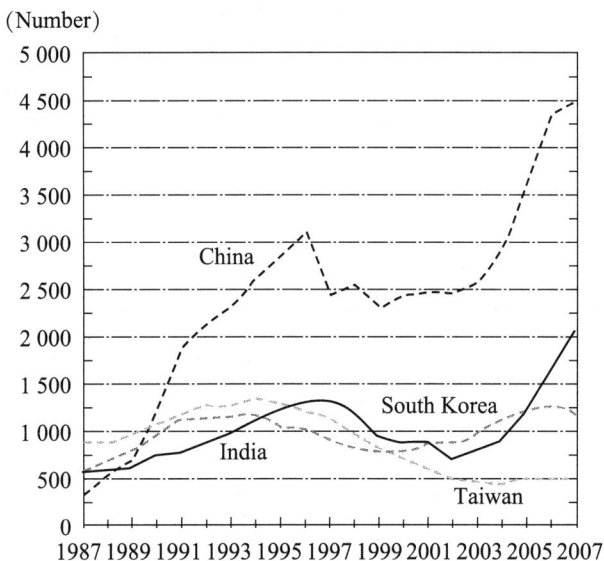

图 2—7　亚洲留学生 S&E 博士学位变动情况（1987—2007 年）

资料来源：S&E Indicator 2010，Fig. 2—17。

1987—2007 年，欧洲学生获得美国 S&E 博士学位的人数远远少于亚洲的学生，他们攻读工程的学生也远比亚洲的少。1987—2007 年，西欧国家的学生获得美国 S&E 博士学位人数最多的依次是德国、英国、希腊、意大利和法国，每年每个国家仅在数十人到不足 260 人之间波动。来自中欧和东欧的学生获得美国大学 S&E 博士学位的总数由 1987 年的 55 人增加至 2007 年的超过 800 人（与来自西欧的学生数目基本相同）。一些中欧和东欧国家的学生在美国 S&E 领域获得博士学位的人数比例（88%）高于西欧（73%），特别是在数学和物质科学领域。

来自加拿大和墨西哥的学生占美国 S&E 博士学位的份额与来自亚洲和欧洲的学生相比很小，加拿大学生获得美国 S&E 博士学位的人数由 1987 年的约

200 人增至 2007 年的 400 多人，墨西哥学生从 99 人增至 187 人。

大部分国外的美国博士获得者计划留在美国，尽管能留下的比例在下降，但数量在增加。

多于 3/4 的国外的美国 S&E 博士学位获得者有计划留在美国；同时，大约一半也接受了在美国的博士后研究工作或就业机会乃至连续的就业机会。在 20 世纪 90 年代的早期，大约一半的国外学生计划在他们从美国大学毕业获得 S&E 博士学位后留在美国，同时大约 1/3 已经被企业雇佣为博士后或就业。在 1996—1999 年间，71% 的国外的美国 S&E 博士学位获得者有计划留在美国，45% 已经获得博士后研究工作和就业机会。在 2004—2007 年间，77% 的外国的美国 S&E 博士学位获得者有计划留在美国，51% 已经获得企业工作机会。

在 2004—2007 年间，超过九成的来自中国的美国 S&E 博士学位获得者和 89% 的来自印度的这些人有计划留在美国，他们当中超过一半接受在美国就业或从事博士后研究。S&E 博士学位获得者中，来自日本、韩国和中国台湾地区的比来自中国和印度的在美国留下来的可能性要小。在来自欧洲的美国 S&E 博士学位获得者中，来自英国的留下的比例相对较高，而来自希腊和西班牙的比例较小（与其他西欧国家相比）。在北美，2004—2007 年间来自加拿大的美国 S&E 博士研究生有计划留在美国的百分比要高于来自墨西哥的。

4. 博士后的 S&E 教育概况

通常情况下，博士后是一种从事全日制研究并享有奖学金的临时性就业，其目的是要促进博士学位获得者的教育和培训。普遍认为，博士后经历代表了一个人要成为　个独立研究人员和教员的最后　步培训。博士后人员也是学术研究的重要贡献者。他们给实验室带来许多新的技术和观点，可以扩大研究团队的经验，也可以使他们为获得更多的研究经费而更加有竞争力。

自 1993 年以来，美国大学 S&E 博士后人数由 3.43 万增加至 4.93 万（2006 年秋）。其中，拥有临时签证的 S&E 博士后人数，也由 1993 年的约 1.76 万增加至 2006 年的 2.82 万。大多数增长是在生物和医学生命科学领域，该部分占了 S&E 博士后的 2/3 之多（见图 2—8）。

通过联邦拨款受到资助的 S&E 博士后的比例越来越高。2006 年秋，美国大学的 56% 的 S&E 博士后是通过联邦研究资助获得资金的，比 1993 年的 52% 有所提升。获得联邦奖学金和见习资助的 S&E 博士后的比例在下降：

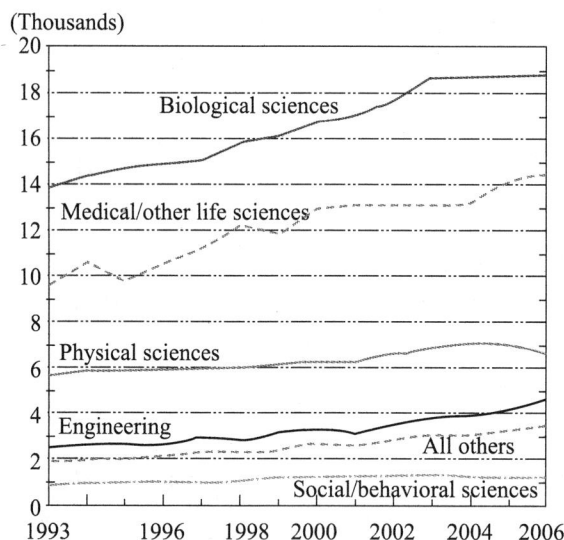

图 2—8　美国大学 S&E 博士后学生变动情况（1993—2006 年）

资料来源：S&E Indicator 2010, Fig. 2—23。

2006 年是 13%，而 1993 年是 17%。2006 年，31% 的 S&E 博士后通过联邦以外的资助获得经费来源（见表 2—6）。

表 2—6　　　　S&E 博士后学生的经费来源百分比一览表（1993—2006 年）

来源	1993	1994	1995	1996	1997	1998	1999	2000	2001	2002	2003	2004	2005	2006
所有来源	100.0	100.0	100.0	100.0	100.0	100.0	100.0	100.0	100.0	100.0	100.0	100.0	100.0	100.0
联邦奖学金	8.5	8.7	8.8	8.9	9.0	10.2	9.4	9.1	8.3	8.7	7.8	7.9	7.8	7.5
联邦见习资助	8.5	8.1	7.6	7.4	7.2	7.3	6.6	6.0	5.7	5.9	5.7	5.4	5.8	5.5
联邦研究资助	52.1	51.3	51.9	52.0	51.7	51.2	53.2	54.5	54.7	55.9	56.1	57.9	56.6	55.6
非联邦资助	30.9	31.9	31.6	31.6	32.1	31.3	30.7	30.3	31.3	29.4	30.4	28.8	29.8	31.4

资料来源：S&E Indicator 2010, Table 2—8。

二、国际高等教育中的 S&E 教育

本部分列出国际高等教育的多项指标，包括对世界上几个地区 S&E 学位产出的比较，以及所有工业化国家对外国 S&E 学生的不断增长的依赖。

1. S&E 领域第一级大学学位的比较

在 20 世纪 90 年代，许多国家扩大了高等教育系统和高等教育招生。与此同时，世界范围内的学生流动也在增加。一些国家采取政策，鼓励在外的留学生回国，或大力吸引外国学生，或两者兼而有之。

越来越多的国家已经把走向知识型经济作为经济进步的关键。实现该目标需要训练有素的劳动者，为此他们加大投资、扩大高等教育体系和扩大招生。在大多数情况下，政府的支出确保了这些发展。其中一个重要指标是专门用于高等教育的资源的比例，它由中学后教育的开支占国内生产总值（GDP）的百分比来衡量。美国、加拿大和韩国的高等教育支出占国内生产总值的比例最高（见表 2—7）。

表 2—7　　　高等教育支出占国内生产总值的比例（1995 年、2000 年和 2005 年）

国家	高等教育支出占 GDP 比例（%）			支出换算（2000＝100）不变价格		
	1995	2000	2005	1995	2000	2005
OECD 国家						
澳大利亚	1.6	1.5	1.6	91	100	122
奥地利	1.2	1.0	1.3	98	100	133
比利时	NA	1.3	1.2	NA	100	102
加拿大	2.1	2.3	2.6	75	100	117
捷克	0.9	0.8	1.0	101	100	153
丹麦	1.6	1.6	1.7	91	100	116
芬兰	1.9	1.7	1.7	90	100	116
法国	1.4	1.3	1.3	91	100	107
德国	1.1	1.1	1.1	95	100	106
希腊	0.6	0.8	1.5	66	100	236
匈牙利	1.0	1.1	1.1	74	100	126
冰岛	NA	0.9	1.2	NA	100	177
爱尔兰	1.3	1.5	1.2	57	100	102
意大利	0.7	0.9	0.9	79	100	112
日本	1.3	1.4	1.4	88	100	106
韩国	NA	2.3	2.4	NA	100	130
卢森堡	NA	NA	NA	NA	100	NA
墨西哥	1.1	1.0	1.3	77	100	137
荷兰	1.4	1.2	1.3	94	100	111
新西兰	NA	NA	1.5	105	100	118
挪威	1.6	1.2	1.3	107	100	117
波兰	0.8	1.1	1.6	59	100	174
葡萄牙	0.9	1.0	1.4	73	100	142
斯洛伐克	0.7	0.8	0.9	81	100	149
西班牙	1.0	1.1	1.1	72	100	114
瑞典	1.5	1.6	1.6	81	100	116
瑞士	0.9	1.1	1.4	74	100	133
土耳其	0.7	1.0	NA	NA	100	NA

续前表

国家	高等教育支出占 GDP 比例（%）			支出换算（2000＝100）不变价格		
	1995	2000	2005	1995	2000	2005
英国	1.1	1.0	1.3	98	100	149
美国	2.3	2.7	2.9	70	100	118
OECD 平均	NA	NA	1.5	83	100	130
EU—19 平均	NA	NA	1.3	82	100	131
合作国						
巴西	0.7	0.7	0.8	78	100	118
智利	1.7	2.0	1.8	61	100	112
爱沙尼亚	1.0	1.0	1.1	68	100	113
以色列	1.9	1.9	1.9	77	100	108
俄罗斯	NA	0.5	0.8	NA	100	228

资料来源：S&E Indicator 2010，附录表 2—33。

2006 年，全球有超过 1 200 万人获得第一级大学学位，其中 S&E 领域的超过 400 万人。该总数仅包括那些可获得比较近期数据的国家（主要是亚洲、欧洲和美洲国家），因此有可能是低估的。2006 年亚洲的大学生拥有世界 S&E 第一级大学学位的达 180 万，近 90 万在工程领域。2006 年，获得 S&E 学位的学生在欧洲（包括东欧和俄罗斯）超过 100 多万，在北美和中美洲达 60 多万。

在美国，第一级 S&E 学位大约是美国学士学位的 1/3，并且持续了很长时间。在世界各国和经济体中，S&E 领域的第一级大学学位的比例，尤其工程领域的比例是较高的。S&E 领域的第一级大学学位数量超过一半的国家有日本（62.7%）、中国（52.8%）和新加坡（50.9%）。中国授予工程领域第一级大学学位的数量历来占有很大比例，但该比例近年来有所下降。在美国，大约有 5% 的学士学位是在工程领域授予的；而在亚洲，约 20% 的在工程领域，在中国则约有 1/3 的在工程领域（见表 2—8）。

在全世界的所有学士学位中，约 12% 在自然科学领域（物理学、生物学、计算机、农业科学和数学），因此大学适龄人口的自然科学和工程（NS&E）学士学位的比例，是一个重要的测量指标。随着时间的推移，在这项指标上，美国已从最高的国家之一，跌到 23 个可获得数据的国家中的底部。1975 年，只有日本的每百名 20～24 岁青年（大学适龄人口）的 NS&E 学位的比例高于美国；到 2005 年，几乎所有国家/经济体的该比例都超过了美国。

1998 年至 2006 年间，在中国、波兰和中国台湾地区授予的 S&E 第一级大学学位数翻了一番多，在美国和其他许多国家的学位授予数也普遍增加。最近几年，日本的

表 2—8　全球获第一级大学学位数（按地区和国家/经济体）（2006 年或近些年）

地区/国家/经济体	所有领域	所有 S&E 领域	第一级大学学位领域						学位百分比		
			物质/生物科学	数学/计算机科学	农业科学	社会/行为科学	工程	非 S&E	S&E	自然科学	工程
所有地区	12 321 906	4 256 148	772 562	443 064	196 916	1 191 528	1 652 078	8 065 758	34.5	11.5	13.4
亚洲	4 133 459	1 827 879	402 906	73 843	64 560	412 420	874 150	2 305 580	44.2	13.1	21.1
孟加拉国（2003）	180 258	74 844	18 905	5 598	1 469	48 002	870	105 414	41.5	14.4	0.5
文莱	865	54	9	10	0	35	0	811	6.2	2.2	0.0
柬埔寨	8 333	2 544	141	1 228	411	246	518	5 789	30.5	21.4	6.2
中国	1 726 674	911 846	194 807	NA	36 740	104 665	575 634	814 828	52.8	13.4	33.3
印度（1990）	750 000	176 036	147 036	NA	NA	NA	29 000	573 964	23.5	19.6	3.9
日本	558 184	350 137	19 805	NA	16 019	217 638	96 675	208 047	62.7	6.4	17.3
吉尔吉斯斯坦	32 011	6 866	523	1 547	177	2 396	2 223	25 145	21.4	7.0	6.9
老挝	2 931	514	0	0	172	102	240	2 417	17.5	5.9	8.2
蒙古	22 038	6 685	693	594	563	2 169	2 666	15 353	30.3	8.4	12.1
菲律宾（2004）	350 529	86 690	0	26 321	NA	15 145	45 224	263 839	24.7	7.5	12.9
新加坡（2007）	11 171	5 691	1 325	NA	NA	NA	4 366	5 480	50.9	11.9	39.1
韩国	270 546	116 231	14 237	15 321	4 021	14 051	68 601	154 315	43.0	12.4	25.4
中国台湾地区	219 919	89 741	5 425	23 224	4 988	7 971	48 133	130 178	40.8	15.3	21.9
中亚	682 398	234 561	43 547	31 567	19 722	66 085	73 640	447 837	34.4	13.9	10.8
巴林	2 116	533	60	155	0	184	134	1 583	25.2	10.2	6.3
伊朗	209 698	87 222	16 551	7 918	12 269	17 775	32 709	122 476	41.6	17.5	15.6
伊拉克（2004）	54 396	11 629	1 606	1 289	1 185	570	6 979	42 767	21.4	7.5	12.8
以色列	51 270	6 246	0	0	334	0	5 912	45 024	12.2	0.7	11.5
约旦	38 728	15 164	4 479	4 079	984	2 298	3 324	23 564	39.2	24.6	8.6
黎巴嫩	24 696	8 594	1 284	1 353	95	3 141	2 721	16 102	34.8	11.1	11.0
阿曼	8 672	1 904	525	675	134	312	258	6 768	22.0	15.4	3.0
巴勒斯坦国	17 120	5 067	447	1 091	43	2 220	1 266	12 053	29.6	9.2	7.4
卡塔尔（2007）	1 303	334	56	138	0	59	81	969	25.6	14.9	6.2
沙特阿拉伯	71 291	26 748	8 662	8 296	223	7 635	1 932	44 543	37.5	24.1	2.7

续前表

地区/国家/经济体	第一级大学位领域								学位百分比		
	所有领域	所有S&E领域	物质/生物科学	数学/计算机科学	农业科学	社会/行为科学	工程	非S&E	S&E	自然科学	工程
土耳其	203 108	71 120	9 877	6 573	4 455	31 891	18 324	131 988	35.0	10.3	9.0
非洲	301 826	103 635	20 750	11 487	7 854	43 447	20 097	198 191	34.3	13.3	6.7
阿尔及利亚	93 647	30 614	5 974	3 147	867	13 554	7 072	63 033	32.7	10.7	7.6
布隆迪(2004)	680	207	0	74	51	70	12	473	30.4	18.4	1.8
喀麦隆	23 843	14 227	3 685	1 032	212	8 508	790	9 616	59.7	20.7	3.3
厄立特里亚(2004)	1 254	501	71	85	104	159	82	753	40.0	20.7	6.5
埃塞俄比亚	26 820	7 914	1 308	1 091	2 224	1 056	2 235	18 906	29.5	17.2	8.3
冈比亚(2004)	470	94	94	0	0	0	0	376	20.0	20.0	0.0
加纳(2001)	7 122	2 951	916	0	362	1 177	496	4 171	41.4	17.9	7.0
肯尼亚(2000)	10 587	3 812	1 068	63	1 440	433	808	6 775	36.0	24.3	7.6
莱索托(2003)	475	190	40	0	30	120	0	285	40.0	14.7	0.0
马达加斯加	7 442	1 889	642	153	73	991	30	5 553	25.4	11.7	0.4
毛里求斯	2 339	1 061	186	119	32	210	514	1 278	45.4	14.4	22.0
摩洛哥	29 579	9 443	2 233	832	347	4 448	1 583	20 136	31.9	11.5	5.4
莫桑比亚(2005)	3 615	1 157	85	192	181	537	162	2 458	32.0	12.7	4.5
纳米比亚(2003)	1 356	154	0	0	131	0	23	1 202	11.4	9.7	1.7
南非(2003)	81 133	26 031	4 100	4 549	1 376	10 475	5 531	55 102	32.1	12.4	6.8
斯威士兰	1 843	237	44	0	118	69	6	1 606	12.9	8.8	0.3
乌干达(2004)	9 621	3 153	304	150	306	1 640	753	6 468	32.8	7.9	7.8
欧盟	3 858 956	1 164 140	151 998	176 150	66 648	318 939	450 405	2 694 816	30.2	10.2	11.7
	2 406 333	827 948	124 395	128 698	33 033	238 800	303 022	1 578 385	34.4	11.9	12.6
奥地利	23 460	9 224	1 441	2 062	136	2 227	3 358	14 236	39.3	15.5	14.3
比利时	25 143	9 760	1 384	1 284	411	3 086	3 595	15 383	38.8	12.2	14.3
保加利亚(2005)	41 476	15 514	1 066	1 100	492	6 428	6 428	25 962	37.4	6.4	15.5
捷克	45 226	16 254	1 582	2 145	1 824	2 217	8 486	28 972	35.9	12.3	18.8
塞浦路斯	966	352	66	144	0	141	1	614	36.4	21.7	0.1

续前表

地区/国家/经济体	第一级大学学位领域								学位百分比		
	所有领域	所有 S&E 领域	物质/生物科学	数学/计算机科学	农业科学	社会/行为科学	工程	非 S&E	S&E	自然科学	工程
丹麦	30 049	5 698	704	795	91	1 731	3 377	23 351	22.3	5.3	11.2
爱沙尼亚	7 140	2 296	400	404	216	585	691	4 844	32.2	14.3	9.7
芬兰	37 948	13 756	1 073	2 023	799	1 914	7 947	24 192	36.2	10.3	20.9
法国	285 238	100 524	19 075	16 134	2 737	23 169	39 409	184 714	35.2	13.3	13.8
德国	267 597	95 101	16 952	21 656	2 367	19 919	34 207	172 496	35.5	15.3	12.8
希腊（2005）	40 703	17 232	3 946	3 282	744	5 241	4 019	23 471	42.3	19.6	9.9
匈牙利	53 114	10 746	714	2 882	1 435	1 921	3 794	42 368	20.2	9.5	7.1
拉脱维亚	23 133	5 639	311	792	189	2 937	1 410	17 494	24.4	5.6	6.1
立陶宛	29 844	9 293	685	1 582	360	2 482	4 184	20 551	31.1	8.8	14.0
爱尔兰（2004）	25 865	3 048	1 955	2 218	208	1 123	2 544	17 817	31.1	16.9	9.8
意大利	273 451	100 963	13 073	6 037	3 611	33 813	44 429	172 488	36.9	8.3	16.2
荷兰	94 600	27 745	1 330	4 826	1 083	12 852	7 654	66 855	29.3	7.7	8.1
波兰	293 045	107 355	11 585	17 597	5 240	38 857	34 076	185 690	36.6	11.7	11.6
葡萄牙	50 666	19 311	2 494	3 288	724	5 652	7 153	31 355	38.1	12.8	14.1
罗马尼亚	160 540	49 227	4 682	2 499	2 777	15 228	24 041	111 313	30.7	6.2	15.0
斯洛伐克	30 516	8 720	1 073	1 206	891	1 382	4 168	21 796	28.6	10.4	13.7
斯洛文尼亚	7 685	2 473	196	182	137	1 217	741	5 212	32.2	6.7	9.6
西班牙	192 178	63 201	7 770	10 641	3 511	12 750	28 529	128 977	32.9	11.4	14.8
瑞典	47 490	16 711	1 718	1 829	225	4 058	8 881	30 779	35.2	7.9	18.7
英国（2007）	319 260	111 805	29 120	22 090	2 825	37 870	19 900	207 455	35.0	16.9	6.2
欧洲自由贸易联盟	54 095	14 898	2 070	2 183	341	4 991	5 313	39 197	27.5	8.5	9.8
冰岛	2 794	675	130	84	23	244	194	2 119	24.2	8.5	6.9
挪威	26 047	5 927	370	1 001	162	2 331	2 063	20 120	22.8	5.9	7.9
瑞士	25 254	8 296	1 570	1 098	156	2 416	3 056	16 958	32.9	11.2	12.1
其他欧洲国家	1 398 528	321 294	25 533	45 269	33 274	75 148	142 070	1 077 234	23.0	7.4	10.2
阿尔巴尼亚	4 916	790	38	63	339	132	218	4 126	16.1	9.0	4.4

续前表

地区/国家/经济体	所有领域	所有 S&E 领域	第一级大学学位领域						学位百分比		
			物质/生物科学	数学/计算机科学	农业科学	社会/行为科学	工程	非S&E	S&E	自然科学	工程
亚美尼亚	13 296	877	0	0	162	0	715	12 419	6.6	1.2	5.4
克罗地亚	11 329	3 338	575	438	348	386	1 591	7 991	29.5	12.0	14.0
格鲁吉亚	28 129	6 808	1 130	306	808	118	4 446	21 321	24.2	8.0	15.8
马其顿(2005)	5 330	1 439	272	174	168	117	708	3 891	27.0	11.5	13.3
俄罗斯(2007)	1 335 528	308 042	23 518	44 288	31 449	74 395	134 392	1 027 486	23.1	7.4	10.1
美洲	3 141 948	867 147	140 289	134 688	36 749	335 931	219 490	2 274 801	27.6	9.9	7.0
北/中美洲	2 167 794	670 077	113 256	103 995	23 934	289 312	139 580	1 497 717	30.9	11.1	6.4
加拿大	176 910	58 908	9 807	7 896	987	27 849	12 369	118 002	33.3	10.6	7.0
哥斯达黎加	10 818	2 952	305	766	271	636	974	7 866	27.3	12.4	9.0
古巴	100 345	4 172	481	415	476	1 115	1 685	96 173	4.2	1.4	1.7
萨尔瓦多	10 300	2 018	159	321	118	493	927	8 282	19.6	5.8	9.0
危地马拉	5 865	1 388	98	0	106	374	810	4 477	23.7	3.5	13.8
洪都拉斯(2003)	4 386	1 391	25	103	414	57	792	2 995	31.7	12.4	18.1
墨西哥	339 340	117 304	8 837	30 268	4 143	21 801	52 255	222 036	34.6	12.7	15.4
巴拿马	16 908	3 086	195	916	112	322	1 541	13 822	18.3	7.2	9.1
美国	1 502 922	478 858	93 349	63 310	17 307	236 665	68 227	1 024 064	31.9	11.6	4.5
南美洲	974 154	197 070	27 033	30 693	12 815	46 619	79 910	777 084	20.2	7.2	8.2
阿根廷(2005)	86 651	22 828	2 663	3 852	2 072	7 175	7 066	63 823	26.3	9.9	8.2
玻利维亚(2000)	15 341	5 115	563	392	1 006	997	2 157	10 226	33.3	12.8	14.1
巴西(2005)	677 154	111 480	21 916	22 321	6 871	28 419	31 953	565 674	16.5	7.5	4.7
智利	48 010	18 896	1 139	1 606	1 612	7 267	7 272	29 114	39.4	9.1	15.1
哥伦比亚	84 152	23 368	0	1 838	954	0	20 576	60 784	27.8	3.3	24.5
圭亚那	748	195	30	9	19	92	45	553	26.1	7.8	6.0
委内瑞拉(2002)	54 650	13 324	492	436	155	1 948	10 293	41 326	24.4	2.0	18.8
乌拉圭	7 448	1 864	230	239	126	721	548	5 584	25.0	8.0	7.4
大洋洲	203 319	58 786	13 072	15 329	1 383	14 706	14 296	144 533	28.9	14.6	7.0
澳大利亚	171 582	49 836	10 982	13 215	1 072	12 210	12 357	121 746	29.0	14.7	7.2
新西兰	31 737	8 950	2 090	2 114	311	2 496	1 939	22 787	28.2	14.2	6.1

资料来源:S&E Indicator 2010,附录表 2—35。

授予数则下降。在中国，NS&E 学位授予数占 S&E 领域第一级大学学位授予数增长的大部分。2002—2006 年间，中国 NS&E 领域的第一级大学学位授予数急速增长，超过 1998—2006 年间的三倍多（见图 2—9）。相比之下，德国、日本、韩国、英国与美国的授予数增长相对平缓。

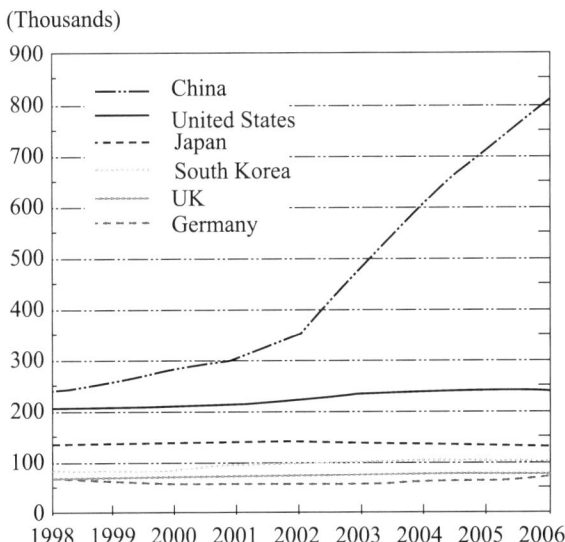

图 2—9　六国 NS&E 领域第一级大学学位授予数的比较（1998—2006 年）

资料来源：S&E Indicator 2010，Fig. 2—26。

2. S&E 博士学位的全球比较

2006 年全世界有近 17.4 万 S&E 博士学位获得者，其中，美国人数最多（约 3.0 万人），紧随其后的是中国（约 2.3 万人）、俄罗斯（近 2.0 万人）、德国和英国（各约 1.0 万人）（见表 2—9）。欧盟有超过 5.2 万人的 S&E 博士学位获得者。

近年来，中国、意大利和美国的 S&E 博士学位获得者的数量急剧上升。美国获得 S&E 博士学位的人数最多，但中国（截至 2006 年）正在迅速赶上（见图 2—10），并可能自此超过美国。美国和法国、德国、意大利、西班牙、瑞士及英国的 S&E 博士学位，人数最多的是在物质科学和生物科学领域。从 20 世纪 90 年代后期到 2006 年，许多国家在这些领域的博士学位人数停滞不前或下跌，但意大利、瑞士和美国近年则有所增加。在德国，S&E 博士学位的人数自 2000 年以来略有下降。

表2—9 全球获S&E博士学位数(按地区和国家/经济体)(2006年或近些年)

地区/国家/经济体	所有领域	S&E领域						非S&E
		所有S&E	物质/生物科学	数学/计算机科学	农业科学	社会/行为科学	工程	
所有地区	338 485	173 891	62 882	10 959	10 752	33 719	55 579	164 594
亚洲	85 441	44 552	15 701	387	4 213	3 643	20 608	40 889
中国	36 247	22 953	7 241	NA	1 544	2 038	12 130	13 294
印度(2005)	17 898	7 537	5 549	NA	1 020	NA	968	10 361
日本	17 396	8 122	1 633	NA	1 321	973	4 195	9 274
吉尔吉斯斯坦	566	311	89	18	4	124	76	255
蒙古	111	52	15	1	11	9	16	59
菲律宾(2004)	1 748	56	0	13	0	36	7	1 692
韩国	8 657	3 779	817	173	214	308	2 267	4 878
中国台湾地区	2 614	1 643	319	182	92	111	939	971
塔吉克斯坦	204	99	38	0	7	44	10	105
中东	15 126	4 588	1 369	422	520	651	1 626	10 538
伊朗	2 537	749	237	74	117	86	235	1 788
伊拉克(2004)	5 056	1 335	285	86	132	38	794	3 721
以色列	1 210	742	389	76	36	143	98	468
约旦	295	44	18	0	22	4	0	251
黎巴嫩	911	50	0	0	0	48	2	861
阿曼	36	11	2	2	5	0	2	25
沙特阿拉伯	2 487	472	139	86	28	94	125	2 015
土耳其	2 594	1 185	299	98	180	238	370	1 409
非洲	6 020	3 185	1 687	378	152	688	280	2 835
喀麦隆	888	597	374	54	0	153	16	291
马达加斯加	439	232	121	6	38	45	22	207

续前表

地区/国家/经济体	所有领域	S&E 领域						非 S&E
		所有 S&E	物质/生物科学	数学/计算机科学	农业科学	社会/行为科学	工程	
毛里求斯	12	11	7	0	3	1	0	1
摩洛哥	2 567	1 415	957	157	0	185	116	1 152
南非	1 100	559	206	40	54	151	108	541
乌干达(2004)	1 014	371	22	121	57	153	18	643
欧洲	151 953	78 279	28 388	6 231	3 638	17 384	22 638	73 674
欧盟	104 947	52 373	21 625	5 574	2 396	8 192	14 586	52 574
欧洲自由贸易联盟	4 278	2 183	953	377	61	317	475	2 095
亚美尼亚	382	69	55	0	6	0	8	313
奥地利	2 158	1 135	370	106	31	195	433	1 023
比利时	1 718	1 046	441	118	50	151	286	672
保加利亚(2005)	528	228	79	10	32	22	85	300
克罗地亚	439	206	79	12	26	24	65	233
捷克	2 023	1 230	358	125	109	120	518	793
丹麦	910	505	0	166	0	108	231	405
爱沙尼亚	143	81	34	13	4	13	17	62
芬兰	1 898	1 062	306	110	40	189	417	836
法国	9 818	6 770	3 903	886	26	932	1 023	3 048
格鲁吉亚	604	226	85	0	48	25	68	378
德国	24 946	10 243	5 281	1 074	376	1 325	2 187	14 703
希腊(2005)	1 248	892	468	51	70	52	251	356
匈牙利	1 012	366	146	35	41	92	52	646
冰岛	15	8	5	0	0	1	2	7
爱尔兰	979	155	0	0	0	0	155	824

续前表

地区/国家/经济体	所有领域	S&E领域						非S&E
		所有S&E	物质/生物科学	数学/计算机科学	农业科学	社会/行为科学	工程	
意大利	9 604	5 613	2 155	380	421	830	1 827	3 991
拉脱维亚	106	52	8	6	1	14	23	54
立陶宛	326	202	76	10	9	44	63	124
马其顿(2005)	92	35	10	1	2	9	13	57
荷兰	2 993	535	0	0	0	0	535	2 458
挪威	882	491	0	242	33	119	97	391
波兰	5 917	955	0	0	0	0	955	4 962
葡萄牙	5 342	3 065	884	629	89	742	721	2 277
罗马尼亚	3 180	1 404	281	0	591	92	440	1 776
俄罗斯(2007)	34 494	19 725	4 829	NA	812	8 052	6 032	14 769
斯洛伐克	1 218	540	164	48	43	65	220	678
斯洛文尼亚	395	228	71	19	11	45	82	167
西班牙	7 159	3 430	1 867	336	143	553	531	3 729
瑞典	3 781	2 331	593	262	59	278	1 139	1 450
瑞士	3 381	1 684	948	135	28	197	376	1 697
乌克兰	6 717	3 462	752	267	287	765	1 391	3 255
英国	16 520	9 760	3 980	1 160	320	2 100	2 200	6 750
美洲	74 031	40 118	14 502	3 275	2 041	10 651	9 649	33 913
北/中美洲	63 868	34 574	12 025	3 012	1 411	9 768	8 358	29 294
加拿大	4 200	2 385	765	225	102	657	636	1 815
哥斯达黎加	30	16	4	0	3	9	0	14
古巴	529	200	80	0	50	0	70	329
墨西哥	2 800	1 521	452	74	219	526	250	1 279

续前表

地区/国家/经济体	所有领域	S&E 领域							非 S&E
		所有 S&E	物质/生物科学	数学/计算机科学	农业科学	社会/行为科学	工程		
美国	56 309	30 452	10 724	2 713	1 037	8 576	7 402		25 857
南美洲	10 153	5 544	2 477	263	630	883	1 291		4 619
阿根廷(2005)	457	275	156	17	6	56	40		182
巴西	9 336	4 994	2 182	218	611	791	1 192		4 372
智利	234	249	139	10	9	36	55		45
哥伦比亚	46	26	0	18	4	0	4		20
大洋洲	5 914	3 169	1 235	266	188	702	778		2 745
澳大利亚	5 276	2 821	1 059	233	178	624	727		2 455
新西兰	638	348	176	33	10	78	51		290

资料来源:S&E Indicator 2010,附录表 2—38。

(Thousands)

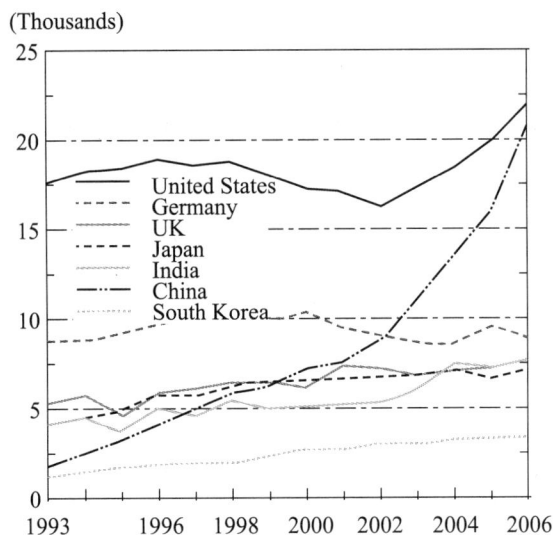

图 2—10　七国 S&E 领域博士学位的比较（1993—2006 年）

资料来源：S&E Indicator 2010，Fig.2—27。

在亚洲，中国是 S&E 博士学位的最大产出国。中国的 S&E 博士学位授予数从 1993 年的 1 900 人上升到 2006 年的 2.3 万人。此后，国务院学位委员会宣布，中国将开始限制博士招生的扩大，并将重点关注毕业生质量的提高。印度、日本、韩国和中国台湾地区授予的 S&E 博士学位数在 1993—2006 年间也在上升，但增长率较低。在中国、日本、韩国和中国台湾地区，超过一半的 S&E 博士学位获得者是在工程领域。在印度，大多数 S&E 博士学位在物质科学和生物科学领域被授予。

3. 全球学生流动的趋势

过去 20 年，学生和高技能工人的国际流动增加了，越来越多的国家加强对外国学生的竞争。特别是，学生从发展中国家迁移到较为发达的国家，从欧洲和亚洲流向美国；一些是教育的暂时迁移，而其他是永久居留。决定迁移的一些影响因素有经济机会、研究的机会、研究经费，以及目的地国家的创新氛围。近年来，许多国家，尤其是澳大利亚、加拿大、英国和美国，已经提高了其提供跨国教育的能力，即在外国学生的所在国提供课程。跨国教育开始兴起，但尚未对外国学生的流动造成太大的影响。2008 年开始的全球经济和金融危机，对学生的国际流动的影响是不确定的。

有些国家加强招收外国留学生是因为其自身大学适龄人口的减少，此外还因为既要吸引高技能工人，同时又要提高高校的收入。20 世纪 90 年代，中国、欧洲、日本和美国的 20～24 岁人口（大学适龄人口）下降，并且在中国、欧洲（主要是东欧）、日本和韩国预计将继续下降。在美国，20～24 岁人口预计将增加。

美国的全球外国留学生份额近年来有所下降，但在所有 OECD 国家中，美国仍然是绝大多数全球外国学生的目的地（包括本科生和研究生）。2006 年，美国获得 20％的外国学生，低于 2000 年的 25％；外国学生的其他首选目的地依次是英国（11％）、德国（9％）和法国（8％）。

英国一直在积极提高其在国际教育上的地位，既招收更多外国学生来学习，同时又扩大对其跨国教育的供给。在英国注册的外国学生越来越多，特别是在研究生阶段，来自中国和印度的留学生越来越多。在短短五年里，即从 2001 年到 2006 年，在英国的所有 S&E 研究生中，外国学生比重从 35％增加至 45％，在数学/计算机科学与工程领域的研究生中，外国学生占一半以上。来自中国和印度的学生贡献了大多数的增长额，但来自法国、德国、爱尔兰、马来西亚、尼日利亚、巴基斯坦和美国的研究生数量也有所增加。在英国注册的 S&E 学生中，2001 年外国本科学生占 10％，2006 年占 11％。

日本近年来增加了外国学生的入学率，并在 2008 年宣布，计划在 12 年内将外国学生的注册量提高三倍。2008 年，近 6 万名外国学生修读日本大学的 S&E 课程，而 2001 年仅有 4.2 万人。在日本，外国的 S&E 学生集中在本科层次，占所有外国 S&E 学生的 68％，外国 S&E 本科生占所有本科生的 3％，外国 S&E 研究生占所有研究生的 14％。日本的外国留学生大多来自亚洲国家。中国、印度尼西亚、马来西亚、缅甸、尼泊尔、韩国、泰国和越南是日本的外国 S&E 本科生和研究生前 10 位的来源国。日本 2008 年的中国留学生占到外国 S&E 本科生的一半以上（68％），占外国 S&E 研究生的 54％。

加拿大大学也在增加外国学生的入学份额。2006 年，在加拿大注册的外国 S&E 学生约占本科的 6％和研究生的 20％，而 1996 年相应只有 3％和 17％。在 2005—2006 年度，大学本科和研究生中的外国 S&E 学生在数学/计算机科学以及工程领域的百分比最高。亚洲国家/经济体是加拿大外国 S&E 研究生和本科生的主要来源，中国留学生就占了在加拿大的外国 S&E 研究生和本科生的 18％。美国也是加拿大外国学生的重要来源，占其外国 S&E 研究生的 6％和本科生的 12％。

美国学生的主要留学目的地是英国（1.48 万人）、加拿大（9 500 人）、德国（3 300 人）、澳大利亚（2 900 人）、法国（2 800 人）、爱尔兰（2 100 人）和新西兰（2 100 人），即主要去的是英语国家。

总而言之，从全球范围看，美国的 S&E 高等教育正在吸引越来越多的学生。在各个领域和在 S&E 领域的学士和博士学位获得者的人数持续上升，在 2007 年达到新的高峰。S&E 本科生的增长大部分发生在科学领域。在工程领域，S&E 学士学位获得者自 2001 年以来增加，但尚未达到 20 世纪 80 年代的水平。近年来，计算机科学学位获得者人数急剧下降。而 S&E 博士学位获得者在科学和工程领域都在增加。

S&E 领域的外国学生招生人数在 2004 年和 2005 年下降后，在 2006 年获得了增加。2001 年 9 月 11 日后，留美的外国学生人数下降，但在 2005 年和 2006 年局部反弹。2007 年，在美国拥有临时签证的学生获得了 33％的 S&E 博士学位，一半或以上的博士学位授予发生在工程、物理学、数学、计算机科学和经济学领域，这些学生中的很大一部分留在美国——在 2007 年，超过 3/4 的外籍 S&E 博士学位获得者打算毕业后留在美国。

高等教育全球化不断地扩大，虽然美国继续吸引最多的全球范围内的外国学生，但近年来其外国学生的比例有所下降。其他几个国家（如加拿大、日本和英国）的大学，正在扩大其对外国 S&E 学生的招生。

（孔寒冰　李　文　黄扬杰　撰文）

第 2 节　OECD 组织与科技人力资源

一、OECD 科技人力资源概况

经济合作与发展组织（Organization for Economic Co-operation and Development）简称经合组织（OECD），是由全球 30 个市场经济国家组成的政府间国际经济合作组织，拥有众多科技发达的成员国。OECD 是一个重要的国家间政策协调与咨询组织，其职能主要是研究、分析和预测世界经济的发展走向，协调成员国之间的关系，促进成员国之间的合作，经常为成员国制定国内政策和确定其在区域性、国际性组织中的立场提供帮助。

OECD 成员国普遍重视科技人力资源的发展。从数量上来看，OECD 国家年龄在 25～64 岁的公民接受高等教育的数量占人口总数的比例平均在 25％左右，但是各个国家之间的差异比较明显，比例最低的土耳其只有 10.4％，而加拿大则高达 47％（见图 2—11）。在一些主要国家，每 1 000 个职工中研究人员的数量平均为 6.5 人左右。从纵向上比较，近些年来，OECD 国家科技人力资源的数量总体呈现平稳上升的趋势，OECD 国家接受第三级教育的人数比例在 1999 年至 2006 年的八年时间里增长了 26.4％（见图 2—12）。不同国家科技人力资源的男女性别比例差别很大，但从总体上而言，人才的性别不均衡状态在各个国家都或多或少地存在着。在教育领域的巨大投入，致使就业人口素质显著提高。接受过高等教育后参加就业的毕业生每年以 2％～6％的速度增长，远高于就业率的增长速度。在绝大多数的 OECD 国家，专业技术人员占所有就业人员的比例在 20％～35％之间，在瑞典、瑞士、澳大利亚和丹麦，甚至超过了 35％。

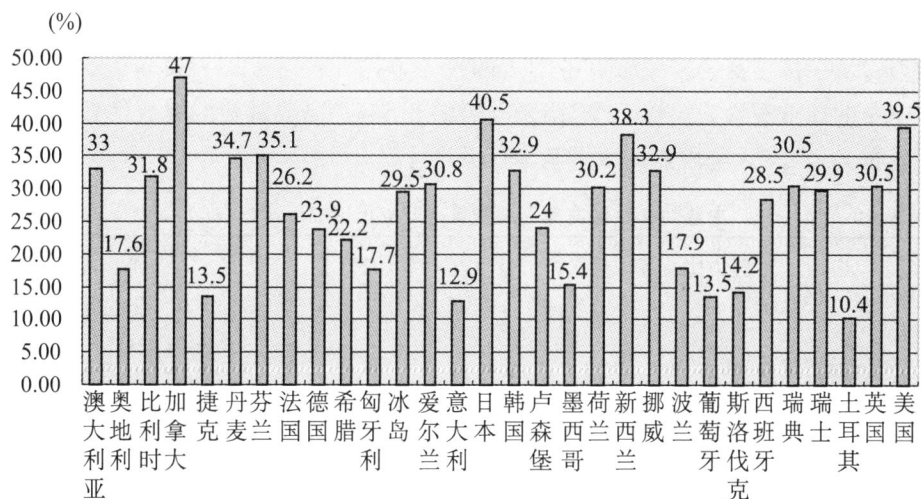

图 2—11　OECD 国家 25～64 岁公民获得第三级教育比例（2006 年）

资料来源：OECD Factbook 2009.

从科技人力资源的结构来看，OECD 国家的服务行业人员在就业人口中占了绝大多数。以 2004 年的数据为例，服务业雇用了超过 70％的专业技术人员。制

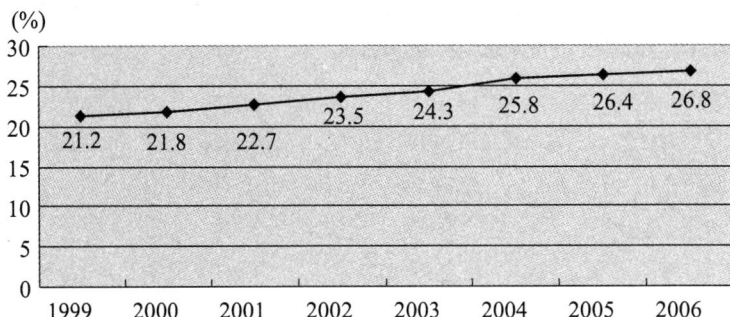

图 2—12　OECD 国家 25～64 岁公民获得第三级教育比例平均值走势（1999—2006 年）

资料来源：OECD Factbook 2009。

造业是第二大行业，并且服务业和制造业的科技人力资源数量呈现逐年上升的趋势。电、气和水供应以及建筑行业科技人力资源所占的比例平均是 3.5％，而作为第一产业的农业仅占到 1％。

近十年中，尽管接受高等教育的学生人数增加很快，但 OECD 成员国在科技人力资源的投入上依然保持较高的水平。2000—2005 年之间，OECD 成员国政府对每一位接受第三级教育的学生的投入平均增长了 11％；高等教育在财政支出中的比重平均为 3.0％，略高于欧盟的 2.8％；高等教育的财政经费占 GDP 的比重为 1.3％，与欧盟的水平基本持平（见表 2—10）。

表 2—10　　　　　主要 OECD 国家第三级教育财政支出情况（2005 年）

OECD 国家	奥地利	比利时	芬兰	法国	德国	爱尔兰	日本	韩国	墨西哥	荷兰	新西兰	西班牙	瑞典	英国	美国	OECD 国家平均
第三级教育财政经费占总财政经费（％）	3.0	2.6	4.0	2.2	2.4	3.3	1.6	2.1	4.1	3.0	4.8	2.5	3.5	2.7	3.5	3.0
第三级教育财政经费占 GDP（％）	1.5	1.3	2.0	1.2	1.1	1.1	0.6	0.6	1.0	1.4	1.5	0.9	1.9	1.2	1.3	1.3

资料来源：http：//www.oecd.org/document/9/0, 3343, en _ 2649 _ 39263238 _ 41266761 _ 1 _ 1 _ 1 _ 1, 00. html。

伴随着来自非经合组织国家日益加剧的竞争和知识经济的持续发展，经合组织更加依赖于以创造、传播和利用科学技术知识及其他知识资产作为手段，促进经济增长和生产力的提高。高技术在经合组织总体增加值和国际贸易中所占的份额也不断扩大。因此，"科学与创新"（science and innovation）成了 OECD 组织的一个重要研究方向，而提高创新能力和推进知识经济发展的努力能够产生效果的根本动力在于提供足够的科技人力资源。OECD 组织理所当然地成为科技人力资源发展和建设的重要推动者，而科技人力资源同样成为 OECD 科技和产业创新政策中的重要部分（见图 2—13）。

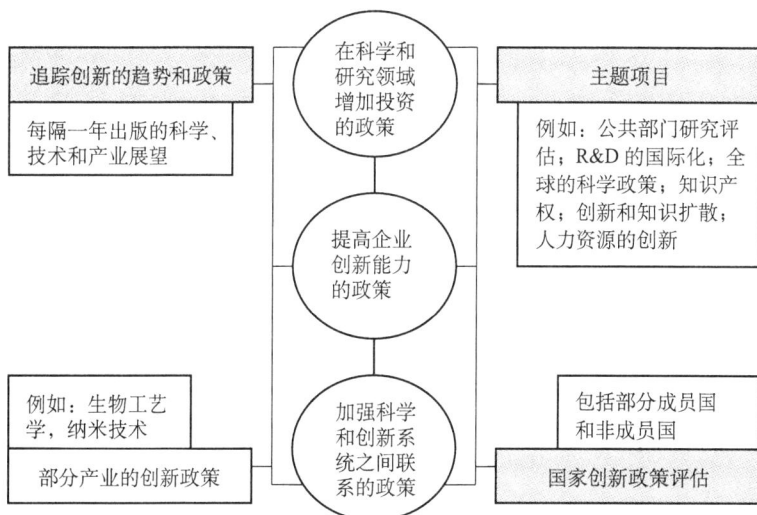

图 2—13　OECD 国家科学、技术和创新政策总体框架

资料来源：Jean Guinet. China's Innovation Capabilities and Policies，2009（有部分修改）。

在 OECD 国家科学、技术和创新政策框架中，几乎每一部分都涉及了科技人力资源的创新政策。OECD 追踪创新的趋势和政策、主题项目、国家创新政策评估（见图 2—13 中的阴影框）都有科技人力资源的政策体现。OECD 作为一个国际性的组织，在科技人力资源（HRST）的问题提出、政策设计和经验分享上做了很多开创性的工作，本文下面逐一予以讨论。

二、OECD 开发 HRST 的举措

OECD 作为一个国际组织，从《科技人力资源手册》的制定到系统收集科技人力资源的数据，在全球范围内推动科技人力资源的工作中有着不可估量的作

用；同时，OECD 关注于核心 HRST 的能力开发，并将 HRST 的流动视为其能力建设的重要内容。概括起来，OECD 组织推动科技人力资源建设的举措主要有以下五个方面的内容。

1. 制定《科技人力资源手册》

在知识经济悄然兴起的背景下，准确把握科学技术活动的资源、规模、水平及产出状况，揭示科学技术对社会进步和经济发展的作用与影响，对社会、经济及科学技术本身的发展都具有重要意义。但是各国在科技人才统计中的标准和口径不同，采用科技工作者、技术人才、研发人才等等的不同定义，并且各个定义在统计上又有各自的内涵，导致在进行国际比较的时候出现概念上存在混淆、数量上没有统一标准的局面，对科学技术领域人才的国际流动也带来了障碍。OECD 和欧盟委员会意识到了问题的严重性，共同组织制定了《科技人力资源手册》。《科技人力资源手册》初稿于 1992 年和 1993 年在 OECD 的研讨会上进行了讨论，1994 年，交 OECD 的国家科技指标专家组讨论修改后，经 OECD 科技政策委员会批准，于 1995 年正式出版，也称为《堪培拉手册》。《科技人力资源手册》为测度和分析科技人力资源提供了标准与规范。

该手册给出了科技人力资源的基本定义，并从统计的角度对科技人力资源的范围进行了界定，提出了科技人力资源存量和流量的模型，为编制和分析流量和存量数据提供了依据。手册还介绍了科技人力资源数据的统计分类及有关定性信息，讨论了收集和编制科技人力资源资料的各种数据来源。《科技人力资源手册》的贡献在于，它为各个国家在统计数据的收集和指标的制定上建立了共同的标准，是国际上第一个有关 HRST 统计的标准和规范。对于像 OECD 这样的多边组织来说，手册不但有利于对科技系统进行国际比较，同时有利于对政策效率的评价和对先进经验的识别，能够促进科技的发展，更为人才的国际流动建立了互认的标准。更为重要的是，在跨进知识经济时代大门的时候，《科技人力资源手册》的颁布正式明确地拉开了全球人才竞争的序幕。

2. 建立科技指标数据库

在 OECD 成员国科技部长们的一致努力下，OECD 专门设立了经合组织国家科技指标专家组（NESTI），以加强成员国之间的科技统计合作，共同开发新指标，研究 OECD 科技系统的趋势及面临的挑战，改进科技统计体系。NESTI 每年召开一次科技人力资源指标的专题研讨会。在 NESTI 提出的 10 个优先研究领域中，第一个就是"人力资源流动引起的知识循环"，因为人力资源在国家创新系统内部及系统之间的流动是知识循环的主要因素。因此，专家组要研究测度企业之间、企业与大学之间、国家之间的人力资源的流动（杜谦，宋卫国，高昌林，2004）。OECD 是最早系统地收集科技统计数据的国际组织之一，拥有主要科技指标数据库（Main Science and Technology Indicators Database）。OECD 已经在如何利用现有的各国数据建立科技人力资源指标方面进行了大量的工作，组织要求其成员国每一年都要对科技人力资源的相关统计数据进行统计，从而建立 OECD 的科技人力资源数据库，这些相关数据包括科技人力资源的总量、行业分布、男女比例、国际流动、博士学位人数、拥有第三级学历的人员数等。针对这些数据，OECD 每隔一年出版《OECD 科学、技术和产业记分牌》（OECD Science，Technology and Industry Scoreboard）和《OECD 科学、技术和产业发展前景》（OECD Science，Technology and Industry Outlook）两份报告，其中对科技人力资源的总量、流动、R&D 人员、博士和博士后等进行了完整统计。

数据库的建立，为及时了解各成员国的科技人力资源发展态势、获取第一手资料提供了有效途径。目前，在科技人力资源的相关研究中，普遍使用 OECD 的科技指标数据库。

3. 评估国家创新政策

2005 年，在整个经合组织范围内，随着经济疲软让位于更有力的经济增长前景，如何利用科学、技术和创新来实现经济目标再次受到关注。OECD 的科技政策委员会（CSTP）在当年实施了一项"需求驱动"计划（Re-launch a Demand-driven）。该计划主要有三大目标：其一为"附加服务"，主要指帮助个别国家从 OECD 组织中获得更多的收益；其二为"学习工具"，指加深成员国之间在科学和创新问题上的沟通与理解，并根据各个国家的具体情况分析问题；其三为"延伸工具"，指在非成员国宣传 OECD 的工作，促进一些国家对 OECD 一些主要工作的交流与分享（Guinet，2008）。

该计划主要以对每一个国家加以回顾评论的方式，全面分析各个国家的创新体系，并且把重点聚焦在政府政策层面。其中，作为国家创新体系重要组成部分的科技人力资源发展现状、国家政策措施和对于政策措施的评价也被重点提及。目前，瑞士、新西兰、南非、挪威、匈牙利、中国等多个国家的成果已经发表，俄罗斯、土耳其等国家正在进行之中，日本、巴西等国家已经提出申请或申请正在被讨论。该计划的实施有助于 OECD 成员国在国家创新体系上对一些重要问题进行经验总结、交流与分享。

4. 发起博士职业生涯项目（CDH）

自从 1995 年 OECD 发布了《科技人力资源手册》以来，科技人才的数量增长明显，对于科技人力资源尤其是高学历的科技人才的关注程度也与日俱增。据 OECD 统计，自 2000 年以来，博士学位授予数量的增长速度已经略微超过了其他学位授予数量的增长速度。在 2004 年 OECD 科技政策委员会召开的会议上，与会成员都呼吁要进一步推动科技人力资源领域的新工作，尤其"要提高和改进科技人力资源发展和流动的数据，特别是科技人力资源流动，要使用现有的数据资源和新的统计方法，收集和交流博士学位人才的职业发展信息"。

博士人才和研究人员的培养是一个长期的、高投入的过程，也是在知识经济环境下必不可少的一部分。在新知识和创新的扩散中，人力资源被认为是最重要的因素。博士学位获得者不仅有高的学历，而且在从事研究工作中也受到过特殊的培训，但是目前他们的职业生涯发展历程以及流动的模式还没有被充分地关注和了解。因此，为了回应 2004 年 OECD 科技政策委员会部长会议的要求，经合组织、联合国教科文组织统计协会以及欧盟统计局共同发起了一个博士职业生涯项目（Careers of Doctorate Holders Project，CDH）。

在项目的开展过程中，来自美国、日本、中国、印度、阿根廷和欧洲国家的专家们成立了一个小组，通过指导方针、指标设计和问卷调查等步骤制定了详细的评价方案，从而对博士的职业和流动情况进行一个国际比较。项目主要从以下四个方面进行数据的收集：第一，博士毕业生在创新和知识经济中的作用，包括与其他完成第三级教育的毕业生相比，博士毕业生的主要工作内容，是否继续他们的研究工作，主要在一些什么领域从事研究工作；第二，人才市场的供求情况，包括目前人才市场上对博士的需求情况、博士毕业生选择在公共部门或者私人部门从事研究工作或者离开研究岗位的原因、在公共部门和私人部门工作的情况的区别、他们对工作的感受；第三，从教育到工作、从博士毕业到工作岗位或者博士后的过渡时间需要多长，自身的工作有多少是和博士学位相关的；第四，流动情况，博士毕业生在部门之间的流动情况如何，博士毕业生国际间流动情况如何，以及他们回国的主要原因。为了解以上四个方面的内容，项目组分别从个人特征、教育特征、工作现状和国际流动等四大块进行了数据收集。2005 年

9 月，澳大利亚、加拿大、德国、瑞士和美国的第一批数据收集工作已经完成；2007—2008 年之间，进行了大规模的第二批数据收集，共涉及了 25 个国家。2008 年 12 月，OECD 在布鲁塞尔召开了主题为"博士职业生涯和人才流动"的国际会议（Auriol，et al，2010）。

通过对全球范围内主要国家博士学位拥有者的职业发展和流动调查，政策制定者能够获得博士学位拥有者的更多信息，并且各个国家之间能够在国际标准上分享更多的信息。该项目的最大意义在于建立了博士职业发展历程和人才流动状况的完善的评价体系，并在全世界范围内进行了此领域的实践，促进了高学历人才的国际流动。

5. 密切关注 HRST 的流动

人才的流动对于创新和知识的传播有着不可估量的作用，尤其由于其可以在共同社会背景和近距离接触下有效沟通，因此成为了隐性知识传递的重要途径。OECD 的报告显示，2000 年，经合组织高等教育机构招收了约 150 万外国学生，其中约半数来自经合组织地区。大多数经合组织国家是高技能移民的净受益者，尤其是美国、加拿大、澳大利亚和法国，它们因高等教育学历移民的流入而获得了很大的净利润。同时，经合组织内部的人才流动大大增加了高技能工人的储量。OECD 组织长期关注科技人力资源的流动，一贯重视成员国在科技政策方面的经验共享。2001 年 6 月，OECD 在法国巴黎召开了主题为"高技术人才的国际流动：从统计分析到政策规划"的研讨会，并于 2002 年出版了文集。2007 年，OECD 组织向其成员国进行了有关科技人力资源国际流动的问卷调查。问卷分为三个部分：第一部分根据《科技人力资源手册》的内容对科技人力资源进行了严格的定义，从而再次明确了科技人力资源、研究人员、博士、博士生以及流动等概念和统计口径；第二部分是关于被调查国家在促进科技人力资源流动中所实施的政策计划的名称、负责的机构以及对其效果的评价；第三部分还要求每一个国家对促进科技人力资源流动方面的最佳制度实践作相应的案例总结。

在对问卷进行归纳整理的基础上，OECD 组织在 2008 年 9 月出版了《全球人才竞争——高技能人才的流动》报告。报告讨论了国际科技人力资源流动对知识传播的作用，运用最新的材料和政策及评价信息展示了科技人力资源国际流动的规模和各主要成员国的政策，例如：通过加强年轻研究人员的流动性，改善公共研究人员的职业前景等；通过汇总分析国际流动、知识转让、创新和相关政府政策，分享对促进科技人力资源流动以及管理和调整流动的一系列政策的多维认识。报告对目前 OECD 成员国的科技人力资源流动政策作了如下评论：第一，经合组织的多数国家认为用政策鼓励和帮助流动是吸引与留住人才的一个重要内容，其内容包括了经济激励和鼓励流入、移民导向援助、外国学历的认可、社会和文化支持，以及支持到国外从事研究等；第二，目前还是很少有国家把人才流动作为国家战略的一部分，在人才的移入、迁出和国外散居政策上都存在着不连贯性，因而存在着政策风险；第三，国家的政策普遍瞄准同样的科技人力资源，而较少具体针对国家技术利益的某些方向；第四，大多数国家的政策存在地域限制。

三、OECD 成员国的典型相关措施

OECD 的成员国为适应知识经济、经济全球化以及信息化技术快速发展给社会经济带来的巨大变革，从科技教育培训、提高 IT 技能和促进人才国家化流动等角度，在加强科技人力资源能力建设方面提出了一系列的政策措施。

1. 科技教育和培训

在科技教育培训上，OECD 国家的政策主要体现在重视工科高等教育的发展、提高学生的工程实践能力和鼓励企业对员工的继续教育培训上（见表 2—11）。

表 2—11 　　　　　　　　　OECD 几大成员国的科技教育培训措施

澳大利亚	以应用技术大学的课程作为补充供大学学习选择，认为课程组织的权利应该下放到各个省、社区和私人机构，确保教育计划能够满足当地经济发展的需要。
德国	很多改革的目标都是为了适应正在进行的"二元性"经济体制上的结构改革。措施主要有加强培训、促进大学教育，包括推行应用技术大学的课程。
法国	为了加强企业的培训，政府有专项补贴用于雇佣科技领域毕业生的中小企业。
挪威	教育、研究和教堂事务部出台政策，扩大公共部门的招聘，认为每一年至少要提供 150 个职位，尤其是在一些前沿领域中，例如医药、信息和法律。此外，还要进一步提高妇女在自然科学和技术领域的比例，尤其是教授水平人才中妇女的比例。同时，还提出了一个工作场所培训（workplace training）的计划。
美国	美国的联邦法律试图通过税收政策，给予雇主一项在高技术工作培训上的税收优惠。被雇佣者在自己的专业领域进行继续教育时已经能够获得一项税收优惠。在加利福尼亚州，法律规定公司赞助大学毕业生参加培训的，会有一定的税收减免。

资料来源：Mario Cervantes，1999。

2. 提高 IT 技能

在提高 IT 技能方面，OECD 国家从加强教师 IT 技能、扩大本专业学生的人数和促进就业等角度进行政策设计。

德国：工作培训和竞争联盟包含了政府、劳工和管理者的代表，联盟在消除目前 IT 工人短缺现象的政策措施上达成了共识，具体包括发展学院和大学里的学科组织，加强 IT 教师的培养等措施。

芬兰：政府实行一项公共部门和私有部门的合作计划，鼓励企业给 IT 毕业生提供实习机会。从 1998 年到 2002 年，这个计划使 20 000 多名学生受益，还能使 1999—2006 年内的 IT 学位授予数提高 1/3。为了提高潜在学生的数量，另一个附加的计划是增强在数学和科学领域的教育。该计划的措施主要是吸引更多的女性学生投身于这一领域，从而缓解缺乏教师的困境。

美国：美国劳工局投入了 800 万美元建立世界上最大的求职简历数据库。这个数据库与美国的工作银行以及人才银行合并。为了尽可能使高技术工作机会和美国工人的实际能力相匹配，劳工局最近将 300 万美元资金奖励给那些对失业工人进行高技术培训的示范项目。美国的教育和劳工部门投入 600 万美元来建设培训体系。美国商业局的"GO4IT"网站在促进企业和毕业生之间的关系、提高当地的 IT 技能中发挥了重要作用。

英国：政府宣布了一系列计划来促进 IT 技术的提高。其中包括：在 2002 年年底联合学院、图书馆、大学为一个国家网络体系；在 2000 年开办了企业大学；在家里、工作中和社区里开展新技术的终身学习；提议实行国家 IT 战略；当实行 ICT 培训时，个人学习账户可以减免 80% 的税收。

3. 人才的跨国流动

OECD 的很多成员国出台了大量政策，旨在吸引和留住科技人力资源。例如，法国颁布了相应的措施，以便利外国科学家和研究人员的临时移徙；德国政府力求通过赠款和奖学金计划增加外国学生的流入；美国国会已根据 H-1B 签证方案暂时提高了每年授予专业移民临时签证数的上限，其目前的法定限额为每年 11.5 万个签证。

日本的很多流动政策着眼于高学历的科技人才。例如，亚洲科学技术战略合作项目，鼓励日本研究者和亚洲其他国家的研究者之间通过一系列的国际研讨会和联合项目，为解决"亚洲区域共同议程"建立网络关系（资助 3～5 年）；为国外研究者提供博士后奖学金，资助高素质的获得博士学位的外国年轻研究者在日本大学或日本研究所研究人员的领导下从事合作研究（奖学金为1～2年），它是吸引国外研究者到日本从事研究的重要政策，也是日本第3期科学技术基本计划的要求；日本政府为北美和欧洲研究者提供博士后（短期）奖学金，资助美国、加拿大和欧洲国家高素质的年轻博士生和博士后在日本大学或日本研究所研究人员的领导下从事合作研究（奖学金为1～12个月），那些已经修完硕士或博士学位课程以及在研究机构做了至少3年研究的外国公民有资格申请。此外，在日本受雇于"结构改革特区"企业的外国研究人员在申请居留证方面享受优惠待遇，一些特定类的研究人员3年后（而不是5～10年）还可以申请永久居民身份。短期停留的研究人员和学者可以获得一个多次入境的签证，有效期为1～3年。该方案于1996年对16个国家推出，现已覆盖大部分国家。

日本政府发起了国外派遣体制，即派遣日本学生到海外研究生院获取硕士/博士学位（2～3年），被派遣者完成学业后，必须留在大学或其他研究机构从事教育和研究工作，这将增强日本的国际竞争力，把知识贡献于社会。另一项政策是短期的学生交换推进计划，根据大学间的交换协议，资助日本大学招收的学生到国外大学进行短期学习（3个月～1年）。

4. 人才的部门间流动

OECD在2002年的一份有关"科学与工业部门联系"（Science-Industry Relationship）的研究报告中，比较了奥地利、比利时、芬兰、德国、爱尔兰、意大利、瑞典、英国以及美国等国中高校与企业之间的人力资源流动性以及联系。在"由高校研究人员为企业提供的研发咨询支持"这一指标上，奥地利、德国、英国、美国、日本都高于OECD成员国的平均水平，而比利时、芬兰、爱尔兰和意大利却明显偏低。企业与高校之间在科技人力资源方面的联系指标显示了高校向国家创新体系中的其他组成部分进行知识传播的能力。在促进科技人力资源部门间的流动上，奥地利采取了一些措施促进研究人员的流动，包括科学家从事经济活动计划、工业促进基金促进青年研究人员工作等措施。法国颁布了新的国家创新法律，鼓励公共部门研究者在工作之余与企业进行一些短期的合作，从而获得一些额外的报酬。日本推出基础科技推广计划，涉及一系列公共部门研究劳动力市场的监管改革，旨在提高公共研究部门和私营研究部门之间的流动性（Cervantes，1999）。

四、经验与启示

从以上的论述我们不难发现，OECD 作为一个国际组织，在推动科技人力资源建设上的贡献是有目共睹的，OECD 成员国也在此方面进行了很多有益的尝试，总结其经验，对于我国进一步推动科技人力资源工作会有一定的借鉴意义。

1. 规范 HRST 测度的制定

作为一个国际化的组织，OECD 在标准的制定上有过很多成功实践，OECD 出版的《科技人力资源手册》为科技人力资源的测度及有关数据的分析提供了准则，对于科技人力资源的国际化研究尤其是人才的国际流动具有重要意义。对博士职业和流动指标的研究同样为这个领域的测度做了开创性的工作。这些研究和实践使全世界范围内对科学技术人才的测定和研究有了一个统一的标准，不仅有利于政策的分析，也便于进行国际比较。从我国现状来看，目前尚未形成科技人力资源的统计、监测体系，只有 R&D 人员、科技活动人员、高校毕业生以及国有企业专业技术人员等一些存量统计数据，且统计口径不一（中国科协调研宣传部，中国科协发展研究中心，2008）。因此，努力做到科技人力资源的统计口径与国际接轨，规范测度标准，并开发利用这些数据，既能为政府决策服务，也有利于人才的国际化流动。

2. HRST 能力建设与创新国家建设的紧密结合

科技人力资源是创新型国家最重要的资源，发达国家比发展中国家更早地认识到了这一点。知识信息的创新、扩散和应用以及经济社会的发展，主要依赖于掌握先进技术和知识的科技人力资源。国家创新能力的大小、发展的快慢与科技人力资源的数量、质量、结构、分布、开发利用状况密切相关。国家创新能力的提高、国家管理体制和运行机制效率的提高与科技人力资源开发利用的状况成正比。因此，科技人力资源是 OECD 国家创新体系建设的重要内容。在"需求驱动"计划的实施中，在各个国家的创新政策评述中，科技人力资源都被作为国家创新体系中非常重要的一个组成部分，这说明 OECD 组织已经充分认识到科技人力资源是国家竞争力和创新力的现实基础，是国家的潜在实力，同时也是加速科技进步、推动可持续创新的需要，应该作为一个国家战略来加以重视和规划。

3. 注重成员国之间的经验分享

OECD 组织非常注重其成员国之间甚至是与非成员国之间的经验分享，成员国通过各种形式，讨论它们政策的发展，比较它们政策的执行情况，交流政策评估方面的经验，并且及时更新各个成员国科技人力资源的相关信息。OECD 组织拥有丰富完整的科技数据库，通过相关统计数据和政策评价了解成员国科技人力资源发展态势并总结其政策实施的成功经验，从而促进各个国家科技人力资源的发展，尤其是跨国跨地区的流动。我国尽管不是 OECD 的成员国，但在科技管理领域中与 OECD 组织也有较为频繁的交流。利用 OECD 这个经验分享的良好平台，借鉴国际经验，是实现我国科技人力资源进一步发展的重要途径。

（余 晓 撰文）

第 3 节 欧盟国家 HRST 政策与实施

现代经济增长理论基本上证实了经济增长的速度内在地依赖于技术创新能力，这就意味着从一个国家的角度来讲，本国的经济增长速度取决于该国的国家创新能力（郑绪涛，2009）。国家创新能力已经成为国际综合国力竞争的焦点，世界各国都在不断加快创新步伐，以期提升国家创新能力。新兴国家和发达国家之间的差距综合表现为国家竞争力的差距，其本质是科学技术的差距、创新能力的差距（陈劲，陈钰芬，2009）。OECD 作为最早研究国家创新能力的组织，认为国家创新能力是环境因素、集群因素、大学因素和中介因素共同作用的结果。以 Nelson 为代表的国家创新体系理论强调，一个国家总体的政策环境、教育水平以及国家特定机构，都是决定该国技术创新能力的重要因素（Nelson，1993）。这里的政策环境包括知识产权保护、对外政策等，特定机构包括高校、独立研发机构等。

创新分析为什么对科技人力资源感兴趣？创新是指为了实现经济目标做新的事情。从很大程度上来说，人是知识的载体，并组成了创新中的新事物。即使新的知识或技术是从他人那里学会的，或者是根植于机械或装置的，情况也是如此，因为人们必须明白知识和技术应该如何得到有效的实施和运作。人们也必须知晓知识和技术的最新发展，以明确该实施什么、如何组织活动，并明确相关的市场和产品的所需特征，所有这些都是人类所拥有的技能（Nas，2008）。从很大程度上来说，能力根植于人，对于科技人力资源的研究是一个国家创新体系建设与完善过程中的关键因素。人才教育与人才吸引，以及为人才的充分利用创造良好的政策环境，成为许多国家提升创新能力、建设创新型国家的重点。在科技人力资源建设方面，欧盟所遇到的问题及其对策非常值得关注，尤其是北欧国家在人力资源建设方面的成就，给我们的启示良多，本文重点讨论其相关的政策与实施。

一、欧盟科技人力资源建设的概况

在研究、开发、教育和技能方面的投资是欧盟的一项重要策略，因为它们是经济增长和知识经济发展的关键。这使得技能及其测量越来越受关注。科技人力资源（HRST）的数据可以促进我们对于科学和技术人才供给与需求的理解。这方面的数据主要集中在两个方面：一个是存量，即目前在科技领域的劳动力特征；另一个是在职流动和从教育领域到科学与技术领域的劳动力流入。尤其值得关注的是科学家和工程师，他们往往是技术主导发展中心的创新者。

1. 科技人力资源的国际流动性

HRST 统计数字显示，欧盟只有 6% 的科学和技术工作由非本国公民从事，这些人当中有一半来自其他欧盟成员国，另一半来自欧盟以外的国家。该统计数字还显示了欧盟成员国之间的巨大差别（见图 2—14）。

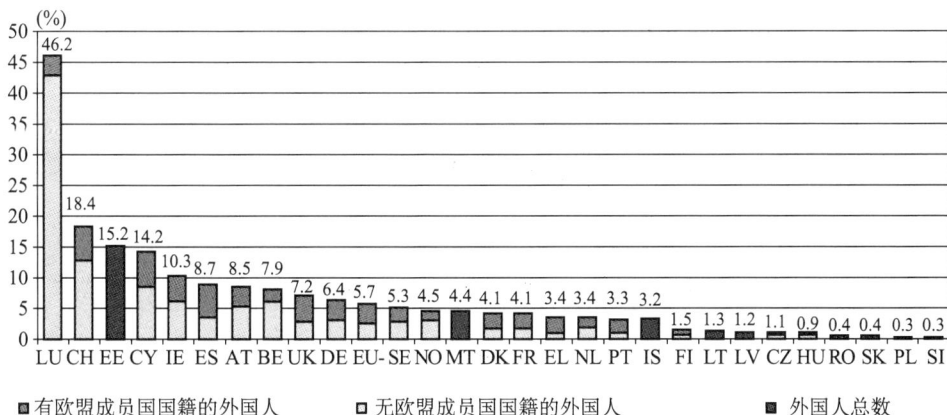

图 2—14　欧盟各国 25～64 岁人群中非本国 HRST 人才所占比例（2006 年）

资料来源：Eurostat，2006。

只有 5％欧盟成员国的 HRST 中外国人所占比例超过 10％。其中，卢森堡位居前列，达 46.2％。但是，应该指出的是，在卢森堡的普通劳动力市场中，其他欧盟成员国公民占有很大的比例，而科技部门与其他经济部门没有太大差异。

丹麦的 HRST 中欧盟公民所占比例远远高于欧盟以外国家的公民所占比例。非本国 HRST 也表现出了国与国之间的差异。卢森堡的国际 HRST 有 90％来自其他的欧盟成员国；相比之下，希腊和葡萄牙的国际 HRST 有 70％是来自欧盟以外国家的公民。

欧洲大学的一个主要目的是吸引国外高素质的工作人员和学生，维护他们的研究声誉，促进知识尤其是专业知识的国际交流。2004 年，欧洲接受大学教育的学生有 120 多万是外国人。英国是外国学生最青睐的国家，其次是德国。超过 25 万的外国留学生在学习科学或工程。在大多数国家，学工程的外国学生人数又往往高于学科学的人数。当然，这些情况在国与国之间还是存在着巨大差异的。

2. 科技领域的专业人员和技术人员

科技人力资源指的是积极地投身于科技活动和技术创新的员工。2006 年，在欧盟进入科技领域就业的人近 59 万，相当于欧盟总就业人口的 1/3。过去的五年中，西班牙和卢森堡的 HRST 就业人数增长最多，其中，教育部门所占比例最高，其次是医疗卫生部门和社会工作部门。

德国、法国、意大利和英国 HRST 占了科技领域专业人才的 50％以上，技术人才则占到了 60％。就整个欧盟的平均水平而言，就业的 HRST 基本上平均分配在技术人员（53％）和专业人员（47％）之间。当然，成员国之间的区别还是明显的。爱尔兰 74％的 HRST 都是专业人才，比例是最高的。立陶宛、比利时和希腊也拥有超过 60％的专业人才。

但是，科学家和工程师的所占比例差别更大。从整个欧盟平均水平来看，2006 年，科学家和工程师占 HRST 总人数的 18％，其中爱尔兰最高（33％），其次是比利时（26％）。爱尔兰、罗马尼亚和冰岛 44％的专业人才是科学家和工程师。对爱尔兰而言，这可以部分地归功于国家在吸引外国科学家和工程师方面作出的努力。另外，土耳其、卢森堡、保加利亚、斯洛伐克和立陶宛的科学家和工程师占全部专业人才的 30％以下。

3. 科技领域科技人力资源的老龄化

欧盟人口老龄化越来越明显，必须特别关注老龄化对 HRST 劳动力的影响，以确保其来之不易的知识的延续性。2006 年，欧盟 45～64 岁的高龄 HRST 共有 3 400 万，占这个年龄段总人口的 27%。换句话说，欧盟的 4.93 亿人当中，45～64 岁的 HRST 达 7%。这些高龄 HRST 是在科学和技术领域知识最为丰富且最富有经验的，他们的知识开发和转移对推动欧洲的研究和创新至关重要。

在欧盟 8 500 万 25～64 岁的 HRST 当中，近 40% 已是 45～64 岁。从国家来看，保加利亚老龄化程度最高，达 46%，即 495 万人。芬兰、德国和瑞典也在 46% 左右。人们普遍认为，这些国家的老龄化问题主要是由于第二次世界大战后"婴儿潮"时期出生的人正进入老年。与其他国家相比，西班牙和爱尔兰高龄 HRST 的比例要低得多。事实上，这两个国家在 25～34 岁年龄层的 HRST 相对较多，原因之一是在国家总体年龄分布情况上，西班牙和爱尔兰的 25～34 岁人口高于欧盟的平均水平。虽然西班牙的 HRST 非常年轻，但高龄的 HRST 已有大幅增长。

欧盟 45～64 岁的就业人口中，HRST 平均比例是 36%。这部分高素质人口在 2001—2006 年间以年均 3.3% 的平均速度增长。然而，具体情况因国家而异。在 45～64 岁的劳动力当中，瑞士、丹麦、荷兰、瑞典、挪威和芬兰的 HRST 比例最高（高于 45%），年平均增长率为 2%～4%。所有这些国家的 HRST 老龄化问题均较为突出。葡萄牙的情况非常特殊，45～64 岁的 HRST 只占该年龄段总人口的 17%。

4. 女性科技人力资源

根据 2000 年里斯本峰会的目标，增加科技人力资源是一个关键内容，以使欧洲成为最具竞争力和活力的知识经济体。一个重要因素是要更好地利用现有的女性科技人力资源。对在科技领域的女性有一个非常清楚的认识非常重要，这可促进女性在这一领域潜能的充分发挥。

2006 年，欧盟年龄在 25～64 岁的 HRST 共计 7 570 万，48% 受过大学教育的 HRST 为女性，女性在科技领域中所占职位达 51%。而且，女性似乎更能成功地找到一份跟自身特长相关的工作，在就业的女性科技人力资源中，有 48% 完成了大学教育，并作为专业人才或技术人员工作（即作为 HRST 核心）。

在科技领域，立陶宛女性就业比例最高（72.0%），其次为爱沙尼亚

（69.7％）。在欧盟，多数成员国超过 50％ 的 HRST 是女性。尽管女性 HRST 的比例较高，但在 2001—2006 年间，保加利亚和芬兰的年下降幅度分别为 0.5％ 和 1.1％，均低于平均增长率。同时，马耳他女性 HRST 的份额最小，但却是增长率最高的国家之一（7.0％），仅次于卢森堡（8.8％）、西班牙（7.7％）和爱尔兰（7.3％）。

当然，不同的经济部门之间的差别也是存在的。2006 年，欧盟的女性 HRST 绝大多数都在服务行业，达 2 700 万，而在制造行业只有 200 万。女性在服务业中占有主导地位，在 27 个欧盟成员国中，有 24 个国家，其科技服务业中的女性职位多于男性。立陶宛的科技服务业中只有 25％ 是男性。只有芬兰在 2001 年至 2006 年间女性 HRST 在服务业中有所减少。在制造业方面，情况完全不同。从整个欧盟范围看，制造业中只有 30.4％ 的 HRST 是女性。只有保加利亚、塞浦路斯、爱沙尼亚、拉脱维亚和立陶宛的女性 HRST 比例达到 50％ 或更多。

国与国之间每年的女性 HRST 平均增长速度都有所不同。2001—2006 年间，奥地利的女性 HRST 增长率为 19.8％，而有 6 个欧盟成员国是负增长。

二、欧盟科技人力资源的若干议题

根据这种现状，欧盟明确提出开发科技人力资源的相应四大议题：一是欧盟科技人力资源的战略议题，二是科技人员老龄化问题，三是女性科技人力政策问题，四是国际合作建设"欧洲研究区"问题。

1. 欧盟科技人力资源的战略议题

欧盟科技人力资源开发战略的重点是通过加强各领域的人才培训、知识转让及交流，促进欧洲智力资源开发，逐步建立一个世界一流的高质量科技人才队伍。尊重知识，珍惜人才，充分发挥欧洲人民聪明才智是该战略的最终目标。其主要手段是：支持大学、研发机构、企业的研究人员自由流动，积极接纳各成员国研究机构与人员参与欧盟各类研发计划；创建研究人员返回本国重新安排工作机制，建立欧洲研究人员自由流动财政支撑体系；设立研究人员卓越成果奖；协同学校制定高等教育新大纲，不断提高教育素质，实行终身培训制。在研究基础设施建设及改善研究环境方面，努力创建最高水平的全欧研发基础体系，促进各成员国研究设施的相互融合、密切合作、充分利用。建立一个大容量、高流量的各领域、各学科科技通信网络，逐步破除各国科技信息相互封闭的旧俗，开创互利、互通、互用的新局面。与此同时，进一步促进科学与社会关系和谐发展，增进研究人员、企业家、科技决策者与公民之间的对话，拉近科学与社会的关系，解答公民普遍关心的科学热点问题，吸引广大公民关注并参与科技进步。鼓励科技人员跨国流动，促进科技人员了解欧洲科技发展情况，培养和锻炼科技人员，不断提高科技人员的研发水平。

具体而言，协调教育部门，制定泛欧统一高等教育计划与大纲，尤其要制定顶尖科技人员（博士后）的培训计划；建立欧洲研究机构与中小企业研究人员的流动网络，鼓励和支持成员国研究人员的自由流动；建立学术研讨会与高级科技论坛制度，广泛地传播与交流各成员国的研发经验；进一步开放欧洲国家、地区及欧盟的研究基础设施，为研究人员自由流动创造优越的环境；建立和发展欧洲高水平专业研究组，发现和挖掘顶尖科技人才，促进前沿科学和交叉科学的研发活动。

2. 科技人员老龄化问题

随着欧洲人口老龄化的加剧，2005 年 3 月，欧盟委员会推出了一整套可行的有关青年人为"里斯本战略"服务的政策和措施，并取名为《欧洲青年条约》。该条约的主要条款涉及教育、科研、培训、流动、择业及家庭生活等众多领域，目标是确保青年融入社会，鼓励和支持青年发挥其聪明才智、积极参与"里斯本战略"的各项活动，为欧洲的繁荣富强贡献力量。欧盟制定了欧洲卓越科技人才奖励制度，这项奖励制度重点针对青年科研人员；建立有助于研究人员返回原籍国以及促进其专业再集成的机制；制定欧洲统一的教育和培训规章，为自由求学、学历认可、消除"本土化"倾向等提供方便和优惠条件；加强科技工作宣传，正确引导，提供财政支持，鼓励青年热爱科技、投身科技；建立青年科技突出贡献奖励制度，重奖在科技工作中具有卓越成就的青年；设立专门机构，研究青年科技工作者（包括心理学、择业倾向、自由流动、实际困难、财政支持等），并提出年度报告；鼓励和支持年轻人参与欧盟和各成员国组织的各种科技讲座、论坛及展览等活动，培养他们对科技工作的兴趣；欧盟和各成员国政府密切合作，制定一个统一的鼓励和支持年轻人投身于科技工作的总政策。

3. 女性科技人力政策问题

在提高女性在科技工作中的地位方面，欧盟制定了一系列优惠政策，以期吸引女性以科技工作为终身职业；组织女性观摩、讨论国家和欧盟科技事务，培养其对科技工作的兴趣；支持高等学府与教育部门建立合作伙伴关系，激发女性大学生对科学和工程学的兴趣；改革企业接纳女性研究人员的规章，改变旧的理念，为有志女性进入企业科研部门工作提供方便和优惠条件；巩固和发展欧盟及各成员国现存的对女性科技工作者的奖励制度（如玛丽·居里奖学金等），支持女性积极参与企业的研发活动；建立专门专家组，研究有关女性科技工作者的问题；将女性科技人员问题纳入欧盟"科学与社会行动计划"。

4. 国际合作建设"欧洲研究区"问题

与此同时，欧盟全面开展国际合作，实施建设"欧洲研究区"、创新与创业以及建设智力人才队伍等行动计划，力争迎头赶上其竞争对手，开创欧洲科技进步的新局面。欧盟认为，要建设"欧洲研究区"、提高欧盟的竞争力，并且在世界范围内发挥影响，就必须与各有关国家和地区（欧盟国家以外的第三国和地区）建立广泛的联系并开展互利的合作。通过国际合作，不但可以在互惠互利的基础上与合作者共同解决所面临的问题，而且可以推动创新。借助合作促进创新正在受到更大的政策关注。

三、欧洲的大学现代化转型和 MST 教育

欧洲大学的现代化涵盖了教育的相互联系、研究和创新作用，这不仅是广义的"里斯本战略"成功的一个核心条件，更是日益全球化的知识经济体系的组成部分。在 2005 年 10 月召开的汉普顿非正式会议上，研发机构和大学被确认为欧洲竞争力的基础；2006 年 5 月 10 日，欧盟委员会颁布了题为《启动大学现代化日程：教育、研究和创新》的文件（教育创新文件），为全面改革欧盟国家高等教育体系拉开了帷幕，从整个欧洲层面来促进大学和研究机构的发展。欧洲框架正变得越来越重要。欧盟为每个成员国提供了更大规模的经营范围，更为丰富多样的人力资本，以及各机构之间的合作与竞争的机会。

知识的创新、传播和应用是制衡一个国家或地区经济发展的重要因素。教育、研究和创新三位一体，是经济发展的原动力。如果能充分开发并利用这些资源，欧洲的大学就能够在欧盟实现"里斯本战略"、建设欧洲知识联盟、扩大就业和实现经济增长等方面发挥巨大的作用。欧盟提出了如下九项措施：

- 打破围绕在欧洲大学外面的各种屏障；
- 使得欧洲大学享有真正的自主权并真正承担起自己的义务；
- 为大学提供鼓励措施，使其与企业界建立起结构性的伙伴关系；
- 为劳动力市场提供具有适合的技能与能力的人才；
- 铲除资助教育的障碍并使得教育和研究经费发挥更大的效益；
- 加强跨学科领域的研究并提倡各学科间的相互渗透；
- 加强大学与社会间的互动与关联关系；
- 承认并奖励优秀人才；
- 提高欧洲高等教育和欧洲研究区在世界上的地位并使其更具有吸引力。

教育创新文件提出：要通过第七研发框架计划（特别是欧洲研究理事会资助机制）、欧盟框架基金、欧洲投资银行等多种渠道增加对于高等教育的投入。文件还要求欧盟各成员国迅速行动起来，采取各种有效措施，通过对国内教育制度进行与欧盟要求相协调的相应改革，增加对于高等教育的投资，加强并改善高校本身以及政府对于高校的管理，提倡高等教育与企业界构建伙伴关系，鼓励人才有序流动，提高教育质量，突出对创新精神和创新能力的培养与建设，将蕴藏在欧洲大学内部的巨大的知识与创造力释放出来，为实现"里斯本战略"有关就业增长的战略目标、为建设欧洲知识经济区培养大批的人才而作出努力。

在这当中，加强 MST 教育，即数学、科学和技术的教育，被视为欧洲经济繁荣以及可持续发展的决定性因素。

欧洲工业家圆桌会议（ERT）是一个由 45 家欧洲大公司组成的论坛。这些公司来自 18 个欧洲国家的各行各业，年营业额达 1.6 万亿欧元，在全球范围内拥有 450 万员工，其核心任务是提高欧洲的产业竞争力。ERT 指出，欧洲经济持续发展的根本在于年轻人对 MST 教育的兴趣。ERT 致力于提高欧洲年轻人对于 MST 教育和 MST 职业的兴趣，以推进欧洲的竞争力。2008 年 10 月 2 日，一个名为"激励下一代"的会议在布鲁塞尔召开，与会者是来自学术界、商业界、政府部门和教育领域的高级代表。会议提供了一个分享经验和聆听声音的平台，并试图解决 MST 培训方面欧洲年轻人的短缺问题。会议主席巴罗佐强调，这次会议把"产业界和教育界"有机地结合起来——这是创造未来欧洲的里程碑。

在评估欧洲是否面临 MST 毕业生短缺问题时，主要考虑的是每年毕业学生人数与市场需求人数之间的供求差距。供给反映的是有多少欧洲学生在学习

MST，而需求则反映的是未来劳动力市场对于 MST 技能的预期需要。人们对于 MST 教育和 MST 职业生涯所持的态度也是重要因素。

1. MST 人才的供给

人口统计、受教育程度和接受 MST 高等教育的毕业生方面的数据反映出如下一些趋势：欧洲正面临着一个巨大的人口挑战。从 1993 年至 2020 年，欧盟 27 国 18 岁的青少年占总人口的比例预计下降 22％；1993 年至 2008 年的下降比例是 9％，预计 2008 年至 2020 年的下降幅度将达 14％。出生率的下降和预期寿命的增加使欧盟的人口组成发生了巨大的变化。在过去的十年里，欧洲在提升中学教育和高等教育的水平方面非常成功，值得注意的是，1998 年至 2006 年，波兰的大学毕业生人数增加了两成。但是，对于学生来说，接受高等教育的机会已趋于稳定。欧洲的 MST 毕业生在绝对值上有了很大的增加，已经超过欧盟里斯本协议上提出的目标要求，这主要是由于受教育机会的大量增加。但是，如果去除人口因素和受教育程度对 MST 毕业生数量的影响，从 1998 年到 2006 年，选择 MST 学科的学生占学生总人数的比例下降了 10.8％，这个比例的缩小将直接影响劳动力市场。

ERT 设立了一个供给发展指标，旨在简化数据的分析。从最为理想的角度考虑，一个供给指标将会反映 MST 的历史供给和未来供给。但是这个指标的设立以目前的统计学水平还无法达到。因此，在已有的供给数据分析基础上，欧盟以国家为单位，设立了一个定性的供给指标，以人口、受教育程度和对 MST 教育的选择作为类别。很显然，欧洲 MST 人力资源供给的前景不容乐观，最大的问题来自人口发展趋势方面，当然对于 MST 教育的选择也是一个大问题。从国家层面来看，法国、德国、荷兰、瑞典和英国的情况最为严峻；而芬兰和波兰的情况相对较为乐观，其劳动力市场上的 MST 人力资源的供给有所增长。

2. 对 MST 人才的需求

需求指的是未来对于 MST 人才的预期需要。但是需求预测往往是不可靠的，不充分的数据、错误的假设、复杂的相关因素以及不可预测的变量都会使对劳动力市场的需求分析不科学。一种对 MST 人才需求的科学预测方法是考虑雇主的招聘要求。某些变量是很容易预测的，比如即将退休的人员。如果某个群体数量较大的雇员都接近退休年龄，而后面几个年龄段的人群数量要小很多，那么市场每年对于 MST 人才都有着潜在的需求。对其他变量的预测难度相对较大，如金融市场的波动或消费者行为的变化，这些都将影响行业对于人力资源的需求。当前的经济危机就是不可预测变量的一个典型例子。另一种对 MST 人才需求预测的主要方法是政策层面的。欧盟和欧盟各国政府一直强调知识经济中 MST 的根本地位，强调依靠研发和创新驱动提升竞争力以确保社会繁荣、经济增长。事实上，里斯本议程既强调了 MST 教育，又强调了创新投入。该议程提出的 2000 年到 2010 年间 MST 毕业生总人数增长 15％的目标已经超额完成了。然而，里斯本议程提出的研发投入占欧洲 GDP 总值比例从 1.9％增加到 3％的目标远未达到，还需要更多献身 MST 的人才。

3. 对 MST 人才的态度

对于 MST 教育和职业生涯的态度极大地影响了 MST 毕业生的最终人数。一个名为"科学教育的相关性"（ROSE）的国际研究项目曾对来自 40 多个国家的 15 岁学生进行了调查，了解他们对与科学技术相关的几个方面的想法。结果显示，国家越发达，该国愿意选择 MST 教育和职业生涯的年轻人就越少。ROSE 项目的研究人员指出，人们已经不再把物理学家、技术人员和工程师看做是人们生活幸福的关键，今天的年轻人不会因为 MST 能提高欧洲的竞争力或者能让他们赚高工资而选择 MST 作为自己的职业。他们关注的是他们会成为什么样的人，而不是他们会做什么样的事。

4. 几项举措

尽管困难重重，但解决 MST 教育及其职业生涯的难题还是有很多方法：

（1）发挥企业的作用。在提高年轻人对 MST 教育和职业生涯的兴趣方面，企业能做的主要有三个方面，并且可以通过与学校合作来做好：1）提高学校数学、科学和技术课程的吸引力；2）为学生树立行为榜样；3）为学生、教师和职业顾问提供 MST 职业的信息。企业必须明确自己的努力不是为了商业利益，也不仅仅是为了满足自己的用工需求。企业必须是真诚的社会合作伙伴，它的职责并非告诉老师如何教学，而是让学校成为能够采取主动的机构。企业可以为教师提供 MST 的在职培训，提高教师的能力，为学生提供行为榜样和就业信息。这并不意味着企业承担了培训教师的职责，而只是为他们提供了 MST 的背景知识并创造了相关的机会。还有一个非常重要的方面是评估，需要有新的工具来分析劳动力市场的需求，以便能为新的工作岗位培养和提供具有适当技能的人才。

（2）利用现有的最佳实践。为了提升年轻人对于 MST 教育和职业的兴趣，整个欧洲有大量的计划和方案，其中一些是非常有效的，比如荷兰的 Jet-Net、德国的 Wissensfabirk、法国的 C. Génial、丹麦的 Science Team K、挪威的 N ringsliv i skolen 以及瑞典的 MATENA。但是，这些计划大部分都是小范围的，主要针对的是当地的年轻人，并且在很大程度上都靠个人或一小部分热心人的支持。虽然有着同样的目标，但是这些项目和计划之间很少互相沟通和借鉴。然而，对研究人员和政策制定者来说，这种沟通和借鉴是非常关键的。经合组织指出："应当建立一个利益相关者的网络，连接教育资源中心、商业界、科学和技术教育专家、学生群和教师群，分享不同国家之间和各个组织的最佳实践信息。"（OECD，2008c）最佳实践还可以为企业界——教育界的合作计划识别普遍适用的成功因素，如客户定制（为适应具体状况量身打造的计划）、针对非常年轻的受众（4 岁及以上）在一个持续的时期内持续的努力。这些都需要相关各家公司CEO 的个人承诺，以及在各个地区之间运用网络手段。

（3）发挥教师的作用。欧盟委员会科学教育重建的高级专家小组提出"教师是关键……是提高教学质量和提供精神支持的这个网络的一部分"，并指出必须改善本国活动和整个欧洲层面的资助者之间的衔接。瑞典全国数学教育中心的一项报告认为，欧洲需要"支持和协调所有的积极力量促进更好的数学学习和教学"。这些意见和 ERT "激励下一代"会议与会者的反馈，促使人们考虑成立一个欧洲协调机构。这个机构充当的是一个协调中心的角色。ERT 成员的公司支持现有的计划，并认为应以更快的速度向所有欧洲国家拓展。

四、北欧的典型举措

能力的主体是人才，人口稀少可能会带来一系列的问题，但也可以成为某些决策的决定性因素。针对实际状况，北欧国家考虑的主要是两个方面：一个是重视对科技人才的教育与吸引力，另一个就是大力吸引国外人才。

1. 对人才教育的重视与投入

2001 年末，在世界经济论坛和哈佛大学国际发展中心发布的国际竞争力排名表中，芬兰排名第一。2002 年 2 月 14 日，利波宁总理在伦敦经济学院作了题为《欧洲未来——芬兰模式》的演讲，对芬兰获得成功的因素进行了分析，包括行之有效的福利制度、发达的教育和培训、政府和私人部门巨额的研发投入、公开竞争等，"发达的教育和培训"被列为成功的第二个重要因素（水木清，2006）。芬兰认为人才是维持产业竞争力的关键，是企业中最重要的一项资产。但是现实情况是芬兰人口少，因此，充分利用每一位可用之材，成了芬兰重视人才教育的基础。在快速发展的国民经济当中，教育工作对芬兰福利制度非常重要。一方面，为了保证青年人和成年人能够掌握应对未来的必要知识和技能，芬兰极大地改革了教育体制，把工作重点放在了强调基础教育和职业教育方面。另一方面，芬兰的教育科研经费持续增长。例如，2001 年教育部教育科研经费为 50.97 亿欧元，年增长率高达 8%（2000 年为 4.78%），2002 年教育科研预算又比 2001 年增长 7.2%，占 2002 年 GDP 的 7%（欧盟国家平均为 6%）。国土仅 33.8 万平方公里、人口 520 万的北欧"千湖之国"芬兰，其教育科研经费增长率远远高于发达国家，居世界首位。

2. 多方促进人才流动

为加强人才交流，丹麦政府成立了"共同研究中心"，让大学与企业都能共享资源，促进研究机构、学校与科技产业的交流，使大学的 IT 教育跟上最新的国际潮流。丹麦国家创新系统中机构的高等人才流出率都在 26% 左右，比瑞典、芬兰、挪威的 18%～23% 要高。

为使产学之间的技术交流加速，瑞典政府推出了产学合作计划与机制，这类计划与机制同时也有助于学术机构人才的技术创业。瑞典有许多科学园，都有其合作的大学，这种合作可以使学生快速地接触到实际的产业，使人才能快速地融入。例如，位于斯德哥尔摩的 Kista 科学园区里，设有由瑞典皇家理工学院（KTH）与斯德哥尔摩大学合作成立的信息技术大学，学生在尚未出校园时即与园区内的公司有合作计划，共同开发新技术，毕业后即可直接进入合作的公司任职。学生在学习期间接受针对性较强的训练，可以为企业节省大量的培训时间。另一个典型的例子就是"温室计划"，这是由瑞典南部的 Ideon 科学园区和历史悠久的 Lund 大学合作的，这个计划可以让 Lund 大学的学生在就学期间向园区内的创投公司提出创业计划书，由园区提供设备与空间供学生创业，以三年为限，如果学生创业有成，则要求其退出向外发展。在这种体制之下，园区和学校就起了创业孵化器的作用。这种"产"与"学"的紧密结合，为国家节省了大量的资源，科技研究促进产能提升，产能提升反过来又促进科技研究的进一步发展。

3. 争夺和吸引国外人才

芬兰利用税收减免吸引国外人才。按照规定，在芬兰工作满六个月以上的外国人都需要交纳所得税，税率为 35%。但是，针对特殊的外国学者或研究员，如果他们在芬兰停留至少两年以上，或者来自与芬兰签订有协定的国家，如荷兰、巴西、埃及、西班牙、英国、以色列、奥地利、日本、法国等国，芬兰出台了优惠的免税政策；来自中国大陆或俄罗斯的学者与研究员在芬兰的前三年可以减免所得税。芬兰国家创新系统部门的人才流动率很高，研发机构的人才有10%流入制造部门；芬兰研发机构之间的流动率也很高，达到39%，这个流动率在其他北欧国家里都只有13%～14%。

跟芬兰相似，在吸引国外人才的措施方面，丹麦主要有优惠税制与税收减免方案。限制外国人才移民丹麦的一个重要原因就是丹麦国内过高的赋税，即高收入者必须缴纳60%～70%的所得税。对于这一问题，丹麦政府规定，自1992年起，国外研究员前三年只需缴纳个人所得税征收标准的1/4，到第七年后再开始补缴。1999年8月，丹麦政府进一步明确，外国技术人员到丹麦工作的，经过认定，可以在七年后免于补缴减免的个人所得税。另外一项重要政策还有工作卡计划，该计划的初衷就是保证丹麦医院、企业及研究机构更容易招募外籍医生、工程师与信息技术专家等专业人才。上述外籍人士在符合丹麦相关法令规定的情况下受雇于丹麦公司或机构的，即可获得工作签证。

总之，北欧各国普遍认识到人力资源开发是国家竞争力的关键所在。芬兰教育支出仅次于社会福利支出，在国家预算中居于第二位，占国家财政预算的14%。瑞典政府则认为科技教育最具有战略性，为此制定了高等教育发展战略，扩大高等教育规模，培养更多的理工类人才。同样，重视发展教育事业的丹麦政府注重智力开发，无论在文学、哲学等领域，还是在物理学、电磁学等领域，丹麦都拥有一批掌握高精尖技术的人才，在世界上颇具影响。北欧国家的科研经费和教育经费投入一直持续增加，并且在国家预算中占有越来越重要的地位。瑞典每年政府研发经费的85%是分配给大学的，在瑞典的国家创新体系中，大学有着不容忽视的地位。

较高的人才流动率极大地促进了北欧国家产学之间的知识转移。另外，北欧国家还大力鼓励大学教职员或在读学生的技术创业。北欧国家强调对国际人才的吸引，事实上，这是目前先进国家都相当重视的课题。作为高福利国家，为了克服它们的高所得税赋所产生的不利因素，北欧国家提供一段时间的所得税减免，以吸引国际人才。凡此种种，都在北欧国家的科技人力资源建设进程中起到了巨大作用。

（郑尧丽　撰文）

第 4 节　学科集成的 STEM 战略：美国个案

美国历来重视科技人力资源的开发和使用，以便形成国家工程科技能力和创新能力，进而提升自己的全球竞争力。尤其是自 20 世纪 80 年代以来，美国为继续保持国家经济的全球领导地位，深刻认识到理工教育滑坡将会造成人才的严重短缺。因此，他们富有创见地适时提出了科学、技术、工程和数学（STEM）学科集成战略，并坚信强大有力的 STEM 能力是保证美国经济快速发展的引擎。为保持国家的持续竞争力，必须大力培养训练有素的数学家、科学家、工程师、技术人员和具备科学素养的美国公民。

二十多年来，STEM 学科集成战略的理念和实践已经产生了广泛影响，上至美国国会和包括若干大学在内的学术机构、下至正在接受 K-12 教育的中小学生和幼儿园娃娃都受其影响。STEM 学科集成已经成为美国应对 21 世纪挑战的国家利器，成为其科技人力资源开发的一项最重要内容。

本节首先揭示美国 HRST 能力建设中实施 STEM 学科集成战略的动因，厘清 STEM 的基本概念及其相互联系，进而阐述 STEM 战略的形成与发展，从该战略的组织与实施两个方面探讨其值得借鉴的成功经验（朱学彦和孔寒冰，2008）。

一、国家安全和经济发展的战略资源

美国对 STEM 系统能力的关切可以追溯到 1957 年。当年，苏联人造卫星上天震撼美国朝野，舆论大哗，举国皆惊。1958 年，美国国会破天荒地颁布了一项法案：《国防教育法》（NDEA）。该项法案旨在振兴现代科学技术的教育，培养和储备能满足国家安全和国际竞争需要的人才。到 1970 年，美国授予科学和工程类博士学位的人数已占全球科学和工程博士总数的一半以上。OECD 的一项研究表明，第二次世界大战以来美国在科学与工程方面的领导地位是其战略支配地位、经济优势和生活质量的基础，长期的经济良性运转与 STEM 教育明显关系密切。

进入 21 世纪，美国各界更清楚地认识到：国家的经济增长取决于国人的创新思想以及将这种思想转化为创新产品与创新服务的能力，而这些创新能力的发挥，正是依赖于人力资源应当普遍具备的科学、工程、技术和数学的素养。

今天，美国政府依然希望其大学、企业和政府部门中拥有具备科学和工程教育背景的杰出人才，但是事实上，美国学生的数学和科学能力仍旧落后于世界上的许多国家。令人担忧的是，美国学生对于 STEM 领域职业的整体兴趣不断下滑，也很难被成功吸引到 STEM 职业中来。在美国，女性、少数族裔人士和各类残障人士占到美国劳动力人口总数的 2/3 以上，但只拥有 1/4 的科学、技术和工程类的工作职位。与此同时，来自其他国家和地区的 STEM 领域毕业生人数却在不断增长，并被吸引到很多跨国公司的许多重要岗位上。这些现实原因，直接推动了美国政府大力倡导发展 STEM 教育。

STEM 教育和 STEM 人才，将是美国能够持续保证其领先发展地位的基础。如果缺乏有效措施来保持并强化 STEM 能力，那么必将威胁到美国的未来发展与竞争。因此，美国把 STEM 战略列为关系到生存与发展的国家战略，实在是再简单不过的选择。

二、STEM 的概念识别

STEM 教育即关于科学、技术、工程和数学的教育。科学等四个重要的概念既有密切联系，更有其不容忽视的重大区别。不了解它们各自的内涵，在相关的教育中必然发生不应有的偏差。

对科学、技术、工程和数学的定义众说纷纭。这里不探讨关于它们的各种界说，仅借用 William E. Dugger, Jr（1993）的研究，列述它们之间的区别和联系（见表 2—12）。尽管表中的某些分析有待商榷，但它还是刻画了一些重要的细节。

表 2—12　　　　　　　　技术、科学、工程和数学的区别与联系

技　术	科　学	工　程	数　学
涉及人类创造世界的议题，与人类创造和控制世界及其学问有关	涉及我们的自然世界和宇宙	与利用资源和自然的力量使人类受益有关	关于模式和它们之间关系的学问
关注方式（怎么样）	关注本质（是什么）	关注方式（怎么样）	关注分析和解决方案
知识的创造与被创造	知识的发现与被发现	知识的创造与被创造	知识的创造与被创造

续前表

技　术	科　学	工　程	数　学
方式更直接	离散性的，为了知识产生的本身	非常专门化	抽象
由来源于具体问题的系列性的试错的方式或者技能技巧来指导	由理论推论、假设来指导	由比具体解决方案更理论化的研究来指导	由分析和逻辑来指导
关注问题的解决方案以及将知识应用于该解决方案	关注于现实及其基本意义	关注问题的解决方案以及将知识应用于该解决方案	关注于为理论问题提供解决方案
经常与以下词语合用：应用、工具原理、工具、响应当前需要、人造物品、实践、有效、经验法制、发明、创新	经常与以下词语合用：理论、理论原理、研究、理论概括	经常与以下词语合用：实用性、愿景、灵巧性、研究、设计、系统、分析、应用、技术、发明、创新	经常与以下词语合用：分析、数字、形成、空间关系、符号、逻辑、检验、变换、解决、应用、证明、计算、评估
其本身的成功和失败由是否被大众接受、是否在市场中取得成功所决定	其成功与否不为社会应用所左右	其本身的成功和失败由是否被大众接受、是否在市场中取得成功所决定	其成功与否不为社会应用所左右
以行动为导向，必须有外界的干预	研究，以理论为导向	以行动为导向，必须有外界的干预	研究，以理论为导向
以系统为导向	以法则和原理为导向	以系统为导向	以模式、形式和数字为导向
制造或运行	理解或解释	制造或运行	分析
依赖于科学和数学	依赖于技术和数学	依赖于技术、数学和科学	依赖于技术、工程和科学

资料来源：根据 William E. Dugger，Jr（1993）整理。

科学与技术是不同的，但在某些领域二者是共生共存、相互交叠的关系，其中任何一个的发展将对彼此的发展都有利。当人们使用技术改变自然界时，将同时涉及科学和技术。科学依赖于技术对其法则、理论和原理进行测试、实验、校验和应用；同样，技术也依赖于科学研究其法则、原理和技术本身的知识基础。

工程和技术有明显的相似性，因而许多文献对二者不加区分。工程和技术都把解决实际问题视为它们的哲学核心。实际上，工程被认为是一个十分精确的研究领域和涉及广泛技术学科领域的专业活动。

数学为我们创造、描述、建造和改变世界与宇宙提供了一种分析工具。如果没有数学研究带来的技术过程和产品开发等副产品，我们的文明就不会存在。没有人能够在不使用埃及数学家开发的几何学测量技术绘图的前提下建造一堵墙或者建设一幢大厦。经典数学对于哥伦布时代的探险精神是有推动作用的。工业革命使得人类获得征服自然的信心，这部分是靠数学、部分是靠伽利略和牛顿的科学研究得来的。

工程师和科学家都在数学和自然科学的环境下接受全面的教育，但是科学家主要是用这些知识去探求新的知识，而工程师的工作之一是将这些知识应用在设计和开发实用的设备、结构和过程上。正如冯·卡门所说："科学家探索未知的世界，工程师开创全无的天地。"

科学家主要关注分析，分析发现自然法则所需分析的问题，将某个单独存在的物体分解到它最为基础的部分。一方面，科学在其本质上基本是一个抽象还原的过程，抱着这样的态度，选修科学的课程将有助于培养人收敛性的思维能力。另一方面，从本质上来说，技术和工程的内容主要是综合或者设计，就是将目标中的分散元素联结成为一个整体，这就是为什么系统研究是技术和工程学科的核心的原因。通过研习技术和工程，学生可以训练自己的发散和收敛思维能力。与解决科学性、数学性或者其他类型的问题相对照，这种发散和收敛思维能力在学习如何解决实践性问题时是非常关键的。

. 21世纪需要在高水准思维技能和创造性能力方面受过良好教育的公民。这些能力只有通过科学、技术、工程和数学（STEM）方面的综合训练才能获得，这也是集成STEM教育的基本出发点。

三、STEM战略的形成与发展

美国拥有的科技人力资源在全球所占份额的逐步减少，已经对其发展产生了消极影响。作为对策，在联邦政府、国会、大学、公司、非营利性组织和咨询机构等多方参与下，许多重要法案、议案、研究报告纷纷出台，各种形式的组织也积极行动起来，为开发美国科技人力资源发挥着各自的作用，而STEM学科集成战略就是一条贯串始终的红线。

1986年，美国国家科学委员会（NSB）发表报告《本科的科学、数学和工程教育》，又称《尼尔报告》。该报告被认为是美国 STEM 学科集成战略的里程碑，因为它指导了美国国家自然科学基金会（NSF）此后数十年对美国大学教育改革的政策和财力的支持。该报告首次明确提出"科学、数学、工程和技术教育集成"（SME&T 集成）的纲领性建议，因此 SME&T 集成被视为 STEM 集成的开端。

1996 年，NSF 对美国大学科学、数学、工程和技术教育的十年进展进行回顾和总结，并提出今后的"行动指南"，发表报告《塑造未来：透视科学、数学、工程和技术的本科教育》。报告着重"考虑美国各种两年制和四年制院校大学生的需求"，针对新的形势和问题，对学校、地方政府、工商业界和基金会提出了明确的政策建议，包括大力"培养 K-12 教育系统中 SME&T 的师资问题"，以及"提高所有人的科学素养问题"等。

2005 年 10 月，美国国家科学院（NAS）、国家工程院（NAE）、医学科学院（IOM）和国家研究委员会（NRC）向美国国会联合提出报告《搏击风暴：美国动员起来为着更加辉煌的未来》。该报告是 21 世纪美国科技教育发展的战略性报告，它基于美国政府一贯秉持的"科学和工程领域的卓越与领先将带来巨大的经济和社会效益"信念，旨在揭示美国面临的紧迫问题，研究具体对策，以确保 21 世纪的美国继续在科学与工程方面占据领先地位，从而成功地进行国际竞争。

2006 年 1 月，美国国会在上述报告基础上形成《美国竞争力计划：在创新中领导世界》报告，该报告旋即由美国总统签署并发布全国。这是一项经费高达 1 360 亿美元的庞大计划，被认为是小布什政府科技与教育发展的宏伟蓝图。《美国竞争力计划：在创新中领导世界》的核心是加大对研究和教育的投入，不遗余力地促进研究开发、创新和教育的发展以提高国家竞争力。

2007 年 8 月 9 日，美国国会又一致通过《国家竞争力法》。该法案强调，创新需要雄厚的研发投入和对 STEM 教育计划的切实执行，批准从 2008 年到 2010 年间为联邦层次的 STEM 研究和教育计划投资 433 亿美元，包括用于学生和教师的奖学金与津贴计划，以及用于中小企业的研发资金。该法案要求把美国国家科学基金增加到 220 亿美元，除自然科学和工程研究项目外，重点放在奖学金、支持计划、K-12 的 STEM 师资培训和大学层面的 STEM 研究计划。

2007 年 10 月 30 日，美国国家科学委员会再次发表报告：《国家行动计划：应对美国科学、技术、工程和数学教育系统的紧急需要》。这一天正是苏联第一颗人造卫星上天五十周年纪念日，该报告发表的目的是要向美国朝野警示：50年前的威胁在今天正以另外一种形式出现，美国必须时刻不忘加强对学生的STEM教育。该行动计划主要提出两个方面的措施：一是要求增加国家层面对K-12和本科阶段的STEM教育的主导作用，在横向和纵向上进行协调；二是要提高教师的水平和增加相应的研究投入。

2009 年，美国工程院（NAE）和国家研究委员会（NRC）联合发表研究报告《K-12 教育中的工程教育：现状与改进》，专门探讨STEM教育中的工程核心概念和工程能力概念、相关教育实施的状态、教学主题和方式的改进，并就K-12 工程教育的基本原理、政策和课程问题以及与STEM整合等问题，提出若干具体的建议。报告呼吁教育工作者、政策制定者、工业界领导人、教育研究工作者、认知科学研究者联合起来，共同推进K-12 学校中的STEM教育和社会公众的认知，提升全民族的科技素养。

由此亦可见，STEM战略不仅仅针对高等教育层面，事实上它同样覆盖着整个K-12 教育，是从娃娃抓起的一项国策。早在20 世纪80 年代，美国就成立了许多相关委员会，一致认为未来的中学教育要将技术教育作为学校的一项核心教育科目。例如，美国国家研究委员会的科学教育和评估标准委员会明确地提出如下具体的建议：（1）建立技术、数学、工程和科学素养规范标准的研究议程；（2）开发一门整合科学、数学、工程和技术的课程，以保证所有学生获得SME&T 方面的教育，能够适应未来的需要；（3）技术教育科目必须与科学、工程和数学科目紧密联系，以保证技术能够在中学的必修课中占一席之地；（4）在教师培养过程中，大学的科学、数学、工程和技术学科必须合作培养合格教师，以便他们日后在集成的课程环境中教授其学科，或在单独的学科环境中教授其科目；（5）必须有意识地建立一种氛围，以鼓励其中的教师能够努力综合K-12 的科学、数学、工程和技术科目；（6）政府部门应该重视技术教育中的创造性解决问题的方式和以学生为主体的发现式学习方式，这些方式必须在所有年级的学生中加以推广；（7）科学、数学、工程和技术诸科目必须在综合课程中积极合作，以制定相应的质量标准和评估方式（NRC，1992）。

美国STEM战略的这一系列报告、法案，在整个国家的发展进程中起到了关键的引领作用。该战略经过二十余年的实施，已经为国家的进步和发展作出了积极贡献，并且仍在根据国内外形势的变化不断丰富与完善。奥巴马总统上台后，仍旧坚持既定的 STEM 国策。2009 年 11 月 22 日，《纽约时报》一篇题为《白宫推动科学和数学教育》的报道说："奥巴马将宣布发起一项运动，动员公司和非营利团体提供金钱、时间和志愿者活动，鼓励中小学生，尤其是初高中生，追求科学、技术、工程和数学。"（CHANG，2009）

四、STEM 战略的组织与实施

1. 统一领导

为加强 STEM 战略的实施，美国现在正在积极筹备成立一个新的、独立的、非政府的 STEM 教育国家委员会。该委员会的主要职责是在全国范围内协调并促进 STEM 教育项目的实施。作为这个机构章程的一部分，国会需要使联邦的 STEM 教育项目与各州和地方的教育机构相互协调。

主要的地方政府机构和非政府组织将构成这个委员会的主要投票成员。非投票的席位将保留给联邦政府机构，包括总统的执行办公室和国会代表的科学与技术政策办公室旗下的国家科学技术委员会（NSTC）。国会将在它的章程里详细说明这些席位的代表性。该委员会的第一任成员和主席拟由国会任命，然后再由这些成员通过系统的程序来任命以后的成员和主席。

该委员会大约需要 25 位成员，其中一些席位可以永久性地分配给关键的利害相关集团，以保证它们在委员会中的代表性。这些席位将会由两名政府官员和两名主要的州立学校校长、一名当地学校委员会或者政府的代表、两名高等教育领域（包括一所代表性社区大学）的代表、一名正在从事 STEM 教学的教师、一名学校管理人员和一名 NSB 的代表组成。其余的席位在利害相关者、各个层次的 STEM 教育者以及非正式的 STEM 教育者、当地教育和政府组织官员、高等教育协会、工商业界、私人基金会以及 STEM 学科协会之间进行浮动。

该委员会的核心使命就是为不同的利害相关者提供 STEM 教育的信息，并在其间协调和促进信息的流动。委员会将识别国家 STEM 教育体系内的严重不足，并制定相关的战略以使它的成员能够齐心协力解决这些缺点，从而产生相应的领导力。该委员会也成为帮助联邦政府增强它和州与地方学校体系之间协调性的关键，在学术竞争力委员会（ACC）的报告中提出相应建议。STEM 委员会还将实现国家管理者协会的为州政府"推荐 STEM 教育最佳实践并推广"的目标。在这些框架下，该委员会将：

● 定期发布关注各州和国家 STEM 教育情况的报告。这将会对国家科学委员会的两年一期的 *Science and Engineering Indicators* 在内容上提供一个很好的补充。

● 评估这个行动计划所提目标的实现过程，包括评估 NSTC 委员会协调联邦 K-12STEM 教育计划的力度。

● 作为国家的智囊团，向州和地方教育机构发布关于教育和学习的研究成果方面的信息，包括最优教育实践和有效的 STEM 教学模型、有关 STEM 教育的 P-16 联盟，并扩大行之有效的项目。

● 协助开发针对 pre-K-12（pre-K-12 是指学前期至十二年级，pre 是 prekindergarten 的缩写，指的是美国幼儿园教育前的年龄段的教育，而 kindergarten 是指小学一年级前的一年——作者注）水平的国家 STEM 教育内容的指导方针，这一点可以利用一些组织和学会已经取得的大量成果。

● 与教育部和国家评价官方理事会（NAGB）共同努力，来保证国家教育发展评价委员会（NAEP）与新的 STEM 委员会指导方针的一致性。

● 帮助各州建立新的或者加强原有的 P-16 或 P-20 委员会，为 P-16 或 P-20 委员会提供技术资源。

● 与所有的利害相关者一起工作来达成以下目标：（a）在全国范围内消除障碍，推动 STEM 教师招聘的市场化。（b）消除由地区工资标准给 STEM 教师的区域间流动带来的障碍。

● 协助开发全国性的 STEM 教师的资格标准。

● 提出有效的教师职业生涯发展模型。

该委员会还将考虑开发一些项目来实现以下目标：

● 开发并维护一个综合的数据管理系统，以便在各州之间统一并分享有关 STEM 教育实践、研究和相关成果的信息，包括学生评价结果、教师质量评价，以及高中毕业生所应达到的要求等方面的信息；

● 在美国国内和国际上发起和维持一项公共教育活动，来增强人们对 STEM 教育对国家成功的重要性的认识；

● 在政府的研究实验室、高等教育机构或者是与 STEM 相关的工商业界，为热心于研究 STEM 领域的教师建立一个提供相关机会的数据库；

● 建立一个提供 STEM 课程资源的数据库，使这个数据库能为教师和地方学区所使用。

2. 组织保障

美国的立法部门、行政部门以及多个咨询机构或其他部门，均积极参与了 STEM 战略的制定和实施，表现出"全国一盘棋"的高度统一。来自这些部门机构的主要支持有：

国会：作为最高立法机关，由参议院和众议院组成的美国国会对政府的科学技术立法草案、重要科学技术机构的设置以及科学技术预算等享有审议和批准权。国会通过了一系列直接或间接影响 STEM 教育的法律，如 2002 年的《不让一个儿童落后法》、2005 年的《国家创新法》、2006 年的《国家创新教育法》和 2007 年的《国家竞争力法》，确保了美国科技人力资源开发和促进国家创新与竞争力的法律依据。

行政机构：联邦教育部在引导国家解决科技人力资源的长期需求方面负有主要职责，因此，联邦教育部及其他相关机构为确保美国在 STEM 领域有足够多的人力资源而采取了一系列积极行动。此外，政府还设有总统科技顾问委员会及总统科技政策办公室，其职责是使总统及其官员与产业界、学术界建立联系，向总统提出科技发展建议，包括有关 STEM 教育的一揽子计划。

国家自然科学基金会（NSF）：在美国的科技管理架构中，NSF 的作用不仅在于扶持研发项目，更在于培养创新型人力资源和提高国民科技素质，以促进实现美国"保持在科学与工程领域世界领先地位"的国家目标。NSF 从成立伊始，就把支持教育作为它的主要任务之一，并成立了专门的部门来负责相关事务。NSF 在造就和维护世界水平的 STEM 人力资源和提高全体公民的科学素质方面，肩负着特定的使命。NSF 保障所有学生享有受到 STEM 教育的机会，并且使之无缝地贯穿于学生的整个学习生涯。NSF 开展的所有项目都力图扩大人们对 STEM 的参与程度。教育委员会主席 Joseph Heppert 认为：NSF 是美国教育改革的推动者，对美国大学 STEM 教育的改革起到了重要的推动作用。

咨询机构：美国国家科学院、工程院、医学科学院、国家研究委员会、美国科学促进会、各种专业协会（如美国工程教育协会、电子工业协会、国防工业协会等）、美国大学协会、全国州立大学和赠地学院协会，以及一些主要的大学、高技术公司和组织，都是 STEM 教育的积极参与者。它们通过各种途径为 STEM 教育提供广泛的研究咨询服务。

可见，美国 STEM 学科集成战略的推行，是一项由政府、国会、社会团体、公众共同参与、共同努力的系统工程。各个组织的有机结合和配合，使统一的国家科技人力资源战略得以全面贯彻有了坚强的组织保障。

3. 经费投入

不断加大对 STEM 教育的投入是美国扶持科技人力资源开发的重要手段。美国联邦政府多年来投入巨资扶持 STEM 领域的教育发展，并通过立法形式持续地予以推进。例如，根据《2002 年国家科学基金会授权法》的有关规定，NSF 经授权可用于实施 STEM 人力资源扩展计划的经费数为：2007 财政年度实际 3 500 万美元，2008 财政年度预算 5 000 万美元，2009 财政年度申请 1 亿美元，2010 财政年度计划 1.5 亿美元。

2004 财政年度，13 个美国联邦机构对涉及 STEM 教育的 207 个计划共投入 27.85 亿美元，旨在提高本科生和研究生在 STEM 领域的入学率以及提高相关领域的教育水平（见表 2—13）。

表 2—13　　　　美国联邦政府机构参与 STEM 教育项目与资助情况（2004 财年）

联邦政府机构	STEM 教育项目数	经费（亿美元）
美国卫生署、国家卫生研究院（NIH）	51	9.98
美国国家自然科学基金会（NSF）	48	9.97
美国环保局（EPA）	21	1.21
美国宇航局（NASA）	5	2.31
美国教育部（DOE）	4	2.21
健康资源与服务局（HRSA）	3	0.63
其他 7 个联邦机构（能源部、农业部等）	75	1.54
总　　计	207	27.85

1995 学年至 2003 学年，学生在 STEM 领域的本科入学率由 21% 升至 23%；1994 学年至 2002 学年，STEM 领域研究生人数增加了 8%。NSF 在美国 STEM 学科集成战略中发挥了关键的作用，表 2—14 列出了 2004—2005 财政年度 NSF 资助 STEM 计划的部分经费情况。

表 2—14　　　　　NSF 资助的部分 STEM 计划投入经费一览表　　　　（单位：百万美元）

计划名称	2004 财年	2005 财年
研究生奖学金计划	96.0	96.6
研究生教育与研究整合训练计划	67.7	69.0

续前表

计划名称	2004 财年	2005 财年
教师发展计划	61.5	60.2
大学生研究训练计划	51.7	51.1
K-12 教师训练计划	49.8	49.9
先进技术教育计划	45.9	45.1
学业、课程和实验室改革计划	40.7	40.6
计算科学、工程和数学奖学金计划	33.9	75.0
少数族裔参与的 LS 联盟计划	33.3	35.0
教材发展计划	29.3	38.5
STEM 人才拓展计划	25.0	25.3
传统黑人学院学生发展计划	23.8	25.2
学生与教师信息计划学习计划	20.9	25.0

尚须提及的是，STEM 学科集成战略在实施过程中还开拓了多元投资渠道，既包括联邦政府和州政府的拨款或资助，也包括若干公司的出资、基金会的赞助、贷款等。

4. 协同实施

STEM 学科集成战略的具体组织实施也是多元化的。为了在 21 世纪继续保持美国的全球竞争力和创新力，美国的公司和大学也都在大力倡导 STEM 学科集成，积极支持并参与对 K-12 学生的创新意识和变革能力的培养活动。PTC-MIT 联合体就是其中的一个典型，它的组成与运作在 STEM 战略实施中颇具代表性。（Ellis，2006）

PTC-MIT 联合体的成员包括遍及全美的若干联邦及州立机构、公司、专业协会、高等学校、K-12 教育机构、少数族裔与女性团体、残障人士团体、非正式学术团体、社区教育组织等。该联合体代表了 80 余个组织的共同努力，旨在通过与联邦政府的合作，开展各项行动并实际投资，以确保帮助美国在全球知识经济的背景下构建一条有效且可靠的培养 STEM 人力资源的渠道，为美国的持续竞争力、创新力和国家安全，并为个人、家庭和地区 STEM 人力资源的开发和获取提供各种机会与帮助。

PTC-MIT 联合体给自己提出的主要任务有：

（1）针对国家面临的人力资源危机，识别美国 K-12 教育及高等教育存在的关键问题，并制定 STEM 标准、设计相应课程；

（2）强化技术能力以提高《不让一个儿童落后法》的实施效率；

（3）提高学生的设计能力；

（4）帮助学生做好迎接"全球化"的准备；

（5）对 STEM 人力资源是否获得了关键技能进行评估；

（6）加强学校技术学习基础并把它与课程相联系；

（7）在全国构筑传播和实施 STEM 人力资源培养的网络。

PTC-MIT 联合体与美国联邦政府结成了非常紧密而有效的合作伙伴关系。在政府的支持下，联合体已经做出了卓有成效的工作：

（1）通过集中国家资源及专业人士，对全美 STEM 领域的劳动力需求状况进行了评估，并成为有关信息的权威发布者；

（2）在现有国力的基础上邀请所有相关机构、人员共同参与到这项战略性的国家行动中；

（3）强化了美国有关 STEM 领域战略性人才库的储备；

（4）通过整合各种工具，提高了 STEM 计划的执行质量；

（5）在全美为传播和执行相关的 STEM 举措提供了一种途径，这种途径使 STEM 的影响遍及全美 50 个州和地区，覆盖了 48 000 所学校中超过 2 400 万的学生、100 万的教师以及 300 万已离开校园的青年人。

2005 年 12 月，美国国家学术院（National Academies）的教育中心也组织美国国家科学院、工程院、医学研究院以及多所知名大学的研究人员和管理人员联合召开了"关于 STEM 学科教育研究"的研讨会，议程主要围绕"专门从事特定 STEM 学科教育研究的动机与目的"、"STEM 学科教育研究发展的机遇与挑战"等展开。研讨会在"STEM 学科教育研究"问题上取得了一些共识。学术界的这些高层次活动，充分反映出对国家 STEM 战略的积极响应。

美国 STEM 集成战略是一个连续的实施过程。美国联邦审计署（GAO）负责对计划实施状况进行跟踪、评估和反馈。表 2—15 所列数据是 GAO 在其评估报告中公布的，它表明 20 世纪 90 年代以来，美国的 STEM 学科集成战略在推动适龄学生进入 STEM 领域学习，以及留住他们从事相关专业工作方面起到了一定的积极作用。由表 2—15 可见，STEM 领域雇用人数由 1994 学年的 719 万人增长到 2003 学年的 887.1 万人，增幅约为 23％；其中女性人数增长略多，尤其是在科学、数学和计算科学领域有显著增长。但是工程领域的形势依然严峻，在此十年间女性人数小有增长的同时，总人数反而下降了 3%。

根据美国国家科学委员会（NSB）最新出版的 *Science and Engineering Indicators* 2010，美国科技类从业人员总人数从 1950 年的 18.2 万人发展到 2007 年的 550 万人，平均年增长率为 6.2%，高于 18 岁以上劳动力人口增长率的 4 倍。由图 2—15 可见，宽口径统计的科技类从业人员在 2007 年已经达到 650 万人。20 世纪 90 年代以来，总量最大、增长较快的依次是工程师、计算机/数学科学工作者、生命科学家、物质科学家、社会科学家，以及技术员/程序员。

表 2—15　　　　　　　　　　美国 STEM 领域雇用人数与比例　　　　　　（单位：万人）

STEM 领域	1994 学年				2003 学年			
	男性		女性		男性		女性	
	数量	比例	数量	比例	数量	比例	数量	比例
科　　学	79.2	32%	171.1	68%	82.9	28%	217.9	72%
技　　术	95.5	68%	44.5	32%	105.0	71%	42.5	29%
工　　程	165.8	92%	14.1	8%	157.2	90%	16.9	10%
数学、计算科学	105.6	71%	43.2	29%	195.2	74%	69.5	26%
总　　计	446.1	62%	272.9	38%	540.3	61%	346.8	39%

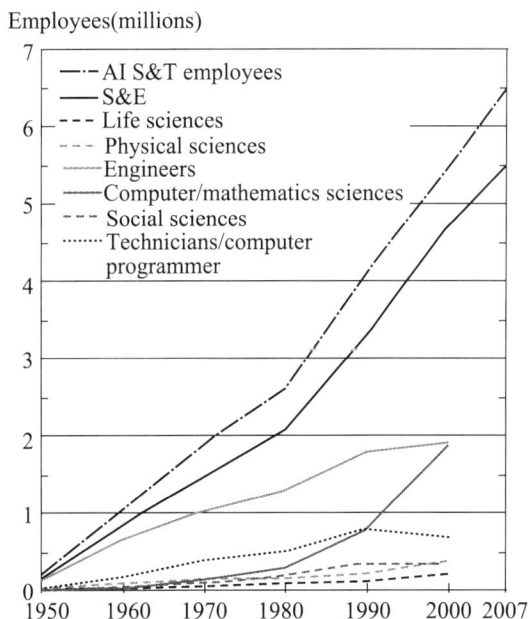

图 2—15　美国科技从业人员变化（1950—2007 年）

5. 师资强化

美国官方认识到，必须集中国家的注意力于吸引、培养、训练合格的和有强烈意愿在 STEM 领域内工作的师资人才，应将 STEM 教育工作者视为国家的珍贵资源，并且要鼓励那些最优秀的人加入到大学前的 STEM 教育事业中去。STEM 教育工作者在执教最初关键的几年需要获得足够的指导，得到适当结构性的领导力培训和支持，对于职业发展的机会和知识、技能的提高也要有充分的培训；他们还要获得进行有效的 STEM 教育所需的资源，如教科书、实验室设备和仪器，以及相关领域的经验和技术资源。

增加优秀 STEM 教师的相关政策包括：提高 STEM 教师的薪酬，减小 STEM 教师校际流动的阻碍，激励那些致力于成为 STEM 教师或者已经成为 STEM 中学教师的人掌握 STEM 领域的知识。为增加优秀 STEM 教师的数量，政府还计划采取下列措施：

（1）提供增加 STEM 教师薪水的来源。

地方教育系统要负责 STEM 教师的薪水，其标准必须同其他经济部门的工资水平相一致。除了直接增加工资的措施外，利益相关者还可以考虑诸如向 STEM 教师退还州或联邦税金，根据学生成绩的提高给予奖金，对获得特殊 STEM 教师资格认证以提高教学效率的教师予以奖励，通过夏季教师职业发展计划、研究实践或者申请 STEM 的实践来提高 STEM 教师的年收入。

（2）建立未来的 STEM 师资人才库。

STEM 国家教育委员会、国家教育部和国家自然科学基金会将建立合作协调的信息传播模式，以吸引和支持那些对从事 STEM 教育工作感兴趣的聪慧学生。为此，将对那些在高校主修 STEM 领域且毕业后致力于从事教师职业的学生提高资助力度；也可以设置双学位计划，使学生成为同时掌握专业知识和教育学知识的合格 STEM 教师。类似地，教育部、国家自然科学基金会、州政府和其他利益相关者可以相应扩大计划的受益面，使得主修 STEM 领域的学生能够以选择未来从事教学事业作为回报。

（3）制定国家 STEM 教师资格认证政策。

筹备成立一个机构来制定严格的国家 STEM 教师资格认证政策，各州自愿执行。同现有的认证项目不同，该认证政策的目的并不是奖励优秀教师，而是要扩大潜在的 STEM 教师数量，提高教师的流动性，并且提高所有 STEM 教师的标准。

五、结　语

纵观工业革命以来的世界历史进程，科学技术日益显现出它作为"第一生产力"的强大威力。美国各界的有识之士能够站在国家和民族利益的高度去思考科学、技术、工程和数学（STEM）能力对于国家民族强弱兴衰的意义，进而采取切实有效的措施（包括立法、组织、投资和实施诸方面）积极行动起来，这种明智而务实的理念、策略与行动极富启发意义。STEM 学科集成战略必须在国家层面通过立法加以确立和保证，进而通过政府而非市场加以组织和引导。美国联邦政府在这里的力量和影响是显著的，它通过一套完善的制度设计，使 STEM 战略计划和创新成为一种全国性的、连贯的努力，而不是局部的和间断的。它的力量突出表现在形成一个全面提升美国竞争力的国家意识和行动框架，并形成一个有计划、有系统的执行网络。联邦机构、教育界、工商界以及各层次的民间组织高度认同，齐心合力推进该战略的实施。

改革开放三十多年来，我们已经确认了"科学技术是第一生产力，对国家的经济增长、社会进步、保障安全等方面发挥着重大作用"，但是仅有认识还不够，还需要我们进一步落实到行动。美国 STEM 战略的经验其实就是一个很好的借鉴。我们需要进一步提高认识，真正确立科技人力资源在国家未来发展中的战略地位。

当务之急，一方面是要不断加深认识和加大宣传，另一方面则是要在组织建设和制度设计等"软件"上采取措施，切实保障各项战略决策得以实施并落到实处。除此之外，由于我国科技人力资源能力建设相对落后，科学与工程教育的国家体系尚未健全，更需要国家加大对科技人力资源开发的经费投入。国家现在对理工科教育的投入，主要是国家教育部发放的教育事业费，其数量和用途本来就相当有限，分配到 STEM 人才培养及其研究项目上的更加微乎其微，不足以支持和落实人才与创新战略目标。

（孔寒冰　朱学彦　邱秧琼　撰文）

第 5 节　国家创新能力框架中的 HRST：德国个案

德国教育系统一直是支撑国家创新的重要引擎。在国际上享有很高声誉的德国高等教育和研究机构，以及具有高效出口导向产业和公认的基于技能与创新的职业培训系统，在一定程度上保障了德国具备较为完善的科技人力资源开发体系。但是 21 世纪以来，德国的高等教育和研究系统开始面临诸多挑战。为了持续强化德国高等教育的国际竞争力和吸引力，构建以德国传统产业和科学为中心的长期优势，并与欧洲伙伴建立起紧密的战略合作以应对全球挑战，联邦德国不仅加大了对教育和研究的投资力度，而且进行了大量的结构调整与改革，以加强德国科技人力资源开发的整体实力。

本节试对德国当前的"教育赤字"对国家创新能力的影响、科技人力资源总量、层次和结构以及人才流动性等挑战进行探讨，着重介绍德国应对挑战的几项重大行动计划，以期在科技人力资源能力建设上对我国工程教育提供有益的启示。

一、德国 HRST 开发面临的挑战

现代大学人才培养功能的重要性日益凸显，特别是，由于大学是作为科技人力资源产出地的重要机构，社会对大学培养的科技型人才的能力提出了新的要求。百年来，其高等教育一直走在世界前列的德国，在时代的转型与变革中，在科技人力资源的培养上也开始面临诸多挑战。

1. 教育"赤字"危及德国创新能力

2008 年，柏林工业大学在一项包括 17 个领先工业国家的比较调查中对德国的创新能力展开了第四次调查，通过使用一套指标系统来评价各国创造知识并将知识转化成市场化产品和服务的能力，即创新能力。该套评价指标包括两部分：国家创新系统以及有利于创新的社会氛围（见图 2—16）。

国家创新系统可以确保在创新过程中有高质量的教育、技术（R&D），以及足够的财政以共同支持创新活动；同时，在创新过程中还要由关键的参与者，特别是企业，来构建完整的网络关系；需要竞争和市场对生产新产品、服务以及组

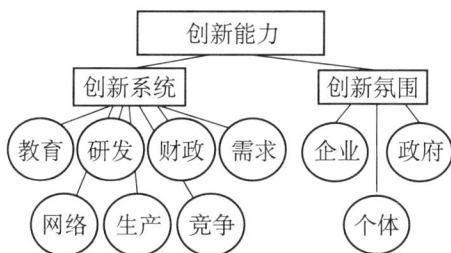

图 2—16　国家创新能力构成

资料来源：Weekly Report：Deficits in Education Endanger Germany's Innovative Capacity，German Institute for Economic Research。

织解决方案的需求。该部分占全部评价指标的 7/8。而为了更具创新性，社会必须要有创新的勇气、创新主体之间的信任，以及对科学技术持有基本积极的态度。因此，由公众对待变革、社会资本、信任以及科技的态度所构成的一个影响国家创新的社会氛围占了整个评价指标的 1/8。在此次调查中，德国在创新平衡表中只排到了第 8 位（见图 2—17），瑞典、美国、瑞士、芬兰以及丹麦居于排名的领先位置。从图 2—18 所展示的德国创新能力评价结果来看，德国教育系统的"赤字"导致教育成为最弱的指标，排到了第 15 位；而财政指标排在了第 14 位（GIER，2008）。

严峻形势迫使德国国家创新政策开始关注这方面的改善工作：到 2010 年，德国的财政预算将使对研发投入的财政支出达到 GDP 的 3％；同时，联邦政府采取了一项"高技术战略"，旨在使德国成为创新的领先国家。

2. 科技人力资源总量、层次和结构问题

德国在未来经济增长和就业问题上面临的最核心挑战就是如何确保中长期获得高技能的劳动力，因为经济复苏和增长只能依靠人才，高技能的劳动者、专家和专业人士是成功执行创新政策的关键要素。在高价值和高技术产品的生产中，特别是在服务产业中，对从业人员的培训变得越来越重要。同时，从德国的人口统计变化来看，随着时间的推移，在德国生活、学习和工作的年轻人日益减少。

在一些特定区域和部门，专家和科技型人才的短缺问题已经非常明显。例如，数学、信息、自然科学和技术（MINT）领域对专家和接受过完备的技术培训、拥有技工或"老师傅"级别的工人的需求特别大。欧洲经济研究中心预测，到 2014 年，由于人口老龄化问题和人口结构的变化，高技能人员的短缺将达到

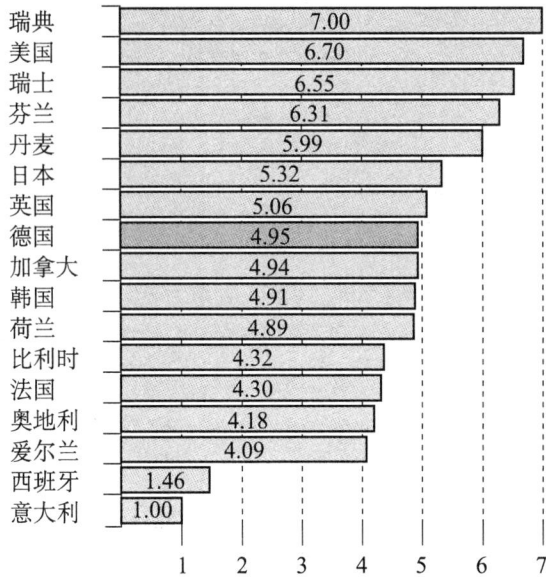

图 2—17 2008 年国家创新能力总得分与排名

资料来源：Weekly Report：Deficits in Education Endanger Germany's Innovative Capacity，German Institute for Economic Research。

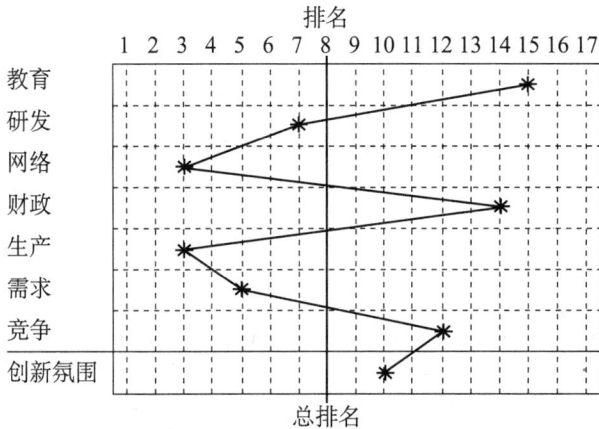

图 2—18 德国创新能力各项指标排名

资料来源：Weekly Report：Deficits in Education Endanger Germany's Innovative Capacity，German Institute for Economic Research。

18 万～48 万人。

从高校培养的科技人力资源的层次和结构分布来看,德国高等教育培养的科技型人力资源,特别是在数学、信息、自然科学和技术领域的人才(即所谓的"MINT"人才),与 OECD 其他国家还存在着明显差距(见图 2—19)。而在德国科技人力资源结构层次上,从德国境外招募的已受教育的或者未来的研发人员所占比重非常小,其高等教育毕业率是经合组织地区最低的,这就削弱了德国创新活动的技术基础。相比其他经合组织国家,德国研发人员和研究人员的数量增长十分缓慢(见图 2—20)。

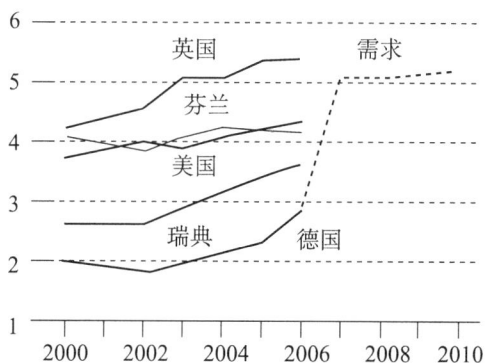

图 2—19　历年毕业生的实际与需求状况

资料来源:Weekly Report:Deficits in Education Endanger Germany's Innovative Capacity,German Institute for Economic Research。

同时,德国高素质女性在科技领域的就业以及职业发展情况也有待进一步改善。如今,德国有超过 50% 的女大学毕业生。但是在学术领域,女性所占的比重非常小,特别是在工程、数学以及自然科学领域,完成博士学位和获得教授职称的女性就更少了,从而消极地影响了受雇于私人部门的高素质女性的人数。无论是在德国还是在其他工业国家,动员女性参与创新过程的潜力都非常巨大。因此,非常有必要鼓励女性参与创新过程的相关工作(如 MINT 领域),促使更多的女性从事研究与知识密集型的工作(GIER,2008)。

面对这些挑战,德国政府正积极地致力于加强培训和继续教育,增加劳动力中女性、老年人以及外国移民的数量,以解决对熟练劳动力、专家和专业人士的需求日益增长的问题。同时,联邦政府认为教育不仅仅是满足国家劳动力需求的必要手段,也是个人发展和成功的关键要素。教育有利于改善社会参与、提高社

（每1 000名雇员）

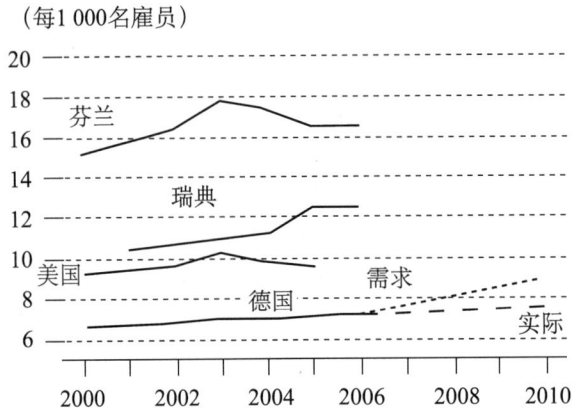

图 2—20　历年研究人员的实际和需求状况

资料来源：Weekly Report：Deficits in Education Endanger Germanys Innovative Capacity，German Institute for Economic Research。

会适应力和凝聚力。教育最重要的目标是保障每个德国公民能够发展他们的技能和才华，使德国拥有充满希望的未来。

3. 人才流动性问题制约德国 HRST 开发

当一个社会成功地吸引并整合外国人才时，它就有效地利用了获取高素质人才的重要来源。因此，一项成功的移民政策应该关注并吸引那些潜在的优秀人才。

图 2—21 反映了德国和美国高校留学生所占的比重。德国大学的留学生比重领先于美国，超过 10%，但这并不意味着来自国外的高素质移民所占的比重就很大。在高素质移民的人数上，德国落后于美国。

在全球研发合作中，德国在国际合作专利以及跨边界的专利发明上都低于OECD 国家的平均水平，来自国际的研发资助也明显不足。这些在国际合作方面的弱势也严重限制了德国人才在国际之间的流动，在德国境内但毕业于国外、具有博士学位的学生几乎为零。

德国国家创新系统最大的劣势就在于它的基础：高素质人力资源的供应问题。这也是教育系统"赤字"的最重要的原因。与其他国家相比，处于中等水平的德国教育系统不能培养足够多的高学历人才。如果这方面的问题得不到有效的解决，高学历雇员的短缺将成为创新和研发型企业发展的重要障碍；特别是在

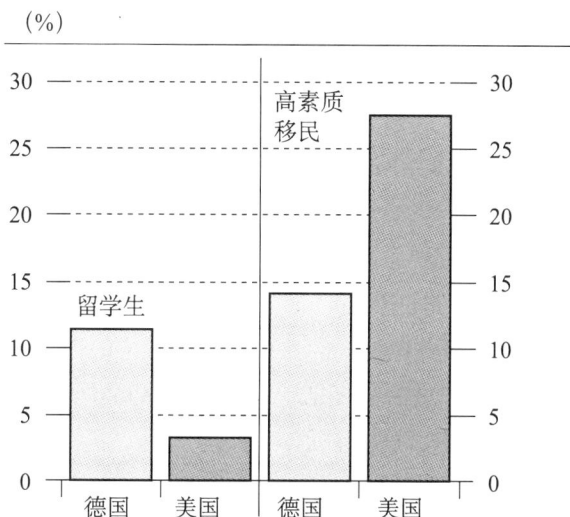

图 2—21　德国与美国的留学生和高素质移民情况的对比分析

资料来源：Weekly Report：Deficits in Education Endanger Germany's Innovative Capacity，German Institute for Economic Research。

2015 年，将开始出现"婴儿潮"这一代人的退休。但是至今，与其他国家相比，在国家创新系统中整合高素质的女性和受过良好教育的外国移民方面，德国并没有取得相应的成功（GIER，2008）。

二、德国 HRST 开发改革实践

1. 强有力的 HRST 开发战略部署

2006 年 8 月，德国联邦政府史无前例地推出了第一个涵盖所有政策范围的"德国高技术战略"（The High-Tech Strategy for Germany），其目标是：开辟主导市场，促进经济界和科学界的联合，为研究人员、创新者和企业家创造自由空间，最终使德国成为世界上研究与创新最友好的国家之一，使创意迅速转化为有市场的新产品、工艺和服务。"德国高技术战略"包括五个方面：科学与产业之间的紧密合作、增加私人创新义务、有目的地扩散尖端技术、研究与发展的国际化以及人才培养。

在"德国高技术战略"中的人才培养方面，德国政府积极加强教育链条的所有环节，包括学前教育、中小学教育、初期职业训练、大学学习和继续教育与训练，致力于打造先进的德国教育系统。这对满足德国社会对高质量熟练劳动力的日益增长的需要、造就青年科学家与学者、提供有吸引力的公共部门研究的条件，都是极为重要的。（具体参见第一章"德国的战略实施"。）

2. 诸项协同计划措施

2009 年，德国联邦教育科学部发布报告《德国研究与创新》（Research and Innovation for Germany），进一步对"德国高技术战略"的实施成果和未来展望作了描述，并对优秀人才和熟练技工的获得、科学政策的创新以及国际化和欧洲研究区（ERA）的建设作了进一步规划，以进一步落实"德国高技术战略"的相关举措。规划的诸项具体行动计划包括：

（1）"教育先行"教育资格认证行动计划（"Getting Ahead Through Education" Qualification Initiative）。

此项行动计划主要是为了在不考虑社会背景的前提下，增加每个公民接受进一步提升能力的培训的机会。在此基础上，联邦政府批准增加教育和科研经费，实现在 2015 年使该项经费达到国内生产总值 10% 的目标。联邦政府明确要求各个部门共同致力于提高国家的培训和继续教育系统的质量，同时希望将这些措施的影响渗透到教育的各个领域。从 2008 年至 2012 年，联邦政府共投入 600 亿欧元用于支持这些新措施和计划。而这一系列措施的主要目的就是解决三大过渡问题。

第一大过渡指的是通过联邦政府各部门之间的合作，解决早期儿童教育、学校、培训和高等教育各阶段之间的过渡问题。在 2008 年 10 月 22 日举行的"教育质量峰会"上，德国政府宣布了"教育先行"教育资格认证行动计划，该项行动计划涉及教育的各个领域，即从早期儿童教育到从业人员的继续教育。

第二大过渡指的是联邦政府发起了一项"教育资格认证与沟通"行动计划，以此改善产业界与职业培训之间的过渡情况，特别针对不具有职业优势的从业人员。该项计划最重要的是推出了"培训奖金"计划，以增加年长申请者的机会；最终该计划会纳入各公司的培训中。该计划通过雇佣晋升法案，支持未受过高等教育的成年人获取现代高等教育资格。同时，使具有移民背景的年轻人能接受均等的教育机会。具体的办法有：

● 加强职业培训和高等教育的渗透度。具有职业资格认证的从业人员只要同时具备三年的工作经历，都有资格获取接受高等教育的机会，而具有特定技能的技工和商业管理资格的人员同样具有获取一般高等教育的机会。联邦政府还通过升级培训援助法案（梅斯特助学金）以扩大这种继续学习的机会。特别是有技能并获得职业认证资格的、希望接受高等教育的从业人员，都将有资格获得职业发展导向的教育资助。

● 关注高等教育年平均入学人数，使入学人数达到每个年龄段人数的 40％。联邦政府继续推行《高等教育公约 2020》，同时还为 MINT 专业的学生提供特别奖励。

● 进一步加强与企业界的合作。到 2015 年，联邦政府计划进一步提高职业培训参与者的比重，从当前就业人口的 43％提高到 50％，特别鼓励那些不具有职业资格的从业人员积极参与职业培训。这需要企业、雇主和社会群体三方的共同努力。同时，联邦政府计划发起一项教育运动，以增加所有受雇人员参加培训的兴趣，鼓励中小企业开展职业培训活动。联邦就业服务机构也会为此加强对职业培训的支持力度。

第三大过渡指的是通过提高教育质量和提供向上流动所需继续教育的机会，改善从学校到职场的过渡情况。这些措施包括面向职业发展的财政资助，特别是针对具有丰富工作经验和希望接受高等教育的从业人员设立"教育奖学金"。此外，德国政府希望吸引更多的年轻人从事 MINT 领域的培训和研究工作。《妇女在 MINT 领域的国家就业条约》颁布的主要目的就是发挥女性在这些领域的重要作用，以满足对高技能工人、专家和专业人士的需求。

（2）"德国雇佣和职业稳定条约，增强经济发展实力和国家现代化能力"计划（即第二揽经济刺激计划）。

2009 年 1 月，联邦政府通过了第二揽经济刺激计划——"德国雇佣和职业稳定条约，增强经济发展实力和国家现代化能力"计划。在该条约的未来投资法案中，到 2010 年，将会有超过 860 亿欧元的投资被用于学前教育、学校基础设施建设、高等教育机构、市政、非营利继续培训机构、非高校研究机构和图书馆的建设（其中总投入的 65％来自各地方政府的财政支出计划）。这是德国有史以来最大的教育投资计划。

（3）"利用劳动力移民的作用以确保德国拥有所需的高素质劳动者"行动计划。

德国要在国际人才竞赛中取胜，必须吸引更多来自国外的杰出人才。2008年，联邦政府通过一项行动计划——"利用劳动力移民的作用以确保德国拥有所需的高素质劳动者"行动计划，并于2009年1月1日生效。此项行动计划主要是为了便于劳动力市场获得来自国外的高技能劳动力和专家。主要行动措施包括降低开放性居住许可的收入门槛，特别是针对高素质人员，从8.64万欧元降到6.48万欧元；同时，此类居住许可还包含了就业许可。此外，允许来自欧盟其他国家的学者进入德国劳动力市场，这类人才的就业申请不再需要接受对其原在国收入的审核。劳动力市场的所有领域将对来自第三世界国家的学者实行全面开放（比如，在IT产业没有任何限制约束条件）。

（4）联邦政府"劳动力需求信息平台"计划。

在该行动计划框架里，联邦政府计划开发一项利用技术支持的决策工具，以决定当前和未来对高技术工人与专家的需求。2009年3月，德国联邦政府制定了一项"劳动力需求信息平台"建设计划，联邦政府和来自社会的各类企业、研究机构积极致力于构建这一预测技术平台，以预测德国当前中长期劳动力需求状况。这一平台的研究将会提供一项基于个人案例的有效决策，以满足对未来劳动力需求。

同时，德国还致力于改善科学研究的环境，以减少高技能人才的流失。未来教育政策的任务包括为个人教育提供最优化的资助；同时，通过建立持续的支持系统，确保每个人在一生中都能获得平等的教育机会；而对年轻的科学家和学者，将提供一项可靠的教育贷款计划。

3. 积极的研究、教育和培训财政支持计划

为了切实保障各项改革措施的顺利开展，德国各级政府和经济团体有效地规划了相应的研究、教育和培训财政支持计划，具体包括：

（1）新的助学金计划。

《联邦教育培训援助法案》在保障年轻群体在不考虑家庭财政状况的前提下完成培训计划方面发挥了重要的作用。接受基础教育的学生可以通过补贴的方式获得资助，而高等技术学院的学生可以通过获得50％的补贴和50％的免息贷款来获得相应的财政资助。

2008年秋，联邦政府在该项计划上增加了10％的财政支出，达到现在每月643欧元的最高水平。同时，德国福利法案也相应提高了对职业培训的补贴水平，对已有家庭和孩子的学生提供额外的补助（包括对第一个孩子每月补助113

欧元，对第二个孩子每月补助 85 欧元）。助学金计划还资助有望在德国永久性居住的外国青少年。

（2）新升级的培训援助法案（梅斯特助学金）。

2009 年 7 月 1 日，随着职业发展培训促进法案第二部修正案（AFBG 或"梅斯特助学金"）的出台，继续培训导向的晋升资助计划得到了有效完善。同时，该法案积极鼓励更多的人参与继续培训计划，极大地有助于确保获得足够多的受过良好培训和有技能的年轻人。

（3）人才促进协会提供的资助计划。

人才促进协会提供了一项能够给社会带来长期效益的经济资助计划，包括开展暑期学术活动、资助国外留学生、开设语言课程和提供网络协助等各种综合性资助计划。到 2008 年年底，该项计划已经提前完成了国家 11 个人才促进协会制定的目标，即所有的学生都能获得 1% 的资助；而在 2005 年的时候该资助比例只有 0.7%。

（4）职业发展导向的资助计划。

2008 年以来，职业发展导向的资助计划使得大量已经就业而有才能的人重新获得学习的机会。申请此项资助要求具有杰出的职业培训成绩和高等教育的入学证明。获得此项资助之后并不需要归还资助款项。

（5）教育贷款计划。

在教育贷款计划里，联邦政府主要资助的是接受基础教育的学生和处于培训高级阶段的学生。教育贷款是按月提前支付的，分期付款额为 300 欧元；在任何既定的培训阶段里，共需支付 7 200 欧元，分 24 个月付清。

三、几点启示

德国的经验表明，以科技人力资源开发为中心的教育系统，在各个国家创新能力的竞争中都占据重要的位置。以上考察得出的结论是：

（1）科技人力资源的国际、国内流动性，影响着一国人才结构的合理性。国家在人才政策的制定和规划中，需要进一步打破对人才流动的种种限制，特别是开通科技型人力资源的国际和区域流动的绿色通道。

科技人才流动主要表现为境内外留学和人才进出口。从 1978 年到 2008 年年底，我国各类出国留学人员总数达 139.15 万；截至 2008 年年底，我国以留学身份出国滞留在外的人员近百万。2008年度来华留学人数首次突破20万，全年出国留学人数达17.98万。广大留学回国人员在教育、科技、经济、国防、社会发展等领域发挥着重要的作用，而高技术人才引进、社会导向的人才引进等逐渐占主导地位。

在世界经济论坛《全球竞争力报告》中，我国的"科学家和工程师的可获得性"排名近三年来在逐年上升（见图2—22），从位于世界125个国家中的第77位上升到了第36位（WEF，2008，2009，2010）。该指标主要衡量一国获得科学家和工程师的能力，也是衡量一个国家创新能力的重要指标。这一排名在一定程度上反映出我国科技人力资源有效供给的不足，加强人才流动性更显必要。

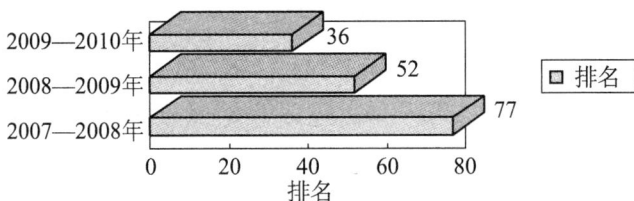

图2—22 中国"科学家和工程师的可获得性"排名

资料来源：根据WEF近三年 *The Global Competitiveness Report* 绘制。

（2）在设计科技人力资源开发行动计划时，要重新审视高等教育特别是工程教育的战略定位，发挥继续教育与职场培训在科技人力资源开发中的作用，实现人才培养与市场需求的有效衔接。

面对国内大学的综合性发展趋势及学科发展均衡化所导致的学科发展缺乏特色、科技人才的专业技能短缺、人才结构不合理等弊端，国内高校迫切需要重新审视人才培养的未来，特别是工程教育在其中发挥的作用，从战略的高度着眼工程教育在学科发展上的最新动向；结合大学自身的发展历史和学科特色，以强势学科或者特色学科发展作为未来发展概念；设立特定科技人力资源的社会需求监控体系，从规划大学的未来发展概念中把握科技人力资源开发的前沿，集中优势资源发展强势学科；真正从人才的市场需求出发，规划学科发展的资源配置，完善人才培养的质量监督考核机制，特别是专业技术人才的资格认证和能力认证体系。同时，针对复合型人才的市场需求，合理规划对现有科技人力资源的继续教育和职场培训；针对在校的潜在的科技人力资源，设立多学科甚至文理学科交叉的学位，以培养具有跨学科知识背景、创新精神和领导力的拔尖创新人才。

（3）构建科技人力资源开发的财政支持体系，确保各项计划的有效落实。

德国各项教育振兴计划的有效落实，离不开各级政府财政体系和各方经济资助机构强有力的支持。这种多元的资助渠道既有效解决了资助来源的后续保障问题，又从市场的需求短缺出发，遵循科技人力资源开发的客观规律，科学规划了从基础教育到高等教育、再到职场培训与继续教育的系统发展路径。借鉴德国实践经验，从我国实际出发，我国工程教育应当努力开辟多元的资助渠道，特别是鼓励企业和地方政府在财政资助上发挥作用；从国家、企业和地方发展对人才的实际需求出发，对科技人力资源进行有效监控，从而规划和制定人才开发的各项行动计划。

（项杨雪　撰文）

第 6 节　工程教育与国际化战略：俄罗斯个案

俄罗斯高等教育历史已达三百年之久，从彼得大帝开始，就有了最早的实践型（practical work）工程教育体系，俄罗斯也因此成为最早专业地开展科技人才培养的国家之一。这种实践型工程教育体系已为国外高校广泛采用，并被命名为"俄式体系"。这种体系，结合高层次的理论教育和相当规模的实践教育，培养出大批高质量的工程师。20 世纪 60 年代，俄罗斯工程教育系统被视为世界上最好的工程教育模式之一。美国声称，俄罗斯优良的工程教育系统奠定了俄罗斯率先成功发射卫星的基础。国际发展银行 20 世纪 90 年代的分析报告指出，尽管经历很多磨难，俄罗斯工程教育系统及俄罗斯高度专业化的教育体系却被保存下来。21 世纪，俄罗斯著名的技术创新方法 TRIZ 被公之于众，让世界对俄罗斯的工程教育水平又一次叹服不已。深入研究俄罗斯的工程教育系统，尤其是他们在国际化进程中取得的成功经验，为我国的科技人力资源开发提供了借鉴。

一、俄罗斯工程教育现状

1. "俄式工程教育系统"
目前，俄罗斯工程教育系统已经成为世界上最大的工程教育系统之一。俄罗斯拥有 346 所公立的工程教育机构、112 所非公立的机构以及 118 家专业学校。俄罗斯大学生中有 29% 接受过完善的高等工程教育。根据俄罗斯联邦 1992 年通过的《关于俄罗斯联邦建立多层次的高等教育的决议》，以及 1996 年颁布的《高等职业教育和大学后职业教育法》，俄罗斯高等教育，包括其工程教育，开始实行多级人才培养体制。

"俄式工程教育系统"包括俄罗斯传统的"专家"（specialist）学位培养系统，以及目前为实现国际接轨而设置的学硕博三级学位培养系统。其中，学硕博三级学位体系与美国的做法基本相同，即包括三年制本科、两至三年制硕士和三年制博士的培养体系；而"专家"学位培养系统则是具有俄罗斯"实践工程教育"特点的独特教育体系。学生从高级中学教育体系中出来后，可以直接进入"专家"学位培养轨道而非学硕博培养轨道。五年制"专家"的概念，按其培养周期和培养要求来看，基本符合硕士学位的水平，但是更偏重于工程实践。"专家"培养路径主要以获取相关专业的执业资格证书为目标，采取理论与实践结合的工程教育模式。同样，除工程教育以外，其他社会、自然科学的学科也具有相应的"专家"培养路径，如培养经济工作者、农业家等相应的培养体系。图 2—23 具体描述了俄罗斯高等工程教育培养路径。

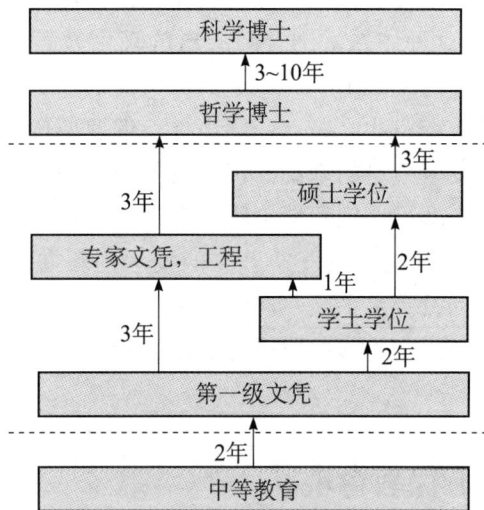

图 2—23　俄式工程教育培养路径图

2. 工程教育高教机构概况

俄罗斯工程教育机构在俄罗斯高等教育机构中占有很大的比重。目前俄罗斯国立高等工程教育机构占全国国立高教机构的 55.7%，私立高等工程教育机构占全国私立高教机构的 28.9%，高等工程教育机构共占全国各类高教机构的 45.4%（见表 2—16）。

表 2—16　　　　　　俄罗斯高等工程教育机构与其他高教机构的规模比较

	全俄高教	工程教育	工程教育比重（%）
高教机构数量（所）	国立 - 621 私立 - 387 总数 - 1 008	国立 - 346 私立 - 112 总数 - 458	55.7 28.9 45.4
学生数量（千人）	国立 - 4 797.5 私立 - 629.5 总数 - 5 427	国立 - 1 361.2 私立 - 10 总数 - 1 371.1	28.2 1.6 25.0
研究生人数（千人）	86.6	24.2	27.9
教研人员数量（千人） 其中：科学博士 　　　在读博士研究生	248.3 21.2 113.4	81.6 6.5 33.8	32.8 30.6 29.8

资料来源：Pokholkov (2009)，Russian Engineering Education：History，Current Status and Challenges。

在俄罗斯，众多的高等工程教育机构又分为研究所、服务院、问题研究实验室、工程中心、样品生产线、设计院等，具体规模见表 2—17。

表 2—17　　　　　　俄罗斯高等工程教育机构分类数据表　　　　（单位：所）

单位类型	高等工程教育机构			总量
	研究所	大学	学院	
研究所	98	4	1	103
服务院	84	10	3	97
问题研究实验室	370	42	8	420
工程中心	105	26	4	135
样品生产线	72	16	3	91
设计院	42	6	1	49

资料来源：Pokholkov (2009)，Russian Engineering Education：History，Current Status and Challenges。

俄罗斯高等工程教育机构已经形成了俄式传统，对俄罗斯的科学技术形成巨大影响。这些机构为改进工业工艺不断贡献能量，并为全球工业产品提供便利的服务。一般而言，俄罗斯著名的科学与工程机构主要在下述领域闻名：

（1）电力工程和能源供给；

（2）航天火箭和空间技术；

（3）机械智能；

（4）高科技精密机械；

（5）节能减排技术；

（6）非传统能源；

（7）地震预警；

（8）矿物开采；

（9）激光技术；

（10）部分领域的纳米科技。

俄罗斯高等工程教育机构各有特色，许多机构在其专业上已取得世界领先地位。第三方机构 ReitOR 对来自俄罗斯 20 个城市的 129 所高教机构给予评估后发现：其中 7 所在能源领域、21 所在信息技术和远程通信领域、14 所在机械制造领域、24 所在管理工程领域、5 所在石油和天然气领域均处于世界领先地位。

《财富》杂志 2006 年发布了其毕业生具有最良好薪资和工作机会的全俄高教机构排名。这些榜上有名的高教机构多来自理工科大学（见表 2—18）。

表 2—18 　　　　　　　　　俄罗斯大学在毕业生就业竞争力上的排名

1	莫斯科国立鲍曼技术大学（Bauman Moscow State Technical University）
2	莫斯科国立大学（Moscow State University）
3	俄联邦总统金融学院（Financial Academy at President of Russian Federation）
4	国立管理大学（State University of Management）
5	乌拉尔国立技术大学（Ural State Technical University）
6	高等经济学院（Higher School of Economics）
7	俄罗斯经济学院（Russian Economical Academy）
8	莫斯科能源研究所（Moscow Energy Institute）
9	伊万诺沃国家能源大学（Ivanovo State Energy University）
10	莫斯科航空大学（Moscow Aviation University）
11	莫斯科物理技术学院（Moscow Physical and Technical Institute）
12	喀山国立大学（Kazan State University）
13	彼尔姆国立技术大学（Perm State Technical University）
14	托木斯克理工大学（Tomsk Polytechnic University）
15	圣彼得堡国立大学（St. Petersburg State University）

资料来源：Pokholkov（2009），Russian Engineering Education：History，Current Status and Challenges。

为了更好地促进工程类高教机构毕业生就业能力的提升，俄罗斯于 1914 年建立了第一所企业大学。这类大学旨在提炼企业的经验、技巧和知识，形成共同的企业文化和价值观，为未来的改进提供模型依据。目前，企业大学主要涉及俄罗斯的燃料能源（4 所）、金融（5 所）、冶金（3 所）、机械制造（3 所）、远程通信（5 所）、运输（1 所）、消费品和服务业（7 所）、贸易（4 所）行业，其中绝大多数还是属于工程教育范畴。

3. 托木斯克理工大学案例

俄罗斯在工程教育领域不断探索创新，并开拓工科院校的现代化发展趋势，使大学更适应于全球化工业的发展。其中，具有代表性的就是托木斯克理工大学（Tomsk Polytechnic University，TPU，原名托木斯克工学院）。托木斯克理工大学不断设计创新的培养计划，旨在培养先进科学技术领域或国家优先发展的技术领域的杰出专家和可以团队作业的精英工程师。

TPU 建校于尼古拉二世时期（1894 年），是俄罗斯亚洲部分最早的技术教育机构。在苏联时期，该校是全国最大的 3 所工学院之一。该校位于苏联时期重要的军事基地——托木斯克市，因为其地理位置的重要性，它直到 1990 年才予以开放。该校目前拥有近 100 万校友，他们中的 300 多人已经成为学术专家，曾获得各项世界级和国家级的殊荣，其中也包括 1 名诺贝尔奖获得者。TPU 的领导地位和杰出表现还可以用俄罗斯前总统的一句指示来体现："将 TPU 列入俄罗斯最有价值的文化遗产名录当中。"据俄教育部统计，TPU 在俄罗斯 48 所综合性大学中位列第三，在俄罗斯高等工程教育协会中位列第一，在俄罗斯技术大学协会中位列第四。

TPU 目前拥有 24 380 名学生，其中研究生 600 名，博士生 55 名；此外，还拥有来自美国、德国、塞浦路斯、摩洛哥、韩国等 50 多个国家的留学生。学校配有教职员工 2 500 名，其中教授 130 名，副教授 800 名，俄罗斯联邦科学院院士 1 名，各类国内外专业院士 12 名（2003 年数据）。学校设有 17 个学院，25 项学士培养计划，20 项硕士培养计划，覆盖 82 个专业。TPU 每年培养 2 000 名专家学位毕业生，拥有 14 个博士论文答辩委员会，3 个博士研究生答辩委员会，8 个研究所，其中 3 个研究核反应堆、电子同步回旋加速器、大型粒子加速器等前沿领域。TPU 近十年成长迅速，其财政预算由 2000 年的 500 万卢布增长到 2010 年的 5 000 多万卢布。TPU 赢得了国家教育项目中的优先权，并且因为 2007—2008 年中的良好执行，而获得 8 亿卢布（折合约 2 300万欧元）的政府拨款，而 TPU 自身也从学校资源中划拨出 1.6 亿卢布，支持该项目的运行。

TPU 的系科设置见表 2—19。该校在培养卓越精英专家时，注重一些基本原则，这些原则支撑了该培养计划的长效运行。这些原则简述如下：（1）选拔学生精英；（2）提供精英的培养计划和先进的技术，利用全球互联网上的信息资源；（3）采用卓越的科学和工程教学方法；（4）与企业界、科学界、商业界紧密合作；（5）拥有专属管辖权。

表 2—19   托木斯克理工大学部分系科设置

序号	系	专 业
1	应用物理系	人与环境辐射防护、核反应堆与核电站、核设备电子学与自动化等
2	无线电物理与电子设备系	电子与微电子、仪表制造、光学技术、光电、生物、医学技术与设备等
3	自然科学系	核物理实验、理论物理和数学等
4	地质学和石油天然气勘探系	地质学和矿物勘探、地质勘探与矿物储量分析、石油和天然气的加工与提炼、地质环保等
5	经济与管理工程系	环境保护、经济学、商学等
6	机械工程系	机械制造与设备自动化、复合材料、粉末与涂层材料加工与工艺等
7	化学与化学工程系	化工与生物技术、工业化学过程的计算机模拟、环境与资源保护、生物技术等
8	热能工程系	热能、热电站、核电站等
9	电力工程系	机电一体化、电器与电器设备、飞机设备等
10	计算机科学与工程系	计算机工程、经济信息系统、计算机网络、遥控技术、软件、硬件等
11	电力工程系	电能学、发电站、高电压设备等
12	人文科学系	社会与社会工作、行政管理、旅游与酒店管理等
13	语言与国际交流系	语言学与文化交流等

除了精英培养原则之外，TPU 的卓越之处还在于其对研究领域的选择。TPU 主要涉及的一些创新研究领域如下：（1）材料科学、纳米材料、材料技术等；（2）原子能、核燃料回收、防辐射安全工作和反恐怖主义；（3）氢能技术、节能和可再生能源；（4）水利、采矿、运输、石油生产的安全技术等。

二、工程教育国际化的努力

1. 教育国际化的中断与恢复

由于政治、经济方面的特殊历史原因，从苏联到俄罗斯的工程教育国际化甚至整个高等教育的国际化曾一度受到影响，甚至中断。20 世纪 80 年代初，苏联正处于鼎盛时期，为了与欧美资本主义国家对抗，大力发展重工业。政府对于高级工程人才的巨大需求使得苏联政府非常重视对工程教育的建设。同时，在这一时期，为了扩大对周边意识形态相同国家的影响，苏联政府加快了其工程教育国际化的步伐。

当时，苏联政府采取了一系列强有力的措施，吸引和保障外国留学生主要是东欧国家的留学生在苏联接受高等工程教育。截至 80 年代末，每年在苏联各大学学习的外国留学生达 13 万人之多。当时对外国学生的选拔和培养完全由苏联政府由上至下统一管理，国家和具体培养这些留学生的教学机构之间配合良好，留学生教育的财政支出主要由国家预算调拨。随着苏联解体，俄罗斯取消了该项制度，1993—1997 年间，其外国留学生人数锐减 27.4％，来自独联体国家的留学生锐减 63.1％。2000 年，在俄留学生仅 5 万人。（高欣，2003）

严峻的形势迫使俄罗斯政府开始重新审视他们的教育纲领。除制定一系列有关支持科学、教育等的国家级文件，采取具体相关措施抑止人才外流现象外，政府也开始重新调整对外教育政策。1996 年，《关于俄罗斯联邦支持独联体教育一体化进程》总统令发布，教育部提交的《关于发展在教育领域与外国合作》的工作报告得到政府通过。在这些法令、法规的支持和保护下，仅 1997 年，俄罗斯高等学校就与世界 68 个国家（包括独联体国家）签署了 143 份政府间和部门间的教育领域合作协议。2001 年，俄罗斯政府开始恢复由政府向外国留学生提供奖学金的项目。2002 年，在普京总统的授权下，俄罗斯教育部将为独联体国家免费培养留学生的数量增加了 33％，即由过去的 3 000 名增加到 4 000 名。由俄罗斯教育部提交的《在俄罗斯为外国培养留学生的现状和发展前景》的分析报告也得到俄罗斯总统的认可。俄联邦政府还批准关于将俄罗斯教育服务出口作为联邦教育发展大纲中优先发展方向之一的计划。国家奖学金的设立一方面吸引了不少外国留学生，另一方面也为俄罗斯拓展教育国际合作、占领教育服务市场创造了机遇。对于亚洲、非洲和拉丁美洲学生来说，在俄罗斯学习意味着能接受真正高质量的专业教育。

到 2002 年，俄罗斯境内的留学生人数已经攀升到 71 500 名，而且该数字仍在持续上升中。目前，俄罗斯较有吸引力的国际化大学有莫斯科大学、俄罗斯人民友好大学、鲍曼技术大学、圣彼得堡大学、圣彼得堡财经大学、喀山大学等，核心原因是这些大学在自然科学和工程领域拥有领先地位。

2. 工程教育国际化进程的加速

（1）加入"博洛尼亚进程"。

为了进一步加强科技人力资源的培养和建设，俄罗斯工程教育的国际化举措在政府的大力支持下快速有序地展开。而俄罗斯工程教育甚至高等教育国际化的契机则是在苏联解体后，与欧共体在科教方面由冷战进入合作，继而进入到相互通约。其中的里程碑便是 2003 年俄罗斯正式签署的《博洛尼亚宣言》（Bologna Declaration）。

《博洛尼亚宣言》是欧洲高等教育一体化的标志性宣言和重要组成部分。《宣言》确定的基本目标为："建立欧洲统一的高等教育空间，提高公民在劳动力市场上的流动性，增强欧洲高等教育的竞争力。"《宣言》包含以下基本原则：制定并推广易于理解且具有可比性的学位系统，发放毕业证附件；实行高等教育两级体制，即学士和硕士；利用欧洲学分转换系统（European Credit Transfer System，ECTS）统一学习工作量的核算；提高学生和教师的流动性；加强欧洲各国在教育质量保障领域的国际合作，制定具有可比性的质量保证标准与评估方法；促进高等教育领域欧洲意识的发展，增强欧洲高等教育在国际市场上的品牌效应等。（李春生，时月芹，2006）

俄罗斯于 2002 年开始开展欧洲高等教育一体化经验总结的调研工作，并在圣彼得堡国立大学的倡导下成立专门工作组。2004 年，俄罗斯教育科学部发布第 100 号令，成立俄罗斯博洛尼亚原则实施工作组，专门负责推进俄罗斯加入欧洲高等教育一体化的进程；其中重要的组成部分，便是俄罗斯的传统优势领域——工程教育领域。

首先，俄罗斯高校开始普遍使用欧洲学分转换系统（ECTS）来衡量大学学生的课时工作量，并逐步废除传统的"学时制"，采用"学分制"组织教学工作。ECTS 的全面采用，打破了俄罗斯高校课程和欧洲高校课程无法互认的传统僵局，从而为进一步的高等教育毕业附件互认提供了基础。

1999 年，俄罗斯签署了《里斯本公约》。根据公约规定，欧洲国家应当互认其高等教育毕业附件，从而推进欧洲高等教育一体化进程。俄罗斯早在该公约诞生之时便签署了该公约，但是俄罗斯传统的特色工程教育模式为俄罗斯真正实现该公约的要求增加了难度。根据博洛尼亚原则，欧洲高校实行对所有国家都统一的、为每个人所理解的本国证书的附件，该附件不仅可以成为学生就业的资格认证，而且同时用英语和本国语言描述学生的课时内容与工作量；量化单位不仅采用小时，而且同样采用 ECTS 学分；证书附件无须公正。

除了以上措施外，俄罗斯政府还对高等教育机构的教育质量通过法律形式予以保障。这些法律包括俄罗斯联邦《教育法》、联邦《高等和大学后职业教育法》、俄联邦政府《关于高等学校国家认证的决议》和《教育活动的许可》等。俄罗斯于 1992 年正式实行教育机构的认证制度。认证由认可、评定、国家鉴定三项程序组成。后来，为了保证与欧洲认证的通约性，俄罗斯将后两项程序合并为一项——国家鉴定。

在签署《博洛尼亚宣言》后，俄罗斯还进一步采取措施，开展了一些联合行动，加快俄欧工程教育一体化进程。2005 年 5 月，俄欧建立科教共同空间，以进一步促进高校合作，并在于莫斯科召开的第 15 届俄欧委员会上签署了路线图，该路线图涉及科研、教育和文化领域。

该合作的主要目标如下（Pokholkov, 2008）：

● 构筑欧盟和俄罗斯的知识型社会；

● 通过推进国家经济现代化及先进的科学成就，推动富有竞争力和可持续性的经济增长；

● 加强和优化科研及创新的纽带；

● 支持研发领域的中小企业创业；

● 应对全球挑战，增强人际沟通。

除俄欧共同空间行动外，俄罗斯还参与了 TEMPUS（俄罗斯于 1994 年加入 TEMPUS，每年提供约 1 000 万欧元的预算，建立了约 300 个项目，其中涉及课程现代化、ECTS 现代化、学位认证现代化、终身学习现代化）、ERASMUS MUNDUS（该行动涉及 130 名学生，41 所研究机构；行动同时开展硕士课程合作计划，涉及 15 所俄高教机构）等多项行动。

（2）加快其他国际化动作。

俄罗斯加入"博洛尼亚进程"后，一些开始在国际教育服务市场实际运作的大学渐渐明白，在这个竞争异常激烈的领域，仅靠自己单枪匹马地去做注定要失败，只有各大学齐心协力，它们的工作才会有效果。根据一些大学的倡议，俄罗斯国内先后成立了许多校际间的国际合作和人才互动中心，如南俄罗斯国际交流中心、中央—地中海合作中心、圣彼得堡和莫斯科国际交流副校长联合会等。类似的中心在海参崴、哈巴拉夫斯克、鞑靼斯坦及俄罗斯的其他地区也有。在全俄罗斯境内，这类国际交流中心有27个。

在积极开展国家教育科研合作的同时，俄罗斯也为加入更广泛的国际工程教育合作协议——《华盛顿协议》（Washington Accord）作出巨大努力。目前世界上有6项关于工程教育学历或从业资格互认的国际性协议：其中3项是关于高等工程教育学位（学历）互认的协议，即《华盛顿协议》、《悉尼协议》和《都柏林协议》；另外3项是关于工程师专业资格互认的协议，即《工程师流动论坛协议》、《亚太工程师计划》和《工程技术员流动论坛协议》。《华盛顿协议》是签署时间最早、缔约方最多的协议，也是世界范围内知名度最高的工程教育国际认证协议。

《华盛顿协议》是1989年由美国、加拿大、英国、爱尔兰、澳大利亚和新西兰等国的民间工程专业团体代表上述6国签订的国际性协议。该协议承认签约国所鉴定的工程专业（主要针对四年制高等工程教育）培养方案具有实质等效性，认为经任何缔约方鉴定专业合格的毕业生均达到了从事工程师职业的学术要求和基本质量标准。该协议拥有正式缔约成员国与临时缔约成员国；该协议的缔约国每两年召开年会，讨论协议的修改款项，促进工程教育互认和注册工程师资格认证的国际化进程。俄罗斯为加入该协议作出了一系列努力，如广泛参与国际工程教育团体的交流与合作、作为观察员参与华盛顿协议年会等。在1997年的华盛顿协议年会上，俄罗斯成为预备成员。

2009年，国际工程教育协会联合会（IFEES）年会在圣彼得堡召开，同期召开的还有俄罗斯工程教育协会（RAEE）会议以及由全球学生工程教育平台（SPEED）组织的全球工程教育学生论坛（GSF）。俄罗斯在工程教育与科技人力资源能力建设方面，广泛参与国际讨论和交流，开展跨国合作空间的建设和科技教育机构的合作项目，实现了跨越式发展。（Delaine，et al，2009）

三、工程教育国际化的成功经验

俄罗斯工程教育界已经认识到，新时代的经济全球化和国际化的变革，对科技人力资源开发提出了更高的要求，工程教育也应发生相应的变革。俄罗斯作为传统的工程教育强国，其工程教育具有先天的本土优势，而结合了国际化的工程教育有着更强的国际竞争力。俄罗斯的工程教育国际化提供了以下成功经验。

1. 全面推进高等教育体制改革，保障高教体系通约性

俄罗斯实现工程教育国际化的第一步，便是首先建立与欧共体的良好合作关系。其中，标志性的动作即《博洛尼亚宣言》、《里斯本公约》等多项合作协议或规范性协议的签署。其次是俄罗斯引入了英美普遍采用的国际化高等教育学位体系，为学位互认提供前提。这些强有力的举措，无不是以提高俄罗斯高等教育体系与国际上其他国家高教体系的相互通约性为目标的。

高等工程教育的通约性，以及整个高等教育体系的通约性表现在：

● 语言环境的通约。俄罗斯官方语言为俄语，这与世界各地普遍使用的英语完全不属于同一语系。而且，俄罗斯并没有如中国一般在全国开展英语的普及性教育，因此基础薄弱。但是，在工程教育的国际化进程中，俄罗斯大力加强双语课程的开设和精品化，同时加强教务信息平台的建设，为外国留学生来俄就学提供了便利。此外，俄罗斯还恢复了培养外国留学生的预科制体系，保证他们学习一定量的俄语，为其在俄罗斯高等学校学习专业打下基础。

● 高教体系的通约。高教体系的通约，包含教务组织、毕业认证、学位系统等多项内容。俄罗斯目前广泛采用欧洲学分转换系统，标准化地衡量学生的课时量。不仅如此，俄罗斯还在传统的专家培养路径外引入了英美通用的学硕博学位体系，同时，积极推进欧洲统一毕业附件发放的进程。这些举措，均为俄高校与其他国家高校的课程互认、学位互认提供了基础。

● 民族文化的通约。历史上，"罗斯受洗"和"彼得改革"对俄罗斯文化的开放发挥着很积极的作用（张男星，杨冬云，2005）。而且，俄罗斯有超过100个民族，对于民族文化有很强的包容性。这样的文化底蕴，适合吸收其他国家的留学生在俄就读。同时，俄罗斯积极参与各项国际工程教育计划和行动，也使得

其文化氛围更加适合吸收留学人员。

● 认证体系的通约。这里的认证体系，是指国家对高教机构的认证和对工程从业人员资格的认证等。俄罗斯陆续出台了一系列法律，规范高等教育机构，保障其教育质量；并通过行业协会等组织，开展对于从业人员资格的认证和质量保证。俄罗斯在这方面的优势来自其传统的专家培养路径，专家培养模式就是注重实践，并以培养符合从业资格的人员为目的。

2. 广泛参与国际工程教育活动，签署相关国际协议

俄罗斯在推进本国工程教育国际化的进程中，最为明显的特点之一，便是广泛参与国际工程教育联合行动，签署相关国际协议。从《里斯本公约》到《博洛尼亚宣言》，从俄欧科教共同空间路线图到《华盛顿协议》预备成员，从俄欧合作的 TEMPUS 等计划到 IFEES 年会的召开，俄罗斯的身影出现在各种大小型国际工程教育合作活动与国际协议签署行动当中。俄罗斯一向积极建立和发展关于俄罗斯教育文凭同等性的核准、承认和确定体系，除了《里斯本公约》外，俄罗斯还加入了 5 个欧洲公约。

如果说俄罗斯完善高等教育通约性的举措只是带来量变，那么一个个国际协议的签署，则使俄罗斯在国际工程教育舞台上的形象提升实现了质的飞跃。2003年 5 月在莫斯科召开俄罗斯和前苏联大学毕业生国际论坛的倡议得到俄罗斯总统的同意，这标志着俄罗斯政府高层对于高教国际合作的支持与重视。在上下同心的政策与资金扶持下，俄罗斯工程教育国际化的发展迅猛异常。

3. 大力提高政府对留学人员的资助，建立官方留学基金

在《2010 年俄罗斯教育现代化纲领》中，俄罗斯教育服务出口方针首次被纳入国家战略。该方针是俄罗斯教育竞争力的独特保证，它为扩大大学生活动范围、完善教师队伍的职业化、提高教育质量和项目竞争力，为整个民族教育体系的发展提供了越来越多的机会。在此战略的指导下，俄罗斯联邦政府批准了"支持俄罗斯高等院校教育出口作为联邦教育发展大纲优先发展方向"的计划，其中便包括对于外国留学生的政府奖学金支持。

俄联邦政府于 1995—1996 年审议通过了关于向外国留学生提供国家奖学金的项目工作，到 2002 年，来自世界上几乎所有国家的留学生都享受了俄罗斯政府颁发的奖学金。俄罗斯政府还在选拔留学生机制中引入计算机考核系统，以确保选拔工作和留学生学习机制的透明度。据统计，2003 年时，在俄接受高等工程教育的成本为平均 2 000～3 000 美元，而同样的情况，在美国则需要 2.5 万～3 万美元。这与俄罗斯政府对于高等教育，尤其是高等工程教育的官方支持是分不开的。这样的优势，也成为俄罗斯吸引大量海外留学生的亮点。

4. 深入开展工程教育联合行动，建立科教资源流动通道

俄联邦政府积极调动俄罗斯各大学及其国际交流处领导对参加俄罗斯教育服务出口世界市场的兴趣，广泛与欧洲及世界各国开展内容充实的科教联合行动。如俄罗斯于 1994 年加入 TEMPUS 计划，俄联邦每年提供 1 000 万欧元的预算，建立了约 300 个实际合作项目，其中涉及课程现代化、ECTS 现代化、学位认证现代化、终身学习现代化等诸多方面。ERASMUS MUNDUS 计划则是一项提升欧盟和俄联邦学生跨学科科研能力的合作计划，该计划为俄欧的本科生、硕士生、博士生以及博士后提供交流互访项目。上述这些行动只是俄罗斯参加的国际工程教育联合行动的典型代表，还有更多联合行动支持着俄罗斯工程教育的国际化进程。

（宋　扬　邹晓东　撰文）

第3章

现代研究型大学的崛起

——能力建设创新之一

　　1809年德国柏林大学的开办，标志着第一次学术革命的开始。之所以称为学术革命，是因为柏林大学的出现使得大学出现一种新的形态，即如今已为人熟知的"研究型大学"。这种新的大学正规地把研究引进校园，并使研究活动与传统的教学活动紧密结合起来。在19世纪后期美国引进"德国模式"并改造成"美国模式"后，研究型大学在美国得到长足发展，成为20世纪乃至今天世界高等教育的标杆。

　　自20世纪50年代美国斯坦福大学在硅谷成功创办第一家科技公司并逐渐开辟出大学科技园开始，尤其是80年代以来，"开发高技术，催生新产业，推动国家和地区经济发展"成为美国斯坦福、麻省理工、密歇根、佐治亚理工诸校，以及英国剑桥、荷兰特文特、日本筑波、澳大利亚莫纳什等许多研究型大学的新的使命。这是大学组织形态的又一次成功转型。尽管当代人还没有普遍意识到或者还不承认这个变化的意义，但是已经有一些有深邃历史眼光和洞察力的学者将这个变化称为"第二次学术革命"，并最终把这一类大学冠以"创业型大学"（Entrepreneurial University）之名。

　　创业型大学的崛起和涌现，为科技人力资源的开发提供了新的基础和条件，成为志在争夺竞争优势地位的大学的强大推动力。本章以美国亚利桑那州立大学（ASU）和德国慕尼黑工业大学（TUM）为例，阐述它们的创业型大学主张和实践；同时，本章详细介绍了著名的哈佛、耶鲁和普林斯顿三所综合性大学急起直追，打造自己的创业能力，振兴工程教育的艰苦历程与经验教训。

第 1 节　创业型大学：科技人力资源的大本营

创业型大学是科技人力资源的大本营。近十余年来，它已经成为国内外高等教育理论研究和实践领域关注的一个热点议题。1995 年，埃兹科维茨与荷兰阿姆斯特丹大学的雷德斯道夫合作编辑出版了《大学与全球知识经济：大学—产业—政府关系的三重螺旋》一书后，越来越多的机构和研究者对这一主题进行了研究和探讨，由此也产生了大量相关的论著和研究报告。在创业型大学受到越来越多的讨论和关注之时，有必要对与创业型大学相关的一些基本问题进行探讨，从而为进一步的研究和探讨奠定基础。本节将初步讨论梳理："创业型大学"的基本内涵是什么？创业型大学的出现，给大学原有的研究、教学和社会服务等功能带来了哪些变化？特别是对科技人力资源的培养究竟有什么样的影响？创业型大学具有哪些重要的基本特征？

一、概念与定义

创业型大学，其内涵在于创新、实用、冒险、合作的"企业家精神"（Entrepreneurship）。如今看来，虽然创业型大学的实践可以追溯到 19 世纪甚至更早，但创业型大学作为一种大学发展理念风行世界则是 20 世纪 90 年代中后期的事情。简单来说，创业型大学的基本含义有二：一是大学注重培养满足社会需要的创新型人才；二是实现知识资本化，大学直接参与到经济活动中，作为促进区域经济发展的推动力量。欧美学者的研究，基于视野和旨趣的不同，各自界定了创业型大学的发展内涵，对以上两个方面各有侧重，我们从中不难发现一些细微差别（见表 3—1）。而国内学者基本上是把两个方面结合起来定义的，这可能与中国对自己的创业型大学实践的研究匮乏有关。

目前，在关于创业型大学的诸多类型的界定中，大致可以简单区分出美国创业型大学和欧洲创业型大学。与美国创业型大学不同，欧洲创业型大学的内涵多表现在人才培养上，这或许与欧美创业型大学之间迥异的渊源肇始有某种联系：美国创业型大学的创业活动主要作为研究使命的拓展而得以推进，而欧洲大

表 3—1 有关创业型大学内涵的几种阐述

学者	国别	相关阐述
Burton R. Clark (1998, 2005)	美国	自力更生地积极探索如何在干好自己的事业中创新,在面对外部环境变化时,寻求在组织特性上作出实质性的转变,要以一种更加灵活的方式和积极的态度进行"创业型的回应"。创业型大学的五个特征:加强的驾驭核心;拓宽的发展外围;多元化的资金来源;激活的学术心脏地带;整合的创业文化。
Henry Etzkowitz (1999, 2002)	美国	经常得到政府政策鼓励的大学及其组成人员对从知识中收获资金的日益增强的兴趣使学术机构在精神实质上更接近于公司,这种兴趣和意愿又加速模糊了学术机构和公司之间的界限,而公司这种组织对知识的兴趣总是和经济应用紧密相连的。创业型大学五个方面的标准或特征:知识资本化;与政府和产业的相互依存;相对独立性;在混合组织形式(研究中心、孵化器、科技园等)上的混合形成性;自我调整反应性。
Keiko Yokoyama (2006)	日本	创业型大学是寻求创新、适应内部和外部改变、以市场为导向的大学。它存在以下几个特征:能够进行自我驾驭;有大量的资源来自外界资助;市场导向的管制和管理结构;创业和学术文化的融合。
Slaughter 等 (1997, 2001, 2004)	美国	大学在变化的形势下采取一些企业化的运作模式,展示出市场化的行为,特别是对外部资金的竞争。曾经提到著名的"学术资本主义"的概念,是指部分大学和院系进行的市场和类似市场的行为,特别是对外部资金的竞争。
Peter Schulte (2004)	德国	创业型大学应该承担两种使命:训练未来的企业家,使其可以创建自己的事业并富有创业精神;以企业化的方式运行,建立孵化器和科技园等并让学生充分参与,通过这些机构帮助学生成才立业。

学的创业活动有许多是通过大学教学使命的扩展而产生的,或者说欧洲大学是以更加注重人才培养过程见长的。这一点或许从各国学者对创业型大学内涵的不同解析可以看出端倪(见表 3—2):如美国学者 Slaughter(2001)的"学术资本主义"概念阐述了部分大学和院系进行的市场与类似市场的行为,Burton R. Clark(1998)更是从大学组织转型的角度阐述了创业型大学的使命和演变;而德国学者 Peter Schulte(2004)则指出,一所创业型大学必须首先训练未来的企业家,

使他们可以建立自己的事业并具有创业的精神，其次建立孵化器、科技园并使学生参与其中，通过这些机构帮助学生和毕业生成就事业。

表 3—2   欧美创业型大学模式的异同

类型	大学所在地区	原来所属学校类型	创业的直接动力	创业的目标	创业的主要方式	实现路径
Clark类型	主要在欧洲	小型技术导向院校及以教学为主的院校	生存、资金保障的需要	实现大学自身的改革，推动区域发展	毕业生及与工业合作	强化领导核心、拓展发展外围、争取多元资金、活跃学术、营造创业文化
Etzkowitz类型	主要在美国	基础雄厚的研究型大学	竞争、发展、区域经济及国家发展的需要	实现科技成果的转化，促进经济发展	依靠专利出售和系统的公司形成实现技术转移，靠出售专利反哺大学发展	在大学、企业与政府形成的"三螺旋"模式中实现

资料来源：彭绪梅：《创业型大学的兴起与发展研究》，74 页，大连理工大学博士学位论文，2008。

二、创业型大学的基本内涵分析

根据大学基准优化的思路，本部分选取斯坦福大学、北卡罗来纳州立大学、加利福尼亚大学圣迭戈分校、普度大学、卡耐基梅隆大学、威斯康星州立大学等 6 所典型的创业型大学作为基准学校，集中从合作的机制与措施、大学的理念与文化两个层面进行调查研究，以便辨认大学成功转型以适应社会的指导性实践经验。其中，合作的机制与措施层面又细分为产业研究合作、技术转移、产业扩充与技术协助、创业发展、产业合作教育与培训五个方面；大学的理念与文化层面细分为大学的使命愿景与任务、教职员的文化与奖励两个方面的内容。

这里的每一所大学，在促进经济发展、工业合作方面呈现出共同点，但也有各自的独特之处，并没有一种可供大家共同采用的模式或方法。每一所大学在为经济作出贡献时，所采用的模式和方法，必然地考虑了自己学校内外的文化、习惯和经验。在大量文献调查和数据分析的基础上，作者认为创业型大学的七项要素皆有丰富的内涵（见表 3—3）。

表 3—3   创业型大学七个方面的基本内涵

序号	要素名称	特征含义
1	目标定位	以创业、加强国家（地区）的经济发展为目标
2	知识产业化	以发展高科技、实现知识产业化为实现学校发展的手段
3	建立官产学新关系	创业型大学与政府、产业的关系日益密切，形成官产学"三重螺旋"，并在其中发挥核心作用
4	外部互动机制	通过产业研究合作、技术转移、产业扩充与技术协助、创业发展、产业合作教育与训练等形式，建立灵活的外部互动机制，积极进行工业合作，促进经济发展
5	资金来源	争取补助、合同以筹措经费，并努力开辟其他资金来源，如从工业获得经费、知识产权收入、学校服务收入等
6	创新的组织结构	主要包括国家实验室、大学—产业合作中心等跨学科组织，孵化器、大学科技园区等官产学边界跨越合作组织，技术转移办公室或授权办公室等技术转移管理机构
7	创业文化	在教师评级和晋升方面注重对其中的发明者、企业家以及与工业合作者的鼓励，对"学术"采用 Ernest L. Boyer 的全新定义

在"目标定位"上，创业型大学的目标定位、使命与其他类型大学相比有其鲜明的特点。如以赠地学院起家的北卡罗来纳州立大学一直把推动经济发展放在重要的位置上，在其学校的目标陈述中赫然写着："通过教学、研究、拓展的积极整合，北卡州立大学致力于建设一个强调掌握基本原理、学科知识，培养创造力、问题解决能力和责任心的创新环境……鼓励内部的、外部的新型合作。"

在"知识产业化"这一要素上，学校以"发展高科技、实现知识产业化"为实现发展的手段，建立官产学新关系，逐渐形成官产学"三重螺旋"，并在其中发挥核心作用。创业型大学通过为企业作咨询和直接创建新企业等形式服务于产业，通过承接政府重大研究项目，特别是一些与国防相关的项目为国家服务。创业型大学在知识的发现、创新、传递和应用的全过程中起着十分重要的作用，是"三重螺旋"的推进器。

在"建立官产学新关系"和"外部互动机制"上，由于与政府、产业有紧密合作关系，创业型大学具有灵活的外部互动机制，通过产业研究合作、技术转移、产业扩充与技术协助、创业发展、产业合作教育与训练等形式积极进行工业合作，促进经济发展。在技术转移机制方面，创业型大学主要表现在：在知识产权政策和程序上给教师发明者更多的自由度并协助其获得专利转让收益，将技术转移与工业资助经费合并管理等。

在"资金来源"方面,创业型大学多样化的资金来源也是其发展的主要特征和途径之一。在大学和社会的发展进程中,人们越来越认识到:哪些大学得到最大数量的金钱,哪些大学就将拥有十年或二十年的发展优势。大学依赖单一的政府拨款,对其生存和发展是不利的,单一的资金来源不能使大学及时地反映社会其他各方面的要求,资金的短缺也不能满足大学对经费不断增长的需要。事实上,来自政府主渠道的财政资助在世界范围内都呈现出减少的趋势。创业型大学比较早地意识到这种趋势,它们比非创业型大学懂得从更多的渠道获取经费,例如从工业获得经费、知识产权收入、学校服务收入等。

"创新的组织结构"和"创业文化"是创业型大学在发展中逐渐形成和探索出的模式。

其中,创业型大学的独特组织结构包括国家实验室、大学—产业合作中心等大学内部的跨学科组织,孵化器、大学科技园区等官产学边界跨越合作组织,技术转移办公室或授权办公室这样的技术转移管理机构等。大学通过这些机制跨越传统的大学边界,加速研究成果的商业化,催生新产业。这些机构部门的创建反过来又加速了创新"三重螺旋"的形成,为创业型大学的发展与创新提供了组织保障。

在创业型大学逐渐倾向于创业发展的同时,这些大学逐渐形成一种"创业文化"。这些大学大多通过对教师的评级和晋升体现对教师中的发明者、企业家以及与工业合作者的鼓励。同时,学术服务的内容也被重新定义,工业合作、技术转移、参与经济发展以及其他联系与合作行为被包括其中。如斯坦福大学对新来教师只提供启动经费的资助,教师要在研究过程中通过对外合作伙伴支持自己的研究活动;同时,斯坦福大学提供一个开放的环境,和公司合作进行研究被认为是很光彩的事。

三、创业型大学:现代科技人才发源地

一般认为,现代意义的大学经历了三个发展阶段,先后出现了三种大学理念。第一种是以自由教育为核心的传统型大学(教学型大学)理念,似可以牛津大学为代表;第二种是以学问探索为主旨的研究型大学理念,以 19 世纪初创办

的德国柏林大学为首创；第三种则是面向当地工农业生产和社会的服务型大学理念，通常以 20 世纪初的"威斯康星精神"为原型。

创业型大学与之前三种类型大学的理念有所不同，它是一种集成的、全新的大学理念和实践。创业型大学以提高国家的竞争力、生产率，以及国家和民族的创业创新精神为己任，以提高国家和地区的经济实力和水平为目标。创业型大学在为国家利益服务、具体承担经济发展任务的同时，给大学的传统职能赋予了新的内容和形式，在社会经济活动中更大地发挥了大学参与和大学引导的先锋作用。

1. 创业型大学的人才培养：广泛开展创业教育，以培养具有创造力和执行力的新时代的创业者

自 20 世纪 60—70 年代以来，美国的 MIT、斯坦福等大学开始开设一些创业教育的课程。1985 年，全美高校大约开设了 250 门创业教育的课程，而到 2006年，这一数字超过了 5 000 门。在 MIT，单由 MIT 创业中心组织开设的创业课程就达到 30 门之多，这些课程为学生提供了大量的关于从事创业的财务和法律知识、管理技能、市场营销、技术开发等方面的必要知识。同时，通过创业文化的构建，形成了鼓励学校师生进行创业活动的文化氛围。

今天，创业型大学中的教学不再是孤立的、理论的、专注于本科的教学，而是和大学里的研究、服务以及研究生教育更加紧密地结合在一起，为国家培养高层次的创造性人才。1998 年，新加坡—麻省理工学院联合体（SMA）正式成立，这是由 MIT、新加坡国立大学、新加坡南洋理工大学联合组建的一个创新型工程教育与研究的合作组织。该组织的基本目标之一就是：用一流的研究生研究与教育计划将年轻的工程师培养成为"技术驱动型"经济的领袖，前者对于新加坡的未来是至关重要的。

德国《明镜》周刊曾于 1997 年 1 月 6 日发表题为《这里创造未来》的文章，其中写道："MIT 是美国最富创造力的发明家大学……研究人员与工业生产之间没有隔阂。激励 MIT 全校师生不断向前的是学术抱负、先锋精神和企业家欲望浑然一体的校风。"事实上，不仅 MIT 如此，美国很多创业型大学都把"诱人的尖端技术及与其相称的利润"作为其发展的主要动力。只有将远大的"学术抱负"和商业上的"尖端技术及与其相称的利润"相互结合，才能真正造就一批有用的学术英才和技术创新高手。

2. 创业型大学的科学研究：对国家战略和产业需求迅速作出反馈，以高水平的研究为创新创业活动和产业发展提供源源不断的创新源泉

创业型大学不是无本经营，它的创业也不是无本创业。它是依靠"知识"来经营和创业的，而前者正是基于大学自己的研究。因此，创业型大学首先是研究型大学；当然，反过来说就未必能够成立。

研究型大学是美国最早提出的概念。在美国卡耐基教学促进基金会 1994 年版的《高等教育机构分类》中，达到以下两个标准的高等教育机构可称为"研究型大学"：第一，提供从学士学位直到博士学位的教育，每年至少授予 50 个博士学位；第二，置研究于优先地位，每年至少得到 4 000 万美元（研究型大学 I 型）或 1 550 万美元（研究型大学 II 型）的来自联邦政府的研究经费。为了防止和减少盲目攀比，卡耐基教学促进基金会于 2000 年修改了分类办法。新标准将原来的"研究型大学"和"可授予博士学位大学"两种类型合并，按照学校每年授予博士学位数量和学科数量，分为可授予博士学位和研究型大学（I 型）、可授予博士学位和研究型大学（II 型）。

近年我国也开始热烈讨论研究型大学，学者们纷纷提出自己的评鉴标准，例如研究型大学的"九项标准"和"七大表现"。九项标准包括：教师的素质、学生的素质、常规课程的广度和深度、通过公开竞争获得的研究基金、师生比例、大学硬件设备的量和质、大学资金来源、历届毕业生的声望和成就、学校的学术声望。七大表现包括：原创性成果、教师质量、诺贝尔奖、*Nature* 和 *Science* 论文、研究经费、博士教师比例、研究生中的留学生比例。

上述指标的特点皆针对学校本身而论，或者说是研究型大学对着镜子的一种自我描绘。创业型大学无疑具备这些特征，而且表现不俗。但是创业型大学的最大特征在于，它能对国家利益和国家目标作出最敏锐的反应，并且能够在大学、工业和政府的"三重螺旋"结构中发挥独特的作用。仅此一条就足以把创业型大学和其他研究型大学区分开来。因为并不是所有的研究型大学都愿意将其研究面向社会经济的需要、都能够自觉承担为国家或地区经济发展服务的任务。因此毫不奇怪，不同的研究型大学从外部获得资金的能力和数量，也有天壤之别。

为经济发展服务的愿望和能力在创业型大学中是得到统一的。创业型大学大多拥有具有杰出的学术成就的人才，拥有一流的大师，且不说德高望重的儒雅学者，即使以诺贝尔奖为标准，也包括相当数量的田中耕一那样的人物。创业型大学还拥有具有国际水平的实验室和国际领先的研究成果，尤其具备拥有自主知识产权、能够进行技术转让、同高技术工业建立合作伙伴关系的优势。所以，说创业型大学是研究型大学中的佼佼者，恐怕并不过分。

面对创业型大学的挑战，研究型大学纷纷开始应对，其中尤以剑桥大学的革新举措为典范。在英国政府的支持下，该校于 1999 年专门成立"剑桥—麻省理工学院研究院"，作为英国剑桥大学和美国 MIT 携手大步发展的战略联盟。研究院的使命是借助剑桥大学和 MIT 的知识、专家智慧和资源，为学生、学术界、合作伙伴和政府提供卓越的研究机会、学习机会和商业机会，从而提高英国的国家竞争力、生产率和增强企业家的创业精神（王雁等，2002）。

特别需要指出的是，这些大学开展的研究活动特别注重应用前景和产业化的可能性。在这些大学中，虽然从事基础性的研究是非常重要的一项任务，但越来越多的研究者致力于从事那些旨在解决现实问题的研究项目，并尽可能通过专利转化等方式使之产业化，从而真正地起到解决问题或促进经济和社会发展的作用。

3. 创业型大学的社会服务：社会服务功能得到进一步深化，产学合作进入新的发展阶段，大学直接参与到产业活动当中

对于创业型大学而言，其社会服务功能得到进一步深化，产学合作进入新的发展阶段，大学通过采取直接参与创业的方式来服务社会。在传统的大学中，大学虽然也同时具备人才培养、科学研究和服务社会三项基本职能，但服务社会的职能主要是通过为企业和社会提供咨询、技术支持、成果转化、人才培训等方式来进行的，这种服务更多的是间接面向客户的。但在创业型大学中，高校通过拓展外围、创办企业，直接为客户服务。与此同时，在创业型大学中，产学研的合作也进一步深入。

把"社会服务"视为大学的第三项功能，是美国高等教育的首创，现在已经得到广泛认同。为人熟知的"威斯康星思想"或"威斯康星精神"，是对大学服务功能的一种形象概括和描述。一百年前的威斯康星州立大学率先走出"象牙塔"，步入现代社会生活，向公众传播知识，为当地工农业生产提供新的技术服务，并以此为立校之本。此种理念在 20 世纪的美国已渐渐成为风气。20 世纪 50 年代以后，科技园区的建立与发展把威斯康星模式又向前推进了一大步，虽然仍可视之为"社会服务"，但它开始表明著名大学可以利用自身的科技资源优势积极为地区经济发展服务。

但是冷战结束后，美国的研究型大学面临新的挑战和危机：政府经费和其他资金在逐步减少；基础研究和应用研究的界限正变得模糊不清；研究型大学长期遵守的基本规范，以及对基础研究的偏好都遇到重重困难。另一方面，科学技术不断取得重大突破，其巨大成果再次从国防领域迅速向民用市场转化渗透，促成国家经济的稳定增长，其中尤其以高技术产业的成功最为引人注目。这种形势为那些有实力有准备的研究型大学创造了机会，它们抓住机遇，更大程度地投入和置身于一波又一波的新技术浪潮、知识经济浪潮、全球化浪潮，在为经济发展服务的同时也不断壮大了自己。

创业型大学的这种"社会服务"改造和提升了大学第三功能的形式与内容，也改造了传统研究型大学的精神和面貌。20 世纪 90 年代后，大学在国家和地区经济发展中的作用日益显著，被世界各国政府密切关注。研究型大学的"创业"不再被认为是个别大学的个别行为，而是国家工业和经济发展问题中的重要组成部分。

（陈汉聪　吴　伟　撰文）

第 2 节　"新美国大学"框架的 ASU 创业实践

Frank H. T. Rhodes（2007）在《创造未来：美国大学的作用》中指出，21世纪的"新美国大学"应该有自己的本质特征。美国亚利桑那州立大学（ASU）用建立创业型大学的实践，提供了 ASU 概念的"新美国大学"框架。该校校长 Michael M. Crow（2008）认为，尽管分析"新美国大学"概念有很多种方法，但简单来说，可以归结为以下八条内在的客观准则：（1）符合文化、社会经济和学校面对的物理环境；（2）成为社会变革的动力；（3）追求学术创业文化和创业家精神；（4）引导有用的和有创造力的研究；（5）聚焦于智力环境中的个体和文化的多样性；（6）超越学科界限去追求知识的融合；（7）把大学嵌入到全社会中，通过直接的承诺进而推进社会创业与发展；（8）促进对全球化的参与。ASU的创业实践印证和阐发了它的"新美国大学"理念。

一、大学变革与转型势在必行

西方大学的进化轨迹可以用两个维度的模型直观地表达。图 3—1 中，x 轴代表了院校的规模，规模不仅是指大小，而且还指功能的广度，即规模不仅仅是所拥有的学科数量和人数。如果大学是一个综合的知识企业，比如"新美国大学"，则它除了发挥传统的教学、研究和社会服务功能外，还将增加促进创新和创业的功能。因此，规模指的是智力或者教学方面的广泛的功能。图 3—1 中的 y 轴反映了院校自身作为一个创新实体的进化。y 轴的下底端，是指保守型院校，这类院校注重的是低风险，并且首要关心的是自身保护；上顶端是创业型院校，它们愿意去适应、创新并且冒险去重新考虑自己的身份和角色。在图 3—1 中，"新美国大学"处在第一象限的曲线位置，意指适应创新、能快速地制定决策和具有创业行为。

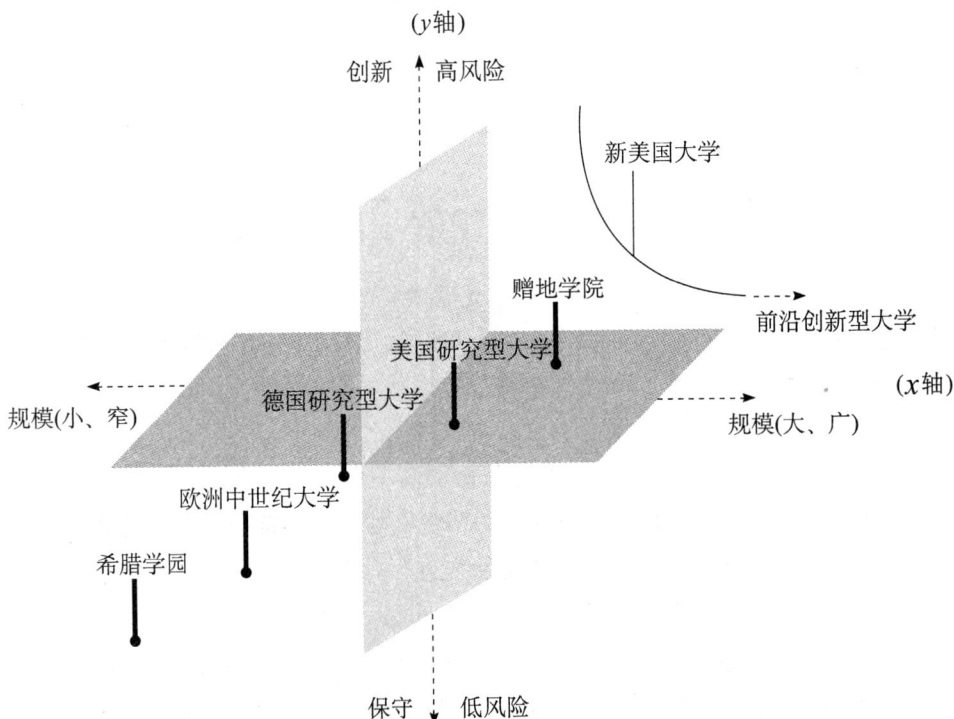

图 3—1　研究型大学的进化轨迹

　　由图 3—1 也可以看出大学在规模和创新间的动力机制。在希腊雅典的丘陵上，学园（Academy）于 2 400 多年前形成。当时有着非凡理解力的个人，像苏格拉底、柏拉图和亚里士多德等聚集众人，开始提出概念、建立一套核心的教学方法，这套方法直到今天我们还在使用。古希腊的学园主要发展在复杂条件下理解自然和社会的能力，但是它们的规模很小，并且排外保守，依靠它们自己保存知识。古希腊的学园除了在它们自己的小圈子内，几乎没有动力去传播知识，并且对冒险和报酬也完全没有概念。

　　1 500 年后，第一所大学开始出现。博洛尼亚大学（意大利）可能是西方最古老的大学，在 11 世纪建立，紧跟其后的是巴黎大学，再不久是牛津大学和剑桥大学。一些院校，像瑞典的乌普萨拉大学、波兰克拉科夫的雅盖隆大学，都成为巨大的学术中心。伴随这一潮流，大学作为以发现知识为主的组织开始出现。对"作为一个物种我们是谁"以及"我们在宇宙中的位置在哪"等问题的理解，正是学者和科学家在这些有组织的院校里工作的成果。雅盖隆大学创建于 1364 年，如今在这所大学的校长办公室里，人们还能够找到哥白尼用来测量出地球不是宇宙中心的工具。中世纪欧洲大学的规模稍微大了一点，但也只偶尔关注知识的传播。这些院校对冒险和报酬的概念同样非常有限。

　　进入 18 世纪，工业化开始改变欧洲的社会经济和文化环境，并从英国开始散播到欧洲大陆，尤其是德国的中北部。由于受到工业竞争、科技驱动竞争以及效率观念的极大推动，在 18 世纪出现的德国大学开始致力于专门的科学研究，这就是美国研究型大学的前身，但是创业仍然很少。

　　美国研究型大学的雏形是由约翰·霍普金斯大学在 1876 年确立的，它把美国传统本科教育的文理学院和德国模式中最为精彩的提高专门化训练的科学研究学院融合在一起。因此，美国研究型大学形成于 1876—1915 年的几十年间。在这段时期，一些已经存在的成熟的大学重新定义了它们的研究机构，并在约翰·霍普金斯大学的雏形上建立了新的院校。这一名单还包括那些为美国研究型大学设立标准的大学，包括哈佛大学、哥伦比亚大学、密歇根大学、伊利诺伊大学、加州大学、斯坦福大学、芝加哥大学、麻省理工学院等等，其中一些是因《莫里尔法案》建立起来的赠地学院。伴随着大规模的农业研究，赠地学院明确承担了广泛实用的任务，即为国家未来的发展改进农业和机械工艺，而不是聚焦于为特权者提供经典的教学。这些赠地学院开始参与工农业生产，因此更进一步形成了原始形态的创业型大学。赠地学院有能力去创造产品、工艺过程和其他形式的资本，以供大学以外的用户来购买和使用，随之而来地，创业就走到了前面。以这些先驱院校为榜样，斯坦福大学和麻省理工学院等大学承诺要鼓励企业家式的冒险精神并使学校蓬勃发展。美国研究型大学的确立是大学成长和发展的关键进化步骤，确立了以发现为中心并贯穿各学科的模式，并且出现了美国式的学士教育和更高级的学位教育，包括博士学位；既作为教师也作为实践者的教授也出现了（Crow，2001）。

Crow（2008）校长认为：所有这些大学组织都是不断进化的实体。在一定程度上，它们能更好地适应不断变化的环境，甚至能引领变革，因此它们能够生存下来并能繁荣发展。像其他组织一样，大学也必须非常警惕组织抵抗变革的惯性，而这种惯性无疑会给大学带来灭亡。无处不在的组织惯性比学院稳定增长的专业化知识更加明显。许多大学已经忽视了这样一个事实，即它们也是有能力去创造新产品、新工艺以及有创业潜力的新理念的。虽然追求未知的知识往往能带来声望，但是需要指出的是：如果没把学术企业（academic enterprise）的潜在贡献作最低估计的话，大学必须重新优先考虑实践。Crow 校长还认为，大学过分依赖由古希腊学园和中世纪欧洲大学遗传下来的血统，因此有必要重新设计大学组织，使大学更有竞争力，以便能应对未来几十年全球社会带来的挑战。而且，如果大学想要在全球范围内具有竞争力，就必须变革与转型，以恢复创业优势。

二、ASU 的学术组织变革

ASU 要定位成为一个突出的全球性大学、综合性的知识企业，致力于教学、研究、创造和创新。在"新美国大学"框架下，学院要致力于超越自身的知识和市场极限（Crow，2008）。因此 ASU 采取了分布式模型，其 4 个不同的校区，每个校区都代表着一个有计划的集群，但也有学科不同的各个学院。ASU 把这种对学院的授权称之为"学院中心主义"，即以学院为中心产生一个由本科生院、专业学院、学术性系科和跨学科研究机构及中心（"学院"）组成的联盟，这一联盟还包括围绕一个相关的主题和使命的一系列经过深思熟虑和规划的项目。学院中心模式的前提是要把知识和创业责任委托给学院这一层次，它要求每所学院为地位、声誉而竞争——不是和大学内的其他学院竞争，而是与全国各地和世界各地的同类学院竞争。

在"新美国大学"框架下的以学院为中心的组织产生了一个由 21 个独特的跨学科学院组成的联盟，同时也产生了众多的系、研究机构和中心，以及紧密结合但多样化的国际性学术团体。根据这一学院中心模式，ASU 又建立了 16 个新的跨学科学院，其中包括全球研究院、人类进化和社会变迁学院、材料学院、地球与太空探索学院等。ASU 提出："虽然我们首要致力于培养亚利桑那州的学生，但我们同样也是尖端前沿的发现组织，重点关注通过加强研究和学术项目以及跨学科研究的一些重大举措来促进区域经济发展。"（Crow，2008）这些跨学科研究组织，如生物设计研究院，重点关注在医疗保健方面的创新、能源环境及国家安全；再如全球可持续发展研究院（GIOS），与全球顶尖的可持续发展研究院所进行合作；此外还有宗教与冲突研究中心等。

因此，ASU 的 4 个校区采用了这样的管理模式：没有校区级的治理结构——既无分校校长也无教务长，只有院长来领导学院和校区，负责建立个性化的学习环境。大学的分层分级过程在美国大学里很常见，一些欧洲大学里也有，它对学生的成功是有害的结构性障碍。因此，ASU 消除等级制度或校区层级，努力建设成为反应灵敏的、有竞争力的、适应性强的学术企业。

三、建设创业型大学的举措

在"新美国大学"框架下，为克服组织惯性并发挥大学的创业潜力，ASU 除进行学术组织的变革外，还一直试图通过提高核心过程进行更为有效的创新，即建设一个创业型大学，产出更多创新成果。ASU 系统创新的方法体现在名为"作为创业者的大学"（University as Entrepreneur）的活动上，该活动的首要目标是永久的体制创新，并使学生和教师双方都不断创新。在实践中，ASU 也产生了很多新的企业——不管是追求利润的新兴企业，还是在研究或教育领域的创业组织，或是任何种类的有用的新项目。ASU 的创业型大学的建立是一个多层次的任务。如图 3—2 所示，图中每一层都是独立的机构，而各层之间又相互关联成一个整体。

在第一层，学科教学和创业互相嵌入。

创业型大学的基础开始于各个学科。从艺术、人文科学和社会科学到自然科

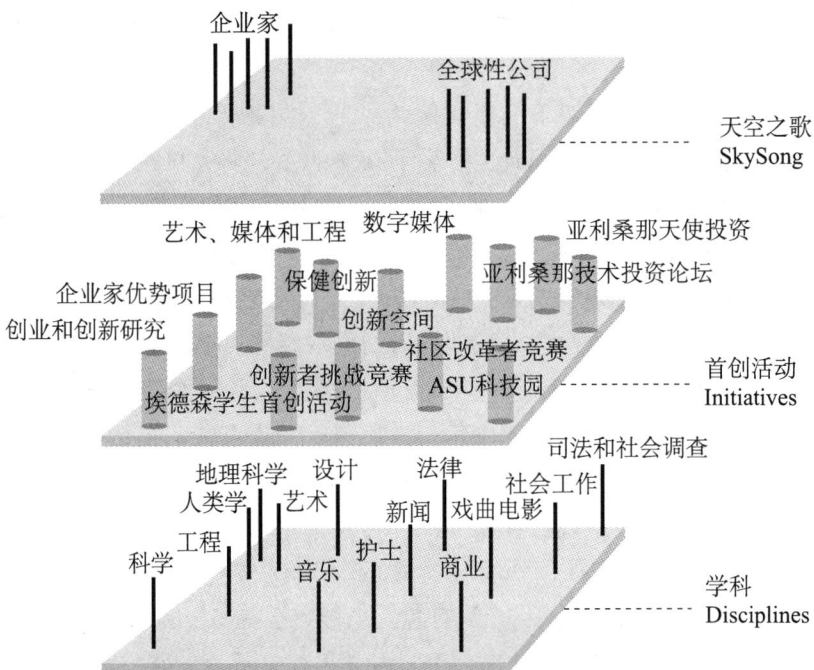

图 3—2　"作为创业者的大学"活动

学、工程专业等，所有的学科都参与其中，不仅关于创业课程的教学涉及所有学科，而且创业机会和学习环境也被嵌入到每一项内容中。如 ASU 的护士学院现在有一个创新和创业中心，其新闻学院有一个促进新闻媒体创新的主体工业基金中心。在每一个学院和学科，现在都有一组动态机制，使创新能习惯地诞生在学科的背景下。

在第二层，开展丰富的首创活动（initiatives）。

ASU（2008）在其网站上（http：//entrepreneurship. asu. edu/）清晰地列出了创业的四步骤：首先要明确为什么要创业，创业如何使你成功；其次要通过学习课程、实习或从事自由职业来获得创业技能；再次要去寻找资金支持你的想法；最后要建立团队，联系教师或专家来提供指导。为了促进学生创业，ASU发起了一系列首创活动，帮助各学科下的创业风险投资取得成果。创业难免有些会失败，ASU 通过开展大量的首创活动，让自然选择去证明哪些创业有可取之处，并让学生在实践中主动接受创业教育。ASU 的首创活动十分注重其实践性和应用性，比较成功的有：

（1）埃德森学生首创活动（Edson Student Initiative），是由奥林·埃德森投资 540 万美元给亚利桑那州立大学基金会而开办的。其规模为每年 20 万美元，使亚利桑那州立大学处在了支持学生创业的前沿。该活动旨在最大限度地利用企业的资源、激发企业的兴趣和发挥在亚利桑那州立大学学生身上发现的创造力。它还提供 SkySong 的办公场地和团队训练，同时与来自学术界和私营部门的教师、研究者和成功的创业家合作，探索他们关于企业产品和服务的创新思想。该首创活动帮助由学生创办的各种类型的企业取得成功，现在正在对 80 个由学生领导的公司进行孵化。该活动的目标是：使 ASU 的学生产生把创业作为职业道路的兴趣；使 ASU 的学生有机会获得创业技能、知识和观点；让学生企业家能与成功的私营部门创业者联系；让学生创造的新公司数增加，也为市场带来更多的产品；生成新的合资企业，提供经济、社会和财务回报。

（2）亚利桑那州立大学科技园（ASU Technopolis），旨在使企业家、风险资本家、在凤凰城地区的有创造性的思想家聚在一起。亚利桑那州立大学科技园鼓励创新，通过提供新兴技术与已拥有技术和战略能力的科学企业家来把创意转化为商业上可行的事业，以促进经济发展。生产发展、商业基础设施的发展、概念型资本的形成、收入的发展以及资金的获得，都可以在此获得指导。科技园通过提供一系列严格的计划教育、训练和网络化的本地企业家来刺激经济发展。通过这些计划，大约 500 家早期建立的企业已经得到了培训和指导，并且筹集了约 7 500 万美元的私人投资资本。

（3）创新者挑战竞赛（Innovator Challenges），奖励和支持有创新的项目或有建立企业想法的学生解决经济、社会、文化的挑战。学生的该想法要能满足本地或全球的需要，并能最大限度地产生积极的影响。它给十项入围者高达 2 000 美元的资金；其中最好的一项想法，将获得 5 000 美元的资助。该比赛的资格要求是：ASU 的本科或研究生，全日制或在职的均可参加；个别学生或学生团队都有资格，但优先考虑团队（最多五个成员）。同时鼓励团队整合来自不同部门或学院的大学生。团队成员可来自外部的大学，但队长必须是亚利桑那州立大学的学生。所有的参与者都被大力鼓励确定一名教师或专家成为该项目的良师益友。该竞赛的评价标准是"3I"：项目的创新度（innovation）、影响度（impact）、在给定预算下的可行度（implementation）。

（4）社区改革者竞赛（Community Changemaker Competition），奖励能给现有的为亚利桑那州服务的地方组织提供最有创意的建议的学生。如果学生的创意可以

143

帮助地方组织完成其社会使命，但又缺乏资金来实施，那么这个奖项将会给予支持。该竞赛的目的是促进学生和社区间合作，产生创新和解决方案，以满足本地需求。它给五项入围者高达 2 000 美元的竞赛资金。其评价标准也是"3I"。

在第三层，建立先进的创业基地"天空之歌"（SkySong）。

在全球知识经济时代，ASU 把自身定位为知识驱动型产业、技术创新和商业活动概念化的枢纽。在斯科茨代尔市和亚利桑那州立大学基金会的合作下，亚利桑那州立大学建立了 SkySong 建筑楼，它不仅为当地成熟的公司提供空间，同时还招聘了全球性的和外国的大型公司，从而促进它们与大学和创业者进行有益的交流。SkySong 汇集了 5 亿美元的世界级的知识、技术研究和商业活动。

完整的 ASU 创业型大学结构，还包括另外两个重要的层面（见图 3—3）：

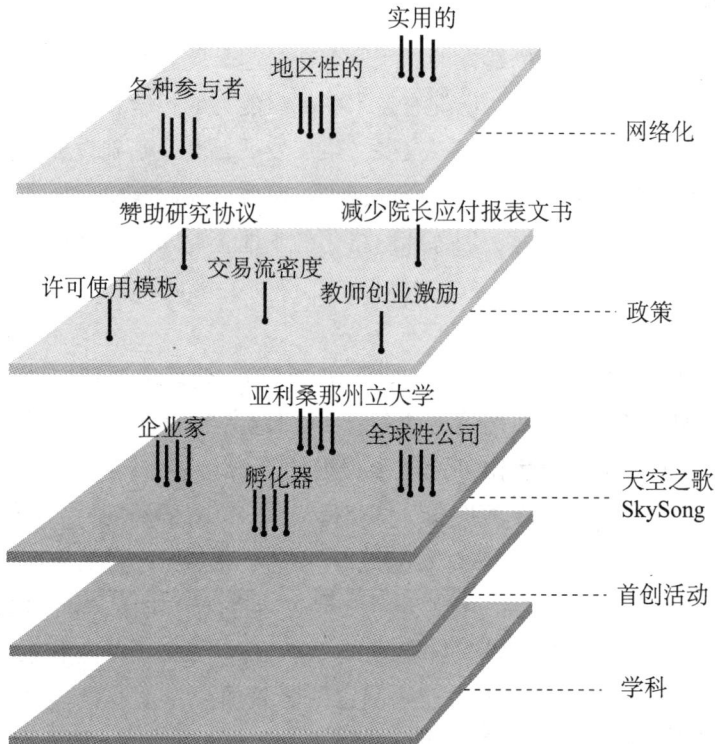

图 3—3　ASU 创业型大学的创新结构

一是制定促进创业的制度政策。例如，为了简化许可程序，ASU 推出了许可使用模板和赞助研究协议，帮助减少创业时对条款和条件谈判的需要。在战略目标上，ASU 处理知识产权是为了增加交易流密度，而不是为了收入，换句话说，是为了最大限度地使发明和发现真正进入使用，而不是试图为了最大的短期利益而减少越来越多的更大的交易。ASU 还尝试给教师以创业激励，分配教师的收入以便能让教师发明家有更大的动力去建立公司；同时，不鼓励创业行为的政策尽量减少，如阻止决策、抑制创造性思维、使院长疲于应付报表文书等。

二是全面整合各种社会资源。Crow 校长认为，一个创业型大学应该是高度网络化的，它应该与企业家和产业界进行接触与合作，也应与各种各样的个体以及关心创新和成长的有关团体进行接触合作。因为伴随着尖端的研究，大学渴望有广泛的影响，而广泛影响的标志就是内部和外部的连接程度很高。这种网络连接的生态系统，又将会创造许多途径，使人们能把概念变成现实。因此，当所有的上述元素共同合作时，就形成了一个全面的创新结构。与此同时，大学也成为一个更大的创新生态的组成部分。

亚利桑那州立大学拥有约 64 000 多名本科生、研究生和攻读专业学位的学生，是全美学生规模最大的学校。在聚焦于卓越和发现（一般只接收最好的学生）还是聚焦于广泛（即提供基本的高等教育）的困境中，Michael M. Crow 提出，ASU 致力于成为一所既有最高卓越学术水平，又能广泛接纳学生的大学，其使命是成为一所综合的都市性的研究型大学，并空前地结合卓越的学术和社会、经济、文化以及环境带来的义务，卓越、广泛及影响是其整体使命的组成部分。这样的使命势必增加 ASU 的资金压力，为此 ASU 大力推进大学的创业模式，并使之为 ASU 获得竞争优势和大量资金。在这种模式下，除了基本的研究能力，ASU 还能够通过展示创业能力来提出研究并发展其未来应用。这对赞助者来说是有价值的，因为 ASU 让赞助者看到的不仅是对新知识的发现，而且有对知识应用的结果。例如，ASU 吸引了大量投资以研究攻克癌症的新方法，卢森堡政府即针对肺癌研究给予 2 亿美元的投资，同时 ASU 也获得美国国会对新的癌症研究的资助（是获助的三家院校中的一家）。又如，美国军方给予 1.1 亿美元的项目资助，用来开发薄膜柔性显示器，同样，他们选择了亚利桑那州立大学，因为他们充分信任其研发团队（与 13 个公司进行合作，并且将 ASU 的科研设施直接带进公司），这一团队将不仅能够确定这项技术的科学原理，而且有助于真正地将这项技术开发出来。在推进创业型大学这一模式后，过去六年间，ASU 每年都能够获得约 12 亿美元的新资助（Crow，2008）。

四、ASU 创业实践的启示

1. 倾心打造创业型大学

ASU 校长 Michael M. Crow 明确提出在"新美国大学"的框架下，要把 ASU 建成创业型大学，将创业教育置于学校教学与管理工作的战略地位 (Crow，2002)。而且，不同于我国高校创业教育的开展仅局限于少数学生，ASU 的创业教育针对全体学生，并强调这是社会赋予学院和大学的内在使命。ASU 的创业实践也表明，只有对大学生进行创业教育、培养创新创业型人才，才能适应不断变化的区域和全球社会的需求。因此，在全球化背景下，我们必须尽快转变传统的高等教育理念，为谋求科学发展而选择高校正确的发展战略，并深入改革高校组织结构和人才培养模式。

2. 开发基于跨学科的创业实践

在快速变化和竞争激烈的全球知识经济时代，大学只有使我们的学生能快速学习，使之有能力整合广泛的各种学科，才能确保我们的国家在创新方面有竞争优势。国际知名高校的创业教育模式一般都建立在自身资源优势（如学术研究成果、学术人才、硬件条件、实验室设备等）基础之上，这种基于学科专业优势和发展领域的区别而设计的创业教育模式，虽形成了各校的不同特色或风格，但对于需要培养全方位能力人才的创业教育而言，并非都是最优的培养模式。因此，在传统学术研究上具有崇高地位的知名大学，未必能培养出一流的创业人才或未来的企业家（常建坤，2007）。在"新美国大学"的框架下，ASU 通过学术组织变革，建立了 16 个新的跨学科学院，在发挥各学科比较优势的基础上，使学科倾向性造成的偏离降低到最小，使创业和跨学科教育互相嵌入，集成地、全方位地培养人才。2009 年的全球学生企业家奖（GSEA）排名中，ASU 以拥有 31 名学生企业家排名第二，仅次于百森商学院（Babson College）。

3. 系统设计创业教育体系

如何使创业计划、创业课程、制度政策、评价体系、资金支持等有效运作并形成一个有机整体，是我国创业教育面临的一大难题。ASU 的创业型大学体系以强大的学科为基础，以丰富多彩的首创活动为动力，以全力促进创业的制度政策为保障，以一个有 150 万平方英尺、汇集 5 亿美元的知识、技术研究和商业活动、能让企业家致力于创新和学习的开放式社区 SkySong 为基地，以由教师、企业家、专家以及社会各团体等组成的内外部高度连接的网络化顾问团为支持，全面、系统地充分整合利用各种社会资源，科教集成地培养了社会所需的人力资源。

"新美国大学"框架下的 ASU 创业实践，不仅为我们演示了在大学上千年的历史发展过程中人才培养特征的进化和变革，更通过实践为我们验证了在未来的研究型大学蓝图中科技与教育集成地、全方位地培养人才的必然性，这对我国科技人力资源的有效开发无疑也有重要的启迪意义。

（黄扬杰　撰文）

第 3 节　慕尼黑工业大学的创业型大学之路

德国研究基金会（DFG）于 2006 年启动的第一轮科技教育"卓越创新计划"（Excellence Initiative），为慕尼黑工业大学（TUM）的发展带来了新的机遇。该计划分为三大部分：卓越研究院计划、卓越学科群计划和"未来概念大学"计划。慕尼黑工业大学因提出"创业型大学"（The Entrepreneurial University）而获得首批"未来概念大学"计划的资助（TUM，2010a）。

慕尼黑工业大学秉持"创业型大学"理念，以建设创业型大学为学校发展的首要战略，坚持不懈地拓展学校的发展空间，有条不紊地工作，以新的理念来重新整合各种资源。为应对全球市场经济和未来社会的新挑战，该校建立起现代化、企业化的组织机构并组织实施，加强规划，严格控制以提高效率，坚持高质量的评估。在德国，慕尼黑工业大学是第一个建立 SAP R/3 数据处理系统的高校，同时加强和支持学校在综合信息与通信基础上的开发工作。慕尼黑工业大学以其卓越的创新水平，赢得了德国联邦和州政府"精锐地位"的声誉。该校自豪地宣称："慕尼黑工业大学正走在创业型大学的道路上。"（TUM，2010b）

一、全球化背景下的战略选择

Wolfgang Herrmann 教授从 1995 年至今一直担任德国慕尼黑工业大学校长，

他对创业型大学有着独到见解。在一次国际会议上，Herrmann（2008）校长如此解释道：

"首先，让我来下一个定义。当谈到大学，我们意欲何指？对我们慕尼黑工业大学来说，'大学'要通过培养年轻人的研究能力来教育他们，使他们学习和了解科学进步的动力与过程。我们认为，勇于创新的氛围非常有利于科学进步。我们竭力践行洪堡原则，这意味着大学在培养人才时要做到教学和科研的统一。当然，现在要想这么做已经变得很困难了，因为当 1809 年洪堡创立他至今风行世界的大学思想的时候，全德国也只不过有大约 5 万名学生，而现在德国仅'大学'的学生就有 150 万名，这还不包括理工学院或应用科学大学的 70 万名学生。因此，'洪堡式'的任务——这项我深信对高等教育来说正确的做法——已变得愈加困难。与此相对应，我认为大学必须成为创业型的大学。它们必须承担作为研究机构和教育机构的责任，必须形成自己的教学和研究特色，但最重要的是它们必须好好挑选自己的学生。"

欧洲大学的未来发展正面临几个全球性的新特点。首先，智力资源如今遍布于世界各地，人才流动的壁垒正在逐步消失。欧洲大学在全球市场上遭遇激烈的竞争，它们的对手既来自直接服务于经济快速发展从而有更多创新动力的中国和印度，更来自对科学家和学生都最具吸引力的美国。

其次，欧洲正处于一个将其制造业转移到其他相对低工资的经济体而逐步淘汰工业化的过程中。在很多欧洲国家，大学毕业生的失业率是一个社会普遍关心的问题。如果将创新定义为通过组织变化和提高产品与服务的附加值而回应市场机会的话，那么，显然欧洲高等学校正变得落后。大学面临的最重要的挑战之一是更好地把研究转化为商业机会，特别是通过互联网来实现这一点。

最后，美国和其他一些国家的世界知名大学具备一些关键优势，包括在办学过程中官僚习气相对较少、有多元化的资金来源、可以从申请者中选择最优秀的教师和学生、并非对每位教师都给予终身教职，以及积极主动地构建校友网络。这些特点是非常重要的，但在欧洲许多地方尚不被重视。然而，在欧洲称得上大学的学校有 4 000 多所，拥有 1 700 万学生和大约 150 万雇员，还有 43.5 万名科学家，这是一个巨大的研究创新储备，但现在这些智力资源还没有得到充分开发。

有许多原因造成了欧洲在知识竞争和市场创新中的乏力状况。在德国联

邦和州政府追求卓越的倡议下，一个促进研究的倡议被提了出来。TUM 也
参与其中，并正在采取一些步骤来克服僵化的结构和子系统。图 3—4 展示
了 TUM 一些现在已经形成或正在采取的应对措施：不同的中心和卓越集
群，整个结构是跨学科的和高度联结的，以及众多的合作伙伴和盟友。这三
方面形成了被 TUM 称为创业型大学的"未来概念"。一所创业型大学必须
解决的问题是改造之前忽视商业机会和市场需求的僵化模式。创业时代意味
着如果大学的成长脱离市场，则将不能取得领先地位。这就是 TUM 考虑其
战略定位的立足点。

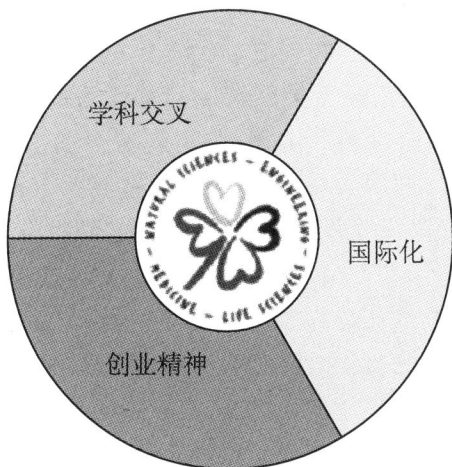

- 高级研究院
- TUM研究生院
- 卓越学科集群
- 中央科研机构

学科交叉

国际化

- 国际事务办公室
- 全球伙伴网络
- 慕尼黑兼职办公室
- 占24%的外国留学生

- 战略联盟
- TUM公司
- 捐赠基金会
- TUM校友网络
- 合作企业

创业精神

图 3—4 慕尼黑工业大学的应对措施

慕尼黑工业大学是一所拥有超过 420 名教授、总共 8 500 名工作人员的
大学，在自然科学、工程学、医学和生命科学等方面拥有宽广的学科领域，
而校方认为融通这些传统研究领域是绝对必要的。在 Herrmann（2008）校
长看来，大学成功有四个关键因素：良好的教育、卓越的研究和创新、教育
和研究的不可分割以及提供更大的灵活性。Herrmann 校长还认为，要想取
得成功，TUM 一定要与校外研究机构——马克斯·普朗克研究所、亥姆霍
兹协会等——建立联盟，以提升大学的研究力量，因为在进行科学研究的同
时，还必须通过研究培养优秀青年，这种双重职责必然导致德国和欧洲整个
大学系统的调整，无论是对那些重视研究生教育的研究型大学，还是对那些
注重培养高质量本科生的大学。与此同时，TUM 还要继续巩固与丹麦理工

大学、荷兰埃因霍温理工大学、英国伦敦帝国理工学院等学校之间已经建立的联盟关系。

二、TUM 的创业举措

TUM 的创业举措主要表现在培养创新型科技人才、提升跨学科的教学和研究水平、构建产学联盟和大学联盟等方面，其主要支撑点是充分挖掘内部潜力，有效整合各种校外资源。

1. 大力提升生源和师资质量

优秀生源和优秀师资人才是在创业型大学建设背景下进行科技人力资源开发的力量之源。TUM 不仅仅希望能够吸引最优秀的学生，也期望学生的才能和爱好能够在学校和学科的选择上实现最佳匹配。为此，1998 年，TUM 针对大部分课程计划引入一种入学倾向性测验（aptitude tests for admission），目的是基于候选人的兴趣和禀赋而确定哪些申请者最适合特定学习计划的学习。除此之外，TUM 近年来还给大一学生开设专业概论性课程，主要由具有多年社会经验或产业界经验的导师讲授，对职业发展和专业领域前沿进行疏导。此举带来的直接效应是大大减少了毕业前放弃学习计划的学生数量；而之前，在不同学科领域，有 20%～50%的学生会提前放弃自己的课程学习计划。入学倾向性测验实现了个性化、多样化的选拔方法，促进了TUM 对优质生源的竞争。

相对于优秀生源来说，在创业型大学建设中，优秀师资人才将发挥更大的作用。创业型大学需要这样的师资力量，他们除了专业基础厚实、学术成果频出外，还必须要有活跃的思维、创业的意愿，而且更为重要的是他们都应具有一定的公司管理知识基础。这样的师资力量才能为大学的创业之路打开新局面，才能培养出一批又一批具有创业精神的学生。为此，TUM 注重从全世界范围内的大学、企业或科研院所揽才。近年来，TUM 不断优化教师队伍结构，提高学术人员比重，精简非学术人员，扩大女性及来自国外的学术人员比重；为海外优秀人才营造宽松的学术环境，解决他们生活方面的特殊困难，使这些科学家能心无旁骛地投入工作（见表 3—4）。

表 3—4　　　　　　　　　　　　TUM 教职员的基本结构变化

年份	教职员总数	教授	学术人员	非学术人员
2004	9 315	436/4.7%	3 191/34.2%	5 688/61.1%
2006	6 246	346/5.5% (23%女、37%他国)	3 100/49.6% (24%女、16%他国)	2 800/44.8%（53%女）
2008	6 942	364/5.2%（42%女）	3 616/52.1% (26%女)	2 962/42.7%（55%女）

在 TUM，高水平的教学将与高水平的研究受到同样对待。TUM 正努力争取将欧洲以外的学者纳入它的 17 项用英语授课的硕士研究生课程计划，并为一线教师提供丰厚薪金。在从企业界招聘教师时，学校也把在工业界的实践经历等同于在大学的经历。

2. 产学研合作的教育与训练

TUM 校方认为，学生群体与雇员和科学家一样，蕴涵着巨大的科研创新潜力，但这些智力资源以前没有得到充分开发，大学要通过挖掘年轻人的科研潜力来培养他们，使他们学习和了解科学进步的动力与过程。TUM 非常重视扎实的基础教育，其科研人员以最高水准从事研究工作，并将科研成果直接融入教学。

作为德国著名的一所"紧密联系企业的精英大学"（Die Unternehmerische Elite-Universitaet），TUM 与众多欧洲知名企业有着紧密的科研、生产、教育和经济联系，这为科研成果尽快应用于教学实践提供了外围保障。此外，TUM 还加强了与校外科研机构（如马普所、亥姆霍兹协会）的联系，在进行科学研究的同时还以此种方式培养优秀青年。同样，TUM 的"卓越创新计划"非常强调教学与科研的统一性，鼓励本科生参与科学研究，这是对洪堡理念的继承和发扬。与科学和研究实践相协调的人才培养模式，打破了学科之间的界限，促进了创新。

在 Weihenstephan 生命科学中心（Life Science Centre），先前的学院已经由矩阵结构的研究部门和教学学院所取代。这个新型的矩阵结构推动了跨学科的合作，使得教学方法更具灵活性。在矩阵的节点上，教授职位或与相关课题或课程教学紧密结合，或与跨越学科的重点研究所和中心捆绑在一起，旨在为学生、雇员、已就业的校友、教师、管理人员和其他目标群体提供更好的社会服务，提高培养的质量（浙江大学课题组，2008）。

TUM 充分利用与产业界的广泛联系，一方面不断调整自身的教育模式以适应产业的最新发展，另一方面鼓励相关用人单位吸纳 TUM 培养的高素质初级工作人员或毕业生。近年来，TUM 逐渐加大了在课程计划调整上与产业界的沟通合作，使得人才培养更有针对性。如对毕业生就业去向的广泛调研反映出 TUM 毕业生毕业后大多从事技术管理岗位，因此 TUM 在所有专业都开设管理学课程，培养学生的管理能力。当然，那些与企业相关的重要的其他非技术知识也已经列入许多学院学生的学习范围，如社会竞争力、工商管理知识和外语能力等。TUM 的教学计划非常注意及时将最新科技成果、新近信息资料引进课程，提高信息学在各专业教学中的地位。再如信息学院（Faculty of Informatics）认为，培养学生社会交往和经济管理的能力是非常重要的，因此让所有学生都接受经济、管理、法律、沟通和团队合作方面的基础教育，密切关注企业的需要，开设实用方向的课程，把学生培养成为未来商业社会中的可以合作的对象。经济学院的 MBA培养项目，与莱比锡管理研究生院（Leipzig Graduate School of Management）、UnternehmerTUM 及麦肯锡公司（McKinsey & Company）、Intel 公司合作，注重人才的创业创新能力培养，把管理能力培养、创业能力培养结合起来，通过创业体验（地点在美国硅谷）、管理科学学习等方式提升学生的综合素质。

　　TUM 与工业界开展的广泛合作，首先带来了师资的改善和学生实习机会的增加，高素质的、拥有实践经验的职场人士经常被委任为 TUM 的教授；与此同时，学校著名的专家也被工业界邀请去作讲座以及担任名誉教授，许多学生甚至在作学位论文的同时还在慕尼黑当地的高科技企业内工作。这种广泛深入的联系在工业界与学校的人才培养活动之间架起了桥梁。TUM 的学生在大一时就可以参与企业赞助项目中的时间管理、工作技巧和学习方法的培训。此外，TUM 的各种校内实习基地也发挥了巨大作用。如生命科学中心的学生可以在学校的试验站中积累实践经验；在土木工程和测绘学院（Faculty of Civil Engineering and Surveying）攻读土木工程和建筑材料工程的学生在学习期间，可以在学院的测绘公司、实验室和试验中心兼职工作。TUM 的科研与企业联系紧密，使得低年级、高年级的学生以及在攻读博士阶段的研究生，都可以从事应用性的研究和学习，从而在毕业后得以轻松地融入工作环境。

3. 注重跨学科平台建设

　　在 TUM 每个学院的主页上，院方都对本院毕业生的职业面向作了客观而又具有前瞻性的分析，其中大多强调了某一职业所需要的跨学科知识基础、跨领域工作能力、团队合作素养以及资源整合能力，而这也是大多数学院在课程设置、联合培养、实习安排中非常注重的方面。在制定教学计划时，校方要求各学科专业必须在相应的基础课程配置中，兼涉跨学科的相关课程，促进不同学科间的交叉和融合，使学生在学习基础课打根基时就开始培养一定的跨学科能力。如电信学院鼓励研究生在开始他们的研究时便学习以跨学科的方式思考问题，所有的高级课程（如信息和沟通技术、自动控制和工业信息技术、电子、机械和能源系统），都由他们与信息科学家、数学家、物理学家、化学家和机械工程师共同合作完成。

（1）成立于 2005 年的慕尼黑工业大学高等研究院（TUM-IAS）是一个横跨各学科专业的跨学科中心研究院，它的基本理念是：有效地整合资源，为顶尖水平的研究人员和学术型教师创造一个能够使他们自由发挥聪明才智和创新能力的平台。TUM-IAS 为校内高级研究人员提供充分的研究空间，汇集工程科学和自然科学学科文化，协调生命科学与医学学科领域研究人员之间的关系，引进国际同行加入研究团队（目前，27 名研究人员中有 13 名来自国外），以及介绍优秀学生在开始学位课程后尽快开展研究工作。TUM-IAS 注重形成基于创新、自由与非官僚形式的氛围，对优秀研究人员来说，这是提高生产力、涌现杰出科学成就的源泉。TUM-IAS 将为在国际上获得赞誉的科学家提供一个支持他们创新思维的环境，科学家们无须为近期的功利标准所束缚，有机会在一个理想环境中进行跨学科研究，而不必承担教学任务，学校将全力支持他们开展全新而富有挑战性的科研项目。学校希望 TUM-IAS 像传奇的普林斯顿高级研究所一样，激励创造、灵感和全球顶尖科学家的互动，带动 TUM 的四大学科——自然科学、工程、医学和生命科学——提高到一个新的国际水平。

（2）对作为科技人力资源后备力量中流砥柱的博士研究生的培养需要特别给予关注。传统上，德国对博士研究生的培养是按照"师徒制"进行的，博士生承担导师的部分科研任务和教学任务，独立地进行科学研究，完成博士学位论文并通过毕业考试即可取得博士学位（徐理勤，2008）。在这种模式下，TUM 的博士研究生不需要全脱产学习，更没有必修或选修课程的要求，学习年限、学习形式并不统一，他们在博士生导师的指导下进行独立的、独特的、领先的和必要的研究，平时的学习和研究训练分散在各研究院所，彼此之间缺少交流。为改变"师徒制"博士生培养模式带来的学科封闭、视野狭窄的弊端，TUM 在 2009 年春季设立了慕尼黑工业大学研究（博士）生院（TUM-GS），这是 TUM 近年来采取的跨学科人才培养的重大举措，其主要目的在于为博士研究生提供有吸引力的科研、学习条件，实现产学环境的有效融合，实现各院、所之间的合作交流。TUM 采取各种措施保障博士研究生的独立研究工作，为他们提供跨学科的学习课程，提供各种生活服务和便利条件，以及提供与国际学术圈对接的机会。这样，博士研究生有了共同的学习研究平台，可以进行跨学科学习，不同学院或研究所的导师和学生可以共同申请项目合作研究。

（3）国际科学与工程研究生院（TUM-IGSSE）是 TUM 首批入选联邦政府"卓越创新计划"的"卓越研究院"项目，每年获得 1 000 万欧元的资助。TUM-IGSSE 具有国际视野，是弥合科学与工程"两种文化"之间隔阂的桥梁，因此其研究训练计划将打造两种文化之间的联系，给予跨学科的研究项目以优先支持；加强国际合作，包括强制性要求学生安排至少三个月的科研任期与国外机构合作。TUM-IGSSE 除了实施跨学科、科研带动教育的战略外，还将采取教育结构性改革措施，进一步共同制定一个实施国际硕士学位、培养科研群体的基础框架计划。为确立国际水准，TUM 将在研究生院集中组织硕士、博士课程，并确定衔接标准。这样可以超越传统学院/系的局限性，支持跨学科的学术内涵。经过一段时间的运行，TUM-IGSSE 将与本科生院并列，之后将决定共同的、大学性标准的基础研究，同时将它们归纳在一个新的质量管理体系中。

（4）国家"卓越创新计划"中的卓越集群。目前有两个卓越集群得到联邦政府资助：

● 技术系统认知卓越群（Cognition for Technical Systems，CoTeSys），对技术系统如汽车、机器人等，植入认知技术系统进行研究。技术系统认知卓越群联合了慕尼黑工业大学、路德维希大学、联邦武装力量大学、德国航空宇宙中心、和 Max Planck 纳米研究所的医学、神经系统科学、自然科学、工程、信息和人文社科等学科的力量。支撑这个学科群的还有与之相配套的新的学士、硕士学位课程计划和新的教学理念。此外，还有博士生的夏季学校，它不仅提升了本地的学生和青年学者，而且也吸引了来自国际的高水平研究所的研究人员。

● 宇宙的成因与结构——基础物理卓越学科群（Origin and Structure of the Universe—the Cluster of Excellence for Fundamental Physics）。天体物理、原子物理和粒子物理的整体研究是最重要的。在这个学科群里，一起参加研究的科学家积极促进与一个国际性的巨大建筑相关的合作，这是一个对空间物理和粒子物理进行研究、带有观察追踪宇宙内部物理特性的科学设备的独特的研究中心。这个研究中心常驻学科群的管理职员，也包括战略伙伴和其他被邀请的学者。这个学科群提供给年青的科学家一个最迷人的现代跨学科领域的基础研究，给他们以铸造成功学术生涯的特别机会。

此外，TUM 还参与了三个由慕尼黑大学（LMU）主持的卓越集群：慕尼黑蛋白质整合科学中心（Center for Integrated Protein Science Munich）、慕尼黑高等光子中心（Munich Center for Advanced Photonics）和慕尼黑纳米体系创新（Nanosystems Initiative Munich）。

4. 人才的国际合作与交流

TUM 把学生的国际经历视为有价值的资产，注重整合全球的校际联盟和工业创新资源，为学生提供大量在就读期间赴国外大学或企业交流实习的机会。TUM 认为，在外国团队氛围中工作和学习的经历不仅可以拓宽学生的视野，而且有助于加强不同国家、不同文化背景之间的科技与文化交流，促进全球利益共享和融合，使得毕业生可以在世界上任何一个地方工作。正基于此，TUM 加入了欧洲大学网络，与 20 多所大学签订了互认文凭协议，并与全世界 150 多所大学（2009 年）保持伙伴关系。日常的学生交流非常普遍，如物理学院（Faculty of Physics）有 1/3 的学生利用 TUM 的国际联系在国外学习和研究。

目前，TUM 实施或参与的交流项目主要有：

（1）"老子"（LAOTSE）项目。该项目由著名企业赞助，通过与亚洲国家的伙伴大学交换学生的模式，实施实践项目培训。TUM 的学生在第六至第八学期，可以申请作为交换学生到国外合作伙伴大学学习，或者在当地工业公司实习或培训两个学期。近年来，TUM 明显增加了伙伴关系学校的亚洲布点，在中国的合作对象包括香港理工大学、上海交通大学、同济大学、清华大学、浙江工业大学，还与中国同济大学共同建设中德研究院。

（2）欧洲范围内的交流。设立加盟院校达 200 多所、鼓励学生在欧洲流动的"苏格拉底计划"；设立吸引工科学生的"国际精英大学网络"（T. I. M. E）交流项目，学生可以选择在 TUM 和另外一所高校修读双学位；设立"达·芬奇"（Leonardo da Vinci）交流项目，为工程专业学生提供一个 3 至 12 个月的在欧盟国家或在中东欧其他国家工业界实习的机会。特别是，TUM 的 6 个学院与法国

7 所大学、西班牙 1 所大学之间的双文凭协议更具吸引力。值得注意的是，从2008—2009 年冬季学期开始，TUM 的所有课程计划都将由长学制"学硕贯通"模式改为学士、硕士两级学位制，同时采用欧洲学分转换系统（ECTS），使得在欧洲范围内的交流更加便利。

（3）德国科技学院（GIST）的建设。这是 TUM 加强海外交流的重要举措。作为德国大学第一次在海外设立的附属教育机构，GIST 成立于 2002 年，与新加坡国立大学、南洋理工大学合作。学生在新加坡学习 10 个月后，将在 TUM 完成为期 8 个月的学习和 2 个月的在德国的带薪实习计划，然后用 6 个月在新加坡或德国与企业赞助商或兄弟学院联合开展毕业课题研究并撰写硕士毕业论文，最后由德新双方联合授予学位。GIST 目前与新加坡国立大学（NUS）和新加坡南洋理工大学（NTU）合作提供"工业化学"、"工业生态"、"智能交通系统"和"集成电路设计"的硕士学位课程。

（4）吸纳留学生。TUM 以其卓越的教学和研究水平吸纳了来自世界各国的留学生，交流访问、合作伙伴关系和计划使得其留学生比例常年保持在 20％左右，2008—2009 学年冬季学期这一比例为 17.5％。近年来，TUM 不断提高学士和硕士学位课程中德英双语授课或纯英语授课的课程比例，逐步消除学生交流中的语言障碍。

5. 组织学生开展创业活动

创新创业活动是创业型大学的重要内涵，TUM 在营造创业文化氛围方面开展了卓有成效的工作。TUM 认为，教育不仅要传授知识，更要以高水平职业面向为目标，通过创新创业活动来培养学生的文化敏感性和社会竞争力。在私人和产业合作伙伴的帮助下，TUM 在人才培养与职业实践之间建立了桥梁关系，从而支持毕业生的创业活动，并在终身学习的理念下给那些已经开始职业生涯的毕业生提供进一步接受培训的机会。2002 年，在企业家苏珊·克拉滕（Susanne Klatten）的赞助下，TUM 成立了 UnternehmerTUM GmbH 创业中心，它开展宣讲会、提供联系网络和咨询信息，目的是在早期阶段教导学生和研究人员建立创业理念和创新性思维，训练他们熟悉创业的原则和做法，并使他们具备基本的商业敏锐性，这无论是对今后的自我创业还是对成就创新型的员工生涯都是必要的。2004 年，利用林德公司（Linde AG）提供的年度捐赠，TUM 建立了卡尔·冯·林德学院（Carl Von Linde Academy），它非常关注促进对学生早期创业精神的培育，同时提高学生的责任意识；其首要的教学任务是哲学和伦理、人类文明、社会科学、科学研究和科学的教学方法。

前进在创业型大学之路上的 TUM 充分展现了科技与教育集成的人才培养特征，它重视有效地整合校内外、国内外的资源，把对人才培养的活动延伸到广阔的世界舞台和产学研领域，把人才培养的面向推进到学生的未来职业。除大学本身外，实现这一目标的载体还有：国内外高校联盟、产业界、联邦及州政府、国内外校友，以及国内外研究机构等。显然，借助得天独厚的教研结合和实践导向条件，TUM 走的是一种全面的、系统的、资源充分整合利用的、科教集成的科技人力资源开发之路。

（吴　伟　撰文）

第 4 节　传统大学振兴工程教育的创业苦旅

谈到美国的研究型大学，在一般概念中会区分出泾渭分明的两类模式。

哈佛、耶鲁、普林斯顿等一批著名的综合性大学，以及包括它们在内的"常春藤盟校"（Ivy League）所代表的一批研究型大学，素以博大精深的文理学科著称，被人们视为"通识教育"的典范，仍旧扮演着"象牙塔"中"圣徒"的角色，被很多人认为代表着美国乃至世界高等教育的发展方向。

另外一批研究型大学，如在西海岸造就"硅谷"的斯坦福大学、加州大学伯克利分校、加州理工学院，形成"研究三角"基地的北卡罗来纳州立大学，以及在东海岸推动"128 公路"发展的麻省理工学院，它们往往以强大的理工学科和优异的工程教育而著称，被视为现代创业型大学的楷模（Clark，2004）。

实际上，被称为"常春藤盟校"的东海岸八校也很早就开始了工程教育。除康奈尔大学由于《莫里尔法案》的直接推动，在建校之初就致力于办成一所"农工学院"，至今已拥有较强的工程学科外，其他七所大学的工程教育在历史上都有过或多或少的曲折发展过程，形成了今天规模相对偏小、实力相差悬殊的工程学科。它们现在都已经不同程度地认识到，只有发展理工学科和工程教育，才能更大程度地发挥大学在知识经济时代的作用。它们之中除布朗大学还在选择外，其他各校都已经建成了冠名"工程和应用科学"（EAS）的独立的工学部或工学院，并且初露锋芒。

综合性、研究型大学跟上第二次学术革命步伐，选择创业型大学发展道路和战略，已经成为一种潮流与趋势。"通识堡垒"或"象牙塔"内已经发生和正在发生的变化，值得我们关注。我国北京大学开办工学院、南京大学开办工程管理学院、中国人民大学开办理学院，均是可喜的现象。本节选择美国哈佛、耶鲁、普林斯顿这3所在世界范围内具有标志意义的大学，通过对其工程教育发展历程及特点的分析，力图更好地揭示这一趋势。

一、哈佛大学：工程教育的复兴之路

（一）哈佛工程教育的历程

1. 哈佛工程教育的发端

哈佛最早由"哈佛学院"（Harvard College，建立于1636年）和3个专业学院即法学院、医学院和神学院组成，后来在此基础上又增加了诸如牙医学院、劳伦斯理学院、布斯农学院等专业学院。哈佛的工程教育即发端于1847年创立的劳伦斯理学院。该学院依靠由马萨诸塞州的实业家艾伯特·劳伦斯（Abbott Lawrence）捐赠的、当时称得上巨款的5万美元而成立。劳伦斯认为在当时的美国，工程师有必要成为新的专业人士（professional），他们应当与律师、医生和牧师一样受人尊敬，为此需要让他们接受良好的教育。他在一封信中表达了他的捐赠意图："对于那些试图致力于科学的实际应用的人，我们应该把他们送到哪里去呢？我们的国家从来不缺乏喜欢动手的人。坚定的手时刻准备着与坚硬的材料一起工作。那么，有远见的头脑在哪里可以指导那些手呢？"（Harvard，2010a）

劳伦斯理学院由一群思想家和专业人士组成，包括天文学家、建筑师、博物学者、工程师、数学家甚至哲学家，表现突出者如理学院的教授伊本·豪斯福德（Eben N. Horsford，1861—1863年任理学院院长）于1859年发明了磷酸钙泡打粉（baking powder，由苏打粉配合其他酸性材料并以玉米粉为填充剂的白色粉末，可以使蛋糕达到膨胀及松软的效果），并开发了浓缩牛奶的生产方法和一系列其他的食品保存方法。劳伦斯理学院成立之初即独立于哈佛学院，明确以"讲授实用科学"（teaching the practical sciences）为目标，培养了大批人才，其成功引起了多方关注，以至于华盛顿大学（UW）的创始人威廉·艾略特（William G. Eliot）在 1854 年宣称："哈佛大学是通过劳伦斯理学院，而非其他机构，获得了更多的赞誉和认可。我们学校也应该有一所这样的学院。它可以提升机械、农业和商业，使之成为有学问的职业。它将改变以往认为只有法律、医科和神学才能被称为专业的荒谬说法。"（Harvard，2010a）

2. 艰难跋涉的哈佛工学院

正当这个学院茁壮成长的时候，19 世纪末，它开始面临两个方面的压力：一是来自校外的压力，创立于 1861 年的麻省理工学院在工程领域对哈佛构成强有力的竞争；二是来自校内的压力，校内关于劳伦斯理学院角色和地位的不同观点限制了它的成长。当时的哈佛校长查尔斯·艾略特（Charles Eliot，1869—1909 年在任）认为理工学院（polytechnic or scientific school）与学院（college）的基调和精神气质是不同的（Faust，2007），应用科学是雕虫小技，不见容于大学的博雅文化。具有讽刺意味的是，在出任哈佛校长之前，艾略特在 MIT 讲授分析化学。

正是这位出身于 MIT 的哈佛校长在 1904 年与 MIT 校长制定了将劳伦斯理学院并入 MIT 的计划，这一计划从开始就遭到理学院师生的强烈反对。尽管该计划久拖未决，艾略特还是在 1906 年成功地说服校董事会将劳伦斯理学院解散，其本科计划和研究生计划分离，分别被并入文理学院（Faculty of Arts and Sciences）下的哈佛学院和文理研究生院（Graduate School of Arts and Sciences）。劳伦斯理学院至此不再作为一个独立的法人实体而存在，随着师资和学生的流失逐渐丧失了其影响。

转眼到了 1917 年，州最高法院最终裁定哈佛与 MIT 于 1904 年提出的合并计划违法并予以驳回。哈佛大学这才下决心在 1918 年重新成立了"工学院"（Engineering School）。工学院有权授予理学学士学位、理学硕士学位和哲学博士学位，也产生了不少成就，具有代表性的有：1919 年，克拉夫特高强电力实验室产生了无线电通信领域最重要的一项发明——晶体振荡器；1938 年，高登·麦克凯恩工程实验室制造了世界上最大的回旋加速器；1937 年的哈佛毕业生霍华德·艾肯发明了马克 I 型计算机，这是美国第一台大规模自动数字化计算机。

1933 年，詹姆斯·布莱恩特·科南特（James Bryant Conant，1933—1953
年在任）接任校长，他是通识教育的极力倡导者，在其推动下，1934 年，工程
本科计划从工学院分离出来，改由文理学院下设的工程科学系（1942 年更名为
"工程科学与应用物理系"）执行，课程开始偏重科学化、理论化。工学院仅保留
研究生层次的专业教育计划（Graduate-Level and Professional Programs），并更
名为"工程研究生院"（Graduate School of Engineering）。

1945 年，科南特提出了著名的《哈佛通识教育红皮书》，哈佛校园内通识教
育风气更盛。在这样的背景下，1946 年到 1949 年的几年时间里，工程研究生院
逐渐被文理学院吸收，与工程科学与应用物理系合并成为文理学院下属的工程科
学学部（Division of Engineering Sciences）。工程教育事实上已在哈佛式微。

3. 苟延残喘的工程教育

1891 年，实业家高登·麦克凯恩（Gordon McKay）将劳伦斯理学院指定为
其遗产受益者，他希望哈佛培养既是技术专家、同时也能理解技术与商业乃至社
会之间的关系的工程师（Harvard，2010b）。从某种意义上讲，当时的这一决定
在半个多世纪以后使得哈佛的工程学科和教育得以继续生存下去。1949 年，哈
佛最终收到这笔足以设立 30 个教席的巨额资助。对于如何使用这笔资金、如何确
定在哪些领域任命哪些教席，校方成立了一个专门委员会进行研究。担任委员会主
任的是著名科学家万尼瓦尔·布什（Vannevar Bush），时任麻省理工学院副校长，
他撰写的报告《科学——无尽的前沿》直接推动了美国国家自然科学基金的设立以
及战后科技研究的发展。委员会的成员中还有像冯·诺依曼这样的巨匠。

委员会提交的最终报告史称《布什报告》，其基本思想是："鉴于麻省理工学
院已经取得的巨大成就，哈佛大学试图与之逐项（subject by subject）竞争的努
力是没有意义的，也不可能成功。事实上，哈佛大学应该仅仅注重任命足够优秀
的人，而无须关注他们从事何种领域的工作或是否涉及工程与应用科学。突破与
创新是无法预见的，教员们应当被给予完全的自由。"（Bush，1950）

这份报告也就奠定了哈佛工程教育发展的基调。遵循《布什报告》的思想，
学部之下不设系科，只有非正式的小组。其基本运行规则是"各行其是"，教员
可以自由从事任何研究，只要他能够吸引学生和基金。从某种意义上讲，有多少
个教授就有多少个系科（Ho，2007）。这种模式一直持续了几十年。工程教育虽
然得以留存，但在文理学院的氛围中，工程教育科学化的倾向日益严重。

1951 年，"工程科学学部"更名为"应用科学学部"（Division of Applied Sciences），连"工程"这一关键词都被抹去，这招致不少教员和校友的反对。好在由于高登·麦克凯恩依靠机器积累了财富，他订立的遗嘱中明确说明其财产应当用于"机械工程和相关技术"，因此，学部接连任命的几位教员都是应用力学领域的杰出学者，这促成了 1955 年学部的又一次更名——"工程与应用物理学部"（Division of Engineering and Applied Physics），工程的发展方向多少得以确认。但不久，遗嘱中的"相关技术"就被宽泛解释，应用数学、凝聚态物理和电子学等被包括进来，使学部于 1975 年再次被更名为"应用科学学部"，其发展方向再次模糊。

4. 复兴工程教育的努力

在 20 世纪 90 年代中期，时任校长的内尔·鲁登斯泰因（Neil Rudenstine）和文理学院院长杰瑞米·诺维尔（Jeremy Knowles）开始意识到：一方面，哈佛基础科学研究的加强需要工程和技术的支撑；另一方面，发展工程和应用科学也是哈佛大学维持其一流地位和世界声誉的必需。他们同时认识到，工程教育不仅能为一部分学生提供技术教育，同时也能为所有学生提供了解技术在我们所生活的社会中如何被广泛运用的机会。1996 年，"应用科学学部"更名为"工程与应用科学学部"，哈佛开始了复兴工程教育的努力。

诺维尔就如何复兴哈佛的工科咨询全国的专家，并于 1998 年邀请加州大学圣芭芭拉分校的工科负责人那热亚那穆提（Venkatesh Narayanamurti）出任工程与应用科学学部主任。那热亚那穆提接手时，学部只有 43 位全职教员，在接下来的 1999—2005 年，他延聘了许多知名教授，使全职教员总数达到 70 位，同时加强了应用数学、应用机械学、应用物理和材料科学以及环境科学等基础领域的力量，并通过发展和文理学院其他部分的关系来壮大它们；计算机系统研究、电力工程、生物工程等计划也得到孕育和发展。

这期间取得的研究成就比较有代表性的包括："停止的光"——列尼·豪（Lene Hau）和其同事发明了一种新的物质，可以使光柱完全停住，然后再重新开始；"不可破解的超级密码"——麦克·莱宾（Michael Rabin）把信息嵌入高速随机移动的电子数位流中，这种密码即便使用不受限制的计算能力也无法破解；"黑硅"——艾瑞克·麦哲（Eric Mazur）的研究团队创造了一种新物质，可以有效地捕捉光，在太阳能电池、全球升温传感器、超薄电视显示屏中都有广泛的运用；包括大卫·爱德华（David Edwards）在内的生物工程学家和公共卫生学院的研究者一起，开发了一种新的喷射干燥方法，来维持和运输一种肺结核疫苗，该疫苗有助于防止艾滋病在发展中国家扩散（Harvard，2010b）。

在那热亚那穆提的领导下，哈佛的工科虽然取得了不小进展，但和其他顶级工学院相比还是小字辈。那热亚那穆提把普林斯顿大学和加州理工学院的工科作为发展的参照系，但哈佛的工科教员只有其他两所大学的一半。哈佛用于工科的研究经费更是只有麻省理工学院、斯坦福大学、加州大学伯克利分校的一个零头。在《美国新闻与世界报道》（*U. S. News & World Report*）的工科排行榜上，哈佛工科的排名也显然与哈佛大学的声望不相称（2009 年仅排第 19 位）。

5. 新世纪的第一个新学院

那热亚那穆提很快就意识到，"学部"这样的名分和建制在校内外都得不到尊重，教师们甚至自嘲地认为对别人解释它的时间比在里面工作的时间还要多。创立独立的工学院以推进根本性改革的建议被提出，并得到鲁登斯泰因校长和诺维尔院长以及"哈佛监督管理委员会"（Harvard's Board of Overseers）的支持。但好事多磨，校长换任延缓了这一进程，继任者拉里·萨默斯（Larry Summers）直到 2004 年中期才被那热亚那穆提说服，开始将创立独立工学院的事宜摆上议事日程。但突发的"萨默斯丑闻"以及随之而来的文理学院对其进行的不信任投票，导致 2006 年 2 月又一次的校长更换，工学院的成立再次搁浅。

为了获得新校长的同意，那热亚那穆提先是在工程与应用科学学部内部通过细致的工作取得了一致支持，然后又花费半年时间对文理学院内那些担心将来的工学院会过分膨胀并吸走所有资源的人员做了艰苦耐心的工作，让他们相信这将是一场对各方都有利的变革。文理学院终于在 2006 年 12 月 12 日一致通过了成立独立工学院的动议。

通过这些工作，成立工学院也就获得了新任校长德鲁·福斯特（Drew G. Faust）的支持。与此同时，像比尔·盖茨（Bill Gates）、史蒂夫·鲍尔默（Steve Ballmer）这样一些杰出的校友也积极推动工学院的建立。最终，哈佛董事会（Harvard Corporation）于 2007 年 2 月批准"工程与应用科学学部"正式升格并定名为"工程和应用科学学院"（简称工学院）。这也是 70 年来哈佛大学成立的第一个新的学院。诚如福斯特校长指出的，哈佛除此之外还没有任何一个学术部门经历过如此艰辛坎坷的身份危机（Faust，2007）。

（二）哈佛工学院重建的意义

麻省理工学院前任校长、现任美国工程院院长查尔斯·维斯特（Charles Vest）认为，哈佛大学工学院的成立正当其时，因为美国面临着来自欧洲和中国的与日俱增的压力，需要训练更多的工程师。对哈佛这样一个主要建立在博雅传统上的大学而言，当其宣布"技术正成为当今世界的重要部分，因此也应该成为我们的一部分"时，它对整个国家的符号意义是巨大的（Guizzo，2008）。

1. 建制独特的哈佛工学院

现在的哈佛文理学院由哈佛学院、文理研究生院、工程和应用科学学院以及继续教育学部（Division of Continuing Education）组成，工学院在名义上似乎仍隶属于文理学院，但实际情况远不是这么简单。应该说，新学院地位上的变化已经带来了诸多实质上的变化。

在学术管理方面，工学院与文理学院的关系与其说是隶属，不如说是保持着很强的联系与合作。在本科生事务、研究生事务等学术管理方面，工学院不单独授予学位。本科主修学位由哈佛学院授予，根据主修计划，学生可分别被授予文学士学位、理学士学位；硕士和博士学位则由文理研究生院授予，研究生可根据专业获授理学硕士、工程硕士和哲学博士学位。在教员事务等学术管理方面，工学院的教员同时也是文理学院的教员，在哈佛学院和文理研究生院从事教学。工学院院长既作为文理学院的一个院长参加文理学院的学术规划会议，也作为哈佛大学的一个院长和其他学院的院长一起参加学校的院长委员会（Harvard，2010c）。

而在行政方面，工学院则基本上完全独立于文理学院，其行政人员仅隶属于工学院，其预算、与企业的联络、财务和会计、人力资源、信息技术、物资规划和管理、安全、课题研究管理、教学实验室以及管理规划，都拥有独立的地位。如在 2008 财年，文理学院与工程和应用科学学院就财务问题达成协议，工程和应用科学学院第一次有了自己独立的捐款。成立伊始，工学院就独立制定了扩张计划，要把全职教授由 70 名增加到 100 名，把研究生翻番至 600 名，并加强为非工科的本科生开设通识课程。

2. 工学院的战略定位与目标

哈佛工学院的战略定位必须回答两个普遍的疑问：为什么要在世界上最伟大的具有博雅传统的大学里发展工科？哈佛的工学院如何与一街之隔的麻省理工学

院竞争？

对于第一个问题，那热亚那穆提指出，工程教育和通识教育可以相互促进，工程和应用科学不仅可以直接产生新知识，还可以通过发明新工具和新方法推动基础科学各个领域的发展，进而提升人们认识世界的能力，现代的通识教育需要包含工程教育；同时，工程对于推动前沿研究的跨学科合作而言至关重要（Narayanamurti，2010）。工学院在对部分学生提供工程教育的同时，也为所有学生提供了解技术在社会上如何被广泛运用的机会。

对于第二个问题，那热亚那穆提指出，哈佛的工程不涉及所有的领域，不发展传统的土木工程、航空工程、核工程、海洋工程、采矿和石油工程，而只关注那些能够发挥哈佛优势的领域，如纳米技术、生物工程、能源和环境、计算机和社会。学院将目标设定为：促进技术进步，帮助人们理解工程在现实世界中的广泛意义，成为21世纪工程和应用科学教育的楷模；依靠学院在基础科学领域的跨学科力量，在新兴领域有所突破，推动以应用为导向的研究；推动工程和医科、商科、公共卫生等专业领域的联系，努力应对科学技术和社会互动中日益复杂的挑战。其发展战略如图3—5所示。

图3—5　哈佛工学院的跨学科整合

注：圈内表示哈佛的各专业学院，圈外表示通过跨院合作解决21世纪的全球挑战。

3. 工学院：整合校内资源的桥梁

工学院力图建立联系哈佛内部的桥梁。福斯特校长要求工学院联合哈佛各部门、其他大学以及产业的研究者，将发现和创新直接用于推动人类生活和社会进步。具体而言，工学院应当在基础科学与应用科学之间、应用科学与技术之间建立桥梁；在科技与伦理、公共政策、社会进步、新世纪人们如何生活等问题之间建立桥梁；与其他各专业学院之间建立桥梁；在哈佛大学与产业界之间建立桥梁；在教师与学生之间、在严谨问学与激情从教之间建立桥梁；甚至成为能够促使人们意识到"工程"（engineering）和"奇思妙想"（ingenuity）同根同源（来自相同词根）的桥梁。（Faust，2007）

新任院长莫瑞（Cherry A. Murray）则提出了工学院校内资源整合的发展方向（Harvard，2010c），致力于把新的工学院打造成一个合作的场所（见图 3—6）：使工程研究在获益于哈佛物理科学、生物科学和医科领域实力的同时，也能够支持这些科学和医学计划的发展；同时，建立工学院与哈佛的社会科学、公共政策、法律和商科等世界级的专业之间的联系，提升相关的教育计划，确保这些学习者了解技术和社会互动中的各种问题。

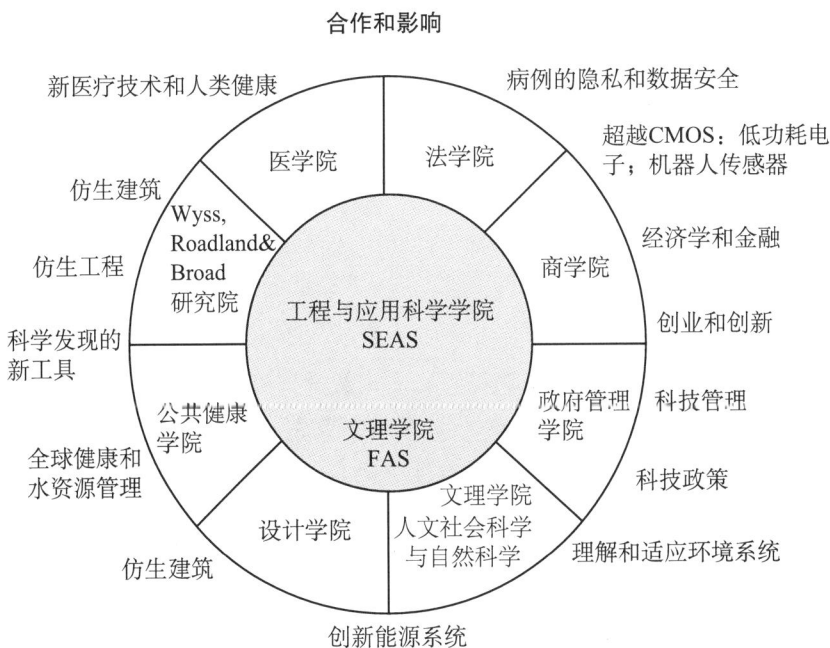

图 3—6　哈佛工学院未来的学科发展方向

注：圈内表示各学科，圈外表示学科间的合作。

为了完成这些目标，在今后的十年，规划委员会将对教员进行投资，并提升研究基础设施；对研究生生活的方方面面给予支持；资助新的跨学科教育计划，如成立工程教育中心等。2011 财年，工学院的工作重点依优先顺序定为：创建一个有效的管理架构，着手进行课程改革和更新，制定现实、灵活、有发展的空间规划，募集资金并获取新的资源。

4. 跨学科的组织架构

在组织架构上，新的工学院内部不再分系科，以避免通常系科间基于各自本位对资源的争夺（Harvard，2010d）。

院长负责指导人事工作（授权寻找教员、指导审批晋升评审、批准特别任命）、制定战略规划、协调资金募集和校友关系、制定和实施教学研究及管理目标。

为便于管理，院长下设"领域主管"（Area Dean）（现有 4 名：应用数学领域主管、应用物理科学与工程领域主管、化学和生物科学与工程领域主管、计算机科学与电气工程领域主管），相当于副院长，由他们管理相关领域的学术和课程规划、教员和行政人员的招聘、教员聘任及晋升的评审，以及代表工学院参加文理学院的"聘任和晋升委员会"、在学术领导方面为院长提供咨询。

通常还从领域主管中选取一人担任"学术计划主管"（Dean for Academic Programs），负责教育政策、跨学院计划、教学协调、讲师和访问学者的任命、高级培训、国际计划等。该主管同时担任"工程科学委员会"的主席，有权决定工程科学的课程安排。

5. 工学院的人才培养

在哈佛工学院，本科生可以选择主修应用数学（可同时选择辅修数学科学）、计算机科学、工程科学（可以选择经过 ABET 鉴定的生物医学科学与工程、电气工程与计算机科学、工程物理、环境科学与工程、机械和材料科学与工程五个方向）。研究生可选择应用数学、应用物理、计算科学、工程科学（攻读工程科学学位的学生可以专攻生物工程、电气工程、环境科学与工程、机械工程四个方向）四个领域。此外，研究生还可以有其他选择，包括工程和生理生物学（与文理学院合办）、科学技术与管理（与哈佛商学院合办）、医学工程和医学物理学（与 MIT 健康科学技术学院合办）、系统生物学（与哈佛医学院合办）。

工学院把教育目标设定为培养下一代的全球领袖。其工程教育的核心原则是：培养思维开阔的学生从事跨学科研究、进行跨学科整合，在理论、实验和实践之间达到平衡。工学院的跨学科文化也被带到课堂，教员们为其他专业的学生开设新课，在课程中引入更多的实践性学习。学院希望把学生培养成在科学和技术方面有坚实基础的新生代工程师，不仅了解事物是如何运作的，也了解世界是如何发展的。

工学院内还设有"技术和创业中心"（Technology and Entrepreneurship Center at Harvard），通过推动和指导学生项目这样的体验教育手段提升学生对创新创业实践的理解。该中心努力营造创新氛围，协助教师开设相关课程，为学生项目提供支持和帮助，力图使学生具备推动社会进步的创新所需的科学和工程知识、创业的诀窍和世界性的视野。

莫瑞院长十分推崇由斯坦福大学工学院院长杰姆·普朗莫（Jim Plummer）提出的"T型"育人模式，要求把学生培养成既能深入了解一个学科的知识，也能从事跨学科合作的人才。她也坚决反对培养虽能跨学科但没有知识深度的"一英里宽一英寸深"人才。为达以上目标，哈佛工学院已经在着手制定两个规划：一个规划是确保相关学科能够延揽急需的世界级的工程教员，促成跨领域的综合，在加强现有主修专业的同时创设有潜力的新的主修专业；另一个规划是加强课程改革，以弥补学科知识的不平衡，并制定能为今后十年提供持续发展动力的教员聘用计划。

二、耶鲁大学：工程教育的艰难奋进

（一）历史上的耶鲁工程教育

耶鲁大学往往被视为通识教育的堡垒，其实它的专业教育有着悠久的历史。它的医学院（The Medical Institution）、神学系（Theological Department）和法学院（The School of Law）都建立于19世纪上半叶。而几乎在同一时期，耶鲁的工程教育也开始发展。

1. 工程教育的开端

在19世纪初，当时的耶鲁校长德怀特（Timothy Dwight IV，1795—1817年在任）已经意识到科学及其应用的重要性，并着手在教育计划中体现这一点。

他说服耶鲁校董会于 1802 年任命本杰明·斯里曼（Benjamin Silliman）为化学和自然史教授，这是美国第一个科学教席，也标志着科学在耶鲁校园内有了一席之地。斯里曼在在任的四十余年时间里，极力宣称科学研究是对上帝在自然界中的杰作的探究，善用这些知识将为人类带来巨大的利益，这在当时的美国社会产生了巨大的影响。斯里曼还极力提倡把科学研究吸纳为耶鲁博雅教育的一部分，他开设的化学、地理学、矿物学等课程虽然都是没有学分或只有很少学分的选修课，但是吸引了大量的学生（Warren，1948）。

随着修课的学生越来越多，耶鲁决定增加这个领域的教师。1846 年 8 月，根据斯里曼的推荐，约翰·诺顿（John P. Norton）被任命为农业化学教授，他是美国农业科学的奠基人；本杰明·斯里曼二世（Benjamin Silliman, Jr.）被任命为实践化学教授。同一年，校长戴伊（Jeremiah Day，1817—1846 年在任）在本杰明·斯里曼的协助下成立了一个委员会。该委员会经过讨论认为，一方面有必要为本科生提供应用科学教育，另一方面有必要提供系统的文理研究生教育。1847 年秋天，文哲系（Department of Philosophy and the Arts，后于 1892 年发展为文理研究生院）成立，"以包容哲学、文学、历史、法律和神学以外的道德科学、医学以外的自然科学以及它们的应用"。耶鲁文哲系的建立也被认为是美国大学研究生教育的发端。

在新成立的文哲系内，由于斯里曼、诺顿、小斯里曼这三位教授都是化学家，开设的课程也主要集中在这一领域，不久，他们的工作就被冠名为"应用化学学院"（School of Applied Chemistry，实际上相当于现在意义上的一个课程计划）。1852 年，在三位教授的建议下，耶鲁校董会投票决定在文哲系内设立一个土木工程教席，威廉·诺顿（William A. Norton）被选为该教席的责任人。虽然当时学校正处于破产边缘，无法给予任何资金支持，诺顿还是立刻开设了一门工程研究方面的课程，该课程随即被冠以"耶鲁工学院"（Yale Engineering School）之名。1854 年，耶鲁校董会开始使用"耶鲁理学院"（Yale Scientific School）这样非正式的称呼来统称"应用化学学院"和"耶鲁工学院"的工作（Yale，2010）。

随着学生人数的进一步增加，发展遇到了资金困难。斯里曼的继任者、地理和矿物教授詹姆斯·达纳（James D. Dana）在 1856 年 8 月的耶鲁毕业典礼上力陈科学在大学中的重要性，要求校友和社会人士支持耶鲁理学院的发展计划。他的演讲引起广泛关注，大量捐赠涌至；特别是当地的铁路建筑商和金融家约瑟夫·谢菲尔德（Joseph E. Sheffield）对推动科技教育深表热情，他不仅提供资金，还提供了一座经改造扩建装修的大楼。1860 年，耶鲁校董会将正式独立出来的理学院以他的名字命名为"谢菲尔德理学院"，以表示对他的感谢。之后，谢菲尔德又负责成立了"谢菲尔德理学院信托委员会"（The Board of Trustees of the Sheffield Scientific School），继续参与学院的管理和发展。1871 年，谢菲尔德理学院拥有了独立的法人地位。

2. 理学院里的工程教育

谢菲尔德理学院的建立，极大地推进了耶鲁工程教育的发展。理学院最早设立的是土木工程系，在此基础上很多工程系科发展起来。

作为理学院创立者之一的诺顿带领其学生和继任者发展了耶鲁的农业科学。在《莫里尔法案》于 1862 年生效后，由于当时康州没有公立的学院或大学，康州议会赋予耶鲁大学赠地学院的地位。由此理学院开始扮演起康州农机学院（College of Agriculture and the Mechanical Arts）的角色。诺顿继任者之一的萨缪尔·约翰逊（Samuel W. Johnson）在美国最早创立了农业试验站这样的研究和教育机制，大大推动了农业科学的发展。但由于毕业标准严格，在近 20 年的时间里，理学院的农学专业只培养了 7 名毕业生，每个人的成本将近 25 000 美元（在当时无疑堪称巨款）。这导致州议会内部产生了争议，谢菲尔德理学院被普遍认为无法发展为一所合适的农学院。于是议会在 1893 年改而指定斯托农学院（康涅狄格大学的前身）为联邦增地基金的接受者。耶鲁大学提起了诉讼，由 3 个法官组成的合议庭最终判决康州有权更改对赠地学院的指定。1896 年，耶鲁大学在接受了康州给予的 154 604 美元赔偿后（这笔资金成为谢菲尔德理学院的基金），把根据《莫里尔法案》接受的联邦资金转交给了斯托农学院（Roy，2001）。

1855 年，理学院设立了美国第一个冶金学教席。1866 年，耶鲁开设采矿课程。1901 年开设采矿预备工程和冶金预备化学两个专业，为之后冶金系的建立奠定了基础。1906 年成立了约翰·哈蒙德冶金实验室。1911 年，校董会批准授予冶金工程学位。

1859 年，理学院设立工业机械教席。1866 年，理学院设立了"机械学公共讲座"，后来发展成为著名的"谢菲尔德讲座系列"。1870 年，设立机械工程教席，在此基础上成立了机械工程系。1911 年，机械工程系拥有了梅森实验室（Mason Laboratory）。

1871 年，理学院设立动力工程教席。1873 年，校董事会批准授予动力工程学位，获得这一研究生学位通常需要在理学院完成五年的学习计划。

1886 年，耶鲁开设第一门电气工程课程。1911 年，设立电气工程教席，不久成立电气工程系。1913 年，电气工程系的敦海姆实验室（Dunham Laboratory）落成。

1902 年，理学院开设了第一门工业化学的课程。1923 年设立了化工教席。1926 年化工系成立。

1912 年前后，当理学院达到顶峰时，登记在册的有 1 077 名本科生和 180 名研究生。

理学院的研究生教育在整个美国都是领先的。专业教育被定位在研究生层次，如土木工程学位一直是一个研究生学位。1860 年，根据理学院教员们的建议，校董会授权理学院授予"哲学博士学位"（Ph. D.）。1863 年，维拉德·吉伯斯（J. Willard Gibbs）提交了论文《正齿轮上的轮齿形式》，被授予哲学博士学位，这是美国第一个工程哲学博士（Yale, 2010）。

最初耶鲁的本科工程教育没有设立独立的学位。1850 年，在本杰明·斯里曼等 3 位教授的建议下，耶鲁校董会创设了"哲学学士学位"（Degree of Bachelor of Philosophy），以区别于耶鲁通常授予的"文学士学位"（Degree of Bachelor of Arts）。1852 年，第一批学生从文哲系毕业，获授哲学学士学位。1859 年，理学院开始增设独立的三年制本科计划。

理学院的本科生不同于其他耶鲁本科生，他们"没有宿舍，没有礼拜堂，没有纪律评分，也没有学监"（Kelly, 1974），由此形成了完全不同的文化。在某种意义上，耶鲁学院和谢菲尔德理学院被当时的人们视为同一个星球上的两个不同国度。理学院有自己的学生组织和出版物，如 1894 年《耶鲁谢菲尔德月刊》创办，后来成为《耶鲁科学杂志》，这是该领域第一份由本科生出版的刊物。1914 年耶鲁工程联合会成立（该组织于 1971 年扩充为"耶鲁工程和科学联合会"），该校友组织在学生、教员和管理者中扮演了重要的角色。

理学院的本科教育专注于科学和工程领域，课程的内容和数量随着科学与技术知识的发展而拓宽和增加，同时辅之以语文和文化以及人文方面的课程。理学院的本科教育旨在对学生进行"强调科学和工程的通识教育"（a liberal education with the emphasis on science and engineering），为他们提供原理、概念和工作方法，为他们今后熟练掌握知识和从事实践活动打下扎实的基础。

有一个例子可以让我们管窥当时理学院的工程教育状况。被后人尊为"中国铁路之父"和"中国近代工程之父"的詹天佑，在容闳的建议下于 1878 年 8 月考入谢菲尔德理学院（清政府称"先非尔"）土木工程系，当时土木工程系分为房屋、道路、铁道、隧道、桥梁、河港和市政等专业，詹天佑专攻铁路工程。据记载，他学习的课程包括，第一年上学期：德文、语文（英语）、解析几何、物理、化学、工程制图；下学期：语文（英语）、物理、化学、数学（球面三角）、力学、自然地理、植物学、经济学、等角投影绘图学。第二年上学期：微分学、测量学、射影几何学、德文、法文；下学期：积分学、力学、射影几何学、地形测量学、德文、法文。第三年上学期：野外工程、铁路路线勘测、路基土方计算、桥梁及建筑结构、工程材料、凿石工程、地质学、矿冶学、法文；下学期：桥梁及建筑结构、工程材料、蒸汽动力学、水力学、天文测量学、地质学、矿冶学、法文。在最后一学年，他去纽黑文当地的港口海陆联运码头作实地调研，对港口使用的巨型起重机作了分析研究，完成了题为《码头起重机研究》（*Review of Large Wharf Crane*）的毕业论文。1881 年 6 月，他以优异成绩毕业并获授哲学学士学位（Ph. B.）。（白寿彝，1999）他后来所取得的巨大工程成就显然与其在理学院接受过的系统深入的工程训练是分不开的。

根据资料记载，1869—1871 年，理学院内授予哲学学士学位的三年制学习计划包括：应用化学与冶金、土木工程、动力（机械）工程、采矿和冶金、农学、自然史和地质学、科学和文学研究选修（Yale，2010）。其中值得一提的是"科学和文学研究选修"（Select Course in Scientific and Literary Studies）计划，它与其他学习计划有着不一样的培养目标。当时的教员希望突破传统的博雅教育方式，通过为学生提供一个包含当代人文、语文、基础科学和数学的学习计划，确保学生获得更符合时代发展需要的通识教育。这个计划的课程最早于 1860 年开设，称为"通识研究"（General Studies）。1864 年，后来成为约翰·霍普金斯大学创立者的、时任自然和政治地理学教授的丹尼尔·吉尔曼（Daniel C. Gilman）对这个学习计划进行了改革，并冠以"科学和文学研究选修"之名。在某种意义上，它类似于今天的系列通识课程。该计划对学生有极强的吸引力，到 1910 年，这门课已经发展为理学院规模最大的学习计划，其影响力甚至超过了理学院其他的科学和工程计划（Warren，1948）。

3. 耶鲁工学院的建立与式微

1887 年，校董事会决定成立"耶鲁大学"（Yale University），原来的"耶鲁学院"（Yale College）则成为专门对本科生进行博雅教育的机构。逐渐地，耶鲁学院和谢菲尔德理学院成为竞争的对手。理学院的成功对耶鲁学院产生了很大影响，耶鲁学院也在其内部相继建立了化学系、物理系、地理系、生物系及相关实验室，在原有的文科计划（arts programs）之外发展出很多理科计划（science programs）。如此一来，理学院与耶鲁学院之间的重复建设问题日益严重，特别是理学院的"科学和文学研究选修"计划所提供的现代通识教育，更增加了与耶鲁学院所恪守的传统博雅教育之间的矛盾。加之 1917 年至 1918 年间，一方面，世界大战消耗了老师和学生的精力，另一方面，理学院由于先前的快速扩张也开始面临财政危机，最终导致了 1919 年校董会对耶鲁大学内部组织的重整（Yale，1919a）。

理学院于 1919 年由先前的独立机构转变成为大学内部的一个半独立机构。理学院失去了预算上的独立地位，理学院的教员原有的"谢菲尔德理学院信托委员会"成员身份转换成耶鲁校董会成员身份。

理学院的研究生课程划转到研究生院，所有的研究生计划统一由研究生院组织。直到 1945 年，理学院都只能组织本科生教学。"科学和文学研究选修"计划和刚刚发展起来的"工商管理"计划都被取消。校董会不愿意承认三年制的学位，认为其不同于耶鲁的教育体制，使本科学位的要求发生了变化。理学院的"专业科学"（professional science）和"工程"（engineering）计划被要求与耶鲁学院的理科计划统一标准，所有的计划都要求四年完成。新生的入学标准与耶鲁学院相一致，一年级新生同时在理学院和耶鲁学院学习，毕业后根据统一的标准被授予理学士学位（Yale，1919b）。1922 年，理学院授予了改制后的第一批理学士学位。

面对日益增多的工程系科，考虑到各个系科中各个层次的工作具有相关领域工程自身独有的特点，需要统一管理才能有效协调各个部分，渐渐地，经过理学院和研究生院批准成立的"工程学部"（Division of Engineering）开始发挥统一管理的职能，工程系科实际上处于双重领导之下。但是大家感到"工程学部"这样一种非正式安排不能很好地提高工程的利益，认为有必要获得独立学院的地位，拥有自己的院长和管理委员会，像其他大学的工学院一样形成正式的组织。

这一呼声越来越强烈。1931 年，校董会组织了一个委员会对校内的理工教育进行了调研，经过一年的研究，校董会采纳了委员会的建议，于 1932 年成立"耶鲁工学院"（Yale School of Engineering），对土木工程系、化工系、电气工程系、机械工程系、冶金系和工程机械系进行统一管理（Yale，1932）。这一组织变革对教学没有产生太大的影响，学生完成第一年的课程后进入工程系科，根据修读的情况由耶鲁学院授予文学士或理学士学位，或由理学院或工学院颁发理学士学位。

工学院成立后，为在校内形成统一的文理通识本科生教育，理学院逐渐把理学本科生课程向耶鲁学院移交；为在校内形成统一的工程本科教育，理学院把包括"工业工程"在内的工程本科生课程逐步向工学院移交。1936 年，工学院开始颁发工学士学位。同年，工学院的五个本科生计划（化工、土木工程、电气工程、机械工程、冶金工程）得到刚成立的 ECPD（ABET 的前身）的鉴定，成为美国第一批通过鉴定的工程专业。

到了 1945 年，理学院再次重组，成为攻读数理学位研究生的管理机构，同时成立耶鲁大学的"数理学部"（Division of Science and Mathematics），管理物理系、化学系、数学系、天文系、地理系、植物系、动物系、心理系等科系（Yale，1945）。1956 年，理学院不再拥有法人地位，成为"文理学院"之下的"科学学部"（Division of Science）。

应该说，这一系列举措标志着工程教育不同于文理教育的特殊性在耶鲁大学已经获得了充分的认识，工程教育在耶鲁也日益确立了其独立的地位。据估计，20 世纪 50 年代末期，全美国工程师中有 15% 是耶鲁工学院的毕业生。

但不久，情况又发生了意想不到的变化。1960 年，为了判定工学院的结构和理念是否适合耶鲁在工程教育领域应有的地位，耶鲁校方指定了以巴奈特·道奇为首的七人委员会。经过一年的研究，委员会于 1961 年 10 月提交了耶鲁工程教育改革建议报告，史称《道奇报告》。报告首先强调工程教育不仅因为其自身的重要性，也因为其对耶鲁其他学科的影响，应当成为耶鲁教育中的重要组成部分："技术在决定我们社会结构和制度特性方面日益增长的重要性、技术对社会科学乃至人文学科的持续介入、工程视角在解决我们文明中存在的最紧迫问题过程中的重要性不断增强，使得在一所伟大的大学里建设一个强大的工学院变得尤其重要。"（Dodge，1961）

《道奇报告》揭示了各种类型的技术教育面临的严峻现实：技术信息的有效时间远远短于一个人的职业生涯，这意味着一个人在工作中所用的技术很多都是在完成正式教育以后学得的。报告提出，教育应该为学生提供学习的工具而不是谋生的工具。报告指出，这给工程教育带来的冲击远甚于基础科学教育，因为在业界的现实是，要求一个工程师去掌握推动技术飞速发展的新科学，远比让一个科学家转型为工程师要难。因此，在工程教育中引入更多的科学和数学教育是发展的趋势，甚至可能演变成，越来越多的职业工程师至少要接受研究生层次的教育，从而使得本科教育仅仅成为研究生教育的准备。

《道奇报告》强调工程不同于科学，工程教育不同于科学教育，对于一个未来的工程师，"除非让他在本科阶段接触工程的过程和态度，否则他将难以在今后接受职业训练并进入职业生涯"。报告指出工程师与科学家的不同：工程师寻求对社会有用的装置和过程，试图为了特定的社会目标而应用科学技术解决面临的问题，而科学家只关心知识本身。科学家关心特定的信息以揭示背后的基本原理，而工程师应用基本原理整理大量的特定信息为设计所用，两者虽然都要接受基本原理的训练，但对待基本原理的态度完全不同，"工程师不像科学家那样以追求完整透彻的理解为志趣，只要理解到足以对手头的问题作判断就够了"。报告还指出，工程师在某种意义上是介于科学和社会之间的"中间人"，他需要了解科学，但更需要了解社会，即便他与纯粹科学家处理相同的对象，他们的价值体系也是不同的。

《道奇报告》指出，应当正确处理"应用科学"在工程教育中的地位。不能把应用科学等同于工程学。应当看到，应用科学仅指可应用的科学，本质上仍旧是科学，它在科学领域可能已经失去了核心前沿的地位，但它对工程而言在特定的时期则显得特别重要。工学院应当有真正的应用科学家，但只强调加强应用科学是不够的，还需强调工程的"社会"方面。仅仅给本科生开设人文和社会科学选修课还不够，应当探讨技术和社会的互动，帮助学生认识技术时代的社会和经济。

基于对时代和工程的认识，《道奇报告》对耶鲁工程教育改革提出了一系列建议：

（1）在耶鲁文理学院下设"工程与应用科学系"，为耶鲁学院和耶鲁研究生院培养学生。在工程与应用科学系内可以聘任从事应用科学研究的科学家。

　　（2）工程与应用科学系提供的工程本科教育没有必要是职业性的，应当致力于为学生今后无论接受研究生教育、在职培训还是自学提供坚实的基础。也因此，对工程本科教育进行专业鉴定是不必要的。工程本科教育可以在耶鲁学院内根据不同领域采取主修模式，但课程安排应当强调跨学科的整合。学生只有在修完规定学分的共同基础课之后，才能修读高度专门的技术课程。要研究、提供能够符合工程专业需要的人文社科方面的课程内容和课程顺序。特别建议在第一学年开设一门通过多种方式（如历史个案研究）介绍工程性质的课程。

　　（3）工程与应用科学系提供的工程研究生教育着重于工程科学或是应用科学的研究，授予科学硕士学位（M. S.）和哲学博士学位（Ph. D.）。

　　（4）继续保留工学院，但只招收研究生对其进行专业教育，着重于问题解决、系统分析或是设计，授予工程硕士学位（M. Eng）和工程博士学位（D. Eng）。工程硕士教育学制两年，第一年强化工程科学特别是应用数学的课程，第二年强调设计并让学生参与一系列的设计问题和个案研究。既然是实践导向的，这一计划就必须符合专业鉴定的要求。工程博士学位授予有独创性的设计或是系统研究。通常博士生应当拥有多年的职业经验，把来自自己工作中的设计问题带到耶鲁，主要在耶鲁期间采用比以往更深入、更合理的方式解决该问题。教学计划的开发应当由包括耶鲁教师和专业工程师在内的组织对此进行专门的研究，任务必然艰巨，有可能要实验很多年，但其成功必能将工程教育推进一大步。

　　（5）工学院院长和工程与应用科学系主任可以是同一个人，但工程与应用科学系中的应用科学家没有必要成为工学院的老师。此外，还应当从校外引进从事工程实践的兼职教授。工学院院长应当被授予更多的权力进行相应的整合，应当有权召集特别委员会讨论终身教职，有权制定聘任晋升政策、教育政策和预算。

　　（6）强调跨学科、跨系科的合作研究，强调团体合作研究，建议成立专门的代表工程和科学的委员会推动跨学科研究。

　　值得一提的是，《道奇报告》还专门指出必须对"研究"作广义的解释：尽管很多研究都是科学导向的，但也要看到有些研究关注设计、关注设计过程的系统化及其实现，还有些研究关注以工程语言识别社会需求并研究如何用工程系统满足这些需求。

　　应该说，《道奇报告》提出的理念在当时是超前的，即便放在 21 世纪的今天也丝毫没有过时。但该报告有着很强的理想主义色彩，远非报告自身所标榜的"循序渐进"（evolutionary）的，而恰恰是它本来力图避免的"革命性"（revolutionary）的。实际上，当时的工学院正处在一个危险的境地，耶鲁很多教师认为工程教育太强调在现实生活中的运用，与耶鲁进行广泛通识教育的理念不相符合。学校开始酝酿一场新的整顿，正在寻找裁并的对象。委员会强烈地主张，考虑到与学校的地位相适应，耶鲁应当或者大力提升其工程教育，或者干脆放弃工程教育。委员会的本来意图显然是要提升工程教育在耶鲁的地位，但在耶鲁这样文理氛围浓烈的校园里，这样的举措意味着一场赌博。校方最终决定选择放弃。于是，多少也有点讽刺意味的是，《道奇报告》只有前半部分的建议得到了某种实施，原来的工学院撤销后并入了耶鲁学院，成为其下的工程与应用科学系；而最重要的后半部分里关于在研究生层次重建工程专业教育的建议被放弃。到1965年，由于所有的工程系都被合并成了一个系，所以耶鲁决定不再颁发经过鉴定的化学工程、电气工程和机械工程的学位，而颁发一个单一的工程与应用科学学位。该学位无法得到 ECPD 的鉴定，学生和教授大量流失，这一状况持续了二十多年。如此具有前瞻性的报告反而造成耶鲁工程教育的退步而非进步，难免令人惋惜。

之后，系里的教员们为在耶鲁传播工程知识作出了很多努力。从 20 世纪 60 年代后期开始，工程与应用科学系通过为耶鲁学院中非主修科学的本科生开设大量通识课程，多少在耶鲁的文理基色中增添了少许工程的色彩。这些课程包括："计算机：非技术性的研究"、"科学的应用"、"技术的展望"、"引擎、能量和熵"、"作为研究工具的计算机"、"今后的三十年"。从 1972 年开始，该系每年还为当地的高中生开设"应用科学前沿：星期六讲座系列"。1981 年，阿尔弗雷德·斯隆基金会（Alfred P. Sloan Foundation）针对这些创新授予耶鲁一个重要的奖项，并冠之以"技术和人文：耶鲁培养技术素养的计划"之名。

（二）耶鲁工程教育的回归

1. 复兴的机遇

从 20 世纪 70 年代开始，工程与应用科学系开始努力回归工程教育。1970年，沃那·沃尔夫教授（Werner P. Wolf）率先开始为三年级本科生组织了暑期实习计划，强调工程的实践方面。1973 年，工程机械、电子科学和工程、工程科学计划获得 ECPD 的鉴定。1977 年，耶鲁工程教育 125 周年纪念活动举行，很多校友对耶鲁工程教育发展缓慢的现状进行了大量的批评。

1979 年，教员针对工程与应用科学系的重组发起了广泛的讨论。教师们和物理科学咨询委员会、文理学院执行委员会（Faculty of Arts and Sciences，由教务长、耶鲁学院院长和文理研究生院院长共同负责的学术管理机构）一起进行讨论，并邀请了很多校外专家参与。经过两年的思考，他们于 1981 年 3 月形成一份报告：《耶鲁的工程教育和研究》（Yale，1981）。报告指出，把这么多具有完全不同传统和特性的学科合并成一个系，已经使得教师任命、学科发展等政策协调变得异常困难。同时，报告也提出了改革的方案。

根据报告提出的方案，工程与应用科学系被分解，成立了一个"化学工程系"，同时创立了自治的"应用物理学科组"、"电气工程学科组"和"工程机械学科组"。这些"学科组"（sections）是在条件成熟后成立相关系科之前的过渡。在之后的几年里，学科组都纷纷变成了常规的系，都拥有向文理学院提出教师聘任晋升的建议权。此外，还成立了一个"工程理事会"（Council of Engineering），负责进行跨学科的协调，支持跨学科教育计划，为非主修学生开设相关课程，以及支持合作研究。

组织上的重组带来了一些积极的变化。1982 年，化学工程、电气工程通过 ABET 的鉴定（1980 年，ECPD 被 ABET 取代）。1983 年，工程机械也通过鉴定并更名为机械工程。1984 年，应用力学系成立，研究领域包括流体的传输过程、燃烧的不稳定系、动力系统、岩流体力学、材料和生物系统的力学属性。1988 年，开设了应用物理学专业计划。

1993 年，理查德·列文（Richard C. Levin）出任耶鲁大学校长，这为耶鲁的工程教育开启了一个新的时代。列文深刻认识到耶鲁大学不能继续作为一个没有杰出工程教育的世界一流大学而继续存在，并努力说服了大家。接着，他开始着手恢复耶鲁工程教育的往日辉煌。先是在 1994 年，他说服曾担任布什总统科技顾问的世界著名核物理学家阿兰·布朗雷（Allan Bromley）出任耶鲁工程学科的负责人。布朗雷为耶鲁工程的未来塑造了一个愿景，在他的领导下，耶鲁加快了回归工程教育的步伐。1996 年，在布朗雷的领导下，耶鲁设立了一个新的五年制课程计划，它结合了四年的本科理学士学位和一年的工程硕士学位，其特点是强调工业实习，以及开设设计、环境工程、伦理和管理方面的课程，其中管理方面的课程由管理学院提供；1997 年，开设了一个新的电气工程和计算机科学计划；1998 年，开设了新的环境工程计划；1999 年，开设了一个新的生物医学本科生计划，由工科教员和医学院的教员共同授课，并在此基础上建立了生物医学工程系。

保尔·弗莱瑞（Paul A. Fleury）于 2000 年 7 月接任后，加快了改革的步伐。他积极和耶鲁的工科校友们建立广泛的联系、增加了 10 名教授、建造了一座新大楼和两个新研究所，增加了研究机构。弗莱瑞清楚地认识到重建工学院对于提升耶鲁工程学科影响力的重要意义，并在其任职的七年半时间里尽了最大的努力。

2. 工程与应用科学学院：新的开始

2008 年 4 月，经校董事会批准，耶鲁工程与应用科学学院（以下简称工学院）终于成立。列文校长指出，当今时代，在推进健康、繁荣和环境问题的解决方面，工程的贡献展示了它的巨大前途；耶鲁为振兴工科已经进行了 14 年的努力，工学院的重建又朝这个方向迈出一大步，这是耶鲁大学提升其科技领域地位的大战略中的一个组成部分（Letchford，2009）。

工学院现有五个系，分别是应用物理系、生物医学工程系、化学工程系、电气工程系、机械工程系，以及一个环境工程计划。虽然其本科毕业生的学位仍然由耶鲁学院授予，研究生的学位由文理研究生院授予，教师的聘任和晋升也要受到文理学院的审核，但学院的成立还是带来了很多变化：首先是对学生特别是本科生产生了很强的吸引力，主修工程的本科生人数在 2007—2009 年期间平均每年 59 人，而 2009—2010 年期间已经达到 163 人；再就是学院有机会与其他系科和学院共同聘任教师，从而加强与生命科学、林学和环境研究领域的联系。

本科生可以选择主修应用物理、生物医学工程、化学工程、电气工程、电子工程/计算机科学、环境工程、机械工程、工程与应用科学等专业方向。毕业生可以获授三种学位：经 ABET 鉴定的科学学士学位，仅针对主修化学工程、电气工程、机械工程的学生，课程设置最严格，学生选课自由度较小，要求学生同时在广度和深度两方面掌握工程知识；工程科学理学士学位，对学生在技术课程方面的要求较低；工程科学文学士学位，学生选课自由度很大，主要是为那些将来希望成为医生、律师、商人、政府管理者的学生提供职业准备。

学院的研究生可获授理学硕士（M. S.）和哲学博士（Ph. D.）学位。这里值得一提的是其为博士生开设的"高级研究生领导力计划"（Advanced Graduate Leadership Program）。该计划旨在为博士生提供实验室以外的体验和训练，为他们今后把握学术、工业、商业及公共服务领域的机会提供准备。学院为学生在四个方向提供机会：（1）学术职业方向，为那些有志于成为成功教授和研究人员的学生提供实习与任教机会，磨炼他们教学、研究和服务的能力；（2）工业职业方向，为那些有志于实业的学生提供工程实习机会，让他们体验所受工程教育和训练的实际运用，理解完整的产品开发过程；（3）商业职业方向，为那些有志于商业的学生开设商务发展、管理和财务方面的课程，提供在校内外参与创业活动以及实习的机会；（4）政策和公共服务方向，为那些有志于从事政策、法律、教育管理和服务的学生开设法律、政策、管理方面的课程，为他们提供在耶鲁校内、政府、非政府组织及非营利组织实习的机会，让他们应用所学去开发和创设最有利于社会的政策与计划。

在 2010 年《美国新闻与世界报道》杂志中耶鲁工学院还只能排第 40 位，远远落在耶鲁其他专业学院的后面。新任院长凯尔·范德里克（T. Kyle Vander-lick）致力于提高耶鲁工程学科的知名度，进行了包括建设实验楼等基础设施、积极推动校外研究机会等在内的战略性扩张。虽然有了不小的进步，但学院只有60 多位教授和五个系，与 MIT 或斯坦福这样的学校相比，显然属于小字辈。但范德里克强调，耶鲁工程计划的小规模为学习和研究提供了独特的气氛。教师们认为，在耶鲁从事工程研究比在其他排名靠前的大的工学院有更多的合作机会，跨学科的意愿在这里更强烈，能产生更多更新颖的科学机会。学生们也认为，学院规模小使他们很容易接触教员和研究设备，能够培育工程职业的强烈的群体感。

三、普林斯顿大学：领跑工程教育的创新

（一）工程教育的早期实践

普林斯顿大学的声誉同样主要来自其作为"通识教育"堡垒的地位，但它的工程教育也有着悠久的历史。该历史可以追溯到 1875 年查尔斯·麦克米兰（Charles McMillan）教授设立的土木工程系，虽然当时只有 3 位教授，但培养了大量的积极投身工程领域的年轻人。早期土木工程系最值得一提的特征是在本科

生的课程中纳入了通识教育选修课。当时普遍的工程教育方式是要求学生对工程原理死记硬背，而普林斯顿的教育方法提供了让科学最大限度地服务于社会的广阔视野。

当土木工程系成为本科工程教育的标杆的时候，新成立的电气工程系已经开始尝试工程研究生教育。1889 年，托马斯·爱迪生的朋友和同事、物理学教授赛鲁斯·布兰科特（Cyrus F. Brackett）设立了两年制的电气工程研究生计划，这在整个电气工程领域里都是具有开创性的。该计划的成功也表明了研究生层次的原创性研究可以推动整个领域的知识积累，为之后普林斯顿的工程研究生教育提供了成功的经验。

1. 普林斯顿工学院的成立

由于当时工程领域无论是在专业还是在学术方面圈子都不大，因此被培养出来的普林斯顿的校友们很容易结成工作关系，并由于他们所接受的教育而很容易形成相互认同。基于这种认同，"普林斯顿工程协会"（Princeton Engineering Association）于 1912 年成立，该组织随之成为普林斯顿大学工程系科发展的积极推动者。

随着工科毕业生的增加，校友们和教师们纷纷要求全面扩展提升学校的工程教育，成立工学院的呼声不断。同时，第一次世界大战也使大家更深刻地认识到工程对于未来世界的重要性。1921 年，普林斯顿工程协会正式制定筹建工学院的规划，并将报告提交给校董事会。根据规划的建议，一、二年级的学生应当学习共同的工程基础知识；三、四年级的学生则应当被允许在学校提供的范围内选择一个专门的领域并选修相应的课程；四年学习结束后，学生可以获得工程科学学士学位（Bachelor of Science in Engineering）；如果再增加一年或以上的学习，就可以获得土木工程、电气工程、机械工程、采矿工程或是化学工程方向的技术学位（Technical Degree）。

校董事会接受了普林斯顿工程协会的建议，于 1921 年正式成立工学院（School of Engineering），任命小阿瑟·格林（Arthur M. Greene, Jr.）为工学院的首任院长。根据计划，新成立的工学院内又增设了机械工程系、采矿工程系（后改为"地质工程系"）和化学工程系，格林兼任机械工程系主任。创立之初，困难重重，仅仅为了让每个系至少拥有一位教师、一间实验室和相应研究设施，提供相应必修课程，就费尽周折。第一年工学院只有 84 个学生，初期发展非常缓慢。格林面对诸多挑战努力播种耕耘，20 年后，逐渐以工学院为核心开发出一个活跃在工程研究和实践前沿的学生、教师和校友网络。

2. "超越工程"：理念及其实践

格林把他的工程教育理念称为"超越工程"（Engineering Plus）。在 1926 年的一次演讲中，格林说："普林斯顿工学院的目标是培养可靠的、足智多谋的、有远大抱负的工程师。他们应该认识他们所从事的工程项目的各个方面，不仅能够操纵工程要素，而且由于他们在充满通识教育的氛围内接受了人文教育，他们也应该能够综合和融合这些项目中人的要素、社会的要素以及经济的要素。"

作为一个有远见的教育家，格林为工学院作出了诸多有深远影响的贡献。

1935 年，他在每个工程系设立了咨询委员会，由从普林斯顿校友中选出的职业工程师组成。设立这些委员会主要有两个目的：一是从这些业界翘楚那里获得相关信息，以保证工学院的课程尽可能符合业界需要；二是发展工程专业人士、教师和学生之间的联系。这项尝试非常成功，以至于 1941 年后在全校范围内得到推广。

20 世纪 30 年代，格林根据咨询委员会的建议开发了"基础工程计划"（Basic Engineering Program）。该计划提供更为广泛的课程，学生在获得对工程的基本理解后，往往进一步从事商业和政府管理方面的研究生学习。

第二次世界大战以及战后的时期，是普林斯顿工学院迅速发展的时期。

战争期间，政府为了能保持对轴心国的技术优势，对工程研究投入了大量资金。由于普林斯顿处于工程领域的前沿，因此获得了大笔资金，工程研究有了长足发展。1942 年，根据第二任院长肯尼斯·康迪特（Kenneth H. Condit）的要求，美国民用航空委员会副主任对普林斯顿的工科计划进行了调研，并于 1942 年秋天在其工学院内设立了航空工程系，该系最初的发展完全依靠军方的资助。

战后，每个系都设立了 Ph. D. 计划。工学院的注册学生超过了 500 人，使得原有的教学和研究设施难以为继，虽一再扩建，但快速发展的工程教育还是受制于物理空间。直到 1962 年工学院搬进新大楼，情况才有所改观。

3. 埃尔金的改革

第三任院长约瑟夫·埃尔金（Joseph C. Elgin）也是工学院的早期创立者，曾担任第一任化工系主任。埃尔金上任后不久就对工科课程进行了改革。他根据工程领域飞速变化的现实，倡导工程教育的新方法，注重对基本原理的掌握。考虑到工程领域是如此变化多端，以至于教给学生一项特定的技术或一套特定的技能往往都没有实际效果，埃尔金认为，本科生应该对各种技术和技能背后的科学基础有一个扎实的理解，这样才能够很容易适应今后各种具体的环境。新的教学计划很快就培养出非常能干的工程师，为学院赢得了声誉。1962 年，阿尔弗雷德·斯隆基金会为此赠予学院 100 万美元捐助。

埃尔金担任院长期间（1954—1971 年），学院在组织上也发生了很多变化：工学院改名为"工程和应用科学学院"（School of Engineering and Applied Science)，以更好地体现埃尔金课程计划的思想。航空工程和机械工程合并，形成航空航天和机械科学系。地质工程系降格为一个专业方向，之后被土木工程系吸收。埃尔金在 60 年代还创立了几个跨系科的计划，有时也会有与学院外系科的合作，其中的一个例子是联合了经济系以及建筑和城市规划学院的"交通工程计划"。工学院积极响应学校和工程领域的变化。1957 年引入新课程及 IBM 的机器后，工学院率先在电气工程系成立了计算机中心，之后设立了计算机科学系。

（二）跨世纪的工程教育

1. 变换的焦点，不变的本质

罗伯特·亚恩（Robert G. Jahn）担任第四任院长期间，一方面，学院获得了越来越多的声誉，成为工程研究的领导者；另一方面，大量本科生因为感到未来作为工程师其社会地位的不确定性而纷纷离开这一领域。为此亚恩强调，工程教育一定要把工程与社会重大问题联系起来，让工科学生在这种联系中寻求恰当的社会定位。在 1971 年的一次访谈中，他试图讲述对工程教育的愿景："我们不是为一个行业去训练一个人，我们的目标是给他信心以及一定程度的经验，使他能够以一种建设性、分析性的方式解决任何技术问题，向他展示如何收集资源、组织思想去思考他所从事的活动对人类的意义，使他能够努力应付各种新的情况。"（Princeton，2010a）同时，他也通过新的研究举措，如设立"工程异常问题研究实验室"，来寻求工程科学和社会巨大需要之间的联系。

第五任院长（1986—1991 年）对工程教育关注的焦点集中在工程职业的商业方面。第六任院长（1991—2001 年）则强调现代工程师不仅需要牢牢掌握有形的物质和材料，也要掌握抽象的统计学和数学，这一理念最重要的体现是工学院于 1999 年成立了运筹学和金融工程系，在美国国内尚属首创。

工程和应用科学学院现分设 6 个学系：土木与环境工程系、化学工程系、计算机科学系、电气工程系、机械与航空工程系、运筹学和金融工程系。各系都提供工程科学学士学位（B. S. E.），其中的航空工程、土木工程、化学工程、电气工程、机械工程计划都经过 ABET 的鉴定；计算机科学系同时提供文学士学位（B. A.）；各系除电气工程系外都提供工程科学硕士学位（M. S. E.），除计算机科学系外都提供工程硕士学位（M. Eng.）；每个系都提供哲学博士学位（Ph. D.）。2009 年，学院本科生达到 852 人，研究生达到 551 人。

进入 21 世纪以后，学院把新的发展集中在机器人技术、工程教育和生物学领域，同时认为能源与环境、健康、安全、未来领袖是社会的重大需求，并以此为导向来安排工程教育。这展示了一种前瞻性的思维：强调人文精神，坚持把工程创造的财富视为人类通识的延伸。这和一个世纪前格林院长所提倡的"超越工程"的思想是一致的。

解决日益复杂的社会性问题，通常需要多学科的视野、理念与方法。工程和应用科学学院为此设立了 5 个跨学科中心：安德林格能源和环境中心（Andlinger Center）、信息技术政策中心、凯勒工程教育创新中心、健康与环境半红外技术中心（MIRTHE）、普林斯顿材料科技研究院（PRISM）。这些中心借助工程师、科学界、公共政策专家、工业界领袖和政府官员的合作参与，提供解决跨学科问题的机会，造就跨学科人才。

2. 创新的"凯勒工程教育创新中心"

为"把学生培养成为技术驱动型社会的领导者"，在校友丹尼斯·凯勒 2 000 万美元捐款的资助下，作为一种跨学科的尝试，工程和应用科学学院于 2005 年 2 月成立了独立建制的凯勒工程教育创新中心（以下简称"凯勒中心"）（KCIEE，2010a）。

凯勒中心针对技术的爆炸性增长及其影响，对工程教育提出了新的标准：为使普林斯顿的学生能在技术驱动型社会中充当领导者，所有学生都应当获得机会接触真实世界中的工程问题，能够以跨学科的视角和方法去解决问题，能够充分理解社会大背景下的技术。

为此，凯勒中心一方面通过把学生带入真实的工程项目来丰富学生的技术教育，另一方面及时推出新课程以充实现有课程，这些新课程往往超越了单纯的技术主题，旨在让学生认识到影响世界的经济、环境、文化等各种力量，以及这些力量与技术的相互作用。中心采取的措施包括：为工科学生拓展一年级的课程；开发具有工程广度的项目和计划（领导力、创新创业等）；为非工程的学生开设技术方面的课程和计划；调动普林斯顿内外的力量；发展国际项目和基于社区的项目；创立以工程为主题的广泛暑期实习计划；大力推动创业活动，包括开设课程、举办研讨会和讲座系列等（KCIEE，2010b）。这些举措具体列述如下：

（1）EMP——开拓新生的工程视野。

2009年，"工程、数学、物理学的综合导论"（EMP）成为课程表的固定组成部分。EMP不同于常规的工程必修课，它是一个课程系列，包括三门课，学生可以仅选择其中的一部分。其中的两门课可以替代工程必修课中的物理学（力学和热力学）以及数学（多元微积分），而另一门课则关注的是现代工程中的核心问题。

一方面，一年级对于打算学习工程的学生来讲是关键时期，学生应当为他们今后的学习打下数学和物理学的基础；另一方面，绝大部分工科课程都从二年级开始，而学生在选择主修专业时发现他们还没有对要选择的领域有一个充分的了解，这导致了学生的迷茫，甚至有些学生会因此放弃学习工程。因此，该课程系列的第一个目的是要让一年级的新生了解工程、数学和物理学之间的基础联系，让学生了解学科间的整合是现代工程的重要特征；第二个目的是要使学生在第一年就接触工程，帮助他们在学年结束时选择主修专业。

EMP课程系列通过两种方式来实现目的：一是通过有趣的例子和以项目为导向的物理实验（如建造和发射一枚火箭）把工程主题引入一年级的微积分和物理课程中；二是通过以项目（如能量转化和环境、机器人遥感、无线图像和视频传送）为导向的工程课程使一年级的学生了解工学院的每一个系。EMP课程非常成功，选修的学生多、评价好，效果也很好。选修了EMP的学生几乎都在二年级选择主修工程。学生对以项目为导向的物理实验、工程课程、规模小而紧凑的班级（这使他们可以和教师有更好的接触）充满热情。

（2）EPICS——与社会的融合。

"社区服务工程项目"（EPICS）主要关注普林斯顿大学所在的特伦顿地区的能源使用效率和历史建筑的改造问题。该项目于2006年在普林斯顿设置，学生参与组成设计团队，为当地社区的非营利组织解决技术问题，最终获得学分。这些设计团队具有如下特点：跨学科——学生来自不同的工程专业乃至全校范围的各个专业；纵向整合——包括大一到大四的学生；长期性——学生的参与往往不止一个学期。这种持续性的技术深度以及学科广度，使得团队能够通过这些项目给社区带来重大福利。该项目基于服务学习（service learning）的理念，通过把有意义的社区服务融入教学，丰富学生的学习体验，传授其公民责任意识，进而加强社区建设。该项目的这一特征，给学生们提供了非常有价值的机会，使他们能够认识到工作的重要性，为他们的成功提供激励。

例如，该中心给学生提供"绿色翻新项目"。该项目由土木与环境工程系的教授负责，项目团队研究住宅的绿色翻新问题。他们和当地的社区组织合作，推动当地低收入住户实施节能。该团队选择了一座建筑，彻底研究其节能的可能性以及不同翻新方案的有效性。通过对该建筑的研究，学生们了解了房屋热损耗的原因、能源核查的途径和方法，以及翻新的成本和效果，最终向当地社区提交了一份研究报告。

（3）"柯南优秀教学访问教授"——智力引进提升教学水平。

中心邀请美国著名高校的知名教授出任该讲席。如 2009—2010 年，该讲席由来自密歇根大学的生物工程教授詹姆斯·格罗特伯格（James Grotberg）担任，他也是密歇根大学—美国航空航天中心生物科学和工程研究院院长。担任这一讲席者要为普林斯顿服务一年，其中一个学期要讲授一门精彩的、引人入胜的课程；另外一个学期则被希望能对普林斯顿的教学发挥积极影响，可以是再开一门课，也可以是提供一系列非正式的研讨会等其他方式。该讲席对教授的选择，主要根据他们在学识和教学创新方面的杰出记录。通过智力引进，可以让他们为普林斯顿工科教师的教学提供新的维度。如上述的 EPICS 项目，最早是普度大学在 1995 年开设的，主持该项目的教授于 2006 年被邀请来担任柯南优秀教学访问教授，从而把该项目带到普林斯顿。

（4）"社会创新合作实验室"——推动社会创新的工程课程。

该课程的名称是"社会创新合作实验室"，由中心的"院长创业访问教授"高登·布鲁姆（Gordon Bloom）主持。布鲁姆对创业的兴趣来自他在美国、欧洲、亚洲企业和非营利组织担任医药技术公司 CEO 与国际战略咨询师的工作经历。他在斯坦福大学创设了这门课程，也曾在哈佛肯尼迪政府学院教授过这门课程。该课程不同于传统课程，学生寻求的不是化学生成的变化，而是社会的变化。大约 75 名学生分散在 20 个项目中，来自 16 个专业的学生带来不同的专业背景，目标是学习应对当今社会面临的最大的挑战，包括贫困、疾病、安全和能源。学生通过阅读、讨论、案例研究、讲座，探索社会创业的理论框架，同时开发他们自己的计划。

（5）"领导力对话"系列讲座。

该项目每年邀请有活力的领导人来校园与学生们分享其人生体验。这个开始于2006年的讲座系列，给校园带来了不同的故事，让大家了解到在一个飞速发展的世界走向成功的复杂道路。2009年，由两位来自医疗服务领域的领导人与学生们讨论如何整合广泛的力量和利益来建立一个成功的组织。两人都是普林斯顿工学院的校友，由他们现身说法讲述自己如何由工学院的毕业生成长为不同领域的杰出领导人，不仅有很强的说服力，也是普林斯顿工程教育理念的很好体现。

（6）"科兹—王学生计划"。

校友诺曼·科兹（Norman D. Kurtz）提供的资助使得工学院的学生能够参与课堂外的项目，如普林斯顿儿童工程教育项目（PEEK），该项目让本科生走进中小学课堂，用玩具给中学生讲解机器人的原理，向儿童传授基本的工程原理。校友尤金·王（Eugene Wong）的资助使得学生能够参与那些把工程和公共政策结合起来的项目，目的是为了鼓励更多技术专家参与公共服务。

（7）创新论坛。

凯勒中心还联合普林斯顿技术许可办公室（TLO），每年举行一次创新论坛，主要展示普林斯顿大学有商业潜力的研究并进行评选。参与该论坛的包括天使基金投资者、风险资本家、学生、教员以及其他相关人员。2009年，该论坛评选出的一、二、三等奖分别获得25 000美元、10 000美元、5 000美元的创新基金奖励。

（8）其他创新创业活动。

凯勒中心努力支持学生的创新创业。最常见的是开设创业课程，如中心开设的"高技术创业"课程，吸引了来自全校的很多学生创业者；而其举办的"普林斯顿技术创业讲座系列"，目的则在于激发学生的创业精神。凯勒中心还为学生提供和成功创业者接触的机会；中心设有"驻校创业家"，如被选为国家科学院院士的传感器产业开拓者格里格·奥尔森（Greg Olsen）担任该职后，通过和学生进行面对面的接触，对学生提出的设立企业的商业计划提供指导意见。中心还联合相关企业，吸引学生参与普林斯顿技术创业小组的讨论，帮助学生开办商业和社会创业企业，支持学生组建"普林斯顿创业俱乐部"。

四、简短的结论

一个半世纪的岁月，见证了美国 3 所著名大学的工程教育起落兴衰的变迁，也为我们带来了丰富的启示。

哈佛劳伦斯学院（1847）和耶鲁谢菲尔德学院（1847）的工程教育都开始于19 世纪上半叶，早于著名的麻省理工学院（1861），在美国乃至世界高等教育领域都是领风气之先的。但它们的工程教育从一开始就和通识教育、科学教育纠缠不休，终于在经历了一个世纪的辉煌与曲折之后，在 20 世纪中叶全球工程教育大发展的时候，被传统的通识教育、科学教育蚕食侵吞而几致中断。但是，历史的趋势无法抗拒，社会的需要不容忽视，高等教育遵循其内在规律向前发展。待到半个世纪后的今天，哈佛、耶鲁恍然梦醒，虽然举步维艰，但仍知唯有变革才能避免被时代抛弃的命运。相对来说，普林斯顿曲折较少。该校基于对工程教育与科学教育、通识教育关系的正确认知和妥善处置，秉持服务社会、紧跟时代的理念，自工程教育发轫以来不骄不躁、稳扎稳打，而且致力于开拓创新，终于独具一格、成绩斐然。

这 3 所名校的工程教育给中国的文理科综合大学树立了标杆，也给中国的理工科大学提供了百味俱全的教训和经验。中国工程教育发展到今天，特别是经历了大学合并而谋求综合性、研究型后，工程教育的学术化、去工化、边缘化和娱乐化愈演愈烈，好像不玩文章、课题、创收和开发"第二课堂"就别无他路。比照 3 所被奉为王牌研究型大学的工程教育的历史和现状，至少有三点值得我们思考：（1）如何充分利用综合性大学的文理学科优势，与工程技术集成，创新工程教育发展之路；（2）如何借助跨学科策略，创设新的学科和学术机构，取得相对于传统理工大学的竞争优势；（3）如何发挥高素质生源优势，加强工程领导力和创业教育，造就大批创新型工程拔尖人才。榜样就在面前，现在到了中国的大学和工程教育静心思考、明智决策，下决心转变发展方式的时候了。

（顾　征　王沛民　撰文）

第4章

创新创业教育的拓展
——能力建设创新之二

创业型大学的斐然成就，给新世纪的大学带来希望和生机，也把传统的商学院创业教育从学院模式中解放出来，使之成为大学的共同财富。"创新"、"创业"现在成为几乎所有大学的最热门话题，大学的创新创业教育风起云涌，科技人力资源的能力建设也驶上了快车道。

本章简要阐述美国和日本高等学校开展的创业教育，展示这两个世界发达经济体和人力资源强国的最佳实践。尤其对作为创业教育发源地的美国，本章作了较为深入的剖析；对日本创业教育的国家政策背景也作了一定深度的探讨。

大学的创新创业教育并没有固定的模式，也不应当有固定的模式，因为模式的创新正是大学创新创业教育的一项目标和结果。本章从大量成功的实例中选出美国纽约大学理工学院（NYU-Poly）的 i2e（invention, innovation and entrepreneurship）模式和史蒂文斯理工学院（SIT）的 AE（Academic Entrepreneurship）模式，作了详细介绍。

这两所大学都有悠久的历史，且以理、工、商诸科的学科特色著称。NYU-Poly 创建于 1854 年，SIT 创建于 1870 年，它们在建校之初即秉承创新、创业宗旨，一个半世纪来，办学更加有其特色。i2e 模式和 AE 模式是一个最好的见证，也为今天的打造科技人力资源开发能力提供了大可效仿并发扬光大的榜样。

第1节 美国高等学校创业教育概述

进入 21 世纪以来，科技进步对经济发展和社会进步的巨大作用越来越得以彰显，而创新创业行为在其中也扮演着越来越重要的角色。美国是当今世界唯一的超级大国，在经济发展、科技创新和社会发展等方面取得了辉煌成就，这与其自殖民地时期以来逐步形成并不断发扬光大的开拓意识和创业精神是密不可分的。特别是自 20 世纪 70 年代席卷世界的石油危机以来，美国在电子信息技术、生物制药等领域的技术创新和创业活动，更是促进了美国最近三十多年来经济的持续繁荣和社会的稳定发展。根据 Reynolds 等人的研究，在 20 世纪 80 年代，美国平均每年新创企业 60 万家，仅 1996 年的新创企业就提供了 1 600 万个新的工作岗位；同时，美国 67％的新发明来自新创企业。进入 21 世纪以来，创新创业行为对经济发展和社会进步的巨大作用更是成为全社会的共识（Reynolds，1999）。

当前，创业活动已经成为美国科技创新和经济发展中的重要力量，与此同时，美国教育系统中开展的创业教育日益勃兴。对美国创业教育的分析和探讨，是理解当前科技进步、产业发展以及美国高等教育发展趋势的关键所在。在这一节中，首先将简要梳理美国创业教育的发展历程；其次，将对美国创业教育的基本特点进行归纳和总结；最后，将对美国创业教育的三种主要模式进行分析。

一、美国高校创业教育的发展历程简述

美国高校创业教育，虽然发展的时间并不长，但却有着深厚的思想根源。同时，在美国崇尚个人奋斗和创业活动的商业文化氛围中，高校的创业教育拥有坚实的现实土壤。因此，美国的创业教育活动具有其他国家所少见的强有力的社会支持系统。总的说来，美国高校的创业教育大致经历了准备、萌芽、初步发展和蓬勃发展四个阶段。

1. 美国高校创业教育的准备阶段：19 世纪中叶至 20 世纪初

从世界高等教育发展的历史来看，创业教育的思想根源可以追溯到 19 世纪中叶在美国兴起的"赠地学院运动"。当时，通过《莫里尔法案》的资助而发展起来的一大批赠地学院，如麻省理工学院、康奈尔大学、威斯康星大学等，为当地培养农业、工艺方面的人才，解决当地工农业生产过程中遇到的问题，促进当地经济的发展。赠地学院的产生和发展，既开创了高等教育服务社会的先河，同时也开启了高校师生直接从事与产业相关的活动的大门，这也为此后美国创业教育的发展奠定了重要的基础。

2. 美国高校创业教育的萌芽阶段：20 世纪初至 20 世纪中叶

美国的创业教育，萌芽于 20 世纪初。当时，一位名为霍勒斯·摩西（Horace Moses）的美国商人认为，高中生虽然从书本上学到了一些商业理论知识，但是这仅仅是个起点，商业实践经验比理论知识更为重要。为了帮助高中学生获得更多的商业实践经验，霍勒斯·摩西于 1919 年创立了青年商业社（Junior Achievement），帮助那些有创业意愿的学生成立自己的公司、进行市场调研、选定商品、为商品定价、确定销售方案、建立账目、计算公司盈亏等（季学军，2007）。青年商业社对高中学生实施的商业实践教育，在很大程度上催生了美国的创业教育。

3. 美国高校创业教育的初步发展阶段：20 世纪中叶至 20 世纪末

1947 年，哈佛大学商学院的 Myles Mace 教授率先开设了一门创业教育课程"新创企业管理"（Management of New Enterprises）。共有 188 名 MBA 学生修读了这门课。这门课后来被众多的创业学者认为是美国大学的第一门创业学课程，是创业教育在大学的首次出现。

1967 年，斯坦福大学和纽约大学开创了现代的 MBA 创业教育课程体系，这些课程专注于财富创造和企业创建。1968 年，百森商学院（Babson College）第一个在本科教育中开设创业方向（entrepreneurship concentration）。南加州大学于 1971 年提供了有关创业的工商管理硕士学位。由此，创业教育开始在美国初步发展起来。在 1969—1970 年两年期间，美国又有 12 所大学新开设了创业方面的课程。1973 年，东北大学开设了美国第一个创业学本科专业。1973 年，中东石油危机引发了战后最严重的世界性经济衰退，世界各国相继出现了大批企业倒闭、工人失业的现象，如 1982 年英国的失业率高达 10％。这种现象主要发生在年轻人中间。大批失业人员流入社会，引发大量的社会问题；青年失业危机进一步恶化和加深，导致世界许多城市出现了骚乱。在此背景下，创业教育便成了各国的战略选择。此时，美国经济出现了经济结构的转型，大企业提供的就业岗位日益减少，超过 80％的新的就业机会是由新创企业创造的。以比尔·盖茨为代表的创业者们掀起了"创业革命"，对美国的创业教育起到了巨大的催生和促进作用（邓汉慧，2007）。

4. 美国高校创业教育的蓬勃发展阶段：2000 年至今

进入新世纪以来，美国高校的创业教育继续蓬勃向前发展。目前，美国的创业教育体系已经趋于成熟，正逐步形成一个完整的社会体系和教学研究体系，其内容涵盖了从小学、初中、高中、大学直到研究生的教育。根据 Katz 的统计，1994 年美国共有超过 12 000 名学生参加了创业或小企业方面的课程学习。1995 年，开设了创业课程的美国大学已超过 400 所，其中 50 多所大学开设并提供了至少 4 门创业方面的课程，并使之成为一个创业教育项目（Entrepreneurship Program），作为大学教育的重要组成部分（Katz，2003）。有研究者通过分析认为，目前几乎所有参加美国大学排名的大学均已开设了创业课程，社区学院、初级学院和一些工程学院也开始开设创业课程，有的大学将其设置为全校必修课，并且开始培养创业学方面的工商管理博士，创业教育的学科体系逐步得到完善（牛长松，2007）。到 2005 年为止，美国共有 1 600 多个学院开设了 2 200 门关于创业的课程，成立了 100 多个有关创业的研究中心，累积了超过 44 000 万美元的基金资助，其中 75％是 1987 年后资助的（Katz，2003）。而考夫曼基金会的研究报告表明，至 2007 年前后，包括两年制学院在内的美国高校，已经开设了超过 5 000 门创业教育课程（考夫曼基金会，2007）。

二、美国高校创业教育的主要特点

经过半个多世纪以来特别是最近二十多年来的快速发展，美国高校创业教育已经逐步形成了一个较为完善的体系，从社会支持系统到组织机构、师资队伍、课程体系以及资金来源等方面，都日趋成熟，在政府、高校、产业界之间形成了良性的互动联系。简要归纳起来，美国高校创业教育的基本特点可以归纳为以下五个方面：

1. 在整个社会环境中形成较为完善的创业生态系统，为创业教育的开展提供必要的社会支持

与高校其他教学活动不同，创业教育的成功开展需要其他社会力量的参与，而不是单靠高校的力量就能够完成的。美国的创业教育，由于美国自身所具有的特殊的创业氛围、价值取向和社会联系，从而形成了较为完善的社会支持系统。

首先，在文化价值取向上，美国高校充分认识到创业在现代社会生活和经济发展中的重要价值，认为学生的创业精神与商业潜能和传统的专业技能、学术研究能力具有同等的价值，鼓励学生创业。与此同时，高校鼓励大学教师将自身的学术技能和研究成果转化为知识产权、市场化的商品；尤其在工程学、生命科学、电脑科学等学科内，鼓励大学教员广泛参与创业活动，甚至创办新公司，将新产品和新程序商业化。

其次，政府高度重视学校的创业教育，制定了一系列有助于创业行为和创业教育的政策法规。在美国，创立企业的个人能够从政府那里得到税收减免以及建筑物、道路、人员雇佣、原材料和能源等资源供应方面的优惠条件。政府专门设立的小企业管理局（SBA），帮助有意经营者创办自己的企业。目前SBA已成为美国公共创业投资的最大提供者，是美国最大的对小企业的独立融资机构。在政策导向和立法方面，近几十年来，美国颁布了很多有关职业培训和职业教育的立法，重要的有《人力开发与培训法》（1962年）、《职业教育法》（1963年）、《平等就业法》（1973年）、《青年就业与示范教育计划法》（1974年）、《就业培训合作法》（1983年）、《工人调整和再训练通知法》（1988年）、《从学校到工作机会法》（1993年）、《劳工保障法》（1993年）等。通过这些法律，结合政府拨款，调动州等地方政府、私人机构，包括私人企业和社团的积极性，开展对寻求职业者和失业人员的多种形式的培训。美国政府还设立了多种形式的基金来推动创业教育的发展，如国家创业教学基金、科尔曼基金会均提供经费赞助创业教育竞赛，奖励接受创业教育的优秀学生，开发创业教育课程（沈蓓绯，2010）。

最后，有大量各种社会中介机构和非政府组织参与创业教育，全社会形成创业教育的合力。美国的各种创业教育组织在促进美国的创业教育发展方面起着不可替代的作用，美国高校通过创业中心与社会建立了广泛的外部联系网络，形成了一套"政府、社会、学校"相结合并良性互动的创业教育生态系统，有效地开发和整合了社会各类创业资源，为大学生创业提供了有力的社会保障。例如著名的"合作计划"项目（又称"卡迪拉克"计划，由美国高校与公司、非营利机构、政府机关合作），让在读大学生定期参加工作实践。这一计划已在美国700所高校展开，参加的大学生约有25万名，参加的公司、非营利机构和政府机关约有12万家。这一计划可以让学生将在课堂上所学的理论知识在工作实践中进行检验和应用，为学生毕业后的自主创业提供实践的机会。

2. 高校建立了从事创业教育的专业机构，创业教育已经作为一个高校发展的新兴领域而进入了制度化阶段

目前，美国高校的创业教育已经形成了较为完善的组织结构，几乎每个高校都设立有创业教育中心，主要负责全校的创业教育课程计划、创业教育研究计划与外延拓展计划；同时设有由杰出的创业家组成的创业家学会，他们不但参与教学，还为中心提供资金和各种捐助。创业教育中心能有效地跨越传统的学术边界，成为高校与外界保持联系的重要纽带。这些中心在运行过程中贯彻跨学科发展思路，从而有效调动跨学科资源，并使得培养出来的学生能够更加灵活地适应不断变化的需求。如麻省理工学院创业中心附属于斯隆管理学院，通过招收具有技术背景的学生来实现商业和技术的结合。这种跨学科的方式使得麻省理工学院毕业生创办的公司中，约 80％能够应对市场的风险并生存下来。斯坦福创业网络（the Stanford Entrepreneurship Network，SEN）的建立，保证了斯坦福大学22 个创业相关项目的交流与合作；同时，它还与商学院合作向学生提供跨学科的课程（梅伟惠，2008）。

除了创业教育中心之外，美国还有各种相关机构，为创业教育提供重要支持或开展与创业教育相关的活动，如高校的创业教育智囊团、创业家协会、创业研究会等。一般而言，高校创业教育智囊团主要是由各大公司的董事长、首席执行官、总裁等组成，每年定期召开两次会议，提出一些改进的建议与措施，充分发挥咨询与外联的作用；创业家协会，一般由比较杰出的创业家组成，他们不但要参与教学，还要为创业中心提供资金和各种捐助；创业研究会，一般是每年召开一次学术交流会议，为创业研究者提供人际沟通的机会，出版会议交流论文、索引．文摘及相关信息。

尤其值得一提的是，创业教育作为一个新兴的发展领域，往往得到了学校领导的高度重视，不少高校的高层管理者在创业教育中心担任了相应职务，以此来促进各种创业教育活动的更好开展。在仁斯里尔理工大学校长提出的《仁斯里尔规划》中，创业教育被放在重要的位置；同时，该校商学院院长亲自兼任创业教育中心主任。加州大学洛杉矶分校的副校长埃尔温·V·斯文森兼任本校创业教育研究中心的高级顾问。百森商学院的校长、教务长、研究生院院长都是创业教育领域中享誉全球的学者（沈蓓绯，2010）。

3. 注重进行对创业教育的教师队伍的培训，使创业教育师资队伍专业化

教师素质的高低关系到创业教育的质量。因此，美国高校非常重视对创业类课程教师的专业培训和师资选拔，通过案例示范教学或讨论提升创业教育教师的水准，并积极鼓励和选派教师从事创业实践，帮助其获得创业体验。如美国百森商学院的创业教育师资中心有8名全职教师专门教授创业课程，还有4名助理教师和5名全职职员，另有若干名包括创业风险投资家、创业家和实业家在内的高级管理人才。该中心推出的"创业师资研习班"项目要求每位教授都必须带一位有志于从事创业教育的企业家参与，从而使创业教育与创业实践相结合，保证学生的创业技能得到提高。斯坦福大学的"创业机会识别"和"技术创业"课程，由3名有丰富创业和企业管理经验的客座教师共同开设，还专门为选课学生组成商业计划开发团队，聘请有丰富创业投资经验的业界资深人士担任指导。

进入21世纪后，由于创业教育课程和项目的急剧增加，对这方面专业教师数量的要求也相应增长。美国管理学会创业学部着力推进创业学博士项目，为创业学博士生提供一个"博士论坛"，以促进他们在创业研究、教学及课程开发方面的工作。伊利诺伊大学创业研究所有27名专职教师和研究人员从事独特的创业教育研究。辛辛那提大学创业教育与研究中心有6位拥有博士学位的专职教授。卡耐基梅隆大学的创业研究中心促使一些博士生、创业教育教师、诺贝尔奖获得者联合起来，进行高质量的创业教育研究。正因为有了一批专业的教师和科研人员，美国创业教育才会有今天的辉煌（沈蓓绯，2010）。

4. 创业教育课程已经形成体系，能够为学生提供较为全面、系统的创业教育课程

考夫曼基金会2007年的一份研究报告表明，到报告发表为止，仅在美国两年制学院及本科教育阶段，开设的创业课程就超过了5 000门之多。而在1985年，全美高校仅有250门创业教育方面的课程（考夫曼基金会，2007）。目前，美国的创业教育已基本形成较为完善的课程体系，课程内容涵盖创业构思、融资、设立、管理等各方面，其中最典型的有"创业启动"、"风险投资"、"商业计划书撰写"、"创业营销"、"机会识别"、"创新评价"、"创业研究"、"创建和运营新企业"、"成长性企业管理"、"家族企业的创业管理"、"小企业管理"、"创业领导艺术及教育"、"企业成长战略"和"如何写创业计划书和技术转移"等几十门课程。在加州大学洛杉矶分校，与创业相关的课程多达24门，学校通过系统化的创业教育课程设计为学生提供实实在在的创业教学。百森商学院的"创业学"课程体系被誉为美国高校创业教育课程系统化的基本范式，其课程内容采用了模块化的结构，主要由基本理论、案例分析和模拟练习等模块组成。运用分析综合、比较研究的方法，课程设计者把一个成功创业者所必需的意识、个性特质、核心能力和社会知识结构进行了系统整合，体现了创业教育所具有的科学教育与人文教育融合、智力开发与非智力教育融合的特点。这种系统化的课程设计，有效地保证了创业教育理念的落实和教育目标的实现（肖向东，2003）。

与此同时，在美国高校中，关于创业方面的研究得到了进一步的拓展和深化。除了在传统的商学院或管理学院开展的与创业相关的研究活动外，创业教育中心和创业教育研究会也开展了越来越多的相关研究，而且研究范围广泛，包括对创业者个人行为和公司行为的研究、对家族企业与小企业及快速成长企业的管理等多个方面，涵盖了个人、团队、企业、行业和社会等各个领域。从学科建设上看，美国已经建立的创业学专业可授予相应的学士、硕士、博士学位；在所有开设创业教育课程的大学中，有 8% 的学校提供创业学博士学位（沈蓓绯，2010）。

5. 创业教育资金来源多样化，为高校创业教育的顺利开展提供了必要的资金支持

美国创业教育的开展，得到了来自社会各个领域的雄厚的资金支持。近年来，由于金融危机的影响及失业率的上升，"小企业造就美国"的理念进一步得到认可，人们创办企业的势头变得非常强劲，并且成为美国经济增长的强大推动力。美国国家科学基金会设立了实施"小企业创新研究计划"（简称 SBIR）的机构，该机构规定，凡联邦部门研究与发展经费超过 1 亿美元的，需按 2.5% 的比例拨出资金作为高新技术小企业的研发项目基金，这些部门包括国防部、农业部、商业部、能源部、教育部、卫生部等。该机构还在全美 50 个州建立了 600多个小企业孵化器，面向教师、科研人员，为毕业生提供创办个人企业的机会，吸收人才。此外，高校的创业教育还得到了社会各界的广泛支持。自从 1951 年成立了第一个主要赞助创业教育的基金会——科尔曼基金会以来，美国出现了许多支持创业的基金会，如考夫曼创业流动基金中心、国家独立企业联合会、新墨西哥企业发展中心等，这些基金会每年都会以商业计划大赛奖金、论文奖学金等多项奖金和捐赠的形式向高校提供大量的创业教育基金与研究资助。尤其是 20

世纪 90 年代后期股票市场的繁荣，使创业教育获得了大量的捐赠基金。

1995 年弗兰克林—欧林基金会赠予百森商学院 3 000 万美元的创业教育基金，这是当时美国商学院收到的数额最大的创业教育捐赠基金。根据一份统计资料，2003 年前后，美国创业教育学科的资金已经超过了 44 亿美元（刘沁玲，2004）。不少美国大学也设有创业教育基金，基金来源一般是企业或校友捐款、学生创业成果的转化等。各创业中心领导人和骨干人员都具有筹措资金的能力，他们会主动向著名企业家寻求捐赠，智囊团也能在捐助中起到积极的作用，帮助创业中心寻求到更多的资金。一个创业中心通常拥有几百万美元的捐赠是很平常的事，多渠道的资金来源保证了创业教育中心的正常运作和创业教育各项工作的顺利进行。

三、美国创业教育的主要模式

从总体上看，美国高校开展创业教育主要遵循两条轨迹：一是以创业学学科建设为目标的发展路径；二是以提升学生创业素养和创业能力为本位的发展路径。前者主要采用"聚焦模式"（focused-model），教学活动在商学院和管理学院进行，培养专业化的创业人才；后者主要采用"辐射模式"（radiant-model），教学活动在全校范围内展开，主要培养学生的创业精神和创业意识，为学生从事各种职业打下基础。"磁石模式"（magnet-model）介于上述两者之间（梅伟惠，2008）。下面将对这三种典型创业教育模式的运行和管理情况进行简要论述。

1. "聚焦模式"创业教育项目的运行与管理

"聚焦模式"是传统的创业教育模式。在这种模式中，学生经过严格筛选，课程内容呈现出高度系统化和专业化的特征。哈佛大学商学院是采取"聚焦模式"创业教育的典型代表。作为在世界上最早开设创业教育课程的机构之一，哈佛大学商学院强调申请者的创业特质（personalities），并通过实施相关课程与活动提升学生的创业技能。目前，大约 40% 的哈佛大学 MBA 毕业生追求一种创业型职业生涯，如创业者、风险资本家或者创业咨询者。在这种模式中，创业教育所需的师资、经费、课程等都由商学院和管理学院负责，学生严格限定在商学院和管理学院。

"聚焦模式"的创业教育是专业化的创业教育。商学院和管理学院负责创业教育的日常管理、经费筹措、师资培养、课程设置、学生来源等所有环节。这种纯粹性决定了"聚焦模式"创业教育能够系统地进行创业方面的教学，其毕业生真正进行创业的可能性及比例非常高。该模式的创业教育也促使创业学作为一门独立的学科在商学院和管理学院获得发展。

2. "磁石模式"创业教育项目的运行与管理

采用"磁石模式"的创业教育基于这样一种信念，即：非商学院的学生也能从创业教育中获益，具有创造性的创业努力并不仅仅来自商学院学生。麻省理工学院主要采取这种模式，其创业中心的使命就是："激发、训练以及指导来自麻省理工学院所有不同部门的新一代创业者。"

这种模式的创业教育往往先在商学院和管理学院成立创业教育中心，通过整合所有资源和技术吸引来自全校范围内的、有着不同专业背景的学生。大部分创业教育课程，如"创业计划"、"新创企业"等，适应各种专业背景的学生。在这种情况下，对创业感兴趣的学生既可以修习创业课程，也可以根据自身情况和兴趣辅修创业专业。整个项目的发展依托商学院和管理学院的资金、师资、校友等因素，创业教育中心负责整个项目的规划和运行。这种模式为商学院和管理学院之外的学生提供创业教育，而不涉及经费、师资等方面的变革。

"磁石模式"在保证其开放性的同时，也保证了运行的便利性。所有创业教育和活动由统一的创业教育中心负责协调与规划，师资和经费也由创业教育中心统一调配管理。这样的运行模式整合了有限的资源，有利于打造优质的创业教育项目，有利于吸引新教师的参与，也有利于校友募捐的顺利进行。同时，创业教育的开展增加了商学院和管理学院与其他学院的联系，提升了商学院和管理学院在全校的地位。但是"磁石模式"也面临极大的挑战：如何在其他专业获得创业教育课程的市场和价值？如何使教师获得更大程度的发展？如何针对不同专业的学生设置课程？这些都是必须回答的问题。

3. "辐射模式"创业教育项目的运行与管理

"辐射模式"也是一种全校性的创业教育模式，它的发展基于这样一种理念：不仅要创设良好的氛围为非商学专业的学生提供创业教育，还应该鼓励不同学院的教师积极参与创业教育过程。它的实施涉及了管理体制、师资、经费筹集等各方面的改革。在管理体制上，学校层面成立了创业教育委员会，负责协调和指导全校范围创业教育的开展；所有参与学院负责实质性的创业教育和活动，根据专业特征筹备资金、师资、课程等。这种模式与"磁石模式"的本质区别是突出了不同学院教师的参与。他们需要根据本专业的特征设置课程，从而保证学生能够结合专业背景进行创业。不同学院之间的学生可以互选创业课程，从而打破学科边界，实现资源共享。康奈尔大学是采取"辐射模式"创业教育的典型代表。

作为在赠地运动中迅速发展起来的公立大学，康奈尔大学特别强调公平的原则。它主张"每一位掌握了创业技能和相关知识的学生，能够对任何工作环境产生重大价值"。这种信念促使康奈尔大学校友、教师、学院院长于1992年成立了"创业精神和个人创业项目"（the Entrepreneurship and Personal Enterprise Program，简称 EPE），支持对全校学生创业精神的培养和个人创业技能的提升。9所参与该项目的学院的院长组成 EPE 管理委员会，统一协调和指导全校的创业教育活动。委员会主席每两年改选一次，在所有参与学院之间进行轮换。在实施过程中，创业课程与专业紧密结合，如设置"创业精神与化学企业"、"设计者的创业精神"、"小型企业与法律"等课程，学生还可以进行跨学院、跨专业选课。这种全校性的创业教育模式对教师层面提出了更高的要求。为了吸引和培养优秀师资，康奈尔大学设置了"克拉克教授职位"（Clark Professorships），每年奖励对创业教育作出重大贡献的教师。同时，康奈尔大学还通过"康奈尔创业家网络"（Cornell Entrepreneur Network，CEN）与校友保持密切的联系。

"辐射模式"创业教育的优势相当明显。对大学而言，在不同学院开展创业教育项目既可以广泛吸引校友，也可以赢得学生的信任；对教师而言，不同学院的教师以创业教育为平台开展广泛的交流与合作，有利于促进教师能力的提升；对学生而言，结合专业特征学习相关创业教育知识和技能，保证了学习的有效性。当然，"辐射模式"创业教育的运行和管理面临着协调、募捐、课程设计、师资等多方面困难。协调是"辐射模式"所面临的最大挑战。比如在康奈尔大学，9所参与学院提供了很多创业课程，虽然这些课程都与学生的专业背景相符合，但是在课程之间缺乏关联性。另外，由于"辐射模式"利益的分散本质，院校无法为一个集中的创业教育项目募捐。在课程设计上，如何巧妙地将创业知识和技能融入到具体专业中也是对教师很大的考验。最后，由于创业教育师资由参与学院自行解决，因此如何动员更多优秀教师参与创业教育项目，对院校来说是一个极大的难题（梅伟惠，2008）。

（陈汉聪　撰文）

第 2 节　日本高等学校创业教育概览

2007 年 6 月 1 日，日本内阁正式审议通过"创新 25 战略"并付诸实施。根据这项战略，日本政府希望到 2025 年，通过创新把日本建成民众终身健康、安全放心、人生丰富多彩的，为解决世界性难题作出贡献的，向世界开放的社会。这项新战略对今后 20 年日本面临的严峻挑战作出了清晰的判断，认为知识社会、信息化社会和全球化将进一步加速发展，知识和智力竞争必将成为国际竞争主流。为应对这一挑战，必须建设能够充分发挥个人能力的社会，通过科技和服务创造新价值，提高生产力，促进经济的持续增长。因此，创新创业已经成为日本社会的急务。在"创新 25 战略"的框架下，大学的创新创业教育，特别是作为培养和训练学生自主创业意识、创业素质以及创业精神的创业教育，成为政策关注的重点。2007 年和 2008 年，日本文部科学省委托日本インテリジュントトラスト、经济产业省委托大和総研分别进行调查，摸清了日本高校实施创业教育的基本状况。本节将借助这些调查材料和其他文献，对新世纪日本高校的创业教育进行深入探析，探讨其值得借鉴的经验。

一、日本高校创业教育的现状与特点

美国早在 20 世纪初就开始实施创业教育，并在此基础上逐渐将其演变成国家教育体系中的一项基本内容。日本的创业教育却起步较晚，直到 20 世纪 80 年代末才开始。最初实施创业教育、开设相关课程的学校仅有大约 30 所左右，但近年发展的势头却令人瞩目，目前已超过了 200 所。应该说，日本高校的创业教育无论是在实施高校的数量上，还是在相关课程的设置和管理方面，都已经达到了一定规模，形成了自己的特色，并开始步入不断完善、走向成熟的阶段。

目前日本高校开展创业教育的基本情况，大致可以概括为以下几个方面：

1. 创业教育已初具规模

目前，日本全国已有 247 所不同类型的高校实施了形式和程度各异的创业教育，约占全日本高校总数（日本现有各类四年制大学 756 所）的 32.7％。其中，国立大学为 53 所，约占 21.5％；公立大学是 15 所，约占 6％；有 179 所为私立大学，约占 72.5％（见表 4—1）。

从实施创业教育的层次来看，有 78 所（约占全日本高校总数的 10.4％）高校在本科和研究生两个阶段均开展了创业教育。日本的私立大学主要是在本科阶段开展创业教育，并设置专门的课程；而日本的国立大学则多半是在研究生阶段实施创业教育。

从实施创业教育的组织形式来看，在日本的大学或研究生院中，已有 30 所院校专门设置了以培养创业型人才以及从事创业教育的人才为目标的专业，占日本高校总数的 4％左右。

表 4—1　　　　　　　　　　实施创业教育的各类高校数目　　　　　　　　　（单位：所）

学校类型	实施校总数	仅在本科实施	仅在研究生实施	两阶段都实施	占全部实施校比重
国立大学	53	7	24	22	21.5％
公立大学	15	6	3	6	6％
私立大学	179	108	21	50	72.5％

资料来源：株式会社大和総研，2009。

2. 创业教育内容的多样性

目前，日本已开始实施创业教育的高校，均将创业教育的相关内容列入本科和研究生的选修或必修课程，并开设了多达 928 门的各类相应课程。其中，列为本科课程的有 523 门，提供给研究生研修的有 405 门。从所开设课程的具体内容来看（见图 4—1），主要包括两大类：

（1）创业知识类课程

这类课程主要涉及：企业经营管理方面的知识，如"关于企业经营的知识"、"风险投资企业概论"、"风险投资企业特有的经营秘密"等；金融财务知识，如"金融市场资本政策的知识"、"筹措资金的实务知识"等；市场运作知识，如"市场机制的知识"、"市场经营手段知识"等；法务知识，如"有关税务、劳务、法务的实务知识"、"知识产权及活用战略的知识"等。

（2）创业实践训练类课程

有约 20％的学校在本科教育中、约 30％的学校在研究生教育中开设了能够让学生亲自动手参与的"学生参与互动的实践型课程"，如"创业经验者、企业经营者经验谈"和"企业见习"等。有 20％左右的高校开设了有助于开展商务

关于企业经营的知识 ████████████████ 48.9
企业见习制度 ███████████████ 47.3
知识产权及活用战略的知识 ███████████████ 47.3
风险投资企业概论 ██████████████ 45.2
市场经营手段知识 █████████████ 43.5
创业经验者、企业经营者经验谈 █████████████ 43
企业会计的界定手段的知识 ███████████ 36.6
企业发展规划的知识 █████████ 31.2
企业见习 ████████ 27.4
金融市场资本政策的知识 ███████ 26.9
市场机制的知识 ███████ 26.9
事业规划分析书的制作 ███████ 25.3
筹措资金的实务知识 ██████ 24.7
风险投资企业特有的经营秘密 ██████ 24.7
事业业绩分析评估手法的知识 ██████ 24.2
商务计划成本分析 █████ 22
有关税务、劳务、法务的实务知识 █████ 21
商务礼仪概论 ████ 16.7
其他 █ 4.8

0　10　20　30　40　50　60

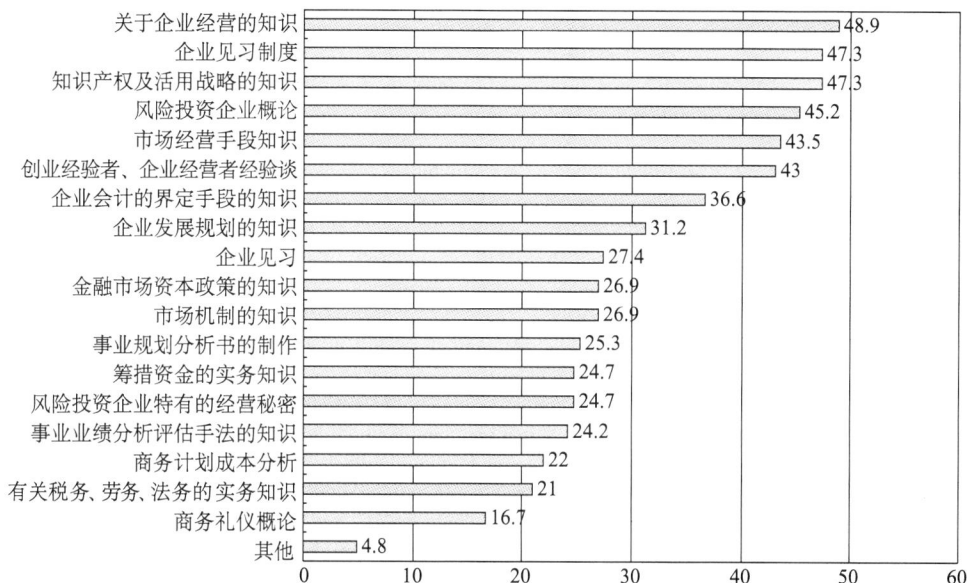

图 4—1　各类课程在实施创业教育高校中的开设情况（%）

资料来源：株式会社大和総研，2009。

活动、进行商务沟通、拓展商务渠道方面的课程，例如"商务礼仪概论"等。

此外，在实施创业教育的日本各高校中，还普遍开设了定期或不定期的创业教育讲座，聘请有创业经历和实务经验者为学生们传授心得与经验。

3. 实施主体的多元化

目前，在实施了创业教育的日本各高校中，承担上述课程授课任务的，大部分是从事经营管理学或经济学教学和科研工作的教师，约占 50% 以上；而理工科出身的教师则为 37.1%。其中，拥有创业经验者占了 40.3%；而由文理科教师联手共同授课的约占 53.2%。此外，在这些高校中，大约有 30% 左右的高校聘请了校外具有实务经验者来承担相应的授课任务。这些受聘担任兼职教师的主要有：风险投资经营者（有创办企业经历者）、金融机构或基金管理机构的从业者、企业经营顾问、律师、会计师、税务师等（见图 4—2）。

4. 创业教育模式的多样化

日本各高校在发展各自创业教育的过程中，根据学生的需求并结合自身师资力量的特点，逐渐形成了不尽相同的创业教育模式，大致可以分为四种类型（见

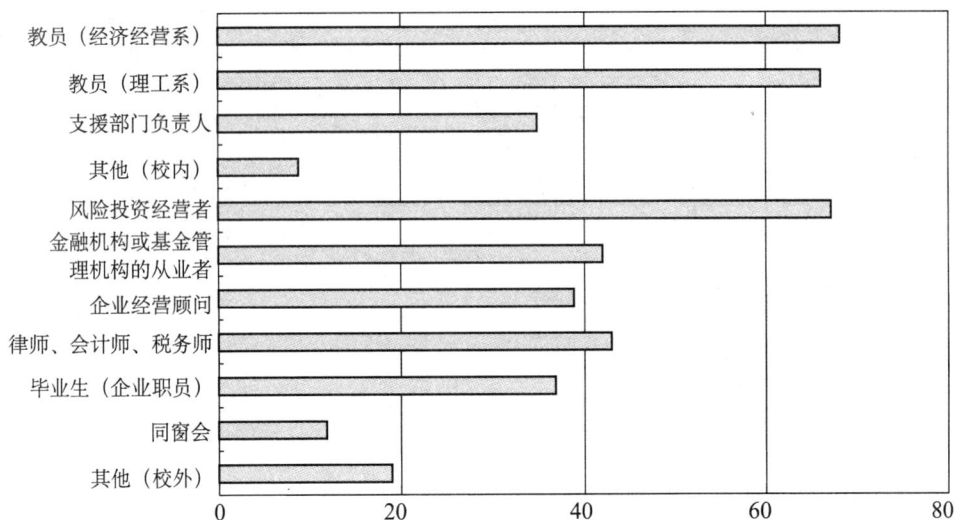

图 4—2　实施创业教育的师资构成（%）

资料来源：株式会社日本インテリジェントトラスト，2007。

图 4—3）。

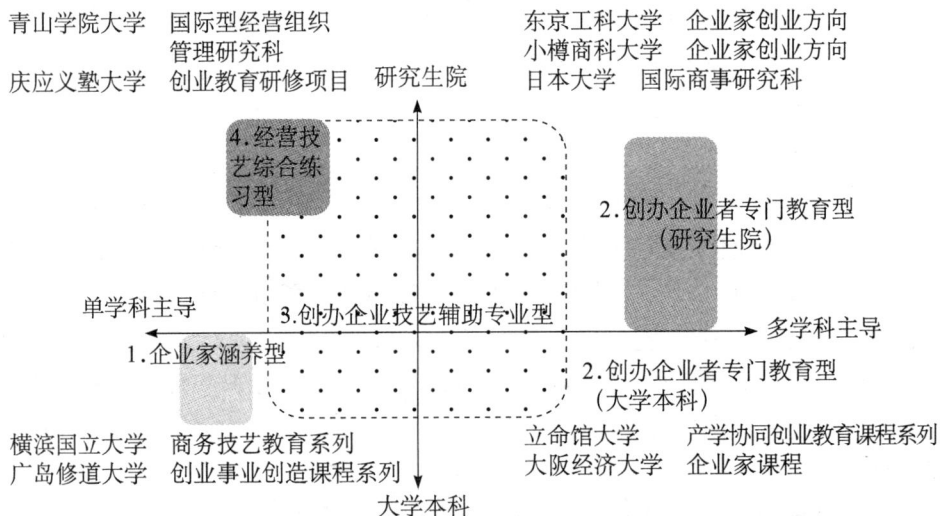

青山学院大学　国际型经营组织
　　　　　　　管理研究科
庆应义塾大学　创业教育研修项目

东京工科大学　企业家创业方向
小樽商科大学　企业家创业方向
日本大学　国际商事研究科

研究生院

4.经营技艺综合练习型

2.创办企业者专门教育型
（研究生院）

单学科主导

3.创办企业技艺辅助专业型

多学科主导

1.企业家涵养型

2.创办企业者专门教育型
（大学本科）

横滨国立大学　商务技艺教育系列
广岛修道大学　创业事业创造课程系列

立命馆大学　产学协同创业教育课程系列
大阪经济大学　企业家课程

大学本科

图 4—3　不同类型的创业教育模式

资料来源：株式会社大和総研，2009。

（1）企业家涵养型：这是以全体在学学生为对象进行创业通识教育的课程类型，比较典型的有横滨国立大学开设的"商务技艺教育系列"和广岛修道大学开设的"创业事业创造课程系列"。

横滨国立大学经营学部开设的课程计划，力图培养学生的策划能力、传播能力、实施能力以及作为商务人才所应当具备的较高素质。作为注重商务实践性的"实践课程群"，该计划包括："向经营者学习领导艺术与经营理论"（必修）、"向企业学习经营管理"（必修）、"经营学部的实习"、"现代物流经营"、"我的计划启动"、"市场运营实践"、"商务竞赛"、"由经营者和实务者传授经营诀窍"（"汽车产业的经营论"、"餐饮业的经营论"等）、"社会中的实践经验"等。学生修满 4 个学分的核心课程（含 2 门必修课）、8 个学分的选择课程及合格完成经营学部实习委员会确定的商务实践课题就可以结业。目前开设的"向经营者学习领导艺术与经营理论"（必修）和"向企业学习经营管理"（必修），是学生实习的前提课程，每年有 300～400 名学生修读。由于采取小班、教师与学生互动、启发式教学的方式，培养了学生的策划能力和实际动手能力。通过学习，学生们的创造能力显著提高，代表性成果包括"超越人种和世代的人才循环支撑计划"的提出、"校内太阳能发电计划"的制定、"公用地电动汽车的实施方案"的提出等，而且学生在近几年校友会举行的商务竞赛活动中均获得了优胜成绩。

（2）创办企业者专门教育型：这是以全体学生中有志于创办企业、从事创业的学生为主要对象开设的专门教育系列课程，典型的有东京工科大学和小樽商科大学开设的"企业家创业方向"以及立命馆大学开设的"产学协同创业教育课程系列"等。

其中，东京工科大学在研究生层面提供创业教育，其人学院设立的"企业家创业方向"，以培养研究生具备下列两种能力作为目标：能够使生命、IT 以及纳米等领域的高新技术产业化；基于财务、知识产权及市场等知识对企业实施战略管理。因此，在课程设置上，便以经济学、经营学、财务金融和高新技术为核心（见表 4—2），着力培养学生解决实际问题的能力，并将制定企业规划作为取得硕士学位的条件。同时，要求选择该方向的研究生除了发表高水平论文之外，还要在经过了两年学习和对创业环境进行考察之后，能够将其创业理念和计划付诸实施。

表 4—2   东京工科大学大学院"企业家创业方向"课程设置

基础课程	专业课程
战略经营论	金融学 1
经济学	知识产权管理学
商务会计	人力资源管理论
财政金融学	企业系统论
市场战略论	企业规划论
商事法律	经营管理论
创业融资论	电子商务管理
数据分析	商务宣传演示
	生命、环境等的商务管理
	网络市场
	虚拟商务

资料来源：东京工科大学网，http://www.teu.ac.jp/gakubu/index.html。

立命馆大学在本科层面上进行创业教育，其设立的"产学协同创业教育课程系列"，则是面向经济学院、经营学院、理学院和信息理工学院等文理四个学院的本科二年级以上学生设置，以培养社会所期待的"能够进行自主创造的人才"和"具有创业精神的人才"为目标的通识创业教育课程体系。该项目设立的目的在于，通过让学生实际参与创业活动、创业竞赛，培育和训练学生的创新能力和意识。因此，该项目在导入能够使学生对创业的本质有所理解的必修课程——"创业教育论"的同时，还配置了"基础课程群"、"扩展课程群"以及能够让学生亲身体验创业活动的"实践课程群"（见表 4—3），每门课程为 2 个学分，要求修满 16 个通识课程的学分。这些课程，并非仅仅是"讲座"，而是以重视培养学生的动手能力和让学生亲临创业实践活动为基本特色，为学生提供了一个产学结合的实践平台。

表 4—3   立命馆大学"产学协同创业教育课程系列"的课程设置

创业基础课程群	创业扩展课程群（选修）	创业实践课程群（要求必选一门）	创业活动的挑战课程
创业教育论（技术革新与企业家精神）	创业者特别讲义 I（商务孵化器）	创业实践讲座	学生风险创业竞赛
风险投资商务论	创业者特别讲义 II（制品产业化系统论）	创业活动实习	援助奖励金制度等

续前表

创业基础课程群	创业扩展课程群（选修）	创业实践课程群（要求必选一门）	创业活动的挑战课程
企业规划论	创业者特别讲义Ⅲ（知识产权战略论）	创业援助实习	
资金计划论	创业者特别讲义Ⅳ（技术革新战略论）	创业活动实习	
生产系统论			

资料来源：立命馆大学网，http://www.ritsumei.ac.jp/acd/ac/entre/approach/approach02.htm。

（3）创办企业技艺辅助专业型：这是主要面向拥有工科、医学专业背景的学生开设的，将创业教育作为辅助课的教育课程类型，比较典型的有信州大学开设的"技术创新经营管理研究方向"和关西学院大学设立的"社会创业学科"。

作为这方面具体实践的典范，走在日本高校前列的是信州大学，该校于 2003 年 4 月正式开始对社会科学与理工科有机结合的探索和使之相互协作的有益尝试。其开设的"技术创新经营管理研究方向"，是以有工作经验的社会人员为对象的研究生课程，希望培养对高新技术和市场动向均具有很深的理解力与洞察力并能够组织开展创业活动的人才。主办者认为只有跨越"组织"、"市场"和"技术"三道门槛，才能达到技术创新的目的，而这三道门槛的基础并非既有的概念，只是我们的"思想意识之门"，通过创业教育应该可以帮助学生实现这一跨越。其课程包括："经济战略论"、"经营战略论"（工学："企业经营概论"）、"经营组织论"、"企业活动和法"、"企业的社会责任"、"市场论"、"应用市场"、"技术开发特论"、"人力资源管理论"、"逻辑演习"、"课题演习"、"经营论特论"等。该项目拥有从"50 后"到"80 后"各个年龄段、拥有各自不同经历和专业背景的研究生，他们无论是在企业工作还是在行政部门就职，都怀着解决社会组织所面临的问题的愿望，并以创业为目标来到这里。也因此，该项目推行的教育并非是在桌面上的空谈，而是要训练和培养现实实务中最前沿的思想意识与决策能力。学生经过两年的时间修完所规定的课程，经审查合格者，将被授予经营管理学硕士学位。

（4）经营技艺综合练习型：这是为经营或商务学科的学生提供技能练习，提高他们进行商务策划的能力的专门教育课程系列，比较典型的有庆应义塾大学设立的"创业教育研修项目"和青山学院大学设立的"国际型经营组织管理研究科"。

庆应义塾大学大学院经营管理研究科设立的"创业教育研修项目"，是作为日本文部科学省批准的"应对社会人员再学习的需求推进创业教育"而开办的远程教育课程，属于面向社会的"成人教育"系列。该项目是为社会上已有五到十年的企业经验并准备创业的人提供一个可以获得比较完整的创业能力（动机、意识、姿态、能力及知识）培训的机会和平台。其最终目的是在社会人员重新学习时候，使他们能够接受良好的课程教育，并使他们能够重新迎接挑战、积极地应对复杂多变的现实社会。因此，该项目在课程设置上注重实用性，并以问题为导向，重点放在对解决实际问题的能力和创业意识的培养上，别具特色（见表4—4）。

表4—4　　　　　　　庆应义塾大学培养地域创业能力的研修课程

	第一类	第二类	第三类	第四类
第一组	题目：我想做什么？我能做什么？			
	退职的意思决定（打算向公司辞职）	发挥哪些特长进行创业	警惕创业"陷阱"	创业所需的动力
第二组	题目：创造销售额；创造利益			
	创业中的市场 教材：《面包厂》第一章 开业计划方案	创业中的市场 教材：《面包厂》第二章 经营计划	市场与会计 综合演练1 （在当地开办面包厂）	市场与会计 综合演练2 （在当地开办面包厂）
第三组	题目：企业的成长；创业者的成长			
	企业初创与创业者 案例：多客易客有限公司（2005）	地域创业者的战略与组织 案例：滨松奥卡民咖喱饭店	调动人的积极性（1）	调动人的积极性（2）

资料来源：庆应义塾大学网，http://www.kbs.keio.ac.jp/mb/101.html。

5. 创业教育与扶植创业相结合

为了提高学生创业的成功率、帮助创业的学生解决各种实际问题、激发学生们的创业热情，目前日本已开展创业教育的各高校，普遍将实施创业教育同积极扶植学生开展创业活动有机地结合起来。扶植创业通常以两种方式进行：

（1）本校设立的专门指导机构和创业基金。

许多高校都设立了扶植学生创业的专门指导机构——创业援助部门，同时还设立了专门用于资助学生开展创业活动、创办风险投资企业的"创业后援基金"，以解决学生在创业之初缺少启动资金的问题。

例如，日本著名的私立大学——庆应义塾大学，通过1990年建立的"湘南藤泽学园"（SFC）构筑起了创业教育与扶植创业的联动体制。SFC的具体实施机制，就是使有创业志向和对创办风险投资企业感兴趣的学生，通过选修由 SFC 的教授和从事实务者共同开设的"创业者概论"课程，同与 SFC 有着密切联系的风险投资企业者建立联系，在授课的过程中就相关问题展开讨论、辩论，实际参与制定商业策划项目，并在课程结束后由教师们推荐参加面向全校学生的商务创意大奖赛，以便有更多的机会获得创业后援基金的资助，使创业教育与创业援助形成有机的结合。

（2）对校友资源的有效利用。

不少高校还充分利用校友和毕业生这一宝贵资源，通过校友会、由有所成就的毕业生组建的援助团体或基金，将创业教育与扶植创业有机结合起来。比较典型的有庆应义塾大学的"三田会"和东京工业大学的"藏前风险投资咨询室"等。

以庆应义塾大学毕业生为核心结成的支持风险创业的创业援助组织——"三田会"，目前约有会员 80 余人，除了积极举办创业讲座、会员积极参与讲授创业课程、为准备创业的人建言献计、帮助制作项目规划书等之外，其最大的特点在于，由会员出资成立了投资机构，专门负责对有创业意愿的创业者进行资金援助。

而东京工业大学的"藏前风险投资咨询室"，是该大学与作为其同窗会的藏前工业会于 2004 年 5 月 17 日联合创办的。设立该咨询室的目的，是期望通过已活跃在社会上的东京工业大学校友，对该大学进行的风险创业及毕业生中准备创业者或已经创办风险投资企业者，给予从经营到技术、制造、营业等诸方面的指导答疑，直至帮助其获得事业成功。

事实上，与东京工业大学创业教育及风险创业有关的组织，在该大学"产学联合推进部"的支持下早已成立，如"财团法人理工学振兴会"、"孵化器中心"及"风险投资创业实验室"等。但是，这些组织只是向同该大学直接相关联的风险投资企业提供较为完善的支援体制，而对于校外人员利用该校所拥有的技术创办的风险投资企业以及该校毕业生创建的风险投资企业，却缺乏应有的支援体制。"藏前风险投资咨询室"就是应对这一需求而成立的。它以志愿者为中心，许多校友作为咨询顾问在咨询室登记。这些志愿者校友活跃在社会上的各个领域，除研究开发、生产技术的人员外，还有大企业的经营经验者、创业经验者、风险投资创业咨询师、专利代理人、律师、注册会计师、银行职员等。这些校友顾问，每周一、三、五下午负责在咨询室接待、解答相关咨询问题（见

图4—4）。到目前为止，该咨询室已经为许多风险投资项目提供了支援帮助。不仅如此，2008年以来，该咨询室还举办了包括创业支援讲习会、创业竞赛在内的多项大型援助活动。

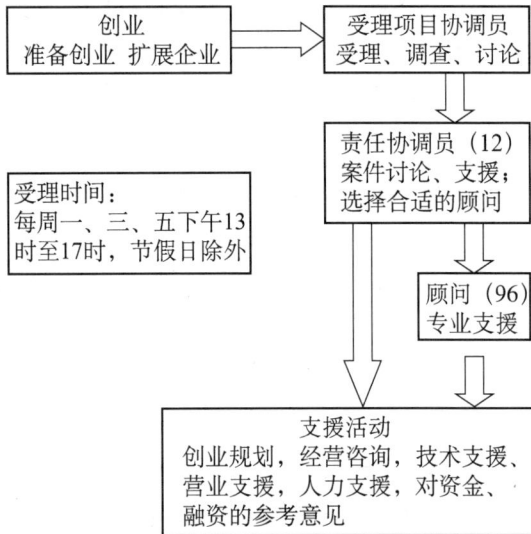

```
┌─────────────────┐      ┌─────────────────┐
│      创业       │ ───→ │  受理项目协调员  │
│  准备创业 扩展企业 │      │  受理、调查、讨论 │
└─────────────────┘      └─────────────────┘
                                  │
                                  ↓
                         ┌─────────────────┐
                         │  责任协调员（12） │
                         │  案件讨论、支援； │
                         │  选择合适的顾问   │
                         └─────────────────┘
┌─────────────────┐              │
│   受理时间：     │              ↓
│ 每周一、三、五下午13 │      ┌─────────────────┐
│ 时至17时，节假日除外 │      │   顾问（96）     │
└─────────────────┘      │   专业支援       │
         │               └─────────────────┘
         ↓                        │
┌──────────────────────────────────────────┐
│              支援活动                       │
│  创业规划，经营咨询，技术支援、             │
│  营业支援，人力支援，对资金、               │
│  融资的参考意见                             │
└──────────────────────────────────────────┘
```

图4—4 藏前风险投资咨询室工作程序

资料来源：东京工业大学网，http://www.kuramae—kvs.sakura.ne.jp/。

二、日本高校创业教育面临的主要课题

尽管近年来日本高校的创业教育发展迅速，已初具规模并形成了独具特色和较为规范的运作体系，但是，日本インテリジュントトラスト和大和総研在调查中，也发现了日本高校在实施创业教育的进程中存在的诸多问题和所面临的亟待解决的课题。这些问题与课题，主要有以下七个方面：

1. 需要在更多高校开展创业教育

大和総研的调查报告指出，同美国等先行开展创业教育的国家相比，日本高校的创业教育无论是在专门课程的设置数量方面，还是在教学质量方面，都还存在较大的差距。例如，尽管目前日本高校总体上已开设了928门创业教育方面的课程，但这仍不及美国的1/5——美国高校目前已开设了超过5 000门的相关课程。而且，在日本已开展创业教育的高校中，超过半数的学校仅设置了 1～2 门创业课程。

2. 需尽快建立起较为完善的创业课程体系和与此相适应的教材体系，以便提高创业教育的教学质量

大和总研的调查报告同时还指出，目前日本高校普遍缺乏有针对性的用于实施创业教育的专门教材；多数学校是将与创业相关的课程作为选修课，而将其列为必修课并将学生所修学分纳入学生毕业所需总学分之中的学校并不多。特别是，能够应对各类、各层次以及不同学科学生的需求，在从基础、技能训练到实践应用各个阶段都设置了相应创业课程的院校非常少。而从整体上讲，日本高校目前实施的创业教育，无论是在教学内容的安排上，还是在课程体系的设计上，以及教学方法的选择上，都还处在较低的水平，这些都影响到日本高校创业教育的教学质量。

3. 需进一步明确创业教育的目的和意义

按照通常理解，创业教育的目的应当是培养创业人才，目标的达成与否取决于所培养的学生创业成功与否。对此日本インテリジェントトラスト的调查报告指出，在校学生普遍缺乏或根本没有社会经验，进入社会初次创业遇到失败在所难免，而且仅依靠所接受的大学教育也难以应对创业和企业经营所面临的所有课题。尽管目前创办起自己的企业的成功创业者依然是少数，但接受了创业教育的学生们因在就职活动中的出色表现而得到用人单位高度评价和肯定的例子却不少。

从这个意义上说，创业教育的目的和意义似乎并非是单一的。该调查报告进一步指出，传授学生开展创业所必备的知识和进行虚拟的创业体验、培养和强化学生的创业意识与创业精神，才应当是高校创业教育的主要目的。由于各高校对此还没有达成共识，这种状况将影响创业教育的推进。因此，在充分认识创业教育的作用的同时，有必要进一步地明确创业教育的目的和意义。

4. 需要确立评价高校创业教育的科学评价手段和体系

随着日本国立大学独立行政法人化的普遍实行，对大学教育效果的评价也成了包括法人化国立大学在内的所有大学的重要课题。在创业教育的学术价值至今尚没有得到各界充分认可的情况下，最为重要的，是要在进一步明确企业家教育的目的和意义的同时，确立创业教育的原则性评价体系，以便社会各界能够正确认识和测定创业教育的基本效果，使高校所实施的创业教育能够得到社会各界的广泛认可和支持。对此，大和综研的调查报告认为，评价体系中的评价指标至少应包括：自主创业所需知识的掌握程度和能力的培养状况；企业、事业单位及政府机构等社会组织认为必要的"入门所需的"知识与技能的掌握程度和培养状况；作为经营学课程体系中一项基本内容——实习训练完成的情况。

5. 应尽快建立起校际联系通道，互通创业教育信息

大和综研的调查报告指出：美国、加拿大等先行实施创业教育的国家已在各高校之间建立开展创业教育协作、开展有关信息交流、相互交换教材、联合开展教学法研究以及相互承认学生在创业教育中取得的学分等相关制度；与之相比，目前日本高校进行的创业教育，基本上还停留在各个高校各自为政的水平上。

6. 必须以经营学科为中心，促使创业教育在所有学科范围内开展

由于历史的原因，目前日本的大部分高校，基本上都是以经营管理学院和经济学院为核心来承担与创业教育相关的教学任务，而具备跨学科开展教学活动管理机制的高校却很少。这样不仅增加了各高校经营管理学院和经济学院的教学负担，而且也使创业教育失去了应有的针对性。例如，对于已学习了经营学基础理论知识，并在此基础上为将来创办企业、从事经营活动作准备的学生，与连起码的企业经营基础知识也没有学习过的学生，学校往往只能提供同样的创业教学课程。报告建议，各高校应当根据不同专业和兴趣爱好的学生的需求，按照"入门篇"、"理论篇"以及"实践篇"等实施有区别的创业教育。

7. 外聘教师规模过小，不能满足创业教学的实际需要

从间接获得实践性知识这个意义上讲，由既具有创业经验又拥有学识者为学生们生动地讲授创业课程，是非常有效和实用的教学方式之一。此外，对于外聘教师（创业经验者）而言，进入校园与学生交流，不仅可以提升所属企业的知名度和潜在价值，还可以借教学的机会为所属企业物色新的员工，同时也为学生毕业求职增添了新的途径。可以说，外聘教师参与创业教学活动，对于高校、选课的学生以及外聘教师本人都是一个互利的机会。但是，上述机构的问卷调查显示，由高校既有教师以外的社会外聘教师参与创业教育授课的科目，还不及已开展创业教育的高校所开设的创业课程（包括本科和研究生）的1/4，不能满足潜在的需求。大和综研认为，出现这种情况的主要原因在于，对校外教师的聘请基本上依靠外聘教师个人的人脉关系，因此有必要扩大外聘教师的规模和招募联系的渠道。

三、日本高校创业教育发展的未来

应当说，在高校中广泛地开展创业教育，是一项关系到国家高等教育体制的改革与发展、提高本国高校毕业生的创业意识、提升整个民族的创新能力、增强本国的国际竞争力、实现本国经济持续稳步健康发展的十分重要和具有战略意义的举措。为解决存在的问题和应对面临的课题，可采取如下应对措施和建议：

1. 建立全国性的创业教育信息交流平台

（1）创设全国性的大学、大学院的创业教育论坛。

2008 年 10 月，京都大学经营管理大学院、三菱 UFJ、日本经济产业省及日本风险投资学会在京都大学联合举办了"风险投资企业、风险投资资本教育论坛"，受到了各界的广泛关注。原本定员 100 人的会议，其与会者最终达到了 137 人，表现出各界对获取创业教育相关信息的渴望程度。

为了应对这一需求，改变目前日本各高校各自为政的局面，大和总研提议建立一个以扩大创业教育规模、扩大受众面、进一步充实教育内容、相互交流教学经验和信息为目的，由所有实施创业教育的高校及其授课教师、校外兼职教师、风险投资企业相关人士共同参与的全国性"创业教育论坛"，每年举行一次。在此基础上，各地方也可根据情况定期举办本地域的相关信息交流会，以便及时发现和收集相关信息，使信息交流做到实时和有效。

（2）开设全国创业教育网站。

该网站主要为上述论坛的成员提供下列信息，并且做到信息共享：1）创业教育手册（包括：实施学校、师资队伍、授课形式、授课内容和特色及其他）；2）外聘师资名录；3）教材、推荐图书、案例等的介绍；4）典型事例介绍；5）接受实习企业的信息；6）商务策划、创业竞赛等的信息；7）全国大会、地区信息交流会、授课观摩等的信息；8）其他相关信息。

（3）编辑、发行创业教育手册。

就是将开展创业教育的高校情况编辑成册，并在网站上公开发布，供学生查阅，尤其是为高中生日后选择自己期望能够接受其创业教育的高校提供参考。

2. 扩大聘用校外教师的规模

建立外聘教师后备者通讯录，即把参加前述论坛讲演的人员作为外聘教师候选者，将其相关信息制作成名录，并挂放在创业教育网站上，供论坛成员共享，通过这种方式来扩展外聘教师的规模。这样就可以使没有渠道而煞费苦心地想要招聘教师的高校有机会可以从众多的备选人才中挑选出适合本校课程的教务人才。

大和总研同时还建议，要充分利用"新商务协议会"等拥有众多企业家的团体进行校外教师的招募工作，以便为那些有足够的创业经验但缺少受聘机会的实务工作者创造更多的应聘机会和渠道。

3. 实施教学法的研修活动

目前在日本高校中承担创业教育课程教学工作的，要么是缺乏创业经验的高校教师，要么是缺少教学经验的校外兼职人员。尤其是这些兼职教师，由于原本非教学研究人员，而主要从事实务工作，因此，他们在进行创业教育的授课或讲座时，往往按照自己既有的方式来进行，难以收到应有的教学效果。为此，有必要开展教学法的研修活动。

相关研究认为，可以组织教师前往在创业教育方面已积累了丰富经验的美国高校进行实地观摩、研修和开展教学经验交流，这将有助于提升日本高校创业教育的教学水平，提高教学质量。还可以在日本国内召开先进学校的授课观摩会，开办教学示范讲座，并开展对评价方法的研究。具体的做法，就是成立一个由有识之士组成的委员会，选择出一所或几所正在实施创业教育的、有领先意义并具特色的示范性大学，从其中挑选出若干有代表性的精品讲座作为示范讲座，供各高校观摩学习。这些示范讲座，在接受前述论坛支援的同时，还要通过网络向论坛成员单位参加者传送创业教育的最佳示范课程等，为确立创业教育的目的和意义而努力。该委员会还要对每个示范项目的评价标准和方法展开讨论。

4. 制定创业教育的中长期规划课题

（1）建立一贯制的英才教育体制。

要想产生出像谷歌、微软这样的世界顶级风险创业企业，就必须考虑如何才能培养出创办这类企业的精英创业者。为此，有必要建立一贯制的英才教育体制，即在初中、高中就开始设置创业者教育课程，在大学、研究生院则设置特殊的专门课程。

（2）开展创业教育的综合评价体系研究。

为了公正客观地评价创业教育的效果，以及为今后制定创业教育的评价标准提供理论依据，有必要对此展开研究，并对选修了创业教育课程的学生毕业后的就职状况和创业意识、能力方面的情况展开跟踪调查。

四、几点启示

他山之石，可以攻玉。通过上述考察，我们认为，日本高校实施创业教育的经验，至少有以下几点启示：

1. 创造良好的创业教育氛围，明确创业教育的目的和意义

开展创业教育，最重要的是要调动起各方面的积极性，创造一个实施创业教育的良好氛围和环境。首先，需要政府在政策上、资金上以及制度建设上给予全方位的支持和扶植。其次，高校自身要有积极性，应当把创业教育纳入高校的知识教育体系之中统筹安排，把创业教育作为培养创新型人才的一项基础性工作，并以此来设计课程和教学计划以及进行师资队伍建设。明确创业教育的目的并非仅仅是培养未来的创业者，更重要的是培养全体学生的创业意识和创业精神。最后，就是要激发学生积极参与创业教育的热情，使他们关注创业教育，投身创业活动，自觉地成为创业教育的主体和受益者。

2. 建立多样化的创业教育课程体系和文理兼融、专兼职合理配置的专业师资队伍

要想使我国高校的创业教育得到快速发展并尽快达到一个新的水平，吸收先进国家的成功经验，建立和开发一套与我国社会经济发展水平相适应的、适合我国高校发展实际的创业教育课程和教材体系，是至关重要的。在课程建设上，我们既要注重创业的通识教育、基础教育，又要关注创业的基本技能训练和能力的培养；并且根据不同层次、不同类型学生的需求，开设多层次的、各具特色的专门课程。同时，还要将讨论、练习、模拟训练和现场见习贯穿于创业教育的全过程，以激发学生的学习热情和创业激情。根据日本的经验，各高校还应着手选拔和培养一批能够实施创业教育的优质师资，并建立一套特殊的教学系列（包括职称和教学效果）评价标准体系；鼓励各学科之间，特别是企业管理、经济经营学的教师同工程学、医学和农学的教师展开交流与合作；聘请优秀毕业生和创业成功实践者做兼职教授或讲师，作为创业指导教师，为在校学生传授创业经验。

3. 建立与高校创业教育相适应的创业实践活动联动体系

创业实践活动是创业教育的一项不可或缺的基本内容。从日本的经验来看，首先要建立可供学生开展实践活动的基地（或场所）；其次要建立创业实践活动的具体操作机制，从学生选学相应的创业教育课程开始，到进入创业实践活动基地开展实践活动（包括项目投标、设计具体实施方案、论证考评答辩、具体实施以及验收最终成果），建立起一系列严格的评价考核制度，从而使创业教育收到实效。

我国高校可通过三条路径来实现创业教育与实践活动的有机结合：一是根据我国高校已有的传统和经验，在原有的学校实习工厂的基础上，建立创业实践活动基地，同时建立公共实验室以方便学生开展实践活动；二是实行校企联合，在社会上选择一家或几家适于学生开展创业活动的企业，建立学生创业实践基地或园区，并将学生的学业与实习有机地结合起来；三是有条件的高校还可以建立独立运作的大学生创业园（中心），为学生开展创业实践活动提供平台，创造更好的环境。

（陈瑞英　顾　征　撰文）

第 3 节　i2e：纽约大学理工学院的创新模式

纽约大学理工学院（Polytechnic Institute of New York University，NYU-Poly，下称纽约 Poly）前身为纽约理工大学（Polytechnic University），建校于1854 年，是美国历史上第二个古老的私立工科大学；于 2008 年 6 月与美国第一古老的私立学校纽约大学合并。从创立之初到与纽约大学合并，纽约 Poly 曾经四易校名，但一百五十多年间，其 i2e（invention，innovation and entrepreneurship）的创业创新模式始终保持不变。

一、i2e 模式建立的背景

19 世纪初，洪堡改革引发了整个大学发展史上的第一次"学术革命"，即"研究"开始进入大学，从而孕育了"研究型大学"。随着知识经济时代的发展、政府对高等教育资助的削减以及工业发展对大学的期待，大学在经济和社会发展中的作用日益突显，大学被赋予了新的使命，即大学要为经济和社会发展服务。于是"创业"开始进入大学，大学开始将研发的技术成果转让或许可给企业界，以实现技术的转移和知识产权的商业化为社会谋福利，同时通过产生技术转移收益以支持大学的科研和教育。这便是大学发展史上的第二次学术革命，从而孕育了"创业型大学"（见图 4—5）（Becker，2008）。尽管"创业"进入了大学，但像当初"研究"始进大学一样，"创业"并未取得与教学和研究同等的地位，在许多大学，教学和研究仍然优先于创业。

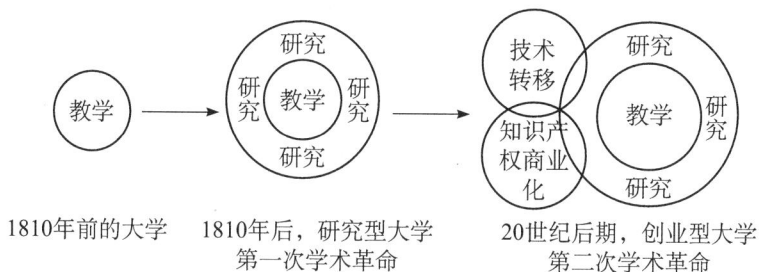

图 4—5　大学理念与职能的演变

与传统的研究型大学或一般的创业型大学不同，纽约 Poly 从 1854 年建校起就秉持一贯的办学理念，即人学必须扩展其功能，不仅要履行教学和研究的职责，更为重要的是要进行创造、创新和创业教育，实现技术转移和知识产权的商业化（见图 4—6）（Becker，2008）。只有通过这些功能的拓展，大学才能对经济增长、就业以及城市繁荣产生直接影响。i2e 的创业创新模式正是植根于这种办学理念。i2e 模式不仅教育学生要掌握和应用科学和技术，从而创造更美好的世界；而且鼓励教师把自己的研究成果转移到市场，实现技术转移和知识产权商业化。

正是这种创业创新模式，使纽约 Poly 实现了技术转移和知识产权商业化的

图 4—6　纽约 Poly 的办学理念

大学使命，从而也奠定了纽约 Poly 在教育界、工程界和学术界的地位。一百五十多年来，纽约 Poly 不仅见证了美国的工业化进程，而且培养了大批科学家和技术领军人物。当今世界广泛使用的心脏起搏器、录像机、条形码扫描仪和触摸屏自动取款机等技术，都来自纽约 Poly 毕业生的发明创造。

二、i2e 模式及其实施途径

为了有效实施 i2e 的创新创业模式，纽约 Poly 创建了一个创新生态系统（见图 4—7）（Hultin，2008）。在图 4—7 中，纽约 Poly 原来的地位处于左侧高等教育与大学研究的交集处，现在则拓展到图面中央虚线所示的区域。大学与行业之间创造、创新和创业互动增加，从而使得大学使命得以扩展。在该创新生态系统中，i2e 是基础，也是教育的核心。为此，纽约 Poly 将 i2e 的精神渗透于学校的方方面面，如课程设置、研究项目、学生实习、发明创新竞赛、创建商业孵化器等。在这些教育、教学、实践活动中，学生获得了创造性地利用科学和技术的必要技能（Poly，2010a）。

（一）实践 i2e 的学习环境

纽约 Poly 设计了一系列的课程和计划。通过这些课程和计划，学生可以获得创造性地应用科技力量的必备技能。

1. i2e 本科生论坛（Undergraduate Forum on i2e）

越来越多的研究表明，经济增长更多依靠的是技术和创新，而不是任何其他因素。因此，培养学生的科学和工程研究能力显得尤为紧迫。为此，纽约 Poly

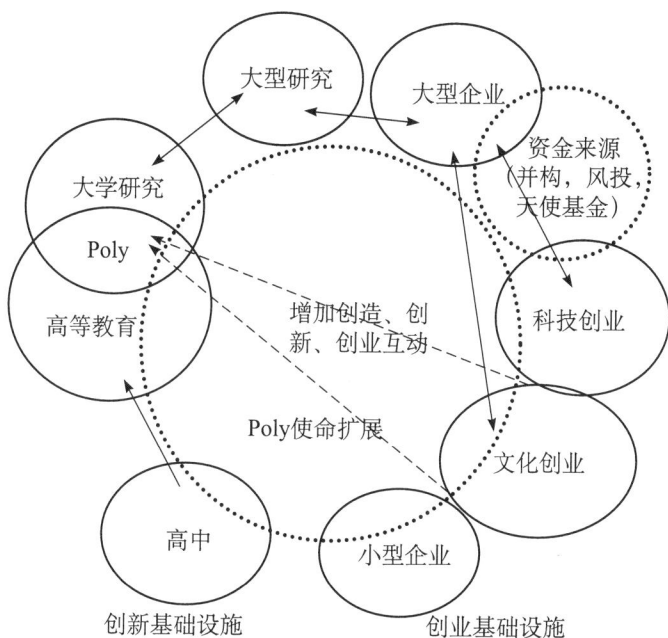

图 4—7　纽约 Poly 的创新生态系统

专门为一年级学生设置了一个关于 i2e 的整体课程，其目标是培养全球创新的下一代。该课程的独特之处是，学生可与最成功的发明家、科学家、新闻工作者、业务主管以及企业家等面对面接触以及获得一起工作的机会（Poly，2010b）。

i2e 本科生论坛每周都举行关于热点问题的讲座，如环保技术、生化应用等，让学生聆听科学家、数学家、企业家等成功人士的故事和经验。这些内容还通过实时滚动的名人论坛、博客方式同步发布。学生分为十几个学科小组，就每周的讲座进行讨论、查找阅读材料以及其他容易获得的课程资料。然后，每个学科小组又分为更小的 5～7 人的小组，在创新比赛中相互竞争。学生的成绩根据博客文章、课堂参与以及学习报告等评定。

i2e 本科生论坛可以说是高等教育的一个突破，该论坛确保学生一进大学就可以了解到如何利用整合科学和技术的创意来应对 21 世纪的挑战。同时也可以帮助纽约 Poly 毕业生确立其职业生涯方向。这可以说是创造、创新和创业力量的强有力证明。

2. 荣誉计划（Honors Program）

荣誉计划是纽约 Poly 最好的资源，旨在开发和发展学生进行独立研究所必需的创造性和批判性思维方法，从而把学生培养成为新型知识经济社会中有远见、能创造性地解决工程问题和应对专业挑战的工程师、科学家、企业家、管理者以及其他行业的领导者。而他们的成功不仅提高了母校的声誉，也是积极支持母校发展的重要力量。

荣誉计划就像一块磁铁，吸引着不同背景的优秀学生。其特色首先是渗透着 i2e 精神的各类课程；其次是与跨学科研究领域的导师一对一的、直接而广泛的合作机会，在良师益友的指导下，参加荣誉计划的学生与教师一起并肩工作，从而使学生的创意思维能力、主动学习能力以及研究能力等得到良好的锻炼；最后就是荣誉计划教学植根于研究密集型环境，如基于项目的学习、独立研究、夏季荣誉研究研讨会和工作坊等。

除学校提供的荣誉计划奖学金外，该计划还鼓励荣誉计划学生申请两项国家奖学金，它们分别来自 Barry M. Goldwater 奖学金及卓越教育计划和 Jack Kent Cooke 基金研究生奖学金计划。这些奖学金旨在为降低学生们的教育成本争取更多支持力量和机会。

Barry M. Goldwater 奖学金及卓越教育计划设立于 1986 年，其目的是给那些致力于科学、数学和工程等领域的优秀大学生提供奖学金，从而保证高素质的科学家、数学家和工程师的持续来源。

Jack Kent Cooke 基金研究生奖学金计划是 2000 年根据 Jack Kent Cooke 先生的遗愿建立的一个私人独立基金。该基金的目的是确定和支持那些有经济困难，而在学习和课外活动方面表现卓越的、有特殊前途和特质的年轻人。

3. 一般研究计划 （General Studies Program）

纽约 Poly 还设立了一般研究计划，旨在给那些不符合传统招生要求的学生提供一个支持性环境，使他们获得以科学、工程和管理等为基础的教育机会。该计划期限为 1 年，以参加一般研究计划的学生开始大学生活之前的一个强制性的夏季计划为开端，然后是持续一学年的、强制性的每周辅导和咨询建议会。

夏季计划为期 6 周，其宗旨是使学生获得能应对纽约 Poly 课程挑战的知识、工具和必要的技能，从而平稳地过渡到大学生活。夏季计划必须要完成的课程包括：（1）工程师必备的计算机技能。课程重点是 AutoCAD、MATLAB、Microsoft Word、Excel、Project 和 PowerPoint 等的基本功能。课程要求每周有实验任务，以及综合课程内容的期中项目、期末项目和个人项目。（2）大学预备写作。课程旨在培养和提高学生的写作水平，以便使学生适应大学水平的写作要求。课程由阅读和写作练习、语法测试以及一个封闭的测试组成。(3) 大学数学入门课程。课程重点是向学生介绍微积分入门知识。(4) 大学物理入门课程。课程介绍物理的基本概念和定律，以及与工科的关系。这些课程的基本要求包括：每天上课、每周测试、每天布置家庭作业以及期中和期末考试。

完成夏季计划并达到要求后，一般研究计划的学生在秋季学期开始时就可与纽约 Poly 的其他学生一起进入大学学习。除参加规定的课程外，他们还要参加每周的辅导会；一般研究计划的指导老师则通过每周的咨询建议会来监督学生的学习进展情况。完成秋季学期的学习并符合规定的要求后，学生就可与该计划的指导老师协商，以确定其春季学期所要上的课程，每周的辅导会和咨询建议会仍作要求。整个大一学习结束后，如果达到了学校规定的标准和要求，那么一般研究计划的学生就可以转到任何授予学位的纽约 Poly 计划中去。

4. 实习 (internship)

实习是贯彻 i2e 精神的主要方式之一。因为学校坐落在繁华的纽约市，每年都有几百家公司到学校招聘，因此纽约 Poly 的学生也获得了到顶尖公司、新创公司等实习的许多机会。纽约 Poly 的职业管理中心 (Career Management Center) 为学生和企业牵线搭桥，给他们提供双向了解的平台，给学生创造和提供互惠互利的实习和全职工作的机会。

实习面向所有专业的本科生和研究生，但为保证质量，对申请实习的学生有成绩上的相关要求。而且在获得实习职位之前，所有学生都必须接受职业管理中心的职业辅导和简历评价。实习分为两种类型，一种是兼职实习，每周平均工作 15～20 小时；另一种是全职实习，在学校放假和暑假期间要求全职，每周平均工作 35～40 小时。无论哪种类型的实习学生都可以享受公司的补偿政策。

5. 本科生暑期研究计划

本科生暑期研究计划是纽约 Poly 贯彻 i2e 精神的又一措施，2007 年由纽约 Poly 教务处制定。该计划的目的是培养和锻炼学生独立发现问题、解决问题的能力，从而提高学生的创造、创新和创业能力。

每年春季四月，教师公布他们的研究计划和对申请参加该计划的学生的特殊要求（如实验室经验或者专业课程等），符合条件的所有本科生都可以申请。除教师研究计划所需要求外，申请暑期研究计划的学生还至少要获得 32 个学分，平均成绩在 3.2 以上。教师就学生的资格和申请意向进行审核，从中选出最适合他们研究需求的学生。到夏季，实验室便开始向学生开放，允许学生在实验室进行为期 10 周、每周 35 小时的动手研究。参加暑期研究计划的学生与他们的指导老师一起研究和工作，并可以参加纽约 Poly 优秀教师每周组织的研讨会。此外，在每两周一次的午餐聚餐时间，学生可与非专业人士讨论自己的研究，从不同角度进行跨学科思考。

该计划的经费主要来自学校捐助者的慷慨捐助，以及学校给指导教师的研究提供的研究补贴等。由于有充足的财政资助，该计划已取得了成功。从制定之初到现在，已有 121 名学生和 81 名教师参与了暑期研究计划。

6. 发明创新竞赛（Invention/Innovation Competition）

为获奖而比赛是一回事，在自由市场上竞赛获得成功则是完全不同的另一回事。纽约 Poly 每年一度的"发明创新竞赛"是非常有影响力的活动，为成长中的发明家、创新者和企业家提供了一个发展和完善他们的创意并使之转变为适销产品和服务的机会。

每年秋季学期，发明创新竞赛的参赛者开始进行初赛，就他们的创意展开讨论，集思广益。初赛获胜的参赛者可以参加专利调查、市场调查等专题讨论会，并从纽约 Poly 的 BEST（Brooklyn Enterprise on Science and Technology）商业孵化器指导老师那里获得一对一的商业训练。到春季学期，进入决赛的参赛者把他们的创意阐述给由业界和学术界专家组成的评审委员会；评审委员会对参赛者创意的商业可行性作出评审，此外还要对这些创意对当地、国家和世界等的影响作出评价，最后评比出一二三名获奖者。

7. 商业孵化器

商业孵化器作为高校研究成果技术转移与商业化的必要形式，其优势就是通过将人才、技术、资本、技能等要素有效地整合起来，促使相关产业在更高的平台上起步，加快实现科技成果的商业化，同时也有利于提高企业的存活几率。为此，纽约 Poly 积极建设和利用商业孵化器，以贯彻和实施创造、创新和创业。目前，纽约 Poly 有三个商业孵化器：瓦里克街 160 号（160 Varick Street），布鲁克林科技企业（Brooklyn Enterprise on Science and Technology，BEST）商业孵化器和纽约市清洁和可再生经济加速器（The New York City Accelerator for a Clean and Renewable Economy，NYC ACRE）。

160 Varick Street 采用高适应性的商业模式，结合下一代技术生产适销对路的产品和服务，并利用纽约市全球人才库的强大力量产生发展动力。160 Varick Street 横跨不同的部门和行业，从金融服务、信息科技到电子商务，目前有金融服务企业 5 家、信息技术企业 14 家、可持续性/清洁技术企业 10 家、媒体与娱乐企业 3 家、电子商业/时装类企业 2 家、业务发展企业 1 家。

BEST 商业孵化器的宗旨是提供一种教育环境，从而刺激以科技为基础的创业公司和分拆公司的建立与发展，在企业创业初期，即最脆弱的时期帮助它们生存和发展。为提供就业机会和促进经济发展，BEST 扩大了布鲁克林的现有产业，并吸引高科技产业。BEST 为企业提供全方位的服务，包括营销和销售网络、知识产权商业化、指导制定商业计划、提供商业顾问、拨款建议、网络商机、获取专利代理、学生专利计划等。BEST 开发具有商业可行性的产品和服务，从生物传感器到信息技术。虽然这些企业一般处于创业或早期发展阶段，但由于它们具有强大的商业潜力，良好的、可商业化的技术，以及强大的管理团队，因而被选入 BEST。BEST 有实体孵化和虚拟孵化两种形式。

NYC ACRE 由纽约州能源研究与发展管理局（NYSERDA）投资创建，其宗旨是培育一种生态系统，使那些能解决气候和能源问题的企业家、国际公司和当地创新企业得到良好发展，从而为纽约市提供越来越多的清洁技术、可再生能源部门和就业机会，使纽约市成为环境可持续发展的典范。NYC ACRE 所有公司的业务都是可替代能源和清洁技术，或者是培育与可持续的城市环境有明确联系的产品或服务。

（二）完善的支持与保障措施

除积极创建实践 i2e 的学习环境外，纽约 Poly 还采取了一系列支持和保障措施。

1. 学术顾问中心（Academic Advisement Center）

学术顾问中心的使命是为纽约 Poly 的学生提供一系列主题的学习指导——从专业要求、学校规章制度到生活技能的发展，帮助学生把目标、兴趣和职业理想转化为有效的教育。其具体任务是指导学生利用校园资源获得更多的支持和指导，以努力解决和适应与学校有关的、并对他们产生影响的各种问题。该中心还负责每个学期对学生学习进度的审查，从而决定学生成绩。学术顾问根据系主任的列表，作出学生试读、退学的决定，然后把通知书送达学生及其学术办公室和系里；要求学生与他们的顾问定期见面，讨论学习进度和解决他们学习上的问题。学术顾问中心有两位专职顾问，分别负责不同专业的大一学生的学术指导。大二、大三、大四学生的顾问，中心不再配备，主要由各自专业的教授担任。

2. 理工辅导中心（Polytechnic Tutoring Center）

理工辅导中心致力于为学生提供免费的个性化服务，以帮助学生实现其学习目标。该中心的具体任务是提供一年级和二年级的数学、计算机科学、物理、化学和生物等课程；同时，还为所有本科生和研究生提供写作、阅读和英语帮助。

辅导方式主要有：随到随学式辅导，期中、期末考试复习会以及写作个体辅导会。随到随学式辅导是指在该中心的任何工作时间内都可以直接参加辅导，而不需要预约。辅导老师通过检查课堂或课本上并不清晰的知识，给出各种解决问题的方法。

期中、期末考试复习会帮助学生复习、准备考试。该复习会在学生中非常流行。在复习会上，通过模拟考试，学生可以练习解决问题的能力和技巧，辅导老师会就这些练习进行讲解，回答学生相关的问题。

写作个体辅导会针对学生个人的任务、问题或其他任何大纲等提供一对一的辅导帮助，通常至少45分钟，一般需要预约。每周一到周五中午有随到随学写作辅导会，适用于那些需要帮助但不需要为此花45分钟的学生，如一篇文章如何开始写作、对一篇文章的微调，以及如何开始修订写作计划，等等。此外还有英语会话，旨在帮助那些刚刚开始学习英语口语的学生，使他们的口语更加流利。

3. TRIO 计划

TRIO 是旨在为贫困学生创造受教育机会的一系列联邦政府计划。该计划激励和支持那些低收入家庭的第一代大学生，或者符合文件规定的有残疾的学生，使他们能够成功地完成其中学后的教育。该计划提供的服务有：个性化指导、咨询、工作坊、文化和社会活动、考试准备等。

4. HEOP 计划

高等教育机会计划（HEOP）是纽约州资助计划，旨在为那些经济能力有限而可能无法进入纽约 Poly 学习的、有能力的学生提供广泛多样的教育教学。

HEOP 的目标是保留和授予学位给那些传统上在工程、技术和科学领域代表不足的学生。一旦加入 HEOP 计划,这些学生将获得各种支持服务,包括学习支持、财政资助、咨询、辅导和建议等。

(1)学习支持。HEOP 为学生提供学习支持服务,以帮助学生充分发挥他们的学习潜力,并在理工科领域取得成功。这些服务包括:一项包括微积分入门、化学和计算机科学等课程在内的、强制性的夏季计划;秋季学期提供学习技能课程,内容包括时间管理、应试、笔记和注意力集中技术;个别和小组辅导会;每月的小组会议和研讨会。

(2)咨询。HEOP 给学生提供一对一的学习、经济、个人和生涯咨询。小组和个别咨询会帮助学生渡过大学适应期,以及保持和管理他们的学习生涯。

(3)财政资助。HEOP 学生可以获得财政资助一揽子计划,包括来自HEOP 的基金、学费援助计划、补充教育机会助学金、纽约 Poly 基金、学院工作研究计划、斯坦福贷款和其他教育贷款。

5. 教师教学与学习创新中心（the Center for Faculty Innovations in Teaching and Learning，CFITL）

CFITL 是以教师为中心的机构,致力于提高教学实践水平。其使命是与纽约 Poly 社区合作以推动创新教学战略和技术。

CFITL 创建五年,由美国教育部的 Title III 加强机构资助。CFITL 的出发点是建立伙伴关系,以了解纽约 Poly 社区的教育和技术需要,然后通过协助努力鼓励教学和学习创新。教学和学习不仅要传递知识内容,更重要的是要确保这些通过中介传递的内容是有益的。通过 CFITL 的努力,纽约 Poly 创建了鼓舞和激励领导者的强大空间,从而奠定了"数字课堂"的领导地位。有效的教学法需要应用教学和学习的最佳实践,以及为不同学科发展创新教育战略。教育和辅助教师将有助于有意义的教育项目和创新经验的发展。教育的技术应用必须是稳定的和实用的,并能达到教师的教学目标。至关重要的是根据教学的教育需求产生这样的系统,而且在技术上不断完善以支持系统的成功。

三、启 示

虽然纽约 Poly 规模较小,但是作为一所研究型大学,其雄厚的师资、先进的教学设备和理工结合的严谨学风，一直在美国的教育界、工程界和学术界享有盛名。其 i2e 的创业创新模式对我们创建创业型大学具有积极的启示。

教育不仅要培养专门人才，而且要培养通才。纽约 Poly 通过在全校实施 i2e 创业创新模式，扩大了各专业的核心课程，不仅把不同学科的知识整合起来，生产和创造出新知识，同时也使得文科学生能更好地接受科技，而理工科学生则能更好地理解科技对社会的影响。

重视创造、创新和创业的校园建设，不仅要重视渗透 i2e 的校园文化环境的建设，而且要非常重视渗透 i2e 的校园物理环境的建设。物理空间的力量是 i2e 校园改造计划的基石。因为有远见的设计能改变一个人的感觉，处在这样的空间，可以摆脱压力，使头脑变得清晰并得到启发。如果学生花一些时间待在这些地方，那么实际上他将变得更有效率，与其周围的人相处得更加融洽，甚至更善于发明创造。目前，纽约 Poly 启动了一项 i2e 校园改造计划。该计划就旨在重建和改造布鲁克林校园，包括从为更好地合作而设计的灵活的教室和为刺激研究而设计的实验室等、到有助于激发头脑风暴的公共区域的设计。纽约 Poly 希望通过创造、创新和创业，并用与 i2e 相关的工具、资源和灵感武装教师和学生，把他们的研究转化为应用、产品和服务。

总之，纽约 Poly 把创造、创新和创业放在学生教育经历的首要位置，引导和培养学生了解与掌握严密的跨学科研究方法，鼓励学生与同伴和教师进行学术交流，培养学生成为成功发明家和企业家所需的战略眼光，这样的教育会给学生的整个大学时期以及以后的职业生涯带来无法估量的优势。

（石变梅　撰文）

第 4 节　AE：史蒂文斯理工学院的创新模式

随着知识经济社会的逐步显现，伴随而来的是人类对自然干涉的深入、社会发展速度的加快、社会复杂性和差异性的增加以及由此伴生的种种问题。对此，传统学科常常难以解决，所以需要建立新型的跨学科专业，需要不同类型的知识生产者建立合作关系。学术环境的这种变化打破了大多数大学曾经坚持过的学术研究和产业应用之间的界限。大学的新角色就是对来自内部和外部的压力作出反应，并通过科学发现和技术创新创造财富。在此背景下，美国史蒂文斯理工学院（Stevens Institute of Technology，SIT）经过总结、探索，创建了学术创业模式（the Academic Entrepreneurship Model，AE）。借由这种与众不同的模式，SIT 一直走在美国高校创业、创新的前列。

一、SIT 创业创新的历史与传统

SIT 有着创新、创业的光辉历史。可以说自 19 世纪末创建起，SIT 就打上了"创新、创业"的印记。创始人埃德温·史蒂文斯生长在一个发明、创新、创业世家，其父约翰·史蒂文斯是美国轮船设计和建造的先驱，1814 年发明、设计和制造了历史上第一台在铁轨上行走的蒸汽机车，后又对其进行了改进，于 1825 年设计和制造了世界上第一列真正意义上的火车，翻开了铁路运输事业的历史。作为这个革命性运输工具的发明者和倡导者，约翰解决了火车铁路建筑、桥梁设计、机车和车辆制造方面的许多问题。埃德温之兄罗伯特·史蒂文斯发明了在当今世界仍在使用的 T 型铁路和铁路道钉，还改进了铁路路基铺设技术，并兴建了美国第一条商业铁路。而埃德温本人则活跃在美国海军装甲舰的设计和建造领域，同时也是美国专利法的倡导者。1868 年，埃德温去世。根据其遗愿，以其姓氏为名的史蒂文斯理工学院于 1870 年建立。实际上，利用史蒂文斯家族的部分遗产创建学校源于埃德温的父亲约翰·史蒂文斯，他认为："一个具有良好道德和良好政府的社会，只有通过对整个社会大众普及知识和信息才能获得和维持。"他希望用他的部分遗产创建一所讲授各种科学学科的学校。

SIT 自创立以来就坚持开设具有较强商业目标的、全面的工科课程。其目标是通过工程教育来培养领导人。到 20 世纪初，SIT 已经从一所规模较小的四年制工科院校，发展为规模较大的、拥有各种跨学科研究机构的研究型大学。其工程教育不仅是本科和研究生培养计划的重点，而且还包括了理科与管理等。如今，SIT 以严谨的工程教育和技术管理专业课程而闻名于世，该校教授和学者在科学工程及管理领域享有盛誉。SIT 培养出了"管理科学之父"泰勒、诺贝尔奖获得者费瑞得·瑞恩（Fred Raine）等杰出人才。

如今，SIT 的创新和创业发展得比以往更强。2007 年 8 月 31 日的美国

《商业周刊》在《谁需要常春藤》一文中指出，从像麻省理工学院和斯坦福大学等这样的学校毕业的创业者并不比从史蒂文斯理工学院或亚利桑那州立大学毕业的创业者多多少。可以说，SIT 从创立时起，就一直处于创新和创业的前列。

二、极具特色的 AE 模式与实施

（一）SIT 的 AE 模式

研究型大学传统的技术转移模式主要是：大学将研究成果转化为专利或商标，然后通过专利和商标的对外许可，获得专利或商标收益（见图 4—8）（Raveché，2008）。与其他研究型大学的传统技术转移模式不同，SIT 的学术创业模式（AE）旨在让教师和学生更深刻地了解市场，从而丰富学习环境。在该模式中，学术创业是学术价值的核心。大学进行科学研究，并为研究成果申请专利或商标，然后帮助教师或学生构建商业模式原型，寻找投资者以创建新公司；而教师和学生则在新公司中了解、学习和掌握市场知识，用以丰富和充实学生的学习，从而增加教师和学生从事科学研究的机会；有能力的学生毕业后又创建新公司，这些公司又将成为 SIT 新的学术创业源。因此，SIT 的 AE 模式是一种循环的、可实现持续创新的模式（见图 4—9）。

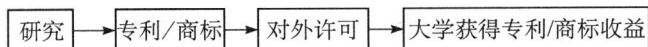

研究 → 专利/商标 → 对外许可 → 大学获得专利/商标收益

图 4—8　研究型大学的传统技术转移模式

（二）AE 模式的实施途径

为有效实施 AE 模式，SIT 设计了具体实施途径。

1. 营造和培育学术创业文化

20 世纪 90 年代，SIT 开始培育以创业为目标的校园文化环境，实施旨在改变传统大学技术转让过程的 Technogenesis 计划。Technogenesis 由 technology generates business 缩写而成，是 SIT 目前拥有的一个商标词汇。Technogenesis 是一个没有实际意义的词汇，但在 SIT 可用来解释许多事情：

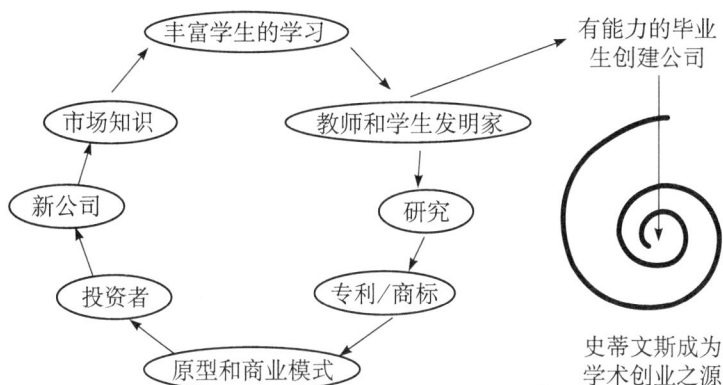

图 4—9　SIT 的学术创业模式（AE）

● Technogenesis 可以理解为一种哲学，是 SIT 学术创业的思想体系，是一种揭示从研究到应用的变革力量的学术精神。

● Technogenesis 也可以理解为一种教育环境。在这个教育环境中，学生、教师和业内人士联合培育新技术从概念到市场化的转变。这个转变包括：一是开始给本科生和研究生介绍创业理念；二是把传统的技术转移过程转化为技术驱动的创新开发过程。

● Technogenesis 还可以理解为一种教育过程。该过程以创意为开端，并以此继续萌发出产品或服务发展的工程或市场阶段。其核心是教育结构和研究工作应该由多学科与交叉学科组成。它为研究人员提供了在跨学科的研究工作中进行合作的机会，同时也提供了在职业生涯提升过程中所必需的、广泛的、专业的教育经历。SIT 通过发展一些新兴公司、加强专利活力，以及在课堂上纳入 Technogenesis 理念、概念和技术等来实现 Technogenesis。

● Technogenesis 还可以理解为一种学术研究和实践课程的独特的系统。这个系统的目的在于创造一个全面的学习环境，以此来鼓励以新技术为最终目标的企业的创新。

Technogenesis 计划主要由 Technogenesis 专责小组负责。该专责小组的主要职责就是确定如何推动 SIT 的创业文化。为推动创业文化的发展，专责小组制定了许多奖励措施，包括：

● 行政鼓励和支持。通过各种务虚会、学生论坛、校园刊物、史蒂文斯网站以及加强与校友和企业的联系等，来鼓励教师和学生从事更多的创业活动。如同推动学校发展一样，由校长到系主任，他们自上而下地推动着创业文化的发展。

● Technogenesis 教师津贴。为鼓励那些具有商业化发展潜力的教师从事研究，Technogenesis 专责小组从 Technogenesis 基金中划拨专款，建立了具有竞争力的研究资助项目，这些研究资助项目要求必须有学生参与研究。

● Technogenesis 大学生夏季奖学金。专责小组还提供了另外一个计划来资助大学生。夏季奖学金的目的是通过向学生支付薪酬，鼓励学生夏季在校与教师一起研究。在该计划中，学生首先确定一个可行的项目，然后寻找并确定适合此项目的指导教师，与其一起进行为期 10 周的研究、创新设计或商业项目等工作，最后提交一份报告。

2. 注重培养具有创新、创业精神的人才

SIT 的 AE 模式是一种可持续创新模式，而要真正实现可持续创新，必然对其人才素质及其培养模式提出相应的要求。SIT 认为，具有创新、创业精神的人才应具有以下六个主要特征：第一是具有创造力和想象力，主要包括具备独立构建问题和解决问题的能力、创造性和批判性思维的技能以及实践各种创造性思维方法的能力等；第二是有自立和独立精神，主要包括能解决开放式、模糊不确定的问题，具备自我学习的能力等；第三是要有创业精神，主要包括知道知识产权的类型及如何保护、了解风险资本、了解成功商业计划的组成部分、能为产品评估市场、熟悉有效的领导技能；第四是有商业实践，主要包括能有效管理项目、了解财务以便能与风险资本合作，对新产品的研究和开发有基本的解释能力，拥有沟通技能以说服管理者或风险投资者资助新企业；第五是有理解科技力量与社会之间相互作用的能力；第六是有建立良好工作关系的能力，主要包括有与不同群体联系的技能和扩大人际圈的成熟能力。

为实现对具有以上素质特征的人才的培养，SIT 采取了一种独特的课程实施方法，即制定了一个设计密集型计划。该计划是完成 SIT 人才培养目标的主要方法。它包括从设计支柱课程到高级毕业设计项目的工程设计课程。通过这些设计课程，学生可以把课堂上学到的知识应用到实际的设计项目中，从而获得实践经验和亲身体验。

设计支柱课程是工程设计课程的核心，指的是连续八个学期按顺序排列的核心设计课程，包括市场营销、金融、商业开发和项目管理等。八个核心设计课程中的前五个面向所有学生，由有工业设计经验并由此而获利的兼职工程师任教；后三个设计课程则面向不同专业的学生，包括一个学期的初级设计课程和两个学期的高级毕业设计项目。

高级毕业设计项目是本科教育经历的结束，是把课堂上所学到的知识应用到大型设计项目中的过程。该项目大多数是由有合作关系的行业伙伴赞助、辅导和开发的。学生团队以模拟环境的方式，努力为赞助商提供可交付的产品——该理念贯穿于培养学生的整个专业目标，并为赞助商提供有现实意义的项目。项目设计小组一般由 2~6 名学生组成，在两个学期时间里，每周工作一天。高级毕业设计项目主要包括可行性研究，研究问题包括：或因赞助商现有人员能力、时间等因素限制而无法解决的问题，如因时间限制无法解决的一些长期问题；或因人员限制而无法解决的一些次要设计或重新设计的问题等。高级毕业设计项目尤其鼓励跨学科项目。

3. 多样化的计划拓展

SIT 最近还制定了一个 SEED（Stevens Entrepreneur and Enterprise Development）计划。该计划把不同学科的学生组织起来，让他们在学校教授或个人新创办的公司工作。这样做的主要好处是，学生不再是在模拟环境中进行研究，而是为那些有明确需求和要求的实体公司工作，诸如产品开发、资金筹集、行业研究等。这确实是许多大学无法提供的一种非常难得的机会。

除设计密集型课程外，SIT 还有针对创业的专门计划。这些计划由学术创业办公室实施，主要包括技术商业管理理学硕士培养计划、IT 创业短期研究生培训证书以及本科生创业辅修课程。

技术商业管理理学硕士培养计划以培养兼具商业判断和技术创新能力的优秀管理者为目标。主修或短期研究生培训有：全球创新管理、一般管理、信息管理、项目管理、技术商业化、科技管理等。管理教育是建立在会计、组织和系统研究、经济和统计等基础学科之上的。除了这些传统领域之外，这个学位培养计划还包括项目管理以及技术和创新管理等课程。学习通过不同学科的思考来开发推理和判断能力，这对管理实践而言是非常重要的。管理理学硕士培养计划由 12 门课程组成，包括 4 门主修课程和 8 门核心课程。8 门核心课程是：管理会计、管理经济学、项目管理简介、统计模型、技术与创新管理、信息系统管理、组织行为与理论、设计复杂的组织。

IT 创业短期研究生培训证书以把 IT 技能转变为业务发展技能为目标。不论学生是想增加就业机会或晋升机会，还是建立自己的公司，都能获得其所需要的培训：首先是基本的课程，即最新的信息技术；其次是营销资讯课程，讲授市场营销的基本原则和用于信息技术产品与服务的特殊技术；接下来的课程是关于信息技术方面的法律知识，包括隐私权、知识产权和反垄断等；最后是为 IT 专业学生开设的创业课程，学习如何成功地设计和投资企业，给自己一个掌握命运的机会。其核心课程包括：管理信息系统、网络营销、信息技术专业的法律问题、IT 创业。

本科生创业辅修课程为技术驱动的新兴企业的成功创建和发展提供所需要的教育先决条件。该辅修课程为那些通过 Technogenesis 创造经济价值的理工科学生提供创业的知识和基础设施。通过该辅修课程，学生的一系列技能都将获得系统的培养，再依靠这些技能来开发和制定有效的商业计划。这些技能包括：识别和确认可行的商业机会的能力，审慎评估这些商业机会的能力，评估和管理包括技术机会在内的知识产权的能力，建立解决市场、经营和财务需求的有效的商业模式的能力，知道如何开展以技术为基础的业务的能力等。

4. 健全和完善保障 AE 实施的组织机构

为改变大学环境中传统低效的技术转移过程，SIT 成立了学术创业办公室（Office of Academic Entrepreneurship，OAE）。OAE 的使命是拓展 SIT 的学术创业环境，培育全社会所接受的创业文化。因此，OAE 的基本目标是构建鼓励创业行为和充满活力的创业文化，提升教师和学生的商业意识，通过实施创新来支持和发起学术创业行为。实施创新主要包括以下四个方面：

一是创新教育方案，建立技术和市场知识一体化的课程体系。具体做法是在 SIT 所有教学单位中实施创新教育方案，在整个史蒂文斯社区提供具体的学术系列讲座，对高素质的学生实施精英创业本科计划，让所有 SIT 本科生都有机会参加风险投资、讲习班一类的商业化活动。

二是创新研究活动，促进具有经济价值的科学突破和技术进步的创新。在 OAE 的支持下，与 SIT 各学术单位合作的创新性的研究活动将得到发展，特别是合作性研究活动。

三是创新行政程序，提高技术转移过程的效率和效益。OAE 的行政程序新颖而快速。它把以"技术推动"与"市场拉动"为特征的传统的技术转移途径结合起来，以促进具有经济价值的科学突破和技术进步的创新与转移。实施这样的行政程序可以把一般 3～4 年的技术转移时限减少到最多 2 年。时间的节省主要是依靠直接把市场知识整合到发明过程当中，并用一个简单的、三步创新转移模式来取代传统的、多步技术转移过程，以此消除传统技术转移过程中的主要瓶颈。三步创新转移是指：第一步是市场导向的创新和研究，第二步是创新观念及其选择，第三步是创新风险投资和开发。

四是创新基础建设，支持学术创业，提高学术创业积极性。OAE 建立了一个行业伙伴、发明家和监管者之间的支持网络，用以支持教师和学生的学术创业活动；创建和实施创新激励系统，用以激励教师和学生参加学术创业活动。

OAE 的主要职能是：营造能使研究人员和学生充分发挥其潜能的学术创业环境；确定和推进那些满足社会需要、为当地和国家经济发展作出贡献并带来多种利益的知识产权的申请和使用。其具体任务有：（1）培育和鼓励跨校的科技创业，使科学和技术发现具有广泛的影响与适用性；（2）鼓励科研人员进行创新和有价值的知识产权的申请与使用，以便解决世界紧迫问题；（3）鼓励和支持基于 Technogenesis 理念的教师和学生之间的互动；（4）提升研究人员、博士研究生、出版物、资金、专利和科技创业等方面的标准；（5）促进业界和大学在具有高 Technogenesis 价值的知识产权创造领域制定有共同研究兴趣的合作研究计划；（6）通过基金会和其他筹资机构增加支持；（7）保护和管理知识产权（专利、版权等），指导研究以 Technogenesis 标准为基础的知识产权评价；（8）提供并确保资源（如基础设施、行政支持、政策研究等）的有效性，以建立和维持完善的基础建设，支持所有研究人员，使他们能够生产出高质量的知识产权产品；（9）帮助和指导研究人员，包括赠款建议、期刊出版物或专利撰写以及起诉等研究过程；（10）给新聘任的教师及其晋升和任期评价提供投入，支持教师学术创业的发展；（11）就学术创业相关问题给教师提供支持（专利保护、创业课程发展、分拆过程等）；（12）管理学术创业奖学金；（13）管理创业资源实验室以推动技术商业化。OAE 主要是为教师和学生组织科技创新研讨会，为 Technogenesis 利益相关者组织专题讨论会和其他商业活动，维护行业和学术界 Technogenesis 合作伙伴与投资者的网络。

三、启　示

SIT 的 AE 模式不仅开发了教师和学生的创新思维，而且成为研究型大学持续创新的源泉。最近，SIT 被《福布斯》和《普林斯顿评论》评为美国 20 所最具创业性的学校之一。考察 SIT 悠久的发明、创新和创业史，及其以 Technogenesis 为独特理念的学术创业模式,可为我国创建创业型大学提供很好的经验与启示。

(1)积极营造创新创业的文化氛围。毋庸置疑,文化对人的影响是潜移默化的,也是深远持久的;对塑造人类行为习惯以及思维方式来说,它是最重要、效果最好而又是最难以营造的。因为营造一种文化氛围不是靠简单的行政命令就能做到和做好的,它的营造和培育需要各方面的不懈努力。因此,我们要积极营造和培育创新创业的文化氛围,以影响、改造人们的思想,从而走上自主创新之路。

(2)加强与行业组织的联系,设置满足学生参与创新、创业设计或实践、实习需要的项目或课程。行业所遇到的问题常常是需要跨学科来解决的,因此,这类项目或课程不仅满足了学生参与行业实践的需要,使之得到了专业锻炼,而且拓展了学生的知识面,提高了学生分析问题、解决问题的综合能力;同时,与行业组织的交流也有助于学生发展更好的专业技能和专业观点。反过来,对于行业组织来说,它们不仅获得了解决问题的方法,而且也为自己提供了观察、评价潜在雇员,以及与这些学生建立互利关系的机会;同时,还为它们提供了在其感兴趣的领域培养下一代工程师的教育机会。

(3)设立相关的创业组织机构。大学科技成果的转化是系统工程,受多方面因素的影响。这些因素除科技成果自身价值外,还包括经济、政治、法律、文化等环境因素。对于主要从事研发的大学教师或学生来说,他们熟悉的是自己所从事的研究,而对于科技成果转换过程中可能遇到的种种问题则不熟悉,也没有经验。如果仅靠个人的力量去解决这些问题,势必花费更多的精力和时间,这不仅延长了科技成果转化的时间,而且也是对资源的一种浪费。因此,要做好科技成果转化工作,就应在大学,特别是研究型大学设立专门的组织机构。由于这类专门机构不仅懂得科技成果,而且专门处理科技成果转化过程中的各类问题,所以不仅缩短了科技成果转化的时间,而且节约了人力、物力等资源,使各类资源得到合理配置,从而有效地协助大学、教师以及学生等的创业启动。

(4)充分发挥大学创新源头和产业孵化器的作用。大学要充分发挥建设原始性创新基地的作用,要成为新兴产业的源泉;要充分利用产业孵化器自身的专业优势、网络资源以及配套设施等共享资源,为教师、学生或处于初创阶段的中小企业提供必要的资源和服务,以降低企业创办的风险,提高创业成功率。

(石变梅 撰文)

第 5 章

特色教育计划的设置
——能力建设创新之三

高等教育机构开发人力资源，皆需借助精心设计的课程计划及相应编定的合适课程。当代科技进步日新月异，社会需求层出不穷，造就未来科技人才的教育计划不能响应迟缓，更不能一成不变。明智的办法就是加强预见、敏捷回应，及时地调整原有的计划和开发新的计划。科技人力资源开发能力的表现之一，就是看教育计划的这种与时俱进的能力。本章从不同视角，深入讨论了反映此种能力的有代表性的几个特色教育计划。

第一种是"跨学科"计划。这类计划起源于培养解决多学科交叉问题而急需的跨学科人才。现实世界的问题常常不是单一学科就能解决的，跨学科复合型人才方能应裕自如。

第二种是面向"高科技"的计划。21 世纪的高科技集中在信息、材料和生物等领域，以及对新兴产业有战略意义的关键技术上。高科技对人力资源的需求是大量的，可是人力资源不仅严重短缺，而且储备阙如，必须开辟全新的培养计划。本章的微系统教育计划即为一例。

第三种是面向"专业实践"的计划。工程专业的第一属性就是实践性，但是多数工程教育计划并不反映这种属性，反而过度强调理论，以致培养的工程师不是一个实干家，而常常是不懂工程实践的理论家。本章用较大篇幅，介绍了著名的麻省理工学院（MIT）鲜为人知的化工实践学院，讨论了它的深刻教育理念和光辉办学实践。

在本章最后，讨论了两种新型的硕士计划：一种涉及设计，一种涉及管理。这些硕士计划均表现出大跨度的学科交叉，凸显出这类科技人才的重要性和对其需求的紧迫性，成为 HRST 开发的亮点和焦点。

第1节 跨学科特色计划的兴起与实践

科技人力资源是知识经济时代的战略资源，在增强国家综合国力、推动人类进步方面起着关键作用。随着人类文明的推进，人类所面临的现实问题也日益复杂，单一学科背景的科技人才在应对复杂的现实问题上则"略显生涩"，对跨学科科技人才的需求日益迫切。

在研究生教育层次上存在同样的问题。跨学科研究生培养产生了多种新型的特色培养模式，它们不仅是科技创新与经济社会发展的迫切需要，而且符合拔尖创新人才成长的规律，已成为世界研究生教育改革的一大趋势。跨学科研究和教育越来越得到国家和高校的重视，世界著名的研究型大学都建有跨学科研究组织，以进行跨学科研究和研究生培养。本节主要讨论美国和日本跨学科研究生计划的典型案例，从中总结出相关经验，以期为我国的跨学科研究生培养提供借鉴。

一、跨学科研究生培养的背景

1. 现实问题日趋复杂

20世纪以来，科学、技术对人类社会的发展作出了巨大的贡献，人类文明达到一个新的高度，新的问题和新的需求也随之而来。在自然探索方面，人类虽已登上了月球，但是对宇宙的了解如冰山一角，对海洋的探索踌躇不前，尚不能准确地预报地震、海啸、火山喷发等自然灾害。在生存环境方面，经济的发展和物质生活水平的提高也带来了环境污染、气候变暖、能源危机、粮食安全等问题，人类的活动正使自然生态环境变得日益脆弱。在人类自身发展方面，探索人类生命本质的愿望越加强烈，全球化使得疾病防治更加困难，人们希望获得更好的医疗，享受更安全的食品，使用更快捷的现代交通和通信工具。

这些重大主题中的任何一个问题都是浩大的科学和工程问题，人类现有的科学技术在应对这些问题时显得捉襟见肘。我们不仅需要科学技术的不断进步，更需要多个领域的科学和技术人员通力协作，共同应对日趋复杂的现实问题。例如，欧洲大型强子对撞机的建设，需要物理学、地质学、工程、计算机等学科的知识，海啸预报需要地质学、气象学、通信技术等多学科的知识，系统生物学的研究涉及生物学、计算机、工程等学科。

2. 跨学科研究日益深入

近几十年，科学家、工程师、社会学家和人类学家不断地聚集到一起，共同解决人类面临的复杂问题，取得了丰硕的成果，如发现 DNA 结构、磁共振成像、曼哈顿计划、激光眼手术、人类基因组排序、绿色革命、人造飞船等。而在诺贝尔自然科学奖 110 年来的 356 项成果中，有半数以上属于交叉学科的研究成果（陈其荣，2009）。当今的众多学术热点也呈现跨学科的特点，如纳米技术、基因组学、蛋白质组学、生物信息学、神经系统科学、冲突和恐怖主义等。

跨学科研究在进行基础研究和解决人类社会复杂问题上的优越性得到国家层面的充分重视。美国白宫科学技术委员会在 1986 年发表了《关于美国学院和大学健康发展的报告》，该报告对交叉学科研究给予了高度的重视，并建议美国联邦政府提供资金支持美国高校的学科交叉研究。2003 年 5 月，美国国家科学院（National Academy of Sciences，NAS）、美国国家工程院（National Academy of Engineering，NAE）、美国医学研究院（Institute of Medicine，IOM）及凯克基金会共同制定了"美国国家学术院凯克未来计划"，这项计划旨在改善跨学科研究的环境，跨越相关机构和系统之间的障碍，促进科学、工程、医药的跨学科研究。2004 年，上述机构及凯克基金会又发布了《促进跨学科研究》的报告，详细分析了跨学科研究的现状，并提出了针对性建议。

1998 年，日本通过了《二十一世纪的大学与今后的改革对策》的决议及一系列相关措施，高度重视加强高校的跨学科研究功能，并具体推出了跨学科的大部门制、流动性科研组织形式、共同利用研究机构等重要措施（张学文，2009）。2001 年，文部科学省发表《大学结构改革方针》，提出国立大学重组合并、国立大学法人化、引入第三者评价等改革措施，并决定从 2002 年度开始实施"21 世纪卓越研究基地计划"（21st Century Center of Excellence Program）（简称"21 世纪 COE 计划"，COE 即"卓越研究基地"）。2007 年，在"21 世纪 COE 计划"基础上又推出了"全球化 COE 计划"，进一步加大了对跨学科研究的资助力度。这两个计划都得到了政府财政的大力资助。

3. 跨学科人才培养越加迫切

当代科学研究的发展趋势是从高度分化逐渐走向交叉综合。在通过学科交叉解决单一学科知识所不能解决的复杂问题的同时，也涌现出了众多的新兴交叉学科，并使得高水平的创新成果应运而生。这种学科发展趋势对高等教育，特别是研究生教育提出了新的要求。

美国早在 20 世纪 80 年代就作出了回应。1985 年，美国国家自然科学基金会（National Science Foundation，NSF）开始资助建立工程研究中心（Engineering Research Center，ERC）。ERC 是建立在大学校园内的以大学科研实力为基础的政府、企业和大学的联合体，一方面把大学的科技成果向工业界转化，帮助解决重大的工业和工程问题，另一方面通过大学和工业界的联合，加强学校的工程教育，重点培养跨学科的应用型工程技术人才。1987 年，NSF 又资助建立科学技术中心（Science and Technology Centers，STC）。STC 是将研究、教育、知识转移融为一体的以大学为基础的计划。STC 将大学科学和工程资源与企业结合，目的是推动基础性的学科交叉研究，进行创新性教育活动，并实现知识向工业界的转移。

跨学科研究生拥有综合性的知识结构，能够从不同的角度分析问题，如果能够科学引导，合理培养，往往会成为科学发展的中坚力量。

二、跨学科研究生培养的典型个案

（一）MIT 的 CSB 博士计划

计算与系统生物学创新工程（Computational and Systems Biology Initiative，CSBi）是麻省理工学院 2003 年成立的虚拟跨学科教育和研究组织。CSBi 通过整合生物学、计算机科学和工程学等学科，组建跨学科团队，以多学科的方法系统分析复杂的生物现象。CSBi 旨在促进系统生物学这一新兴领域的研究与教学，扩大同生物医药公司的合作。2004 年，经 MIT 全体教员同意，CSBi 建立了 CSB 博士计划。CSB 博士由生物系、电气工程与计算机系、生物工程部联合培养。CSB 博士计划是美国第一次开展的此领域的跨学科博士联合培养计划。而且，CSB 博士计划被寄予厚望，人们希望这一计划能够成为 MIT 此后跨学科教育计划的典范。2004 年 9 月，CSB 博士计划招收了首批共 4 名学生。

1. CSB 博士计划的培养目标

CSB 博士计划培养学生在后基因生物学和相关领域进行独立的、跨学科的研究，特别注重定量方法和建模、实验设计、设备开发。这项教育计划汇聚了MIT 在生物、工程、计算机科学方面世界领先的研究，并为学生提供了众多的教育机会。CSB 博士的关键能力特征有：

（1）开创新实验方法，建立系统数据集。

相对于生物学要解决的问题的复杂性而言，其研究机构尚缺乏大量真实可靠的实验数据，为所有简单数据类型（蛋白质序列、RNA 表达水平）建立系统数据集是重大的挑战。CSBi 希望通过专家学者和博士生的研究，能够在系统数据集的建设上实现如下的创新：开发新的实验方法检测细胞、组织、机体中的关键生物反应；通过实验方法的数学建模以确立参数，建立与个人测量值（测试值和概率密度函数）有关的"信度"；运用新的信息学方法收集测量数据，将其收集至适合概率分析的可靠的、自相一致的数据集当中。

（2）建立生物系统模型。

在 MIT，计算和系统生物学的教学与研究工作的特征是高通量实验方法和建立预测生物系统行为模型的结合。在前期获得大量实验数据后，CSB 博士要建立一个接近真正生物系统的模型，通过实验数据验证模型的有效性，并最终能对生物系统进行可靠的预测。这类系统模型对生物技术和医药的实质性进展作出重要的贡献。建立和测试详细的、定量的生物系统的预测模型是这个计划的典型特征。

（3）推进仪器开发。

CSB 博士计划的目标之一是推进仪器开发。CSB 博士计划整合了工程、计算机科学、生物学，以开发研究复杂生物系统的新工具、计算方法和路径。为此，此项计划特别注重仪器开发。博士生可以以参与课程和主题研究（thesis research）项目的形式参与仪器开发计划，主要涉及生物工程、机械工程、电气工程和计算机科学、化学工程。

（4）在学术界和工业界承担关键角色。

对于生物学研究而言，21 世纪是系统生物学的世纪。不仅学术界日益意识到系统生物学方法的重要性，工业界也开始和学术界合作，开发定量模型预测复杂生物系统行为，追求生物系统在医学、制药和生物技术领域的高影响应用。CSBi 的博士生将会被培养成接受生物学、工程学交叉思维训练的科学家和工程师，在学术界和工业界将承担关键的领导角色。

2. CSB 博士计划的培养模式

（1）跨学科背景招生。

CSB 博士计划的申请者不仅要对跨学科训练和研究感兴趣，而且必须拥有生物学的背景，并且在以下学科进行过专门的科研训练，包括计算机科学、工程、物理、统计学、数学或化学等。

（2）课程开发。

CSBi 专门为博士生编写了跨学科课程。CSB 博士生课程有：1）核心课程，这是学生的必修课程，提供生物学和计算生物学的基础知识，包括计算和系统生物学、现代生物学和计算生物学 3 门课程；2）高级选修课，学生在与 CSB 博士研究生委员会和主题论文指导老师密切协商的基础上进行选择，以加强学习的广度和深度为目的，有助于加强学生相关研究方向的科研实力；3）4 轮每轮为期 2 个月的轮换，学生第一学年在不同主题实验室间进行轮换，以发现自己感兴趣的研究领域和主题实验室，并在春季学期末进行主题实验室的选择。

（3）教学训练和研究伦理训练。

CSB 博士生被要求在第二学年的一个学期担任助教，以培养交流技能，并促进不同学科间的交流。同时，所有学生都要参与伦理训练。强调来自不同学术文化和运行模式的跨学科的挑战，培养学生开放、创新、团队合作、协商共进的精神。

（4）学术活动。

CSBi 定期或不定期地开展各种学术活动，为博士生提供良好的学习环境。这些活动有 CSBi 年会、小组讨论会、研讨会、务虚会、海报展、跨学科研究项目以及其他团队建设活动等。

（5）中期资格考试。

CSB 博士将在第二年进行笔试和面试的资格考试。笔试主要是向考试委员会陈述一份有关主题研究的提议。这一过程能使博士生充分了解所选的主题研究，并在此基础上提出自己的新的理念和需要改进的地方。面试则主要依据课程和已发表的论文进行。资格考试的目的是要求博士生展示并推进所选主题的研究深度，并进一步扩展计算和系统生物学领域知识的广度。

3. CSB 博士计划的运行特点

（1）独立的管理机构。

CSBi 是横跨工程学院、自然科学学院和斯隆管理学院的研究计划，不隶属于 MIT 现有的任何一个学院。为此 CSBi 成立了执行委员会，进行日常事物的管理。这个委员会在科研副校长、教务长，以及工程学院、自然科学学院、斯隆管理学院院长的领导下开展工作。执行委员会的具体成员由三个关键学科（生物学、生物工程、电气工程与计算机科学）的领导和相关学科的负责人组成，具体负责 CSBi 的教育、研究和拓展计划（见图 5—1）（MIT，2003）。

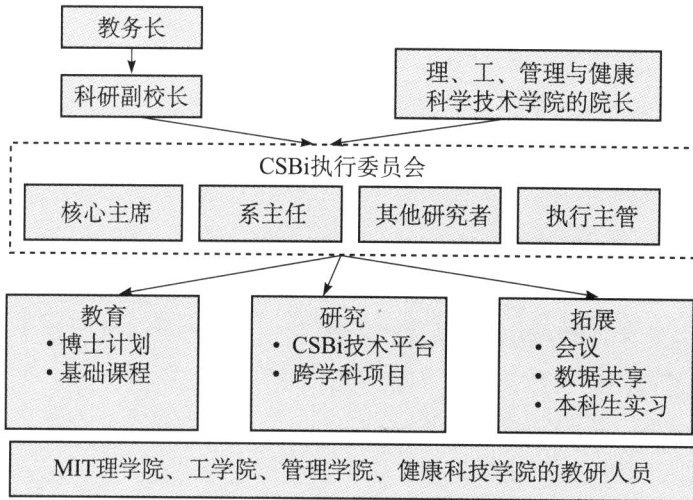

图 5—1　CSBi 的管理结构图

资料来源：http：//web. mit. edu/annualreports/pres03/02.01.html。

（2）虚拟技术平台。

CSBi 技术平台的目的是建设面向 MIT 全部学院的技术平台，为 MIT 研究人员应用复杂技术提供便利。CSBi 自身没有专门的研究队伍、实验设备和工作场所，它只是在 MIT 内部"虚拟"地整合了专业知识、人员和技术，而参与CSBi 的人员仍然属于传统的学科组织。CSBi 通过鉴定促进 MIT 系统生物学研究技术（这些技术通常是分散在 MIT 的多个实验室的核心技术能力）的发展，并将这些技术及其所在的实验室通过信息技术这根无形的纽带连接在一起。

CSBi 技术平台主要承担四项工作：1）服务，为需要精确计算机技术和实验技术的研究人员提供培训、设备、方法和材料；2）研究，参与技术推动的研究，开发新的设备、仪器和计算功能；3）教育，对实验室中的湿式化学实验工作提供支持，在计算课程中教授基本的计算方法；4）拓展，举办暑期学生夏令营，接待来自学术界和工业界的科学家，建立公开使用研究工具和数据的便利机制。

（3）充足的资金支持。

系统生物学是一个新兴领域，在技术上需要精密的研究设备，大量的资金显然必不可少。CSBi 为此设立了多个筹款计划，积极寻求各方支持，以推动 CSBi 的发展。CSBi 的主要资金来源有美国国家普通医学科学研究院（NIGMS）、匿名基金会、美国国家癌症研究所癌症生物学奖金、美国国家卫生研究所（NIH）培训奖学金、默克（Merck）公司研究生和博士后奖学金计划。特别是默克奖学金计划于 2003 年为 CSBi 提供了 200 万美元奖学金，2007 年又允诺在以后三年内为 CSBi 提供 150 万美元奖学金。默克奖学金计划每年分别资助两名博士生和两名博士后，资助两年。众多的资金来源为 CSBi 的科研和教学提供了强有力的财政支撑，使 CSBi 的研究和教学始终保持世界领先。

（4）合作联盟。

来自系统生物学的挑战需要吸收多学科知识，需要协同技术能力，需要多样的研究文化，这些都没有任何单一的组织能提供。MIT 拥有与工业界合作的悠久历史。为开发促进生物学研究的知识基础和技术，推动技术合作，开发、更新和维护 CSBi 技术平台，CSBi 与众多公司建立了技术联盟，这些公司提供仪器、设备、试剂、计算机软硬件。博士生既以研究者的身份又以学生的身份，通过合作联盟获得进工业界实践的机会。合作的目标是通过 CSBi 技术平台进行联合技术开发和应用。例如，IBM 与 CSBi 合作建立了一个基于电网的 IT 设备以支持系统生物学研究，开发新工具以处理计算密集型的生物学问题和高度非结构化的数据等。

（二）东京大学的 GSFS 和 GSII 计划

东京大学是一所学科齐全、历史悠久的世界著名综合性大学，囊括了当今世界高等教育和学术研究的主要领域，久负盛名。东京大学提倡多样化的研究和教育模式，其开展跨学科教育和研究的特色是，在传统学科基础上开展跨学科研究和教育，并且更注重跨学科的研究生教育。为此，东京大学专门在 10 个本科生学部的基础上成立了 15 个研究生学院、11 个附属研究所和 21 个跨学科研究中心等（Todai，2010）。为了进一步提高国际学术声望，产生世界一流的科研成就，更好地为社会和工业界提供研究成果，东京大学非常重视发展前沿交叉学科。其中最典型的是前沿科学创新学院（Graduate School of Frontier Sciences，GSFS）和跨学科信息学研究生院（Graduate School of Interdisciplinary Information Studies，GSII），前者的目的在于促进学科融合，后者则更注重人文与科技的交叉结合。

1. GSFS 的跨学科研究生培养

GSFS 是东京大学研究生院的独立学院，1998 年开始设置以"学融合"为基本理念的硕士课程和博士课程，独立培养硕士和博士。该学院以研究生院的部分基础学科、尖端生命科学和环境科学为基础，设交叉学科研究系、生物科学研究系、环境研究系、计算生物研究系，涉及应用物理、应用化学、材料工程、能源科学、航空航天工程、电气工程、计算机科学与工程、控制工程、非线性科学、地球与天体科学等科学和工程领域（GSFS，2010）。

GSFS 的目标是整合上述学科领域的研究和教学资源，开创跨学科的研究方法来解决人类现今和未来面临的挑战。GSFS 的学生被要求肩负起这样的使命，因此他们必须主动积极地进行研究工作，寻求新的学术挑战，从而能在毕业后运用学到的方法创新未来。

GSFS 跨学科研究生培养的主要特色有：

（1）传统学科、跨学科、新学科交叉组成三极结构。

GSFS 的基本理念是：学术融合、开创新的领域。为了应对新学科领域研究的挑战，GSFS 构建了基于跨学科研究框架的研究和教育体系。Hongo 校区致力于专业领域的传统研究和这些领域的内在发展。Komaba 校区的使命是追求跨学科教育和研究。相比之下，Kashiwa 校区则通过追溯现有学科的基本原理并把它们纳入跨学科教育和研究的体系中，以实现"知识探索"的目标。Kashiwa 校区和它的兄弟院校一起组成了 GSFS 的三极结构（见图 5—2）。

（2）注重与工业界和社区的合作。

东京大学一直致力于追求一流的科研成就，以更好地向社会和工业界输送科研成果，取得良好的社会效益。其中 GSFS 非常重视与工业界和社区进行广泛的

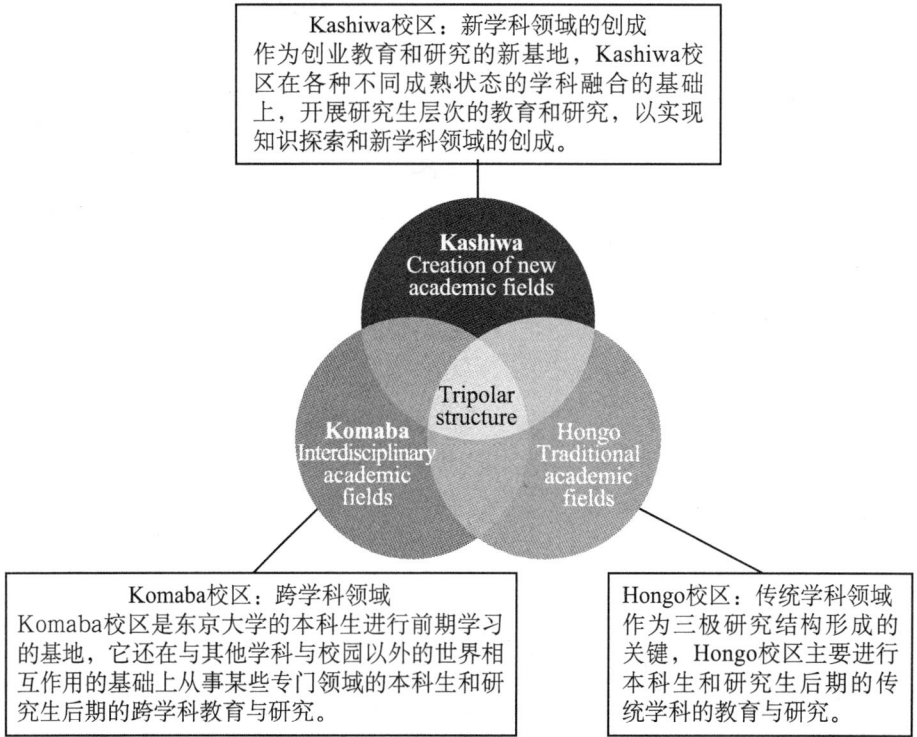

图 5—2　GSFS 的三极研究结构

资料来源：http：//www. k. u-tokyo. ac. jp/pros-e/index-e. htm。

合作。目前，GSFS 在与私营部门和学术界合作的基础上，充分发挥跨学科的精神，推动着新产业的创成和城市的振兴。如 Tokatsu 科技广场和 Todai Kashiwa 投资广场，均位于 GSFS 的 Kashiwa 校区旁边，它们为风险投资公司提供从事研发的场所，这些研发都是在大学内的商业种子基础上进行的。此外，Kashiwa 校区所在地还是目前城市发展不断进行的区域，主要是在大学、政府机构和行业相互合作的基础上注重环境、健康、创新和和谐。这种合作方式为该区域赢得了"第十届城市振兴计划示范区"的荣誉称号，这项计划是在 2005 年 12 月被批准执行的，目的是"通过建立大学和社区之间的伙伴关系来促进城市振兴"。

2. GSII 的跨学科研究生培养

GSII 主要依靠交叉信息学研究中心（Interfaculty Initiative in Information Studies，III）开展跨学科研究生培养活动。III 成立于 2000 年，是在"信息时

代"历史大背景下围绕"信息"这个共同的研究领域而组织起来的学术组织。III
的建立旨在联合各学科，寻找解决复杂问题的创新研究途径。它是一个真正包容
并整合多学科的组织，致力于跨越"科学"（数学和自然科学）和"艺术"（社会
科学和人文科学）之间的鸿沟，从事相关跨学科领域的研究和教育。在社会变革
趋势影响下，社会科学和自然科学研究组织都需要变革、重组自身已有的知识。
III 为多学科的会聚提供广阔的舞台，具有不同范式的学科在 III 相互作用、相互
促进，进而催生科学与技术研究新领域的形成（见图 5—3）。

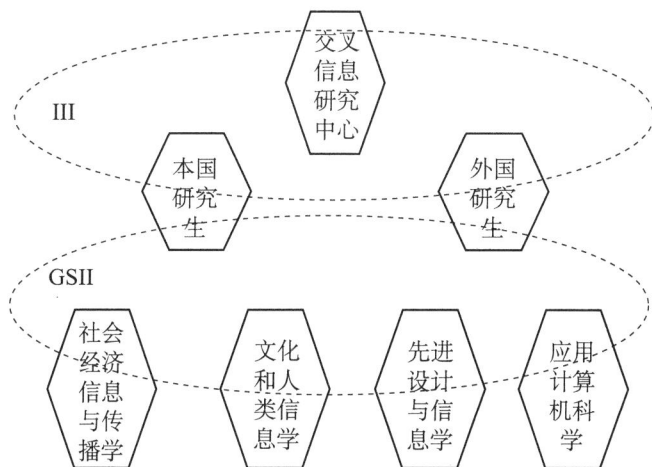

图 5—3　GSII 研究与教育结构图

资料来源：http：//www. iii. u-tokyo. ac. jp/gnrl _ info/constitution. html。

　　GSII 开设有跨学科信息学专业（学际情报学专攻），可授予硕士和博士学
位。该专业有四个跨学科研究方向：社会经济信息与传播学（Socio-information
and Communication Studies）、文化和人类信息学（Cultural and Human Informa-
tion Studies）、先进设计与信息学（Emerging Design and Informatics）和应用计
算机科学（Applied Computer Science）。GSII 的办学目的是持续为社会提供接受
过良好跨学科教育，既具有良好的信息学的视角，又具有从社会信息到通信研究
各种专业技能的高级专门人才。GSII 跨学科研究生培养的主要特色有：

　　（1）跨学科的导师制度。

　　GSII 的研究生导师指导体系主要由 III 的教师所组成，III 的教师具有不同的
研究背景，他们在自己的专业领域取得了杰出的研究成果。III 的教师分为两类：

一类是专职教师，有专职教授、副教授、助理教授；另一类是兼职教师，有兼职教授、副教授、讲座教授。专职教师几乎全部是从事跨学科领域研究的专家，而兼职教师来自东京大学其他学院和研究中心的不同单位。这些专职、兼职教师构成了 GSII 跨学科导师指导体系的框架。

GSII 积极参与实施跨学科导师咨询系统（multi-faculty member advising system）。在这个系统中，跨学科研究生可以另外选择一名教师作为第二导师。除了传统意义上的导师之外，学生同样接受其他专业老师的指导和管理。导师和第二导师研究领域有所不同，两位导师交叉的研究活动为 GSII 的研究生提供了广阔的跨学科视野。

GSII 特别注重研究生在科研训练及实践训练中提升综合能力。GSII 依托 III 的优势，让研究生充分参与 III 的跨学科研究项目。GSII 拥有来自企业的兼职讲师 26 人、研究项目教员 59 人，兼职教师在研究生实践训练中发挥了十分重要的作用。

（2）跨学科的课程教学体系。

GSII 的目的是培养具有良好的信息学视角，具有从社会信息到通信研究的各种专业技能的跨学科高级专门人才，因此，其课程设置需要满足深度和广度的双重要求。

III 的教师开设的跨学科课程构成了 GSII 课程教学体系的主体，其他系的教师开设的相关课程对这一体系加以补充。为了促进学生在信息学领域接受更好的跨学科教育，GSII 大力推行第二主修专业体系（system of submajor），要求学生在主修专业外确定一个第二主修专业，并完成相关课程的学习。与 III 的主要研究方向相同，GSII 开设了"社会经济信息与传播学"、"文化和人类信息学"、"先进设计与信息学"、"应用计算机科学"、"国际硕士/博士学位计划：亚洲的信息、技术和社会"共五个跨学科系列课程体系。

三、几点启示

1. 要重视跨学科人才培养

跨学科人才不同于以往的科技人力资源，他们在解决涉及多学科的复杂性问题上有着天然的优势，跨学科人才必将成为 21 世纪的重要科技人力资源，成为建设创新型国家的关键力量。美国、日本等先知先觉的国家对跨学科人才培养给予了充分的重视，出台了很多制度和政策，从国家层面上促进跨学科的发展，这不仅能保证国家重点跨学科科研项目得到长期充足的资助，更能集中资源优先解决复杂的国家战略问题，实现国家中长期的重大科学技术发展战略规划。因此，中国政府应该在国家层面上对跨学科研究进行制度和政策支持，把跨学科战略上升到国家的高度。

2. 改革学位制度，设立专门的交叉学科门类

CSB 博士在经过教学和科研训练后获得"计算与系统生物学"的跨学科博士学位。虽然国内很多高校和科研机构都在进行跨学科学生的培养，但我国的学位制度仍然按传统学科设置学位，因此即使学生得到跨学科教育，最后也只获得某一单科领域的学位，这一制度缺位无疑阻碍了跨学科的研究和教育。根据国内学术发展的实际情况，设立交叉学科门类和学位类别，首先从学科和学位制度上保证跨学科得到"公平"地对待；进而在国家级项目中，如国家自然科学基金项目、863 计划、973 计划等国家高技术研究计划中，也可以相应地单独设立交叉学科研究的申报范围。

3. 建立跨学科的独立学院

美国和日本的经验表明，要加快跨学科的高效发展，必须打破传统的研究生院模式，建立研究和教育能相互促进与发展的良好模式。借鉴东京大学的成功经验，我国研究型大学也应该根据自身学科优势和当前国家最关注的重大跨学科研究课题，成立横跨各院系的跨学科研究院独立招生，明确规划它的研究组织和教育组织，自行设置精品跨学科课程和专业。这种组织模式最大的优点就是把跨学科研究放在了独立的学院里进行，既可以很好地实现跨学科研究和教育的相互促进，又可以培养从事跨学科研究的师资队伍和学生，保证跨学科的后备科研力量。

4. 组建跨学科导师组

开展跨学科教育工作，应该建立新型的教师人事制度，使教师能够跳出原有的隶属关系，允许教师为了传承真理和探索真理而自由流动，充分调动教师内在的积极性，为跨学科培养人才营造良好的环境；借鉴 GSII 的经验，组建跨学科导师组，聘请专职教师专门进行跨学科的研究和学生培养，并对外聘请兼职教师向学生讲授多方面的学科知识，使学生接受的知识既有深度又有广度；实行"导师＋副导师"的导师制度，导师和副导师应来自不同的学科领域，研究生同时接受导师和副导师的指导。

5. 建立与工业界的合作联盟

国外的大学多是在不断巩固已有学科优势的基础上，既注重在传统学科基础上的新兴学科和跨学科的培育与发展，又注重大学之间在某些学科领域的合作研究和教育。大学一方面与工业界共同开发技术，使学术成果更快地社会化；另一方面熟悉工业界运作流程，为进入相关产业积累成熟的经验，从而在学术界和工业界都能担任关键角色。社会服务早已成为大学的一大职能，大学培养的人才终究是要为社会服务的，因此大学再也不能闭门"造"博士了。跨学科博士生的培养不仅要跨实验室，更要跨出校门，鼓励学校或实验室与公司签订联合培养计划，让博士生进驻公司，实现联合技术开发，把跨学科博士生打造成学术能力和实务能力俱佳的杰出人才。

（范惠明　撰文）

第2节　尖端科技领域的人力资源开发
——以微系统领域为例

一、微系统技术概述

微系统技术（MST）是一个前沿的、新兴的跨学科研究领域。随着信息技术、纳米技术、光电子技术的飞速发展，微系统技术在下一代半导体器件、纳米传感器、生物医学仪器等方面具有重要的促进作用。微系统技术将微型设备以及接口这些设备和真实世界的传感技术整合为一个系统，将会是且一定是下一代科技的核心支撑学科。过去十年，微系统（包括微电子、微光学系统以及微型机械系统）技术已经不断涌现，成为世界范围内的关键技术。

简单来说，一个微系统就是一系列元素的集合，其机能来自共同执行机械、电子、光学、逻辑甚至生物学功能的微型（或小型）元器件。世界各国对于微系统范畴的认识仍有所不同：在欧洲，微系统被普遍定义为一套包括传感器、处理器和/或驱动器的单一芯片或多芯片模块；在美国，人们通常认为微系统即微型电子机械系统（MEMS），并将其定义为可利用 IC 标准化规模生产工艺制造的集成化微型元器件或者电机系统；在日本，微系统则被认为是指那些由毫米级的、可以执行微观任务的元器件组成的小型系统（Zinner，1995）。

上述定义多少有些片面。这些学术导向的定义，难以包含市场上用光刻工艺电铸而成的微型多晶硅滤波器以及镍纤维结构产品。实际上，微系统对于业界之所以有如此诱人的魅力，是因为该领域的技术可以在一个相当大的程度上提高现有产品的竞争力，而这对于目前竞争激烈的多样化电信设备市场是极有裨益的。有鉴于此，德国的 M. Abraham 等人提出一个市场导向的微系统概念，该概念是根据标注微系统产品的特征给出的："微系统领域的产品应该包含亚微米级的功能器件，该器件可以为产品提供大量的技术附加值。"

总而言之，微系统技术可以整合小型计算机芯片和微型传感器、探测器、激光器和动力系统，使得芯片可以执行传感、分析和信息交换功能。这种强大的技术可以增加产品的功能并减少其成本，这一点在远程通信、成像、电子、生物医学诊断和治疗领域表现得尤为明显。简单讲，相比同类的大型产品，微型设备和系统更小巧、更快捷、更便宜、更可靠。

微系统在微型电机、光通信技术、微流体、空间应用的位置传感器、纳米工具方面已经有许多应用（见表 5—1）。在现代生活中，健康营养领域、移动通信和运输、住宅和安全、休闲娱乐均和微系统技术息息相关。不仅如此，随着低碳经济的呼声越来越高，采用微系统技术进行产品设计制造，同样是低消耗的不二之选。所谓低消耗，包括：产品总质量和体积的减小，较低的生产成本与能耗，较少的危害环境的材料，标准化手段和生产周期缩短，避免复杂的周边布线，以及产品易处置、寿命长等诸多优点。总的来说，微系统领域已经成为未来高科技领域的制高点之一，是各创新科技强国开辟下一代电信产品市场的必争之地，同时也决定了在下一轮全球产业升级中，一个国家所能获得的技术附加值及市场份额。

表 5—1　　　　　　　　　　**微系统技术的主要产品和应用领域**

微系统技术的主要产品	加速度传感器，压力传感器，温度传感器，流量传感器，化学传感器，生物传感器，喷墨打印头，读写头，光纤网络组件，纳米工具，微型继电器，微型泵，微型发动机，等等
微系统技术的主要应用领域	汽车行业，光互连技术，航空航天，信息技术，安全和保安，过程控制，机器视觉，自动化，环境监测，生物技术，制药业，供水，供气，科学，消费类产品

目前，世界各主要科技大国和地区已经开始了微系统技术的明争暗斗，如美国、欧洲、日本等国家和地区，已经纷纷出台战略性的科技和教育政策，推动微系统领域的科技人力资源建设与科技成果产业化进程。

二、微系统领域的科教发展态势

世界各主要地区和国家在微系统技术领域的争夺是异常激烈的。其中，德国的科技投入巨大而且针对性很强。2007年，德国在科技发展战略中，特意将微系统技术的创新与发展列为重点发展计划，将微系统技术作为智能产品的开路先锋。德国为此在微系统领域投下重金，大力资助其研究和发展。德国先后在巴登—符腾堡州、巴伐利亚州、柏林和图林根州相继建立了4个微系统技术中心，联邦教研部为此提供了3 000万欧元的资助经费。此外，德国联邦政府还在磁性微系统、微系统及纳米集成、智能植入物、微系统的有机系统功能等领域共投入了12 500万欧元的资助金额（黄群，2008）。

与此同时，大西洋另一侧的美国联邦政府也在大力扶植微系统研究。美国政府将微系统列为"在经济繁荣和国防安全两方面都至关重要的技术"，国家自然科学基金会和国防部先进研究计划署都有专门研究规划，并专门建设了好几条共享的微系统加工线。许多大企业如IBM、朗讯等公司均对微系统投入了巨资。美国在积极从事微系统领域的技术成果和人力资源在学术界与工业界之间转移的同时，还积极召开各类微系统国际会议，如2008年10月12—16日在美国加利福尼亚州的圣迭戈举行的化学和生命科学微系统第12届国际会议受到了美国化学和生物微系统协会的资助。

中国科学院也于2001年成立了中科院微系统研究所，作为非法人研究机构进行微系统研究。此外，在高等学校也有分散的零星研究。

就目前来看，微系统作为新兴的跨学科领域，作为世界各创新大国的重点发展领域，主要依托传统学科和技术的集成、整合，缺少系统化的创新研究和规模化的人才队伍。微系统技术发展较快的国家和地区也不例外。

1. 欧洲

在欧洲分散有许多独立的MST研究机构，某些地区甚至有其基础理论研究的佼佼者。然而，其技术产业化战略并不清晰，也因此导致研究没有得到有效的协调和收敛，各自为战，甚至重复。一些研究机构不能很好地应付如 MST 这种跨学科技术的发展。国家研究计划和欧洲研究计划相互竞争，欧洲项目的行政负担过大。在某些领域内，欧洲依然处于技术逆差的下风，一些关键性技术依赖于外国进口。在微系统领域，欧洲需要立刻制定合理的战略路线，以争取全球市场份额，可惜当局还没有开始调研。不过，值得一提的是，根据欧洲的产业结构，大量中小型企业和规模以上企业很可能会成为微系统领域有利于竞争的基础力量。

2. 日本

日本的研发机构受产业指引，并紧盯技术产业化的战略目标。日本政府对于微系统技术发展中各产业孰重孰轻的战略布局日臻完善。日本人的心态似乎刚好有助于目前合作和协调发展昂贵且复杂的微系统技术。但日本本身并没有足够的基础研究能力作支撑，而是选择以技术进口的方式进行。

3. 美国

美国的研发机构致力于提高各个战略性高新产业的技术发展水平。工业界与研究机构纷纷开展产研合作，积极制定并实施高科技战略，技术产业化的战略重点也已确定，工业界和研究机构的科技成果转移与人力资源转移状况良好。一些大学纷纷采取扁平化的系所组织结构，以应对该领域未来的高科技挑战。一些大学的电气工程和计算机系，制定专门计划培养跨学科的微系统领域人才。本来为发展微电子服务的优越的生产技术，得以继续在微系统领域发扬光大，成为 MST 发展的巨大优势。总的来说，美国在 MST 的研发上是自给自足的。未来，美国人会聚焦于更核心的关键性技术。在众多评论中，认为能否在 MST 的研发竞争中取得胜利，取决于本国先进信息技术——如建模、CAD（计算机辅助设计）与 CIME（计算机集成制造和工程）——的发展程度的意见占据上风。

三、RIT 微系统博士学位计划

美国在其国家创新战略的支撑下，在罗切斯特理工大学（Rochester Institute of Technology，RIT）率先推出首个微系统博士学位培养计划。该项计划横跨多个学科，以职业为导向，为学生提供微系统相关的科学和工程的理论基础。国际科学与工程师团体对于训练微系统领域研究生的需求，促使 RIT 整合资源并制定了这个微系统博士培养计划。

罗切斯特理工大学的凯特利森工程学院（RIT's Kate Gleason College of Engineering）以学生的成功和职业诉求为导向，为学生提供高质量的高等教育和终生学习机会，使得他们无论是否从事工程职业，或者继续进行工程深造，都可以获得一个具有市场前景的学位。凯特利森工程学院在全美授予硕士学位的学院中排名第六，近期还增加了一项微系统博士学位培养计划，该微系统博士学位培养计划具有如下特色（Smith，2010）：

- 该计划专为拥有优秀物理学和工程基础的学生开设；
- 该计划配备多个学科的教职员工，他们共享资源，各有专长；
- 该计划由微系统博士培养委员会管理，该委员会由来自各个科学和工程学院的核心人物组成；
- 该计划配备有特殊的洁净室和研究实验室，后者经专门设计，用于开展世界级的、跨越传统学科边界的微系统研究；
- 该计划为企业界和政府实验室联合培养；
- 该计划是美国第一项该类型的博士培养计划。

这项多学科的培养计划依托于 RIT 强大的微电子构造、光电子、成像和微电源研究。该计划是应用导向型，但并不牺牲科学和工程的基础理论。学生可以参与到最前沿的研究中，并有机会进入同类型中最大、最现代的学术机构。

该计划的亮点是，RIT 为培养微系统学博士提供独特的工程和科学支持。该培养计划基于传统的工程和科学基础，同时配合面向微系统及纳米系统前沿技术挑战的课程和研究实践，包括从电气控制、光电子学、光学、机械、化学和生物机理到处理、传感以及纳米级接口。该计划旨在通过纳米工程、设计方法和微/纳系统技术研究提供探索未来技术的基础。

1. 课程设置

学生为了完成培养计划，需要参加 99 学分的研究生课程及研究活动。其中包括最少 60 学分的课程作业以及最少 27 学分的研究学分，这些都是面向论文的。课程作业要求包括 16 学分的基础课程、36 学分的主修和辅修技术专业课，以及 12 学分的选修课。此外，学生必须通过综合考试、资格考试、候选资格考试以及论文答辩，才能获得学位。

一般而言，该计划分为三个阶段：

第一阶段：准备期，学生学习各项科学和工程基础理论，其学习情况决定了学生进行独立研究的能力。课程学习包括了基础课和专业课，完成后需通过综合考试方算合格。综合考试测试学生独立思考和学习的能力，主要评价其现阶段在微系统领域的研究工作，并且通过合理的判断决定学生日后研究的方向。

第二阶段：由课程作业和论文初期研究组成。大多数课程作业是以支持第三阶段的论文研究为前提的。在第二阶段内，学生必须完成学习计划规定的大部分常规课程，同时需要通过资格考试并完成论文开题。

第三阶段：包含完成论文所需的实验和/或理论工作，以及相应的出版作品。候选资格考试在这个阶段进行，论文答辩也在这一时期完成，答辩采用的是公开口头答辩和考试的方式。

2. 研究范畴

微系统博士学位培养计划的研究人员同企业界、政府和其他研究机构共同合作，以开展微系统和纳米科技领域内大跨度与范围的各种项目。部分项目和活动如下：

（1）规模驱动的纳米电子：

● 下一代半导体器件的新材料、技术和结构；

● 器件结构和纳米印刻的创新；

● 包括锗、碳纳米管、III—V 族纳米材料以及旋电子的新材料。

（2）面向智能传感器、动力系统、生物芯片和微型嵌入式产品（如 MEMS、MEOMS、NEMS 等器件）的加工和材料研究；

（3）光电子和纳米光电子成像，通信和传感研究，包括耦合器、微激光器、微探测器、集成硅波导、硅光谱仪以及生物传感器；

（4）硅、有机和堆栈式太阳能电池及热伏打的光电学研究；

（5）生物系统集成所用的微级和纳米级电子；

（6）有机电子元器件和设备的新技术及改进技术；

（7）微量级的流体的行为、控制和构造的微流体研究。

3. 招生原则

微系统工程博士学位招生计划是富有竞争力的，并且是基于学生潜力的。希望进入该计划的学生可以通过在线或 RIT 研究生招生办公室的邮件申请。有机会进入的学生必须有着物理学或工程的本科基础，同时要求科学学士学位学生的 GPA 达到 3.0 或更高，科学硕士学位学生的 GPA 达到 3.5 或更高。通过 GRE 进入的学生要求口语和书面考试分数至少在 1 200 分以上，写作分数至少在 3.0 分以上。TOEFL600 分以上的外国学生也可申请。同时，申请学生需要提供三封个人的推荐信，以证明其研究生学习和研究的成果。招生结果由微系统工程招生委员会决定，该委员会由计划中的核心教职人员组成。

四、几点思考

国际上的微系统研究均还处在战略进入的初步阶段，各主要科技强国之间的差距并不巨大。我国正处在一个战略抉择的关口。为实现未来数十年高技术产业的兴起和新一轮以科技为核心的产业升级，我国必须将微系统技术及相关产业放在国家科技战略的高度予以扶持，必须将高科技人力资源的大力开发同样放在战略的高度。

1. 实施人才培养的跨学科培养战略

经过一段时间的发展，我国在微系统领域的基础理论研究已经取得了一定成绩，但是对于微系统领域关键制造技术的掌握较为薄弱，后虽有所突破，但仍不足以满足产业化要求（见表 5—2）（封松林等，2003）。我国的微系统人才梯队也尚未形成，仍然依靠传统光机电学科的专家线性组合形成现有的科研力量，这样的人力资源布局不利于战略性可持续地发展微系统技术及相关产业。

表 5—2 　　　　　　　　中科院在微系统领域的部分研究成果

领域	研究成果
微机械及传感技术	上海微系统研究所的微加速度传感器、微流量传感器、微马达、压力传感器、生物芯片等；电子学研究所的气敏传感器等；合肥智能机械研究所的智能气体传感器等；声学研究所的微型声学传感器、声学微机电驱动技术；长春光学精密机械与物理研究所的微型电机、微操作平台等。
微光学技术	成都光电技术研究所的用于红外焦平面探测器的衍射微透镜阵列器件等。

续前表

领域	研究成果
微加工技术	上海微系统研究所、电子学研究所等单位的硅微加工技术；高能物理研究所的 LIGA 技术；长春光学精密机械与物理研究所、上海光学精密机械研究所等单位的精密机械加工技术等。
通信微系统	上海微系统研究所的 MEMS 光开关，初步成果有 1x2 光开关等；微电子中心的射频收发模块技术等。
微系统基础理论	上海微系统研究所、长春光学精密机械与物理研究所等单位"九五"末期开始承担国家"973"项目"集成微光机电系统研究"，研究微系统中关键的基本单元中的运动机械、光学和射频元件及流体输运机构等微米尺度内的基础理论和基础技术问题；兰州化学物理研究所开展了微系统润滑技术方面的基础工作；大连化学物理研究所开拓了与微系统相关的微型化工基础研究领域等。

从世界其他微系统技术研发走在前列的国家的经验来看，微系统技术作为光机电、生化等多种学科的跨学科前沿技术，其人才培养需要借助多学科力量，突破传统学科简单线性组合的旧模式。从罗切斯特理工大学的微系统博士学位培养计划可以看到，微系统技术领域的 HRST 是一个需要跨学科知识结构支撑、专业化长时间培养（或称高学历）以及产业化理念指导的人力资源类型。因此，我国为了发展微系统领域的人才队伍，也应当在相关的研究院所、理工科综合实力较强的高校中单独设置微系统人才培养计划，以跨学科招收或者本硕博一贯培养的方式，结合企业实地研发项目，培养相应的人才，以保证微系统相关产业所必需的原动力。

我国近几年加大力度发展 CPU 和集成电路技术，为微系统技术的发展奠定了现实基础。我国微系统发展的瓶颈目前存在于微系统的制作技术，主要包括加工技术、信号处理技术和微封装技术。由于受光刻设备和工艺的限制，我国在微电子制作方面一直处于依靠外国力量的被动位置。在未来的人才培养方面，应加大这方面人才的培养力度，以保证在不久的将来，我国能够独立依靠自主研发制造的光刻设备和工艺，摆脱国外束缚。

2. 实施产业发展的"推陈出新"战略

微系统技术是一个庞大的技术集合体，涉及的相关产业众多，例如电子信息、汽车、医疗、通信、环保、国防和空间等产业或领域。在微系统技术的研发和产业化过程中，我国必须紧紧抓住关键的战略性产业，依托有实力、有基础的强势产业，带动弱势产业，有目的地振兴部分核心产业，从而实现产业结构调整和升级。

2009年2月25日的国务院常务会议审议并原则通过了有色金属产业和物流业调整振兴规划。至此，国家确定的钢铁、汽车、船舶、石化、纺织、轻工、有色金属、装备制造和电子信息、物流这十大产业振兴规划全部出台。其中，电子信息产业和汽车产业在未来的发展与微系统技术的进步息息相关。以电子信息产业为例，《电子信息产业规划提纲》中指出今后三年，电子信息产业要围绕9个重点领域，完成确保骨干产业稳定增长、战略性核心产业实现突破、通过新应用带动新增长三大任务。第一，确保计算机、电子元器件、视听产品等骨干产业稳定增长；第二，突破集成电路、新型显示器件、软件等核心产业的关键技术；第三，在通信设备、信息服务、信息技术应用等领域培育新的增长点。国家新增投资向电子信息产业倾斜，加大引导资金投入力度，实施集成电路升级、新型显示和彩电工业转型、TD-SCDMA第三代移动通信产业新跨越、数字电视电影推广、计算机升级和下一代互联网应用、软件及信息服务培育等六项重大工程，支持自主创新和技术改造项目建设。

可以看出，三大任务均与微系统技术紧密相关。因此，确定电子信息产业为我国微系统技术产业化的一个主要方向，既可以利用现有的技术力量和基础，又有利于振兴产业经济建设。同样，对于汽车工业而言，微系统技术在汽车制动系统微小化和新能源汽车的开发上有着至关重要的地位。

世界各国在发展微系统技术产业化的人力资源建设的过程中，都确立了各自的主要攻坚领域和产业，如德国主要致力于智能化产品的发展，而美国则主要致力于建设生物领域的微系统技术相关产业。选择有利的科技发展战略，切忌"眉毛胡子一把抓"，一定要执其牛耳。我们在开发微系统领域HRST能力的道路上，必须紧密依托老的、强的、重要的产业，加强产学研结合，加强人力资源和技术成果的学产迁移转化，从而在未来与其他科技强国在科教竞技场上争夺有利的地位。

（宋 扬 撰文）

第3节 面向专业实践的MIT教育首创

工程教育去工程化的学术倾向，已经造成了许多缺失，以致现在不得不重提加强工程实践教育和训练，并付出加倍的努力以回归工程专业实践的正确轨道。本节推荐几乎不为国人所知晓的 MIT 化工实践学院，阐发它的理念、实践及其运行百年来为工程教育提供的宝贵精神财富（我国仅有《化工高等教育》杂志在 1984 年创刊号上以《MIT 设立实习学校，密切理论与实际的联系》为题，作了半页篇幅的介绍）。在贯彻落实《国家中长期人才发展规划纲要（2010—2020年)》和《国家中长期教育改革和发展规划纲要（2010—2020 年)》的今天，挖掘并借鉴 MIT 的这一经验，对加速我国科技人力资源开发而言，不失为一件有意义的工作。

一、MIT 化工实践学院的缘起

早在 1846 年，MIT 的创立者、地质学家 William Barton Rogers 在起草《波士顿多科技术学院规划》（Plan for a Polytechnic School in Boston） 时就已经提出，学校应该为学生"在……普通物理……无机和有机化学等方面打下广泛而扎实的基础，并提供关于化学操作和对化学产品、矿石、金属等各种物质进行分析的教育……"，"通过了解相关的自然原理和法则，工业实践的任何一个分支都能够得到很好的发展和改进"。培养学生将化学知识应用于工业是 MIT 建立者的心愿。

1865 年，Francis H. Storer 和 Charles W. Eliot 在 MIT 开设化学专业。1880年开始，MIT 化学系（Chemistry Department）的学生可以在本科第三年和第四年选择"实践和工业化学"系列课程，课程的主题包括：燃烧和燃料；描述和鉴定矿物学；玻璃制品、陶器、苏打灰、食盐以及肥皂的制造；摄影术；染色；酿造及其装置；化学工作场所和实验室的设计等。进一步地，学院向学生承诺会尽快组建工业化学方面的专门系科，使他们"通过实践熟悉主要化学生产中的材料、装备及工艺"。根据这一承诺，Lewis Norton 在 1882 年被任命为工业化学系列课程的指导教师，是该专业领域被特别任命的首位教师。由于认识到当时的化学工业往往只能在没有足够工程知识的化学家和不懂化学的工程师之间作两难选择，1888 年 Norton 设立了美国第一个四年制"化学工程"（Chemical Engineering）课程计划，编号为"课程 X"。该课程计划把机械工程和工业化学结合起来，旨在"满足那些既想获得机械工程训练，同时又致力于将化学运用于解决化学产品生产和使用过程中的工程问题的学生们的需求"。1891 年，化学系授予了世界上第一批化学工程学士学位（Bachelor's Degrees for Chemical Engineering）。

1894 年，William Walker 接任 Norton 的教席。他认为"化学工程师应该具有全面的科学基础，辅之以应用这些知识解决工业问题的系统经验"。为此他把 MIT 的各类化学和化工课程转化为建立在"单元操作"基础上的统一课程计划，力图通过把大量的化工流程简化为诸如蒸馏、吸收、传热、过滤等若干基本步骤的方式，为不熟悉工业尺度的车间和设备的化学家们设计新的概念框架。以 Walker 教授为代表的一部分教师们认为，通过与企业合作培养学生的实践技能应该成为化学系未来的发展方向。但化学系内部有不同的声音——一部分以 Arthur Noyes 为代表的教师，认为化学系未来的发展应该是成立以基础研究为主导的研究生院，更紧密地与传统的实验室化学相联系。

最初，选修化学工程课程计划的学生要比选修化学课程计划的学生少得多。1908 年，Walker 教授成为化学工程课程的负责人，同年成立了"应用化学研究实验室"（Research Laboratory of Applied Chemistry）。这之后，趋势开始发生变化，化学工程变得更受欢迎。特别是第一次世界大战开始后，原来雄踞全球市场的德国化学工业受战争影响，化工产品急剧短缺，价格飙升，大量的需求导致了美国化学工业的扩张，丰富的工作机会吸引校内大批学生选择化工专业，使其发展成为 MIT 人数最多的系（Servos，1980）。

建立"实践学院"这一想法最初是来自 Walker 教授的一项教学改革。1904 年，Walker 教授设立了被他称为"工业化学暑期学院"的计划——带领 MIT 的学生对东北部化工厂进行为期两周的马拉松游历。当年，12 位本科生在 6 月 9～25 日间访问了 28 家不同的工厂。随后的十年间，每年夏天都举行这一活动，参与的学生人数也在不断增加。到 1914 年，由于要求参与的学生太多，使得如何选拔变成非常困难的事情，"工业化学暑期学院"为此停办。

此外，建立"实践学院"的想法还受到一个有远见的校友 Arthur D. Little 的直接推动，他根据自身的经历认识到化工实践教育的重要性。Little 于 1881 年进入 MIT 学习化学。他在读书期间曾与其他三名本科生一起创办了 *The Tech* 刊物，后改名为 *Boston Tech*，以后他还创办了著名的 *Technology Review*。由于家境贫困，Little 于 1884 年秋季辍学，进入美国第一家亚硫酸盐造纸厂"里士满纸业公司"工作。当时，德国的亚硝酸盐造纸技术处于领先地位，该公司也由德国籍工程师管理。就在 Little 加入公司后不久，德国籍工程师突然携带所有技术资料离开了公司，公司顿时陷入困境。董事长只能向 Little 这个公司里唯一学过化学的新员工求助。经过 6 个月的摸索，Little 自主研发了这项造纸技术，挽救了公司。不久他又被公司委以在北加利福尼亚新设一家造纸厂的重任。

1906 年，Little 与 Walker 教授合作，建立了"美国最早的将科学应用于工业的私人咨询组织"——目前享誉全球的 Arthur D. Little, Inc.（里特管理咨询公司）的前身。在 Little 亲身经历的启发下，Walker 教授意识到 MIT 的教师应该更多地与工业接触，参与工程实践；Little 则认为，自己的经历对 MIT 的学生是很好的启发，像自己这样仅在 MIT 接受了三年工业化学教育的人都可以帮助解决造纸厂的问题，MIT 的化学工程学生难道不能为化学工业界提供更多的帮助么？他提出了成立实践学院的想法，得到了 Walker 教授的大力支持。可以说，William Walker 教授想要把工业化学发展成独立学科的愿望，以及 Little 想要为 MIT 的化学教育增添实践元素的愿景，两者一拍即合，导致"实践学院"概念的产生。

而这一理念在 MIT 最终变成现实，主要依靠 Little 的大力推动。Little 于 1912—1917 年及 1918—1923 年担任 MIT 校董会的校友代表，并于 1923 年起成为校董会的终身董事。1912 年，Little 成为"MIT 校董会化学和化工系巡查委员会"成员，1915 年成为该委员会的主席。

1915 年 12 月 6 日，该委员会发表一份重要的报告，报告提到："对化学工程师的训练涉及许多非同寻常的困难和复杂问题"，"目前还没有哪个地方的训练能满足这些需求。特别是在这个专业中，必须要'下水'，才能学会'游泳'"。"由于化学工程师接触的材料通常具有腐蚀性或毒性，而且易燃易爆，学生必须掌握第一手实践知识，必须了解设备和材料构造，知道各种仪器装置的设计、容量、性能和特质"，因此，化学工程师的训练必须"紧密接触实际的大规模生产"，靠"马马虎虎地访问一些工厂"是不能满足要求的。同时"学生必须学会控制成本，这是单纯的化学家所不关注的，而成本恰恰是所有工程师的化学方程式中最重要的因素"。

为实现这些目标，委员会制定了一项计划：在众多的化工厂中建立 MIT 的"基地"。这些基地应当分布在不同行业，即在煤气、钢铁、肥皂和其他生物产品、橡胶、造纸、电气化学、石油、油漆、水泥等每个行业设立一个基地。每个基地都要派驻 MIT 的指导教师，MIT 四年级的学生在基地待 4 周时间，任务是学习和帮助改进化学工艺，并尽可能地参与工厂的实际工作。委员会认为，学生通过这样的指导，将能够在第五年的课程中正确评估其学习的重要性及与专业工作的联系。同时，基地应该成为研究各行业相关问题的中心，由 MIT 任命的基地主管负责研究工作，学生在基地期间可以参与该类研究，毕业后还可以回到基地担任 1~2 年的研究助手。

这项计划得到了当时 MIT 校长 Richard Maclaurin 的大力支持。1916 年 3 月 8 日，MIT 校董会正式批准了该项计划。

二、化工实践学院的开端与发展

1916 年 5 月，该计划被正式命名为"化工实践学院"（课程 X—A），Walker 被任命为主管。柯达公司总裁 George Eastman 为该计划提供了 30 万美元的启动资金。

1917 年，MIT 在美国东北部建立了 5 个实习基地，覆盖的工业领域包括水泥、染料、研磨机、涂料和造纸。这 5 个领域覆盖了当时化学工程最广泛最普遍的重要领域。当时每个基地的运作费用大约为每年 5 000~7 000 美元。

在四年级的第二学期和夏季学期，被该计划录取的学生分为 5 组分派到 5 个基地，每组轮流在每个基地待 6 周。"制造厂的单元操作序列和工厂的环境及传统构成了化工实验室"，学生不会被视为雇员，但"会尽可能让他们获得工业体验"。特别需要强调的是，指导学生的是基地主管而不是工厂，基地主管通过全程指导学生依次体验各个生产环节以获得最佳的教育效果。

学生在基地被要求达到五个目标：（1）根据已知的物理和化学原理学习工厂的生产流程与机器；（2）学习工厂如何控制工业流程；（3）学习如何管理和控制工厂，如何分配生产成本；（4）通过和生产管理人员接触获得广阔的视野，同时获得操作工业流程和设备的信心；（5）获得鼓舞和灵感，愿意进一步从事能够推动工业进步的科学工作。

这批学生回校后完成第五年的学习，同时获得两个学位：化工科学学士（B. S. in Chemical Engineering）和化工实践科学硕士（M. S. in Chemical Engineering Practice）。学生承担每年的学费、来回基地的路费，在基地的住宿由

MIT 安排，学生只支付数额上相当于宿舍费的费用，超出部分由实践学院承担。

1917 年是非常成功的一年，Walker 教授将其称为"第一流的教育改革"（Walker，1917）。实践学院引起了世界范围的关注，因为当时大家已经普遍认识到，对于年轻的化学家而言，使用烧瓶试管和使用装有 25 000 加仑酸液的蒸煮器完全不是一回事，而实践学院能够帮助他们克服这一障碍。深具眼光的合作企业意识到产业的长远发展需要依靠研究专家的工作，他们愿意推动该计划，因为这不仅对学生和 MIT 有利，也对企业、整个产业乃至美国的进步和实力都有利。

1918 年，随着美国的参战，这一计划由于大量的教员和学生参与军方服役而暂停。第一次世界大战以后，随着化学工业非同寻常地发展，计划重启后，注册该计划的学生人数激增。

但是在这期间，Noyes 和 Walker 的理念之争达到白热化程度。Noyes 坚持认为："专业教育应当主要限于基础科学的训练，只有在时间允许的情况下才可以涉及工程专题。"Walker 则认为："相对于把科学应用于解决现实生活中的问题而言，纯科学的教学并不重要。"争论的结果是两败俱伤：Walker 对争论感到厌倦，重启"实践学院"计划后即离开化学系组建了"MIT 产业合作部"（Division of Industrial Cooperation）——"MIT 资助计划办公室"（Office of Sponsored Programs）的前身，以促进和管理产业界对研究的资助。Walker 担任办公室主任，并迅速使产学合作成为 MIT 的核心功能之一。Noyes 也对 MIT 注重工业实践的做法及化工专业学生数超过化学专业学生数的状况感到不满，于 1919 年离开 MIT，前往加州参与创办了 CIT。这场震荡变动的结果，直接导致在 1920 年 7 月与化工相关的课程、"应用化学研究实验室"和"实践学院"从 MIT 化学系中分离出来，进而组建了美国大学中的第一个"化学工程系"，Warren Lewis 成为系主任，Robert Haslam 成为"实践学院"项目的主管。紧接着，为了充分利用设施，让本科生也获得实践学院的利益，Haslam 和 Lewis 设计了新计划（课程 X—B），被选中的学生在第三学年结束后在校园修读夏季课程，第四学年的春季学期在基地度过。该计划的要求与"课程 X—A"基本相似，当然程度上要低一些，最终可授予"化工实践科学学士"（Bachelor of Science in Chemical Engineering Practice）学位。

在 20 世纪 50 年代至 80 年代，增长的实践成本和公司内部员工技术能力的提高、大学课程对"工程科学"的强调，以及实践学院运作中的一些具体问题，引起人们对实践学院继续存在的合理性的质疑，学生注册人数开始减少，签约的基地数量也不断减少。

实践学院的发展运作时有曲折，但理念是一脉相承的。工厂被当作现代工程实验室，成为工科学生活动的场所；拥有卓越教育成就的大学教师指导学生们的训练；拥有无可替代的专业经验的工程师与大学教师共同训练未来的工程师。按照 Little 的最初设想，合作企业用半年时间接待学生，另外半年时间基地主管应当作为合作企业的研究人员帮助企业解决生产中的问题。但实际上，学期结束后基地主管还要忙于送交成绩、平衡账务、起草报告、与企业管理层协商，紧接着新生又要抵达了，基地主管往往没有时间为企业从事任何实质性的工作。但 Haslam 认为，由于学生的工作本身对企业就非常有价值，因此没有基地主管的工作也不影响 MIT 对合作企业承诺的义务（Haslam，1921）。这种看法也得到了校方和合作企业方的接受。化工系老师们对实践学院给予了高度评价。Walter Whitman（1933—1961 年担任化工系主任，1933—1943 年担任实践学院主管）指出："在实践学院，我们试图通过与众不同的方式获得某种程度的专业成长。"他们认为实践学院计划对今天学生的价值在于，在广阔的技术活动中解决有挑战性的实践问题——从在营利公司中进行的工艺改进和化学应用，到在政府实验室中进行的与核技术、水淡化及环境问题相关的研发——其他任何地方的研究生教育都不可能在一个学期的时间内为学生提供如此深入的体验。

实践学院在发展过程中需要不断面对财务问题。实践学院一直非常谨慎地管理和使用 30 万美元的启动基金，到 1948 年时基金还剩 27 万；但从 1949 年开始，开支日增，到 1955 年只剩下 68 000 美元，1958 年基金全部用完。从 1958 年开始，MIT 分别与 Esso Standard Oil Company 和 Cyanamid Company 签署协议，在新泽西的 Bayway 和 Bound Brook 设立基地（在 Bayway 是大规模持续的石油产品的化学处理，在 Bound Brook 是小规模的精细化工品和药品的生产，两者形成互补，这也代表着从对大规模化工硬件的关注转向同时关注化工工艺，对实践学院都是非常合适的）。两公司都同意为基地提供场所和工作人员，为所有 MIT 的人员提供医疗保险，最重要的是合作协议中第一次写入了一项条款：两公司需要向 MIT 提供基金，作为实践学院部分学生的奖学金。该条款为今后解决实践学院的财务困境开创了一个先例。20 世纪 80 年代至 90 年代，MIT 校友开展了大规模的资金募集工作，以支持实践学院的继续发展。David H. Koch 的捐款使得学院的存在有了一个稳定的经济基础，于是实践学院以 Koch 的名字重新命名。

如今，实践学院在美国的基地包括（见图 5—4）：位于马萨诸塞州 Cambridge 的 Alkermes，Inc. 和 Billerica 的 Cabot Corporation，位于新泽西州 Hackettstown 的 M&M Mars，Inc.，位于宾夕法尼亚州 West Point 的 Merck，Inc.，位于印第安纳州 Mt. Vernon 的 General Electric Plastics，位于密歇根州 Midland 的 Dow Corning Corporation，位于明尼苏达州 Wayzata 的 Cargill Central Research 和 Minneapolis 的 General Mills，位于德州 Freeport 的 Dow Chemical Company 和 Corpus Christi 的 Koch Refining Company。

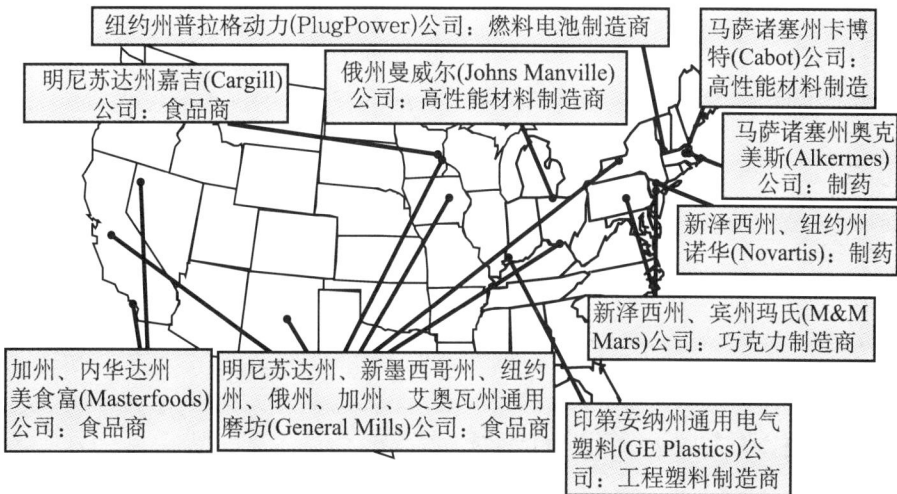

图 5—4　化工实践学院在美国的基地

进入全球化的化学行业不仅要求精湛的技术技能和用这些技能成功解决实践问题的能力，也需要在与本土风俗习惯截然不同的文化约束条件下有效地工作的能力。由于意识到化学工程实践的日益全球化本质，从 1997 年起，实践学院开始在日本、法国和德国设立国际基地，让学生参与国际培训。这一努力也是建立在实践学院的教育哲学基础上的。经过多年的改进，实践学院已形成了一个非常成功的培养行业需要的化学工程师的新模式。

近年化工实践学院的国际基地包括：位于日本冈山 Mizushima 的 Mitsubishi Chemical Company；位于法国里昂 Decines 的 Rhone-Poulenc Industrialisation；

位于德国科隆 Leverkusen 的 Bayer AG；位于英国赫尔市 Saltend 的 BP Chemi-cals 等（见图 5—5）。

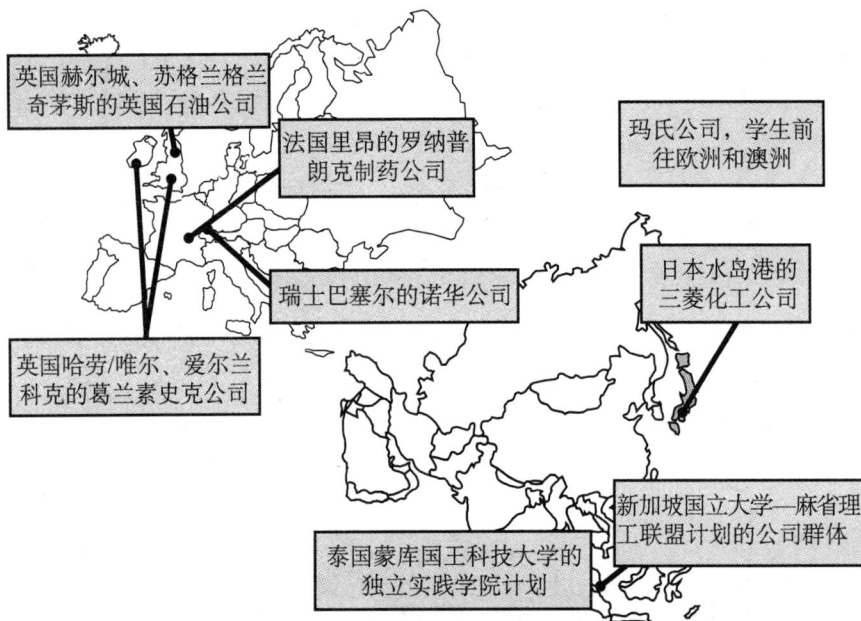

图 5—5　化工实践学院在全球的基地

三、化工实践学院的运作

（一）教学生活

如今，MIT 的"David H. Koch 化学工程实践学院"是化工系的化学工程实践硕士（M. S. CEP）和博士（Ph. D. CEP）学位计划的核心组成部分。实践学院不同于传统的产学合作教育安排。在实践学院中，学生被分成若干个小组，每个小组必须在两个实习企业中各进行为期两个月的实习。通过 MIT 派驻实习基地的导师的指导，每个工作小组都要在高强度的企业实习计划中创造出真实价值，这在其他的工程实习中是做不到的。这要求学生以个人及团队的形式每天与公司互动，学生在与别人交流的技能方面所获得的磨炼也远高于其他教学计划。

1. 学生类型

实践学院的学生可代表性地分为三类：（1）Ph. D. /Sc. D. 或 Ph. D. CEP 计划的学生；（2）在 MIT 攻读学士学位（B. S.）并被允许进入实践学院的学生（加入"第五年"计划的学生，最终获得硕士学位）；（3）从其他学校获得学士学位（B. S.）后申请进入实践学院的学生。

2. 基地实习

在修完课程后，学生就前往实践学院设在合作企业的基地实习。6～10 个学生为一个小班，在每个基地实习两个月，然后再去另一个基地实习两个月。如果实习安排在较短的夏季学期，两个基地中的一个则只需待一个月。在每个基地，再按 2～3 个学生分组，参与为期一个月的实习计划，每个学生都有机会担任 1～2 次的小组领导。

在实践学院期间，学生一方面被视为公司的员工，实习是有报酬的；另一方面，他们更是在进行一门课程学习的学生，他们的表现要被打分。MIT 的基地导师会评价学生的技术能力、交流能力、领导力和专业化水平。导师会帮助学生进行计划的准备，对学生的工作加以指导，协助学生寻找资源并解决问题。

计划的主题由合作企业决定，学生使用公司的资源来实现计划。即使只在一个公司中，计划也覆盖了广泛的主题。有时学生会被要求在工厂中解决操作问题；有时学生需要识别产品的限制或进行新流程的初步设计和成本估算；有时会要求学生为特别的任务开发一种新的工程方法。计划的核心是训练学生的技术能力和组织能力，学生要经历定义问题、协调资源来实现目标、技术调整、必要的计划、团队合作和领导、个人与公司的互动、口头和书面的交流等环节。学生要进行文献阅读、调查技术方案、建立数学模型、分析产品数据、使用多种计算工具、访谈设备操作者或者复查设备操作过程——简言之，学生要学习化学工程师那样的工作技能。在每个计划中，各小组都要准备三场正式的演讲、一场小范围的汇报，以及一份书面的最终报告。这些都需要被严格控制在 4 周的时间内完成，通常都非常紧张，需要长时间的辛勤工作和较快的工作节奏。

3. 生活及娱乐

在实习期间，学生可以获得常规的研究生津贴，并免除学费。住宿通常是在条件较好的公寓，价格与在 MIT 住宿基本一致。以计划小组为单位，可以租用汽车以解决交通问题。

实践学院并不总是在工作。周末，学生可以从高强度的计划中解脱出来。娱乐活动取决于基地的位置、团队人员的爱好以及季节。学生可以游览风景名胜，也可以徒步旅行或组织一场球赛，当然，也可以去餐馆饱餐一顿。以往，实践学院的参与者们非常喜欢滑雪、骑自行车、深海捕鱼、竞舟、冲浪运动等。学生可以通过合作企业所在地的食物、艺术和风景来体验文化的多样性。

学生在实践学院期间进行的紧密互动，会令同学之间以及同学和老师之间形成深厚的感情，这种感情在他们离开学院后仍将长期维持。

（二）校园与基地的关系

在运作过程中，实践学院非常重视保持基地和化工系之间的联系，这主要出于两个目的。

1. 拓宽基地学生的体验，减少他们与校园的隔离感

为此，实践学院往往通过以下途径加强互动：

（1）建立化工系教师拜访基地以及基地之间教师互访的制度。

（2）Lewis 呼吁 MIT 的博士论文在基地完成，一方面利用基地独有的设施，另一方面帮助建立基地与化工系之间的密切联系。基地主管应当关注寻找企业中适合做博士论文的技术问题。

（3）实践学院的问题也可以成为校园的课堂练习问题，校园的教师也可以帮助处理合作企业的紧急问题。

（4）化工系鼓励校内的实验工作和基地的现场研究协调一致，然后由化工系和实践学院的教师一起署名发表论文。

2. 增加实践学院在化工领域和高教领域的知名度

Lewis 建议基地适当使用当年的预算盈余来资助一些特殊项目，希望由此产生一些以实践学院署名的论文。甚至有教授要求每个基地每年应当至少发表一篇好论文。但在这方面，实践学院发表论文的愿望往往与合作企业对信息保密的关注相冲突，参与计划的师生都要签署协议，同意研究成果属于合作企业，并对可能有利于竞争对手的工厂活动信息保密，甚至要对"工厂的流程、设备、调查结果"等特定信息保密。

（三）与化工系其他计划的衔接

化工系提供三个研究生学位计划——其中两个计划与实践学院有关，是 MIT 特有的。

1. M. S. CEP 学位计划中的实践计划

化学工程实践科学硕士学位计划（M. S. CEP）要求学生在 MIT 修两个学期的研究生课程，之后在 MIT 基地导师的指导下，在实践学院的实习基地工作一个学期。如果在秋季和冬季学期修读课程并在夏季参加实践学院，就可以在一年时间内修完。

课程包括必修的核心课程、两门附加的必修课和选修课。所有的化学工程系的研究生都必须修读核心课程："化学工程的数值方法"、"化工热力学"、"传递现象分析"、"化学反应器工程"。除核心课程外，M. S. CEP 计划要求的另两门必修课是"系统工程"和"应用化学"。选修课可以根据自己的研究兴趣从外系选择。

M. S. CEP 学位与传统的科学硕士学位不同，它不要求研究论文。实践学院用高强度的行业经历来代替论文。Whitman 指出，实践学院是为那些对开发、管理工厂以及流程设计工作感兴趣的学生开设的，而论文只对那些有志于从事研究工作的学生有意义。接触产业、感受技术挑战、参与广泛交流，这些与 MIT 的课程相结合，足以使学生的专业水平得到很好的提升。

M. S. CEP 既可以作为一个最终学位、也可以作为 Ph. D. CEP 的中间学位授予。它还可以作为学术性博士学位（Ph. D. /Sc. D.）培养计划中的一部分，但对 Ph. D. /Sc. D. 来讲不是必需的。

2. Ph. D. CEP 学位计划中的实践计划

Ph. D. CEP 学位计划由 5 个清晰的阶段组成（见图 5—6）。阶段 1：修读化学工程研究生核心课程；阶段 2：化学工程实践学院；阶段 3：研究计划；阶段 4：MIT 斯隆管理学院 MBA 第一年课程学习；阶段 5：全方位视角的论文（毕业论文）。学生必须完成这 5 个阶段，最终获得学位。该计划旨在帮助学生整合在不同阶段中掌握的知识和能力。

在阶段 5，攻读 Ph. D. CEP 学位的学生要回到化工系开始写整合视角的论文，该论文必须在最后一年的夏季完成。学生在这个阶段的论文工作应在一名化

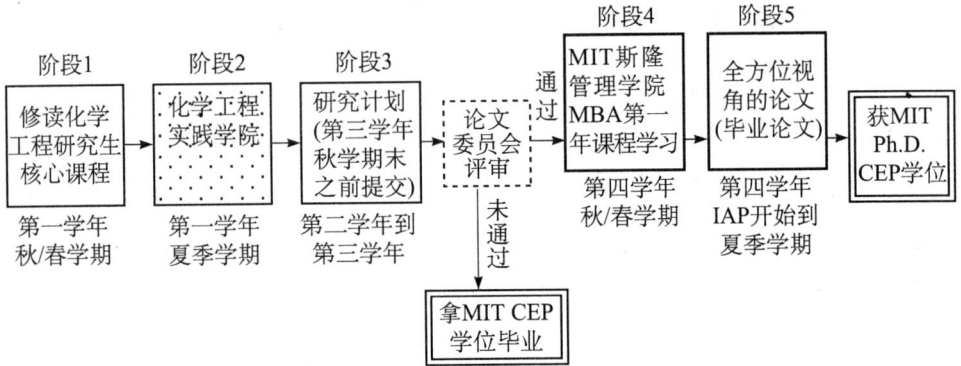

图 5—6　Ph. D. CEP 学位计划结构

工系教师的指导下完成，学生也可以咨询斯隆管理学院的教师。学生应当在论文中把在斯隆管理学院学到的商业和管理知识与研究计划的选题结合起来，使论文包括市场分析、商业规划、研究建议等相关内容。在该计划的最后一年夏天，应对整合视角的论文结果进行公开陈述。

在该计划中，学生参与 MIT 斯隆管理学院学习还有一个好处，MIT 斯隆管理学院会给完成阶段 4 的学生颁发一个证书，以保证其在毕业五年内重新进入MIT 斯隆管理学院的 MBA 计划。

四、化工实践学院模式的传播

在美国国内，很早就有实践学院 1924 届的毕业生 Thomas Sherwood 在Worcester 理工学院进行类似尝试，1940 届的毕业生 Gorge Lof 于 1941 年在科罗拉多大学建立了实践学院；在加拿大，1957 届、1960 届的两个校友在 University of New Brunswick 建立了实践学院。

在亚洲，印度、泰国、新加坡、日本都有大学引入了实践学院计划。最早是在印度。1971 年，实践学院 1950 届的毕业生 Chita Mitra 成为印度拉贾斯坦邦Birla 科技大学的校长。他认为，当时印度的大学教师的工作太抽象、过于理想，教师几乎没有接触过工业，以至于研究生层次的工程师教育对印度的工业几乎没有任何影响。于是，他邀请母校 MIT 的 Fleming 和 Vivian 教授帮助建设工程实践学院（School of Engineering Practice）。1972 年，Birla 科技大学开始运作一项对所有的工程学科及管理学科开放的实践学院计划，到现在已经有超过 70 家合作企业加入，更多的企业还在排着队等待加入，印度的公司纷纷把它们的技术问题带到校园来。实践学院已经成为该校课程改革的推动力量。Mitra 在成为"印度国家信息技术研究所"（India's National Institute of Information Technology）的教育顾问后，又建立了一所通信和计算机技术领域的实践学院。

值得详细介绍的还有泰国蒙库国王科技大学（KMUTT）的实践学院计划。

东南亚国家工科学习的传统模式包括课堂、讲习、布置作业以及实验室工作。虽然这种训练在某种程度上是有效的，但当学生进入真实世界时，存在着能力方面的差距。课堂填鸭式的教学甚至在本科层次都是非常普遍的，创造性的思考往往被忽视。结果，在泰国很少有毕业生掌握能够胜任工程师的足够的分析能力和综合能力。为了弥补教育系统的这一缺陷，企业通常不得不投入大量的资源进行再教育和在职培训。此外，泰国学生的英语熟练程度欠佳，而且泰国几乎所有的研究生计划都很少注重技术写作和口头的演讲，企业抱怨大学研究生无论是口头还是书面的沟通能力都缺乏足够的训练，甚至用母语也不能很好地沟通。

KMUTT 是一所自治的国立大学，在工程教育上有很悠久的传统。1996 年，学校意识到其工程教育的诸多缺陷，决定对课程计划进行改革，目的是培养能力全面的工程师。学校以化学工程专业作为试点，要求新的课程计划必须符合如下标准：（1）推进国际化，课程和讲演必须采用英语，报告和作业也要用英语书写；（2）硕士计划规模较小，易于管理；（3）以实践为基础，课程必须包括工业实习；（4）与私人部门建立紧密联系，让它们为实践提供场所；（5）投入充足的资金，吸引最优秀的学生。

在这一思想的指导下，1997 年，KMUTT 借鉴 MIT 的成功经验并在 MIT 的指导下成立了自己的化工实践学院（ChEPS）。MIT 实践学院的教授来到泰国帮助从事计划的设立和筹备，并承担部分课程的授课。图 5—7 显示了实践学院的四个关键组成部分，分别是高校、供资机构、学生和行业联系。供资机构包括国家、半私人和私人组织，它们为计划提供研究基金和奖学金。实践学院的运行高度依赖此类机构的资金支持，尤其是在最初几年。在一个传统的研究生计划中，行业的作用通常是缺失的或者是有限的，但行业的参与对实践学院的成功是至关重要的，它确保了学生在学习之初就受到解决实际问题的训练。行业赞助者对各种相关问题加以鉴别筛选，或作为个案研究用于课堂讲授，或作为在实习期间要实地解决的计划。

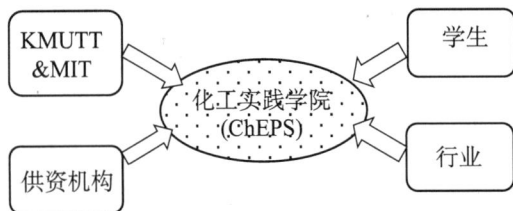

图 5—7　KMUTT 实践学院四个重要组成部分

整个计划包括一年的专业课程学习（两个学期加一个暑假）、一个学期的基地实习和一个学期的研究工作。课程学习内容相当固定，选修课被压缩到最少。整个计划可以被视为一个学习训练营，强调问题导向的学习，要求学生在没有什么数据却有很多限制条件的情况下解决工厂的真实问题，这通常极具挑战性。

ChEPS 并不完全照搬 MIT，而是增加了某些内容，包括：培养计划被延长至两学年，有一个暑期可以让学生适应紧张的工作并作好时间安排，增设一门工程管理的课程。此外，ChEPS 还补充了以下内容：

（1）讲演。ChEPS 的每个阶段都要学生作讲演，包括设计问题、研究论文和基地计划的提出及结果报告。

（2）一篇短的研究论文。每个学生都必须选择一个论文计划并在六个月内完成。研究计划往往是合作性的，学生有机会在泰国以外的国家如加拿大、美国和新加坡完成他们部分的研究。尽管 ChEPS 的首要目的不是培养研究者，但许多学生发现这项训练是非常有用的，学生学会批判性地考虑问题，必须设计系统方法来解决问题。事实上，许多 ChEPS 的毕业生选择继续在泰国和海外的其他高校攻读 Ph. D. 学位。

（3）英语教学。ChEPS 要求所有学生在第二年末至少达到托福 520 分或者托业 650 分。这对所有学生而言都是一项艰巨的任务。因此，学生要学习额外的英语课程，并且其水平进展受到严密监测。

（4）在 ChEPS 中，计算机和软件被频繁使用作为课堂教学的补充，ChEPS 学生能熟练掌握许多仿真技术，使用 ASPEN PLUSTM、PRO/IIM、MAT-LABTM、LINDOTM 和 ControlStationTM 等软件。

实践学院是泰国研究生计划中首屈一指的。由于该计划的独特性，每年都能吸引顶尖的学生。实践学院毕业生就业情况良好，一半的毕业生被大的化学公司、石化公司和精炼公司录用；不少学生也为制糖和食品工业的中小企业工作；

另外有大约 15％的学生继续攻读 Ph. D. 学位。

目前，KMUTT 化工实践学院的成功促使校方将这一实践模式推广到其他的院系，创立了食品工程实践学院（FEPS）、生物信息学计划（BIF），以及水工程实践学院（WEPS）。同时，校方还计划在能源、生物工程、纸浆和造纸领域设立更多基于实践的课程。

五、结论

David H. Koch 化工实践学院是 MIT 最老的"学院"（school）。MIT 的"建筑规划学院"、"工学院"、"人文社科和艺术学院"、"理学院"和"管理学院"都是伴随着"实践学院"先后成长发展起来的。虽然它们都共同使用"学院"这个名称，但其含义已经大不相同。实践学院似乎是 MIT 的一个异类，它是唯一没有院长的学院，它的大部分教员和学生都生活在校外，它创立近一百年来从未改变过自己的目标和风格。

实践学院被视为在高等教育和生产部门之间建立了紧密联系从而加强了美国制造技术的典范。实践学院的校友们一致认为该学院对他们职业生涯的发展发挥了重要作用，他们中的很多人是这个国家工业界和学术界的翘楚，为 MIT 及其化学工程带来了荣誉，他们的支持也成为实践学院生存发展的依靠力量。

MIT 的化工实践学院在世界工程教育中扮演着独特的角色。它成功地实现了 MIT 创立者的愿景："用科学原理训练年轻人去制造有用的东西。"如果说 MIT 化工系是 MIT 专业教育与研究的"旗舰"，那么化工实践学院则被认为是化工系的"旗舰"。毫无疑问，在今天科技人力资源的能力建设中，MIT 化工实践学院这艘"旗舰"将会继续引领航向，乘风破浪前进。

（顾 征 李 文 撰文）

第 4 节 创意设计类的新型工程硕士学位

在 21 世纪，创意和设计日渐处于产业链的顶端，作为工程专业本质的创造更显突出。而工程的创造，则是与设计紧密联系的。设计教育的改革和发展对传统的工程教育模式提出了极大的挑战，设计的概念也已经超出传统的工程技术设计，拓展到非技术的设计领域，包括创意和概念设计、创业设计、工业设计、规划和政策设计等。设计教育已成为当今国内外工程教育改革与发展的一个焦点，其多样化的模式与实施正在成为引人注目的 21 世纪科技人力资源开发的创新之举。

一、创意设计类工程硕士的背景

国外创意产业的发展以英国为先驱，自 20 世纪 90 年代后半期开始已经历了十几年。最初，创意产业注重发展文化含量高的相关产业部门（如英国政府划定的 13 个产业部门中，大部分为文化艺术产业门类），后来逐步发展到包括版权、专利、商标和设计等在内的整个经济系统的层面，进入了创意经济的新阶段。创意成果已经成为一种新的投入要素，渗透和融合到各行各业，产业间的界限趋于模糊，触发了整个经济的系统性创新。在创意经济的新阶段，由于创意产业已经超越传统意义上文化产业的单一产业层面，因此各国政府在实际操作中，也跳出了初期主要依靠文化部门促进创意产业发展的局限，由具有综合协调职能的部门负责创意经济的推进。比如：英国、德国、新加坡等国均采取了高层的综合推进机制；为适应新的发展，德国等欧洲国家也改变了原先将创意产业等同于文化产业的提法，成立了诸如"创意柏林"的社团组织，德国外交部印制了介绍德国创意产业的年历，翻译成多国文字，由各驻外使馆向全世界散发宣传（厉无畏，2010）。

英国的创意产业以两倍于其他产业的速度不断发展，为英国经济带来了 600 亿英镑的资金。在英国，有 200 万人在创意产业工作，或者作为创意专业人员在其他部门工作（BIS，2008）。创意产业也是英国享有全球声誉的重要原因，是文化多样性的表现，也为许多希望成功的年轻人提供了实现梦想的机会。

创意产业的核心资本是人的创造力，各国创意产业的可持续发展和竞争优势的确立都取决于创意人才及其才能的发挥，所以各国在创意产业的长远发展战略上都注重加大投入，出台激活和培育本国创造力的长期战略性政策。如英国 2008 年 2 月发布的《新经济下创意英国的新人才》战略报告，提出了要激发每个人的创意才能，缔造一流的创意企业，培养一流的创意人才。报告确定了 26 条详细行动计划和相应目标。第一条就是从儿童教育抓起，尽早发现个人的创意才能，并分别对青少年和成人创意才能的培养、创意人才的就业等提供诸多帮助和有效通道（DCMS，2008）。日韩都在高等院校新开设了创意产业相关学科；韩国对于急需的高级复合型创意人才，采取了集中培养的方式（刘平，2009）。

在人才需求的大背景下，全球高等学校纷纷响应。这里仅介绍颇具特色的加拿大 McMaster 大学的典型做法。McMaster 大学于 1887 年成立，其工程专业十分有名，它的工程类的 8 个系都能在北美排到前十名，有"加拿大的 MIT"之美誉。安大略省 91% 的工程雇主认为招聘 McMaster 大学工科毕业生对其非常重要，认为对其招聘实习生和开展合作很重要的占到 74%。工学院是 McMaster 大学最具创新精神的学院，其教学和科研水平在全球处于领先地位。工学院下属的工程实践学院是第一个将技术知识与实践相结合的学院，下设三个工程中心：施乐工程创业与创新中心（XCEEi）、通用工程设计中心（GMC）和思科工程与公共政策中心（DCEPP）。三个工程中心分别提供了特色工程硕士计划，即工程创业与创新硕士（MEEI）、工程设计硕士（MED），以及工程与公共政策硕士（MEPP）。

二、工程创业与创新硕士

施乐工程创业与创新中心成立于 2004 年，其目的在于引领"工程创业与创新"硕士的开发和部署。这个专业的首要目标是培养能够以最前沿的颠覆性技术创造财富的工程和科学企业家。

1. MEEI 培养计划

工程创业与创新硕士计划的主旨，是将高新技术创新能力与商务运作和企业领导的知识及能力合二为一，使学员从技术研发的初级阶段起，就以经过科班训练的市场洞察力和商业运作手段，使有潜质的创新创意得以顺利启动、健康成长并最终赢得市场成功。因此，工程创业与创新硕士计划的教育内容，主要由三大部分组成：（1）MBA 的核心课程；（2）按照每个学员的专业方向而选定的高级工程学课程；（3）每个学员根据自身的研发兴趣和创新能力，在导师和学校支持下自己创立的创新、创业项目。优秀的创新、创业项目，可望在学员毕业时获得学校或企业资助的启动资金。

（1）核心课程：工程企业计划。

这是该专业的核心。学习一个经过验证的商业创造的方法，实际动手操作整个过程，从一个想法的开发进入到商业化的各个阶段。

工程企业计划集成了工程技术技能和在课程模块（程序）中所学到的商业概念与工具。该计划在整个学习期间运作，这将孵化出针对新产品或服务的商业和技术方案，设计出实现商业化的方法。

有三种可供选择的主要的工程企业计划来源：1）希望将 MEEI 计划中的研究成果商业化的大学工程或科学学系的赞助商；2）希望看到他们的想法或者知识产权在大规模投资之前通过 MEEI 计划在商业上发展成熟的私人或公共部门赞助商；3）企业家自己新颖的工程概念和想法，这些概念和想法都产生于对创造的原理更深刻的理解之中。在这种情况下，以技术训练和兴趣为基础，学员将确定其准备从事的产品或服务领域。

在咨询委员会的指导和帮助下，学员将有机会体验创办新公司的经历。这是对实际的技术和商业技巧的运用，将促进学员的想法从概念到商业实战的转变。

作为工程企业计划的一部分，学员将与由商业和技术导师组成的经验丰富的咨询委员会一同工作，也会接触到大量的网络和业务发展机会。

（2）创业与创新技能发展模块（见表5—3）。

表5—3　　　　　　　　　工程创业与创新硕士的必修模块课程

创业过程和技能（SEP＊720）第一个月	通过这个模块，建立对可持续经营的基本原则的理解。学生将开发创业和创新行为的技能与意识。重点将放在如何成为一个更有效的具有团队精神的人，以及越来越认识到自己的学习风格和创业的方向，了解经营理念的产生、发展和评估进程。
突破性的科技创业发展（SEP＊721）第五个月	向学生介绍新企业创造的概念，并提供其中的各种认识，包括资金的有效利用、过程中的基本能力和市场研究技术，以及知识产权的价值和保护问题的鉴别。学习的目标将包括了解业务规划和评估以及影响到新生创业投资的风险的主要类型。
定位和塑造企业（SEP×722）第九个月	本模块的学习目标将包括理解技术型企业对经济的作用，了解企业的财务方面；理解资本投资的性质，以及银行和风险投资业的作用，了解商业和管理会计；鉴别业务和资源问题；了解项目管理，以及创新过程的管理；了解制造单位可以如何设立和管理；发展制定撤离战略的能力。
新的商业投资策略（SEP＊723）第十三个月	这个最后的课程重点是了解新公司的价值主张、市场情况，包括了解市场动态、新的企业面临的竞争力量，以创造符合客户价值的战略，了解IT基础设施在推动企业生产力发展上的作用，理解电子商务为一条渠道。

续前表

将新的企业推向市场（SEP＊724）第十三个月	该模块将重点提出发起和维持新的企业所需的技能与知识。通过该模块，认识如何战略性地管理新的企业，使其成长和具有可持续性；如何整合高效能团队；了解角色的价值链管理和时间安排，以及有助于企业生存和持久的关键因素。

学员将学习五个模块课程，来培养适用于发展技术型企业计划的企业管理和商业技能；学习关于经费来源、知识产权的保护、所有权结构的内容，以及更多。

该创业与创新技能发展模块传授上述技能。这些模块作为创业进程以密集的方式贯穿于该计划，它们都以数字编号的顺序进行，使得每一模块都建立在上一模块产生的结果的基础上。

这五个创业与创新技能发展必修模块的重点在于提供许多技巧，包括选择一个有潜力的想法、管理创新的过程、创建和管理业务成果。成熟的技巧可以适用于企业的整个生命周期，从启动到增长，再到可持续发展。讲座、研讨会和实际的工作等多种方式都旨在充分开发学员的工程企业项目的潜力。

（3）高级工程研究。

高级工程研究是该计划的一个组成部分，由工学院的各系提供。

该模块用于扩展学员对企业项目的技术理解，或进一步加强学科领域中的专业工程技术（如项目管理或工业设计）的学习。企业顾问将帮学员选择有关的合适课程进行学习。通过这些课程，学员将获得适用于企业项目的最先进的工程技术。

2. 课程指导和辅导

顾问和导师是 MEEI 计划的重要组成部分。

这是一个面对面指导的计划，让导师和创业者配对，从而在整个企业计划期间建立一个持续的指导关系。该计划有四项指导原则：关系匹配、质量关系、对创业者与导师来说都有的归属感和主人翁意识。该计划的最终目的是建立一种成功的指导关系，以提高创业者企业计划的商业成功率。

该计划中有一个四人指导委员会，它由项目顾问（该计划的全职教员和学术主管）、企业发展导师、技术导师和商务导师组成。企业发展导师将从计划的一开始就与学员一起，根据学员的喜好和企业项目的性质，帮助学员确定合适的指导委员会其他成员。技术导师拥有学员的企业计划的核心技术专长，他们通常在学科领域有研究背景，并通常能够提供一些资源（如设备和空间），以加速与学员的计划有关的原型开发。当有需要的时候，他们也知道在哪里可以找到其他技术资源。这些人对技术及其向市场的转移极富热情。商务导师将对学员的企业计划的核心市场有一定的了解。商务导师都是经验丰富的企业家或者商务人士，有良好的声誉和商业头脑。他们了解市场动态，知道该与谁联系、如何促进市场发展。他们提供宝贵意见，帮助创业者打开大门，为学员开拓通往成功的业务创新的道路。

成功完成这个计划的学员将获得工程创业与创新（MEEI）硕士学位。MEEI 学位的独特名称，是专门为这一计划制定的，它表明，毕业生在工程和创业两个方面都已达到了工程硕士的熟练程度。该学位已得到安大略研究生教育理事会的认定。

三、工程设计硕士

通用汽车公司认识到设计能力作为一种重要的能力，将使加拿大在全球经济竞争中胜出。作为加拿大安大略省的合作伙伴，通用公司向 McMaster 大学捐赠了 100 万美元，用以建立专门面向工程设计的 GMC 中心，培养工程设计硕士。中心的使命在于培养未来领导者，引领工业体系、产品或者涵盖众多行业的软件解决方案的开发和设计。

1. MED 培养目标

工程设计硕士计划提供给参与者能够在技术型组织中成为领导者的知识和技能。这个计划将大大提高参与者的设计能力、领导能力和管理能力，以及专业技术。解决工业中工程实践问题，须高度重视工业项目的实际参与。这个计划采用基于解决问题的方法来学习，从而为参与者提供知识和技能，使他们能够在生产或咨询中有效地工作。美国普度大学曾经对 2008 年就业增长作过一项预测：对工程师的需求处在最高的需求行列，其中处于排名前十的领域有五个是工程领域。在接下来的 20 年中，更多的工程师将需要改善系统、软件解决方案和工业产品设计中的性能、安全、效率及环境可持续性。此外，创新的设计能力和改善现有系统性能的能力已成为市场竞争优势的基础。

因此，将想法成功转换成一个完整的设计将需要跨学科的工程师。在设计和发展过程中，他们不仅可以领导团队和进行过程管理，而且能在快速变化的经济中不断革新概念和工程技术，以满足客户的需要。

该计划的目标是培养一大批在创新、设计及领导力上具备杰出能力的跨学科工程师，使他们能够将这些能力应用到不同的工程领域，并显著提高社会创造价值、传递价值的能力。该计划为参与者提供技术、领导力和管理技能，使其成为在技术型组织中受市场欢迎的毕业生。

2. 培养模式与课程

工程设计中心在以下方面提供先进的训练，包括：领导力，协作、带领不同团队的管理技巧，产品设计和创新，工程学科中突破性的系统设计及运行等。主要涉及的工程领域包括流程工业（如炼油、化工、制药、电力）、民用基础设施（如建筑、环境系统）、制造工业和消费产品（如汽车、电子、家用物品）。

MED 培养课程分为五个部分（见表 5—4）：

● 领导和管理课程：为研究生提供处理工作环境中的复杂情况、带领团队以及管理项目的能力和经验。

● 跨学科工程课程：为研究生提供产品设计、项目管理和风险管理领域的知识与技能。

● 核心技术课程：在选定的技术领域为研究生提供专业知识。

● 选修课：使研究生在感兴趣的技术领域获得更广泛的专业知识。

● 面向工程的项目：通过在真实的工业环境中分析和解决需要集成多个学科知识的复杂问题，为研究生提供工业实践经验。

表 5—4　　　　　　　　　　工程设计硕士（MED）的课程设置

课程名称	课 程 描 述
＊ 6C03 工程统计	矩阵形式的线性回归分析，非线性回归，响应估计，实验的设计包括因子和优化设计、多变量统计。特别强调适合工程问题的方法。
＃730 可靠性与风险管理	普遍性的工程决策、风险和可靠性。重点在于：（1）工程问题的建模和在不确定性条件下系统性能的评估；（2）基于风险的工程系统生命周期管理的方法；（3）在明确考虑不确定性意义的情况下，设计标准的系统开发；（4）决策中权衡风险评估和风险利益的逻辑框架。在工程问题的情境下教授必要的数学概念。

续前表

课程名称	课程描述
*731 能源管理分析工具	旨在为进入能源管理领域的专业人士提供分析工具。能源管理概述，能源成本的理解，识别成本在哪里发生、如何减少。对能源管理中一个商业或工业设施与能源的使用，并涉及复杂的系统，具有十分重要的意义。涉及的主题包括能源审计、寿命周期成本、可再生能源系统，通过对燃烧系统、过程能量的使用、照明、养护措施、控制系统的理解来提高效率。
*732 可持续能源——技术及选择	评估潜在的当前和未来的能源系统，涵盖了资源、提取、转换和最终用途，着重于以可持续发展的方式满足区域和全球 21 世纪的能源需求。在框架内描述可再生能源和常规能源技术（太阳能、波浪和潮流、风、水电、生物量、地热、核、化石）及其属性，以帮助在政治、社会、经济及环境目标的背景下评估与分析能源技术系统。
♯733 项目管理	课程涵盖了项目管理的基本工具和技术，以帮助项目的成功。学生将学习如何对各种常见的经营情况运用有效的项目管理，包括建立公司、把产品推向市场、构建生产设施、开发主要的软件等。采用案例研究或聘请客座讲师来探索项目管理的成功和失败的现实例子。
*734 领导力与管理开发	管理能力是一个知识、技能和管理经验的函数。这门课程的目的是通过开发技能来判断组织生活是否需要变革以及如何加速这种变革。在组织行为的背景下，本课程强调个人、人际关系、团队技能的获取，以有效地在现代组织中进行领导和管理。
*740 新兴技术下的工业驱动设计	满足商业要求的工艺品概念设计。包括初始尺寸、几何选择、工程学、整合、安全、结构、可加工性、成本分析等元素。设计方案中的新兴技术将会被探讨。
*741 工程设计最佳实践	本课程介绍了专业工程设计的原则和实践，以培养创新思维，改善问题的解决，发展识别、概念化所需的技能，并促进工程创新的调查，以满足商业规范。重点在于创造力、创新性、团队合作、问题解决、沟通、反思和在任意学科进行工程实践所需的相关技能。
*742 创新与产品战略	本课程涉及了影响对特定产品的投资的技术和市场因素。课程所涉及的主题包括：创新的模式和颠覆性发明的影响，作为生产线基础的产品平台策略，组装和非组装的创新，通过创新和收购增长，产品有价证券管理，等等。
*743 产品开发与设计	本课程介绍从最初的市场研究到概念设计再到产品制造所需的方法和工具。客户需求分析与产品的规格要求转化和概念应用的技术将在团队合作的背景下应用。生产和质量的原型设计将受到检验以推出选择最佳替代品的工具。
*744 结构设计的整体考虑	建筑是复杂的系统，在设计及改造阶段需要慎重考虑安全、适用性和环境等方面的因素、能耗和水分的运动。建筑和其他建筑物的设计也必须考虑到材料的耐久性、寿命周期成本和可持续发展的一般原则。

续前表

课程名称	课 程 描 述
* 750 模型预测控制设计与应用	实际中，多数先行控制的设计都是用内模控制（IMC）结构和模式预测控制（MPC）的概念。本课程介绍控制模型识别与控制器设计、测试及实现的理论和应用实践。课程结束后，工程师就能完成以下任务：确定线性控制模型，为集成的工厂设计并实现 MPC 控制系统采用 MPC 稳态特性优化工艺。
* 751 工艺流程设计与可操作性控制	工艺流程设计涉及在不确定性、输入的变异性以及一系列生产目标影响下的操作中通过折中来实现性能。灵活的设计在一定范围内起作用，在典型的条件下运行良好。包括流程安全（七层、定量分析、LOPA、HAZOP）、结构对可靠性和工厂的动态变化的影响，经典的管理控制方法及其对主要设备和系统的典型应用。
* 752 流程建模与优化	仿真程序的架构，解决方案的算法，来自不同模拟器的仿真模拟的集成；通过连续模块化和方程导向的算法稳态与动态仿真；稳态和动态性能的优化，灵敏度的优化，多目标优化；分析工厂数据、粗差检测、参数估计，以匹配工厂的活动；在线监控和优化工艺性能。
* 754 最小环境冲击下的工艺流程设计与集成	课程专注于生产装置的一体化和设计的能源利用系统、热交换器网络（HEN）和配水系统的设计，介绍节能、节水和经济吸引力的设计方法，热集成的方法（HEN、效用筛选、热发动机、热泵机组、制冷循环、节流分析），热电联产，与工厂的整合，冷却水节约化及其应用。
* 760 设计与创新	本课程将探讨创意设计流程、工具和方法，使学生发现、识别和分析所面临的机遇，并将机遇发展成为创新性的解决方案。在学期末，基于自我选择的题目，学生将开发一个周密的设计理念，要通过检验关卡、课堂展示和同行评审的考查。课程的结果是一个期末展示，学生将以概念模型的形式展示他们的最终设计。
* 761 产品设计与开发	本课程介绍产品设计团队从市场调研、概念设计与原型设计到产品制造所需的工程设计方法和工具，重点在于占设计生命周期成本 80％的关键概念设计阶段。介绍了包括六西格玛、发明问题解决理论、质量功能展开、制造、装配、环境、适用性、维修、丰田的并行工程应用、田口设计方法等在内的各种方法和适用领域。

在工程设计硕士的最后阶段，每个学生必须完成为期四个月的实习（见表5—5）。这次实习将学生的教育经历与职业导向的工作经验结合起来，使学生获得利于个人发展和探索的宝贵的亲身体验。包括普莱克斯和赫氏工程公司在内的行业领先的公司合作伙伴，为学生提供实习机会，使其获得实际的工业经验并发

展个人网络。美国和墨西哥都有实习岗位，给那些想扩大其国际视野的学生提供了机会。

表 5—5　　　　　　　　工程设计硕士（MED）的实习安排

专业方向	专业重点	适用行业	申请人背景
流程系统设计与运行（PSDO）	工厂运营、流程设计、先进流程控制、控制系统和软件	包括但不限于制造业、制药、特种化学品、石化、精炼、采矿、冶金、电力天然气加工设备、管线作业、食品和饮料。	拥有化学、电气、机械或软件工程专业学士学位
产品设计（PD）	材料设计、工业产品设计、机械和离散制造系统、系统设计、软件设计	包含广泛的工业和咨询行业，从消费品和离散制造到软件系统。	拥有任意工程或应用科学的学士学位
可持续发展的基础设施（SI）	可持续能源系统设计、土建结构设计、市政工程、污水处理厂和下水道、环境数据分析和系统监测	适用的行业较广，从环境导向的咨询公司和市政工程到开发与生产可持续能源系统的公司。	拥有任意工程背景的学士学位

四、工程与公共政策硕士

工程与公共政策硕士计划是为明天的科学与工程领导者设计的，他们将对公共政策过程有充分的理解，并使之对技术、社会和生态系统发挥作用（EPP，2010）。在此计划中，借助系列的专题研讨和融入整个课程的能力训练，学生的领导才干将得到发展；借助问题驱动的针对公共政策举措的研究、分析与解释的探究式学习，以及相关技能（生命周期分析、材料/能源审计与统计分析）的实践，学生的技术技能将得到增强。此外，诸如可持续能力、系统思维和总管能力等概念，也被整合在课程之中。

课程分全日制和部分时间制两种。全日制学生从秋季开始连续学习 12 个月，方能完成学位计划。在职学生通常要求两年完成。

工程与公共政策硕士的课程设置如表 5—6 所示：

表5—6　　　　　　　　工程与公共政策硕士（MEPP）的课程设置

模　块	说　明
核心必修课：提供理解和分析工程与公共政策问题必修的内容和方法学	SEP＊701 政策分析理论与实践：框架和方法
	SEP＊702 系统工程和公共政策
	SEP＊703 应用微观经济学和环境经济学
	SEP＊709 热点议题、技术和公共政策
集中选修课：提供在广泛的工程与公共政策应用中更深层次的知识	SEP＊6Z03 技术的社会控制
	SEP＊705 绿色工程、可持续发展与公共政策
	SEP＊706 能源与公共政策
	SEP＊707 信息通信技术与公共政策
	SEP＊708 工程与公共政策专题
毕业论文	针对工程与公共政策接口上的实际问题进行问题驱动式探究，完成一篇实在的研究论文。
强化实习/研讨周	参加一周有关工程与公共政策的实习或研讨活动。研讨主题有领导力开发、市政治理和优先预算设立、公共决策案例、技术与环境法规、突发事件与危机等。

（刘小明　撰文）

第5节　理管结合的专业科学硕士学位

专业科学硕士（Professional Science Master，PSM）学位是美国近年来在理科人才培养中创设的一种新型的职业型硕士学位，它是美国面向 21 世纪 HRST 能力建设的一种学位教育创新。PSM 学位的构建突破了科学硕士教育的传统，是科学领域硕士培养模式的创新，也是高等教育对国家经济发展和个人职业发展的重要贡献。

PSM 学位是由美国斯隆基金会和享有声望的生命科学研究生院——柯克研究生院（Keck Graduate Institute，KGI）在 1997 年联合提议创建的，2000 年培养出第一批毕业生。专业科学硕士学位一经问世，就得到美国以及欧洲众多高校的欢迎与纷纷效仿（Frans，2006；Frans & Sheila，2003）。美国现有 80 多所大学的 150 多个学位点设有两年制的 PSM 计划，每年约有 2 600 名学生攻读，有 3/5 的毕业生在工业界就业（NPSMA，2009）。由私人基金发起的专业科学硕士项目也得到政府和各类组织的支持，美国竞争力委员会、美国化学学会、美国科技职业委员会等均以会议形式提出 PSM 的重要性并明确表示予以支持；2005 年 12 月的《美国国家创新法案》（The National Innovation Act）亦将 PSM 教育项目推荐给国会，称之为"培训的创新"（Sheila & Leslie，2006）。

一、专业科学硕士创立的背景

美国 PSM 的创设依赖于三个重要的背景：

1. 科学的快速发展推动了多学科的会聚

现代科学技术的发展正越来越多地改变着社会的经济发展与生活方式。未来科学技术的发展与突破，主要集中在生物科学、纳米科学、微电子科学、空间技术、信息与通信、食品安全、制药、环境管理等领域。每一领域的发展都极为迅速且潜力巨大，是当前世界各国科技发展战略的重点研究领域。

科学研究的复杂性、不确定性、多学科多领域的交叉和渗透等，使多学科交叉与日俱增，学科会聚已成为科学研究、知识生产、知识传递与应用的新趋势、新模式，需要开展跨学科团队合作，以系统和集成的方式解决科学问题。例如，目前以微电子技术为基础的信息科技正面临一场全新的革命，电子学领域正在由今天的微电子学向着明天的纳米电子学与未来的分子电子学发展；电子元件的进一步微型化，引发了前所未有的跨学科、跨国界以及工业界与学术界之间的广泛合作。

多学科的会聚，需要有与相关学科领域的专家对话能力的领导者，他们需要拥有良好的科学与数学的基础，需要有合理的、相关学科领域的知识结构，并能够通过法律、社会科学与企业家精神拓展视野，拥有对跨学科团队的领导力。

2. 高技术发展呼唤着新的科学研究模式

科学研究的论文和专利是创新的成果，但创新不只是单纯的科学技术领域的创造，更是科学技术和工商事务的越来越密切的结合。

能否在成熟的经济竞争环境中取得优势，取决于新的产品、新的技术、新的供应方式甚至新的组织类型（支持开发与销售的模式）的整合情况。技术本身的创新如果没有或者不能够变成产品，是没有经济价值的。专利纵有成千上万，仍会被束之高阁。这就对企业领导及技术专家提出新的挑战：如何能使创新的技术为人类的生活和经济、工业发展作出贡献。

科学技术的快速发展，改变着科学工作者的工作和研究模式，跨学科、跨机构的研究领域正在扩大，各种类型的合作研究正在加强，研究机构与工业的合作模式正在改变，而且出现了以自然科学为基础的工业，使科学研究的成果和知识专利直接变成工业产品。在美国享有声望的 KGI 是生物科学研究的引领者，拥有大量的专利，也是最早发起创建 PSM 学位的机构之一。为使生物科学能为社会和企业创造价值，KGI 打破了学术机构和工业之间的传统的关系与合作方式，其研究计划独特地聚焦于生物科学的工业开发，建立了 21 世纪的生物科学在教育、研究、产品开发和生产等领域的新模式（KGI，2005）。正是研究模式的变化，使 KGI 敏锐地意识到并迫切需要在科学领域具有科学素质和商业敏锐性的职业人来管理科学研究与工业的联系，管理高科技产品的开发与专利的产业化。因此，KGI 率先在生物科学领域创立了生物科学专业硕士学位（Master of Biology Science，MBS）来回应社会的需求。它培育的毕业生具有使科学领域和商务领域相融合并有效运作的能力，为 21 世纪的生物科学领域的发展提供支持。

3. 理科学生迫切需要更宽广的职业发展空间

科学家是以科学研究为职业的专业人员。由于科学研究的复杂性，这些科学工作者需要专注于某个领域的研究，他们大部分就职于各类研发机构。成就一个科学家，一般至少需要硕士以上学位的教育背景。美国 2001—2002 年共授予了482 118 个硕士学位，比 1982—1983 年增加了 60%，然而科学和工程领域的硕士只增加了 11%，在生物、数学和自然科学领域只增加了 3%。而且，美国主修科学/数学的学生人数在下降，在攻读学位期间还不断有科学/数学领域的学生流失（转向其他的学科），只有少量的学生（少于 20%）愿意追求更高的学位教育，少于其他学科的学生。如果科学/数学的学生就职于非学术型领域，则其知识结构与工作需求又不相匹配。专业科学硕士给科学/数学学士学位获得者提供了可以选择的继续深造的学位教育，使他们的后续学位教育不止是纯学术的追求。PSM 是以职业为导向的职业型硕士学位，有学者称它是科学领域的 MBA 学位（Simmons，2002）。PSM 是针对科学/数学学生的战略性的规划，是理科学生职业发展的重要途径，因此能吸引更多的中学毕业生就读自然科学领域。

二、专业科学硕士的培养目标

PSM 学位计划是针对拥有科学/数学学士学位的毕业生通过硕士学位教育进

入工业企业的非研究部门工作所设计的学位计划，它是一个职业型的学位计划，强调为地方经济服务，针对地方工业经济的特色。专业科学硕士的主要培养目标为：

1. 培育创业者

知识经济时代的企业，高技术产品层出不穷，出现了以自然科学为基础的工业产业，使科学研究的成果和知识专利直接成为产品。这不仅需要拥有科学工作者的分析和研究能力，而且同样需要拥有企业家独特的商业敏锐性和承担风险的能力，以及卓越的领导力。

培育创业者和企业家是 PSM 的一个重要责任。PSM 拥有对高技术产品特征和专利技术的把握能力，PSM 在中小公司、初创公司具有独特的竞争优势。在企业的创立阶段和中小企业快速发展的阶段，PSM 为企业提供大量的有价值的信息资源，使 PSM 在公司的创立阶段就能显示出独特的、显著的作用（Reamer，2003）。

2. 培育高技术产业的管理者

高技术产业的层出不穷需要大量的熟悉高技术产业的管理者。一般的 MBA 教育主要关注的是工程与管理、生产与流通、国内国际商务贸易以及房地产、金融和信息咨询等领域，其业务集中在一般的管理问题上，缺少对高科技产品的针对性。面对 21 世纪高技术产业的不断涌现、多学科的交叉和渗透以及知识与产品的快速更新换代，没有科学背景的管理者容易出现对问题片面理解、不容易遵守科学规律等情况。因此，高技术产业迫切需要大量的能同时在技术领域和法律、商务等领域运作自如的职业人，需要对技术产品具有充分理解和把握能力的管理者。

3. 培育科学经纪人

PSM 在企业内是研究部门和产品应用开发部门的联络者，能在不同部门之间进行有效的沟通；在企业外又是大学和企业之间的经纪人，能帮助小企业找到它们需要的在相应领域的大学教授和研究者，知道企业和大学的研究人员在做什么、怎样做以及谁在做。他们能够确认研究者的能力，帮助小企业进入更大的、更前沿的领域，共享大学的研究成果，尽可能地把专利、技术转化为产品，对经济发展作出贡献。

4. 培育专利鉴定专家

这类人才需要具备较强的本学科领域的实验技能和分析能力，能对问题作出合适的鉴定。例如，美国专利局的技术中心这些年每年雇用大量的硕士以上学历的专利鉴定专家。美国专利局看好专业科学硕士，因为他们具有将理论转化为实践的能力，具有特别的实验知识和技能，具有撰写科学报告的技能，具有熟练的过程控制能力，具有对专利法及相关法律的把握能力。

三、专业科学硕士的主要类型与培养模式

根据对美国 51 所大学设立的专业科学硕士学位的统计，PSM 主要涉及的科学领域如表 5—7 所示：

表 5—7 　　　　　　　　专业科学硕士主要涉及的学科领域

应用遗传学	Applied Genomics
应用纳米技术	Applied Nanotechnology
应用空间物理	Applied Space Physics
生物科学	Biology Science
生物信息学	Bioinformatics
生物统计学	Biostatistics
生物工艺学	Biotechnology
计算机科学	Computational Science
计算机信息系统	Computer Information Systems
环境管理	Environmental Management
金融数学	Financial Mathematics
食品安全	Food Safety
法庭科学	Forensic Science
工业数学	Industrial Mathematics
科学创业	Science Entrepreneurism
安全科学	Security Science

专业科学硕士需要两年时间完成其整个学习过程，包括：

● 超过 1/2 到 2/3 的时间用于学习科学方面的学习内容；

● 学习整合的商务理论等课程（由工业企业的专家或者相关领域的专家授课）；

● 一个学期左右（或长或短）在企业或者相关部门的正式的实习；

● 合作完成团队硕士项目（Team Master Program，TMP），以发展高水平的交流技能、团队工作能力和跨学科的合作能力。

专业科学硕士培养的主要特色有：

● 学校与工业或者商业部门结为合作伙伴，根据工业或者商业的具体需要制定学位计划并共同完成学位的培养过程；

● 与外界建立密切的多方联系，如学生在攻读学位期间，正式地成为工业或者相应部门的实习生，并被要求参加多种内容的讲座；

● 实践环节和团队项目在培养过程中占据了重要的位置，体现了对培养学生实际能力和交流沟通能力、团队能力、领导能力、报告陈述能力的重视；

● 多学科的准备，比如生物信息科学的学习内容是对分子生物科学、计算机科学和数学等多学科领域知识的学习与综合；

● 将获得相应的一系列的课程证书——比如除专业课程外，还有商务类、法律类、公共政策、知识产权、决策的制定、交流技能、谈判，以及礼仪、商业道德等等课程证书——作为学位计划的内容。

典型案例（生物科学专业硕士）：

美国 KGI 的生物科学专业硕士的主要培养过程如表 5—8 所示。KGI 的生物科学专业硕士的培养特别关注解决实际问题与实际应用，已有的毕业生在企业创业、生物信息领域、临床研究与商业发展领域均取得了显著的成就。

表 5—8　　　　　　　　　　　生物科学专业硕士的培养过程

时间	项目		内　容
第一年	初始强化项目		通过初始强化项目让学生自己提出学习需求，并确定需要的课程。初始强化项目要求学生以团队的形式针对应用生命科学相关企业的发展历史作一个回顾性分析，历时 2 周。例如一种新药的发现或者一种新技术或设备的开发。学校将为团队提供各种资源，包括与相关企业的代表共同讨论。该项目最后要求学生写一份报告并对 KGI 的全体人员作一个公开汇报，并提出学习需求。
	课程学习	基础课程	生物化学、数学和数量方法、计算科学
		应用技术导向课程	基因组织和基因组表达、系统生物学、细胞组织和系统层面分析、医学诊断学、医疗设备、医药开发、生物制剂和生物反应
		商务与生物伦理课程	应用生命科学领域的生物伦理和商务伦理、金融学、高绩效组织设计、生命科学的战略和市场营销

续前表

时间	项目	内　　容	
暑假	实习	学生自己付费到工业企业实习，成为企业某个部门的实习生。实习内容为：生产管理、技术开发与商务运作等。	
第二年	课程学习	专业方向课程	计算生物学、生物科学商业学、临床和事务处理、生物医药开发、医学仪器开发、化验与诊断学
	研讨会	学院每月举行一次生物伦理研讨会。二年级的学生被要求参加这一系列研讨会，以了解针对现在生物科技企业的伦理观点。学生们有机会与这些客座发言人作长时间的讨论。	
	团队硕士项目TMP	TMP是二年级学生在应用生命科学项目学习上的高潮，是非常重要的学习项目，也是最后的培养环节。3～5个学生组成一个项目团队，与公司合作解决实际问题。团队硕士计划包括商业和技术两个方面，例如，可要求学生们开发出一项新技术并为该技术的市场性突破制定战略计划。每个团队硕士项目何时真正交付，由学生团队与公司协商决定。	
全程	讲座交流	KGI为全体一、二年级的学生提供与企业的科学家、经营者和访问学者交流的机会。每个星期都有访问者开设的研讨会、讲座和现场工作情景演示，学生与访问者共同进餐、自由交流。在很多情况下，与发言者的交流可以使学生找到实习和工作的机会。	

四、专业科学硕士的关键知识和能力特征

美国的专业科学硕士具有如下三项典型的知识与能力特征：

1. 跨学科知识的融合

专业科学硕士首先需要坚实的科学/数学基础以及相关学科的知识，需要掌握本学科领域的知识以及具有对该领域知识的发展趋势关注和跟踪的能力，掌握本学科领域的基本研究技能与实验方法。多学科的交叉和渗透，带来更多的跨学科的研究和多领域知识的融合，因此专业科学硕士还需要具备一定的跨学科领域的相关知识，具有一定的跨学科知识融合的能力，并具有对商务的敏锐性。专业科学硕士需要承担起知识技术与商务融合的责任，不仅要关注知识技术本身的创新与尖端，更要关注在变化的环境中新知识、新技术是否被采用，以及技术怎样能变成有价值的产品。专业科学硕士需要扎实的学科知识并融合一定的跨学科、多领域知识，能听懂不同领域专家的问题，具有与本学科领域以及相关学科领域

的专家对话的能力，并能有效地进行商务运作。

2. 团队工作的交流能力与领导力

培养团队工作的领导力是 PSM 学位教育的特色，科学工作者已经不再是单纯埋头在实验室里的研究者。因为有越来越多的团队合作项目，为实现其研究目标，科学工作者需要内部和外部的协调与适应。

在科学研究过程中，专业科学硕士需要与没有经过科学培训的律师和金融专家等形成团队，还需要与多学科领域的专家合作，并能在市场、财务、营销方面把事情做好。这需要专业科学硕士具有商务和法律领域的知识、高水平的交流技能，具有在团队中与法律、商务、金融界人士进行交流和一起工作的能力，能参与交叉学科的团队工作，在制造领域、研究领域以及制定法规、营销策略和企业发展方面发挥作用，并具有制定公共政策和作决策的领导力。

3. 商务的敏锐性和企业家的精神

培育企业家的精神是 PSM 学位教育的重要内容。PSM 的重要责任是把科学研究的成果转化为有价值的产品或者是使之得到有效的应用，这不仅需要在科学领域的创造力，而且需要对商务问题的敏锐性以及企业家精神。专业科学硕士需要有开阔的思路、敏锐的商务直觉，能够运用跨学科的知识和融合多学科的知识对研究成果进行商业化运作，具有进行开创性工作的勇气和承担风险的能力。

五、对我国的需求调查与相应建议

作者曾对浙江大学理学院和 27 家高技术企业作过小范围的调查。调查的目的是分析我国对专业科学硕士的需求，调查内容有理学硕士的职业取向、自我能力评价以及对现行理学硕士教育的评价，调查范围为浙江大学理学院的数学、物理、化学学科和生命科学院的生物学科即将毕业的硕士研究生。共发放问卷 80 份，回收 74 份，回收率 92.5%。为了解目前高科技企业对人才的知识能力需求，我们还随机选取了国内外的部分高技术相关企业共 27 家，包括跨国公司的中国公司，如英特尔、摩托罗拉（中国）、赛诺非—安万特和德固赛等，涉及 IT、环保、化学、生物医药、物理、咨询等领域，所统计的岗位都是与自然科学相关的。调查统计了它们在中国高校校园招聘中为应届理工科硕士提供的招聘岗位以及对应聘者提出的素质和能力要求。调查结果分析如下：

1. 学生的职业取向

从统计结果可知，浙江大学理学硕士毕业后大部分（75.7%）将直接就业，继续读博士的学生占 21.6%，2.7% 的学生准备出国。

48.6% 的学生提到自己的职业取向是从事教学与科研工作，教学多为中等教育；54.05% 的学生选择从事技术开发与管理、技术服务与营销等非学术性岗位。学生毕业后继续从事学术领域与非学术领域工作的比例大致相当，大量的理学硕士具有非学术的职业取向。

2. 高科技企业对人才的新要求

高科技企业对人才的能力要求是多元的（见表 5—9），除了要求掌握扎实的专业能力（100%）外，还需要具有团队合作与沟通能力（均在 80% 以上）、实践能力（18.5%）和人际技能（22.2%），具备跨专业的商业、法律等相关知识（25.9%），近 1/5 的单位要求学生具备一定的实践经历，以便上岗后能迅速投入工作。

表 5—9　　　　高科技企业对理工科硕士学生的能力和素质要求统计

岗位要求	专业能力	团队合作能力	沟通能力	语言表达能力	职业道德	人际技能	学习能力	实践能力	商业、法律知识
频次	27	22	23	21	3	6	12	5	7
频率（%）	100	81.5	85.2	77.8	11.1	22.2	44.4	18.5	25.9

被调查的理学硕士对非学术领域的知识和能力的自我评价为：领导能力一般和比较差的学生占 75.7%，管理能力一般、比较差和非常差的占 81.1%，对经济、管理和法律等知识比较陌生和完全不懂的占 52.5%。他们认为所受教育的最大不足是缺少社会实践性环节（86.5%），其次是缺少经济管理和法律等方面的教育（45.9%）以及跨专业学习不足（43.2%）。现有理学硕士中有超过 50% 的毕业生期望从事非学术的职业，但他们缺少相关领域知识与技能的学习及训练，在领导能力、管理能力等方面均显得很不自信。

以上结果表明，企业的需求与毕业生现有的能力素质不能对接。高科技企业对毕业生的要求除了专业知识与技能外，还包括团队能力、商务能力和实践基础，这些都是现在理科学生所缺少的能力，也是现有理学硕士教育不太关注的内容。由此可见，设立我国的 PSM 学位有其现实意义，该学位有其广阔的发展空间。

根据上述文献研究与调查分析的结果，我们建议：

1. 尽快设立我国的专业科学硕士学位

目前我国的研究生教育虽然发展迅速，但学科结构和类型仍然跟不上社会经济技术快速发展对人才不断变化的需求，职业型学位和应用型人才的培养规模需要扩大，类型需要增多。现有的理学硕士教育应该针对不同的职业取向建立不同的培养模式，设置专业科学硕士学位，给学生提供更广阔的职业空间与发展空间，同时对社会经济技术发展给理科人才类型和技能需求提出的挑战作出回应。

2. 结合经济需要设计相应的学位计划

美国 PSM 创立的直接推动力是区域经济和高科技产业发展的需要。PSM 是一个区域经济、高科技企业、大学和学生本人多方受益的学位计划；很多专业科学硕士有着明显的高新科技特色，直接为区域经济发展服务，使高技术企业能够寻找到所需要的高技能专业人才。我国的经济处于快速发展期，区域经济特色正在显现，高科技企业不断涌现。高等学校需要对区域经济发展特色和高科技管理人才的需求进行调研，设计和创立相应的专业科学硕士学位，注重人才培养和使用的效率。

3. 大力推动理科教育与工业界的合作

美国的 PSM 是大学与企业密切合作完成的学位项目。很多大学的 PSM 学位计划的设计和构成，始终得到企业的积极参与及其提供的咨询与合作，其培养过程更是离不开工业和社会相关部门的支持与直接参与。在我国设立 PSM 学位，可以开拓高等理科教育面向国家经济建设的途径，加快理科学位教育的改革与发展，为社会输送实际有用之才。

4. 建立相应的质量控制和评估体系

PSM 不是专业课程与管理课程的简单组合，而是根据相应的职业内容、职业能力来具体设计的从确立学位计划到课程学习、实习过程、项目过程和各种交流研讨安排的有机过程。为确保有效的训练和学习，使培养出来的学生具有鲜明的特色和竞争优势，需要对专业科学硕士学位计划的设计、实施和完整的学习过程进行质量控制与必要的评估及认证。以质量制胜，才能保证这种新型学位的特色和生命力。

（孔寒冰　张　竞　章　敏　撰文）

第6章

HRST 能力建设的战略选择

先前各章的讨论，无论是科技人力资源能力建设的宏观态势，还是微观层面上的 21 世纪大学的转型、创业创新教育的开展，以及各式人才培养计划的开设，都给了我们许多重要启示。它们让我们看到，在进行 HRST 开发的时候存在许多有价值的战略选择，主要有：

第一，"系统化"策略。改革不宜零敲碎打，创新也不是各行其是。任何规划如要成功，必先作好总体思考和顶层设计，人力资源能力建设也不能例外。

第二，"产学合作"策略。该策略打破传统的"大学中心主义"或孤芳自赏的"象牙塔"心态，把人力资源的开发和使用紧密结合在一起，是新时代大学发展的一条基本途径。

第三，"国际化"策略。该策略基于知识经济的时代背景。经济和科技的全球化，要求科技人才尤其是高端科技人才必须具备国际视野和相应的能力。

第四，"信息化"策略。该策略同样基于知识经济和信息社会的时代背景。CIT（信息和通信技术）的迅速发展与普及，为科技人力资源能力建设提供了强大的工具，极大提高了人力资源开发的生产力，改变着人力资源传统的生产方式。

第五，"大学联盟"策略。与被人津津乐道的"常春藤盟校"不同，现代大学在自身发展中选择强强联合、优势互补的联盟战略，为的是通过合作更好地参与竞争，而不独是仿效名校俱乐部。因此，现代的大学联盟具备更多的实质内容；同时，它借助信息化、国际化和产学合作等策略，把优质科技人力资源的开发推向极致。

借助以上这些战略或策略，可以最大限度地提升能力建设水平和效率，确保能力建设的方向性和竞争力。本章各节通过具体的案例，阐释了以上策略制定的理念和原则、实施过程的细节与方法，希望能够方便我们正确地理解和借鉴。

第1节　基于系统改革的科技人力资源开发

科技人力资源开发是一项浩大的系统工程。早在20世纪90年代初期，浙江大学吴世明等人（1994年）就在我国工科研究生教育改革中提出了"系统规划工科学位和研究生教育"的问题。十多年来，国内外的系统改革实践均有许多新的进展。本文选择美国NSF的改革行动和CDIO的改革首倡两个案例，展示它们系统性改革的理念和最佳实践。

一、NSF："通过集成来创新"

1. 系统性改革的提出与实施

为推动建立工程教育的新的范式，美国国家自然科学基金会（NSF）自20世纪80年代起设立了一系列工程教育研究资助项目和计划，包括"工程教育联合体计划"（Engineering Education Coalitions Program）、"教育计划及课程开发计划"（CCD）、"院校范围的本科SMET教育改革"（IR）、"仪器设备和实验室改善计划"（ILI）、"本科教师提高计划"（UFE）、"综合的研究性课程开发计划"（CRCD）、"本科生研究体验计划"（REU）、"学术与工业合作计划"（GOALI）、"教师早期职业发展计划"（CAREER）、"学习和智能系统计划"（LIS），以及CISE教育创新计划、工程教育学者研讨会、工程研究中心（ERC）教育焦点等。仅1991—1997年，NSF就对工程教育联合体及其课程改革共计投入了1.7亿美元的经费资助；此外，联邦政府技术再投资计划的制造教育与训练项目（TRP/MET）超过0.4亿美元的经费，也是通过NSF拨发的。在巨额资金的支持下，美国工程教育改革取得了丰硕的创新成果。为了让大量的、分散的、局部的成果得到进一步开发和利用，而不是将这些成果束之高阁或任其自生自灭，美国工程教育界同样坚持"发展是硬道理"，呼吁继续大力加强和推进改革，并将改革的焦点聚集到现今的学术文化和奖励系统上来，提出要鼓励教育创新、建立新的教育范式。

1997 年 4 月 7—8 日，NSF 在弗吉尼亚州的阿灵顿召开"最佳实践总结汇报——工程教育创新大会"。这是一次美国工程教育深化改革、寻求和建立新的工程教育范式的大会。NSF 工程局成立 12 年来负责执行上述项目计划的众多参与成员院校，纷纷派代表出席美国第一次工程教育创新大会。会上，NSF 工程局工程教育和中心部主任 Marshall M. Lih 先生作了长篇开幕发言，华盛顿大学 Denice D. Denton 教授作了题为《21 世纪的工程教育：挑战和机遇》、NSF 执行主任 Joseph A. Bordogna 先生作了题为《下一代工程：通过集成来创新》的基调报告。大会除了讨论工程教育课题的评估问题和方便教师采用电子课件的问题外，着重讨论了以下五个主题：（1）为工程教育创新构筑有效的工业—大学合作伙伴关系；（2）多媒体课件的最佳实践；（3）工程教育经由远程学习的传送；（4）改革成果的有效推广；（5）工程教育创新的制度化。

紧接着这次会议的成功召开，NSF 在 1998 年年初发布了《"工程教育系统改革行动纲领"项目申请指南》。该指南要求探索打破工程教育改革"瓶颈"的创新方法和方式，对改革已经取得的教育创新模式和新开发的教材作一次普查，并进行批判性评估、传播和制度化工作。该指南把行动纲领的研究焦点集中于三个方面：

（1）教学方法和学习方法。

创建一个工科教师充分参与的学习环境：教师要把自己看成培育学生的导师；要会开发和使用先进教材，前者以学习理论和促进学生自主学习的认知科学研究为基础；要能因材施教，提供符合不同学生学习风格的学习经验；要把自己的教育角色和研究角色结合起来；加强主动学习和合作学习，减少对讲授的依赖；在教学计划一开始就要让学生明了各科目的联系并能将其整合在一起；能够利用新兴的信息技术和网络交流；培养学生进行终身学习的能力和动机。

（2）课程计划及内容。

通过综合不限于传统课程结构的各种学习经验，创建新的工科课程计划。该计划要保持坚实的数学和科学知识基础，同时还要做到：学习科目须结合介绍基本原理的应用背景；课程安排须结合团队工作、沟通和小组项目，以提供有关提出问题和解决问题的学习经验；提供工程实践背景下的成本、进度、质量、社会和环境问题、卫生和安全等主题；识别不同的学习风格和职业目标；尽可能利用网络学习技术的进步，增加国际经验；把研究与教育结合起来。

（3）环境组成与网络。

创建一个完整的工程教育计划的实施环境，制定有效措施，确保并加强工科专业的吸引力和保持力，加强与中小学教育、两年制学院、双学位计划和其他转学院校的联系；与工业界保持正规的经周密计划的关系；努力创建工程教育领导者的交流网络；加强工程教育创新成果的宣传推广；加强系主任、院长和学校管理层对教师的成功教学创新的关注与奖励；减少获得一个工科学位的必需时间与成本。

2. 系统改革的理论和实践背景

NSF 执行主任 Bordogna 先生在"最佳实践总结汇报——工程教育创新大会"上的基调报告，阐述了系统改革工程教育的理论与实践背景，为工程教育的集成创新提供了坚实的基础（Bordogna，1997）。在更早的时候，Bordogna 先生及其同道在初步总结"工程教育联合体计划"成果的基础上，就已撰写并发表了《工程教育：通过集成来创新》、《集成和完整的工程教育》等文章（Bordogna，et al，1993；1995）。这里仅概述其主要的内容。

在以往，工程教育要做的只是响应经济领域的新老技术对劳动力的需求就行了；但是现在，工程教育必须响应快速变化的世界的多方面需求。这已经不是单一的学科或技术能够解决的，单纯的工程技术也不再是报酬丰厚的职业或有挑战意义的事业。培养现代工程师的工程教育必须变革，否则的话，就如 Bordogna 先生指出的那样："工程师将不再是社会财富的神圣创造者，而变成全球市场上的廉价商品。"

工程师要行动起来，把握住创新的机遇，不要只是一味地为增加生产力作贡献。创新在于把新的知识用于解决新的问题和困难，在于创建新的企业、提供新的产品和服务，以及提供新的工作岗位。创新，尤其是通过工程企业的创新，将是一个健康的经济体系的核心。这种创新元素是 21 世纪工程竞争力的核心，无论它是日益复杂的大规模物理系统，还是精致细密的智能微机械系统。

面对这些情况，新的工程职业路径已经不能依赖传统的学科导向。在相当程度上，下一代的工程职业路径时时刻刻要与复杂的系统打交道，例如避免环境破坏的可持续发展问题、能源和物质资源的有效利用问题、工程基础设施在生命周期内的更新问题、尺寸越来越小而功能越来越强大的微纳米系统问题、规模超大而风险剧增的复杂工程产品和企业问题、超出生物工程维度的生命系统工程问题、自组织自修复的智能系统问题，以及普遍的创造性企业转型的问题。

"我们如何培养我们的学生达到这些要求呢？" Bordogna 发问后接着回答，"借助对工程教育的考察和对以集成和整体方式创新的探索，我们能够揭示出整个科学与工程企业在迈进非凡时代时所面对的关键性议题，而这个时代可以称之为'知识与分布式智能'（knowledge and distributed intelligence）的时代。"

"知识与分布式智能"的时代究竟意味着什么？在 Bordogna 看来，它意味着这个时代的知识，可以供在任何地方和任何时间的任何用户使用，这个时代的力量、信息和控制将会由集中的系统分散到每个人。例如，只是在短短几年内，计算机已从有空调的房间搬到台面上，现在又已经能够放进我们的口袋。同样快速发展的无线通信的范围和规模，已经增强了我们在智能、业务以及政治上的沟通。互联网连接的主机数量已经从 1983 年的 200 台增加到 1996 年的 1 000 万台，增加 5 万倍！据计算研究协会估计，这一数量的增长今后每年仍将保持成倍的速度。伴随着计算能力和计算机通信的爆炸性变化，过去半个世纪来，人们目睹了跨越人类活动传统边界的激烈的技术变革。事实上，技术变革已被提升到作为经济和文化变革发动机的优先地位。

现在有大量证据支持这样的概念，即技术创新是财富创造和经济增长的中心。许多研究表明，过去 50 年来有超过 1/3 的美国经济增长是由技术创新造成的。我们必须严肃地采用这一证据，因为从战略上讲它事关我们的未来，尤其关系到创造和使用知识的我们这些人的前途。著名管理专家彼得·德鲁克指出，财富的源泉是知识。人类创造财富有两种基本的方法，一是生产，一是创新。把知识用到我们已经知道如何做的任务上，这种工作是生产性的；而创新则不同，它是创建新的企业和提供新的产品与服务的过程。

因此，在这个生产和创新的背景下，工程师都将扮演一个比以往更加重要的角色。一个国家的真正财富是它的人力资本，尤其是从事工程活动的人力资源。工程师将开发新的流程和产品，创建并管理新的系统，包括民用基础设施、制造业、卫生保健传递系统、信息管理系统、计算机—通信系统等。一般而言，他们将把知识用于社会劳动，这样也就增加了私营机构创造财富和增加就业的巨大潜力。

在当今世界，为了在获得个人成功的同时促进繁荣，工程师需要更多一流技术和科学技能。在一个竞争日趋激烈的世界，工程师需要学会作出正确的决定，最为常见的就是在工作中如何配置大量的人、财、物资源。Bordogna 认为："作为个人的工程师不仅要知道如何做正确的事情，还要知道如何正确地做事。"这就要求工程师必须具有广泛的、全面的背景。由于工程本身就是一个综合的过程，工程教育必须聚焦于这个目标。例如，工程师必须能够在团队中工作，很好地与人沟通。他们必须有灵活性、适应性和开放性。同样重要的是，他们必须能够用一种系统方式和有效的沟通手段，在伦理、政治、国际、环境和经济诸方面的背景下考虑、审视其工作。

科学的探究是创新过程的一个关键要素，但这是一个分析性的、还原主义的过程。为发现新的知识，它涉及深入探索世界的奥秘。美国擅长这种模式，也必须继续维持和培育这一富足的智能基础。

但是在另一方面，工程的本质恰恰是为了某种目的而集成各种知识的过程。作为社会的"集成大师"，工程师必须具有这个功能背景，以便在培育创新和财富创造的并行过程与交互过程中发挥领导作用。工程师必须有能力跨越许多不同的学科和领域，并将它们联系起来，这种联系将会引发更深刻的见解、更有创意的解决方案，并获得事情的最大成功。只有为我们的工科毕业生提供附加的价值，他们才能参与当今全球市场的竞争。诚然，附加值来自更丰富的先进知识，但更多的是，附加值产生于黑暗中探到的光明，来自对风险的理解和把握，来自获得完整的教育经历以了解和参与工程的过程。

我们都赞同，科学的和数学的技能对工程职业的成功是必需的。不过，一个工科学生也必须接受"工程实用精髓"（Functional Core of Engineering）的训练：面对开放式问题的挑战，创造某些还不存在的东西。让学生参加一个完整过程，通过整合表面上似乎各不相关的技能来完成一个新的产品，这是教育上的一种迫切需要，它才是最终实现财富创造的附加值。在这个意义上说，21世纪的工程师必须有能力：（1）设计，并能达到满足安全性、可靠性、环保、低成本、可操作性和可维修性的目标；（2）实现产品；（3）创建、运行及维持复杂的系统；（4）了解工程对象的物理构成和工程实践所发生的经济、工业、社会、政治及国际背景；（5）了解并参与研究过程；（6）获得终身学习所需的知识技能。

Bordogna 提出，要把上述这些概念转化为一种可行的课程计划，势必将引出一系列的要害问题，学术事业也将面临一系列挑战。对改革起步者而言，必须首先对传统的还原主义的教学方式进行考察与反思。

现在的大多数课程计划让学生学习一些互不联系的片段，它们之间以及与工程过程之间有什么联系，对于这些，即使不是全部也是多数学生直到毕业还弄不明白。课程的个别内容也许是有价值的，但是工程教育似乎不了解把它们贯通和整合起来的必要性，忽视了集成恰恰应当处于工程教育的核心地位。

集成的基本原理是什么？工程过程的基本结构又是什么？"工程即综合"的意义到底是什么？借助表 6—1，Bordogna 等人辨别并开列出本科工程教育应当具备的一系列完整的元素。不难看出，逐行安排的左右两列术语表现出一种矛盾与对立，半个多世纪来强调的工程科学基础，其要素均列于表的左列，而它们对于右列的要素通常是加以排斥的。

表 6—1　　　　　　　　　　一个完整本科工程教育的元素

纵向（深度）思维	横向（实用）思维
抽象性学习	经验性学习
还原—整体分解为部分	集成—部分构筑成整体
追求条理性	关注混沌性
领会确定性	把握模糊性
分析	综合
研究	设计/加工/制造
问题求解	问题形成
提出想法	实现想法
独立工作	团队合作
理论—科学的基础	社会的背景/伦理道德
工程科学理论	工程实用精髓

一个完整的本科工程教育应当强调两组元素的内在关联性和互补性。明天的工程师需要抽象的和体验式的两种学习方式，要有了解并控制确定性和不确定性的能力，能够提出和解决问题，既独立又合作地工作，既了解确定性，又会处理不明确之处，能够制定解决方案，能够将工程的科学和工程的实践结合起来。简单地说，我们现在的目标应该是在每一行对立的元素之间建立某种平衡。

为强调这个道理，Bordogna 等人引用了西班牙著名思想家荷西·奥特加·加塞特（José Ortega y Gasset）的一段话。荷西·奥特加·加塞特在其 1930 年出版的名著《大学的使命》（*Mission of the University*）中写道：

"有必要实现知识的合理综合和系统化……这将呼唤出至今被认为只是有悖科学常理的一种科学的特别才能，即整合的才能。正如所有创造性努力所做的那样，它的手段也将是专门化的，不过，这一次是（人们）在构筑整体时的专门化。"

奥特加的"构筑整体"（construction of the whole），给我们指引了工程和工程教育这类学问的途径。当然，信息在今天的方便存取与相互关联已经使得工程师（事实上是使得所有人）能够更加有效地学习和创造。当代信息的方便存取和相互关联也是对八十多年前奥特加整体观的最好的支持与证明。因此，在"知识和分布式的智能"时代，工程教育应当从强调课程内容（以及随之而来的对学生的评价与筛选）转向更全面的视野，即强调人力资源开发，提供更宽广的教育经验与背景，花大力气探索个别课程与经验的相互关联和集成。不但本科工程教育如此，工科的研究生教育同样应当如此。当前改革的重点首先是在本科工程教育，要使未来工程师面向工程专业的实际，包括制造、施工、系统集成、环保技术、质量控制、安全，以及技术创新管理等与职业生涯关联的科目。当然，大部分这些内容最终可以在一个硕士学位计划中解决，但实际上现在的硕士计划常常设计成还原主义导向的博士学位的"踏脚石"。因此，今天同样需要综合集成的硕士学位；大学要能提供更多面向实践的硕士学位计划，使之与工业、社会、经济和管理具有更紧密的联系。过度分析导向的博士学位也需要面向专业的分支领域，从而使博士毕业生有更宽广的职业机会。

总而言之，一个造就新一代工程师的创新的工程教育系统，必须通过集成方式来建立，包括营造一个整体性的本科课程（Holistic Undergraduate Curriculum）、一个面向实践的硕士水平课程（Practice—Oriented Master's Level Curriculum），以及聚焦集成性发现的博士课程（Integrative Discovery—Focused Doctoral Curriculum）。

二、MIT：再造工程教育的 CDIO 模式

1. CDIO 模式的创生

CDIO 即"构思（conceive）、设计（design）、实施（implement）、运作（operate）"之意，它不仅反映了现代工业产品、服务和系统从研发开始直至退役

的生命周期全过程，而且揭示出任何人工物的生命过程的哲理，同时也表达了现代工程师培养和工程教育改革的理念。它是 MIT 在 20 世纪 90 年代的跨世纪工程教育改革中的首创。

1993 年，MIT 在美国工程教育协会（ASEE）成立一百周年之际，正式宣告该校将实施酝酿已久的五年制工程硕士（MEng）专业学位计划。

1994 年，时任 MIT 校长的 Charles Vest 教授发表了一篇题为《我们的革命》的文章，阐明了再造 MIT 工程教育的四点主张：（1）经过三十多年工科课程面向工程科学的不断调整与完善，工科院校现在对设计与制造的轻视态度、对工程科学提供的分析和模拟工具的过度热衷，已经难以应对近年来世界发生的日新月异的变化，"必须更密切地回到工程实践的根本上来"，重新强调工程的设计和生产；（2）在新课程计划的开发中，要引进精益生产、柔性制造、全面质量管理以及连续质量改进一类新的技术内容，使未来工程师不仅具有本门学科的分析技能和创新精神，而且具备德国工程师或日本工程师通常具有的一丝不苟、重视设计、重视制造的态度；（3）学生需要更多地经受完整的工程设计和实践的锻炼，同时学习对大规模复杂系统的分析与管理，以便接受物质生产、信息基础设施建设、全球环境变化等规模大而复杂的课题的挑战；（4）必须包括社会科学、艺术和人文学科的教育，使学生能够更好地理解科学和工程的系统问题及其后果。

同年，MIT 工学院推出题为《大 E 的工程：集成的工程教育》的学院发展规划。首先在航空航天工程系、电气电子和计算机工程系正式实施五年制工程硕士计划，工学院的其他系随后跟进。此后不久，航空航天工程系又提出 CDIO 理念，开创了工程教育过程改革的新的实践模式。CDIO 所构成的不仅是从产品研发到产品运行的生命周期，也是一个完整的工程活动过程乃至任何人类实践性活动的完整过程。工程教育必须给予学生此种意识和包括工程基础知识、个人能力、团队能力和工程系统能力四大主题在内的基本实践训练，才有可能使他们足以担负毕业以后社会和专业赋予其的使命。

2. CDIO 模式的发展

MIT 的 CDIO 首倡迅速得到全球响应。2000 年后，MIT 和瑞典皇家工学院等 4 所大学合作进行 CDIO 跨国研究，Knut and Alice Wallenberg 基金会亦予以巨额资助，于 2004 年成立 CDIO 国际合作组织。目前，该组织拥有超过

25 个国家的 50 多所院校成员。它所推出的 CDIO 完整内容，可以概括为：一个愿景，即培养有专业技能、有社会意识和创业精神的工程师；一个大纲，即包含上述四个主题的学生能力要求；十二条标准，即判定实践 CDIO 理念的基本要素；五项指引，即对培养计划、课程结构、教学方法、教学评估和学习构架的指南。

2007 年，首倡 CDIO 的 MIT 教授 Edward Crawley 等四人合著的《重新认识工程教育：CDIO 的方式》正式出版，系统完整地介绍了 CDIO 方式的工程教育理念与实践，同时对工程教育作了简要的历史回顾与展望。该书由 Charles Vest 教授作序："培养 2020 年和未来的工程师"。序言指出："CDIO 工程教育方法的哲学就是抓住了这些现代工程教育所需的精要特点——为工程师的工作感到振奋，深入学习基础理论、技能，以及工程师贡献社会所需的知识。我鼓励您阅读这种一体化方法。"（Crawley et al，2007）

在 CDIO 国际合作组织 2009 年 6 月的研讨会上，MIT 教授 Edward Crawley 和 Doris Brodeur 等人联合提出修订 CDIO 大纲的建议，随后又在 10 月提供了 CDIO+EL（2.1 版）的正式建议稿（Crawley et al，2009）。CDIO 新版本（见表 6—2）将把该方式提升到新的阶段，其主要特点如下：

（1）在原版大纲的第四主题中，新增了对于现代工程师至关重要的"工程领导力"和"工程创业"两个模块（在表 6—2 中由加粗楷体字表示）；

（2）在原版大纲的其他地方作了若干重要修改与补充，更加准确地描述了能力要求（在表 6—2 中由黑体字表示）；

（3）经上述修订，新版大纲的四大主题更加完美地与联合国教科文组织推荐的四个学习目标相匹配，这些目标依次是：学习知识（learning to know）、学习做人（learning to be）、学习生存（learning to live together）和学习做事（learning to do）；

（4）新大纲能够与美国工程和技术鉴定委员会（ABET）的《EC2000》标准兼容，也能与国际上多数其他工科计划鉴定和专业资格框架或标准兼容（表 6—2 中括号内数字对应《EC2000》标准的编号）。

表 6—2　　　　　　　　　**CDIO 大纲新旧版本对照表**

CDIO 大纲 V1.0	CDIO 大纲 V2.1（CDIO+EL 大纲）建议稿
1　技术知识和理解力	1　学科知识和理解力
1.1　基础的科学知识	1.1　基础的**数学和**科学知识【1】
1.2　核心工程基础知识	1.2　核心工程基础知识【1】
1.3　高级工程基础知识	1.3　高级工程基础知识、**方法和工具**【11】
2　个人和职业的技能与态度	2　个人和职业的技能与态度
2.1　工程推理和解决问题	2.1　**分析推理**和解决问题【5】
2.1.1　问题识别和界定	2.1.1　问题识别和界定
2.1.2　建立模型	2.1.2　建立模型
2.1.3　判断和定性分析	2.1.3　判断和定性分析
2.1.4　带不确定性的分析	2.1.4　带不确定性的分析
2.1.5　解决方法和建议	2.1.5　解决方法和建议
2.2　实验和发现知识	2.2　实验、**探究**和发现知识【2】
2.2.1　建立假设	2.2.1　建立假设
2.2.2　检索印刷的和电子的文献	2.2.2　检索印刷的和电子的文献
2.2.3　实验探索	2.2.3　实验探索
2.2.4　假设检验和答辩	2.2.4　假设检验和答辩
2.3　系统思维	2.3　系统思维
2.3.1　整体思维	2.3.1　整体思维
2.3.2　系统的视在性和交互性	2.3.2　系统的视在性和交互性
2.3.3　确定主次和重点	2.3.3　确定主次和重点
2.3.4　解决问题的折衷、判断和平衡	2.3.4　解决问题的折衷、判断和平衡
2.4　个人技能和态度	2.4　**态度、思想和学识**
2.4.1　主动并愿意承担风险	2.4.1　**对不确定事物决策时的首创精神与主动积极性**
2.4.2　执著与变通	2.4.2　**坚忍不拔、足智多谋、灵活性、责任心、乐于果断行动**
2.4.3　创造性思维	2.4.3　创造性思维
2.4.4　批判性思维	2.4.4　批判性思维
2.4.5　了解个人的知识、技能和态度	2.4.5　**认识自我、元认知与知识整合**
2.4.6　求知欲和终身学习	2.4.6　终身学习**并培养他人**【9】
2.4.7　时间和资源的管理	2.4.7　时间和资源的管理
2.5　职业技能和态度	2.5　**伦理、职责、公平和核心价值观**
2.5.1　伦理、诚信、责任感和负责任	2.5.1　**伦理、诚信与社会责任心**【6】
2.5.2　职业行为	2.5.2　**职业行为与责任**【6】
2.5.3　主动规划个人职业	2.5.3　主动规划个人职业
2.5.4　与世界工程发展保持同步	2.5.4　与世界工程发展保持同步
	2.5.5　**公平与多样性**
	2.5.6　**信用与忠诚**
	2.5.7　**对生活的渴望与追求**

续前表

CDIO 大纲 V1.0	CDIO 大纲 V2.1（CDIO＋EL 大纲）建议稿
3　人际交往技能：团队工作和交流	3　人际交往技能：团队工作和交流
3.1　团队精神	3.1　团队精神【4】
3.1.1　组建高效团队	3.1.1　组建高效团队
3.1.2　团队工作运行	3.1.2　团队工作运行
3.1.3　团队成长和演变	3.1.3　团队成长和演变
3.1.4　领导能力	3.1.4　领导能力
3.1.5　技术合作	3.1.5　技术合作和多学科合作
3.2　交流	3.2　交流【7】
3.2.1　交流策略	3.2.1　交流策略
3.2.2　交流结构	3.2.2　交流结构
3.2.3　书面交流	3.2.3　书面交流
3.2.4　电子和多媒体交流	3.2.4　电子和多媒体交流
3.2.5　图形交流	3.2.5　图形交流
3.2.6　口头表达和人际交往	3.2.6　口头表达
3.3　外语交流	3.2.7　询问、倾听和对话
3.3.1　英语	3.2.8　协商、妥协与化解冲突
3.3.2　其他区域工业国的语言	3.2.9　宣传与倡导
3.3.3　其他语言	3.2.10　建立不同沟通渠道、充分利用网络
	3.3　外语交流
	3.3.1　英语
	3.3.2　欧盟以外其他区域工业国的语言
	3.3.3　欧盟以外其他语言
4　企业和社会背景下的构思、设计、实施和运行系统	4　企业、社会和环境背景下的构思、设计、实施和运行系统——创新
4.1　外部和社会背景	4.1　外部、社会、经济与环境背景【8】
4.1.1　工程师的角色和责任	4.1.1　工程师的角色和责任
4.1.2　工程界对社会的影响	4.1.2　工程界对社会与环境的影响
4.1.3　社会对工程的规制	4.1.3　社会对工程的规制
4.1.4　历史和文化背景	4.1.4　历史和文化背景
4.1.5　当代课题和价值观	4.1.5　当代课题和价值观【10】
4.1.6　开发一种全球视野	4.1.6　开发一种全球视野（更强调国际间工作与学习）
4.2　企业与商业环境	4.1.7　发展的可持续性
4.2.1　认识不同的企业文化	4.2　企业与商业环境
4.2.2　企业战略、目标与计划	4.2.1　认识不同的企业文化
4.2.3　技术创业	4.2.2　企业的利益相关者、战略与目标
4.2.4　成功地在一个团队中工作	4.2.3　技术创业（在4.8进一步扩展）
	4.2.4　在一个团队中工作
	4.2.5　工程项目的财务与经济学
	4.2.6　新技术开发、评价与应用

续前表

CDIO 大纲 V1.0	CDIO 大纲 V2.1（CDIO＋EL 大纲）建议稿
4.3　构思与工程系统	4.2.7　与国际组织合作
4.3.1　设立系统目标和要求	4.3　构思、工程系统与管理【3】
4.3.2　定义功能、概念和体系结构	4.3.1　认识需求与设定目标
4.3.3　系统建模并确保目标达成	4.3.2　定义功能、概念和体系结构
4.3.4　开发项目的管理	4.3.3　系统建模并确保目标达成
4.4　设计	4.3.4　系统工程与开发项目的管理
4.4.1　设计过程	4.4　设计【3】
4.4.2　设计过程分期与方法	4.4.1　设计过程
4.4.3　设计中对知识的利用	4.4.2　设计过程分期与方法
4.4.4　学科设计	4.4.3　设计中对知识的利用
4.4.5　跨学科设计	4.4.4　学科设计
4.4.6　多目标设计	4.4.5　跨学科设计
4.5　实施	4.4.6　可持续性、安全性、可操作性、美学和其他目标的设计
4.5.1　设计实施过程	4.5　实施【3】
4.5.2　硬件制造过程	4.5.1　设计可持续的实施过程
4.5.3　软件实现过程	4.5.2　硬件制造过程
4.5.4　硬件、软件集成	4.5.3　软件实现过程
4.5.5　测试、证实、验证与认证	4.5.4　硬件、软件集成
4.5.6　实施过程管理	4.5.5　测试、证实、验证与认证
	4.5.6　实施过程管理
	4.6　运行【3】
	4.6.1　安全运行设计与可持续优化
	4.6.2　培训及操作
	4.6.3　支持系统的生命周期
	4.6.4　系统改进和演变
	4.6.5　退役与处置
	4.6.6　运行管理
	4.7　工程领导力
	涵盖在上述诸要素中的工程领导力包括：
	● 个人核心价值观和领导者品质（2.4，2.5）；
	● 协调其他人（3.2，3.1，3.3）；
	● 洞悉环境背景（4.1，4.2，2.3）；
	● 具有远见卓识，包括：
	4.7.1　创造性思维与想象力（2.4.3 扩充）
	4.7.2　确定解决方案（4.3.1 扩充）
	4.7.3　创造新的解题概念（4.3.2，4.3.3 扩充）
	4.7.4　创建、领导和扩大组织（4.2.4 扩充）
	4.7.5　计划、管理一个项目直至完成（4.3.4 扩充）

续前表

CDIO 大纲 V1.0	CDIO 大纲 V2.1（CDIO＋EL 大纲）建议稿
4.6　运行 4.6.1　运行设计与优化 4.6.2　培训及操作 4.6.3　支持系统的生命周期 4.6.4　系统改进和演变 4.6.5　退役与处置 4.6.6　运行管理	4.7.6　项目/方案实施的决断 4.7.7　概念创新、设计创新，新产品和服务的引进（4.4 扩充） 4.7.8　发明：开发新准备、新材料和新的产品与服务流程 4.7.9　创造和挖掘产品与服务在实施、运行中的价值（4.5，4.6 的领导力） **4.8　工程创业** 工程创业涉及社会和企业背景（4.1，4.2）、CDIO 技能（4.3，4.6）和工程领导力（4.7）的各个方面，此外还有它的特殊技能： 4.8.1　公司的创办和组建 4.8.2　业务计划的开发 4.8.3　公司资本与财务 4.8.4　创新产品营销 4.8.5　构思围绕新技术的产品与服务 4.8.6　创新系统、网络、基础设施和服务 4.8.7　创建团队、实施 CDIO 工程过程 4.8.8　管理知识产权

三、启发与思考

以上两个案例尽管着眼于微观过程，但是让我们看到，对科技人力资源的开发必须要有系统的思考、规划与实施。这是由对象本身的系统特性所决定和制约的。

从宏观层面考察的工程教育也是一样，它本身也是一个系统工程。

从纵向看，工程教育涵盖：院校教育前的普通教育阶段（欧美国家现已拓展到 K-12 或 P-12）；院校教育阶段，包括证书水平和学士、硕士、博士的学位水平；院校教育后的继续教育阶段，包括初期职业发展 IPD（initial professional development）和继续职业发展 CPD（continuing professional development），又称 LLL（life-long learning）。

从横向看，工程教育又涵盖了多种不同的教育系统或类型。仅就院校教育阶段的所谓"高等工程教育"来看，在中文语境下它主要指的是"本科层次工程教育"，不包括研究生层次的教育。但应当认识到，术语"本科"是中国教育系统中的特有的名词，在北美系统、英国系统、欧陆系统均无单一的与"本科"等价的概念。在国际工程教育范畴内，与我国"本科"水平相当的教育等级大体上有：(1) 四年制工程技术证书或技术证书（欧美）；(2) 四年制工程技术学士学位（BET/BT，美）；(3) 四年制工程师文凭（Dipl-Ing FH，德）；(4) 四年制工程（科学）学士（BS，美）、工程硕士（MEng，英），以及工程师文凭（Dipl-Ing，德）。在联合国教科文组织制定的《国际教育标准分类》（ISCED97）中，分为 A 和 B 两类的整个第 5 级水平的教育等级，都可能与所谓"本科"相关。因此，在对中国的"高等工程教育"系统地加以考虑时，不仅要涉及工科的四年制学士学位教育，而且要涉及高等职业教育和工程硕士专业学位教育。

　　如果从微观教育过程和学科专业分类考虑，这个科技人力资源系统显然更加复杂。面对如此复杂的科技人力资源系统，零敲碎打的改革和创新是很难见效的，必须借助系统改革，免遭"头痛医头、脚痛医脚"的诟病。

（孔寒冰　李　文　撰文）

第 2 节　基于产学合作的科技人力资源开发

　　自 20 世纪 70—80 年代以来，世界范围内的产学合作迅猛发展，尤其是近年来发展起来的校企战略联盟的新的合作组织形式，把产学合作推向了新的高度。产学合作是创新型工程科技人才成长的必由之路，也是科技人力资源能力建设的重要途径。本节在讨论产学合作全球发展概貌的基础上，重点考察美国"工业—大学合作研究中心"（Industry/University Cooperative Research Center，I/UCRC）的组织和运作经验，讨论新形势下产学合作的战略联盟新方式和新途径，为我国发展校企联盟提供对策参考。

一、产学合作：工程教育的必由之路

　　从发达国家的实践和我国改革开放的经验看，无论是对于学术取向的工程教育，还是对于实践取向的工程教育，通过大学和工业合作培养工程科技人才都是一条重要途径，甚至可以认为是一条必经的途径、根本的道路（王沛民，2008）。

对工程教育（包括继续工程教育）而言，我国教育方针里要求的"教育必须与生产劳动相结合"，或者人们现在常说的教育"与生产劳动和社会实践相结合"，就体现在面向工业建设、走为国家工业现代化服务的道路。这个结合不是中国人的原创，而是工业革命以来英、德、美、法、俄、日等国的自觉选择。新中国成立后把它着重提出来，一方面是学习工业发达国家的经验，另一方面是针对旧中国数千年来"学而优则仕"等封建文化的弊端，大力塑造工业时代的先进文化，为国家根本利益开辟顺应历史发展潮流的新的道路。

当然，这不是一帆风顺的自由之路。这条道路是否通畅，取决于大学与工业的关系以及政府的相关作为，其背后的决定性因素则是各自对自己身份的认同，对国家、社会和个人的责任感。但是，这些并不应当也不能完全用"理性人"的利害关系去解释。20 世纪 70 年代末、80 年代初至今，产学合作在高技术兴起、科技人力资源严重短缺的背景下，再次被提上产业界、学术界和政治家们的重大议事日程。

1980 年 1 月，英国政府工程专业调查委员会（CIEP）发表大型报告《打造我们的未来》（即《费尼斯顿报告》，又译《工程：我们的未来》），从英国经济中的工程、工程师供给、雇用、形成、继续形成、注册和执照、对学校改革的要求、对雇主的要求和对政府资助的法定团体工程委员会的要求等方面作了深度研究，所提的 80 条建议多数涉及大学、工业和政府的合作关系。

1980 年 10 月，美国国家自然科学基金会（NSF）和联邦教育部联合向总统卡特递交报告《80 年代及以后的科学和工程技术教育》，呼请总统召集一个全国会议，建立一个协调委员会，落实包括产学合作在内的诸项对策。随后的美国研究生院协会（CGS）第 20 届年会，1982 年 3 月斯坦福大学、哈佛大学、MIT、CalTech 和加州大学伯克利分校 5 校校长特别会议，以及 1982 年 3 月宾夕法尼亚大学举行的大学和工业领导人大会，把大学、工业和政府合作问题推向高潮。

这个时期，其他工业国家政府和领导人也纷纷采取重大措施或出面干预。1982 年 5 月，苏联政府通过《关于在高等学校发展教学、科研、生产联合体的决议》，此种联合体在 1979 年即开始试点。1984 年 9 月，日本政府组建"日本临时教育审议会"，拉开教育改革序幕，逐步建立和推行"官产学"结合机制。1986 年 2 月，法国总统密特朗强调："努力改变教学机构、研究机构和生产部门之间互不通气的局面，要在一些地区建立技术密集区。"

1992 年 4 月，我国商务部、教育部和中科院发起"国家产学研联合开发工程"，并会同财政部成立领导协调小组和办公室。1994 年 3 月，国家教委、国家科委和国家体改委联合发出《关于高等学校发展科技产业的若干意见》，再次确认了"产学研"这个语焉不详的术语。应当看到，该术语针对的是大学研究职能上的合作，强调的是科技项目合作研发和科研成果转化为生产力，尚不能覆盖大学与工业合作的所有方面，也难以充分表达大学与国内大院大所的合作。

2006 年是世界产学合作教育开展一百周年。1906 年，美国辛辛那提大学（University of Cincinnati，UC）工学院院长施耐德教授（Herman Schneider）首创"co-op"课程（又译"带薪实习课程"）。在"co-op"课程中，学生在工作岗位上将所学加以应用，而工作带来的挑战和问题又促进学生的进一步学习。这种工作岗位上的训练为学生毕业后的就业提供了保证。参与"co-op"的学生在五年中学习与工作交替进行，带薪工作总计一年，人均收入为每年三到四万美金。目前，辛辛那提大学的带薪实习课程在全美规模位居第二，综合排名第四，有 1 200 家企业与辛辛那提大学合作。在 20 世纪 80 年代，我国浙江大学、天津大学等校也试验过类似的"预分配—联合培养"改革，可是无疾而终。而全球现在有 43 个国家的 1 500 多所大学坚持着不同形式的产学合作教育计划，仅美国就有 1 000 多所大学的 20 万名学生在 12 万名雇主支持下参加"co-op"教育项目。

总之，从国际范围的历史进程看，产学合作大体经历了自 20 世纪初到第二次世界大战前的"自发适应阶段"、二战至 80 年代的"自觉适应阶段"、80 年代以后的"自主规划阶段"。第三阶段的特征可以概括为：（1）政府积极参与，充分发挥其政策引导、财力支持、服务到位的职能；（2）大学和工业均将合作列为自己发展战略中资源共享、实现双赢的重要举措；（3）产学合作内容从单一目标转变为包括教育、研究和拓展的全方位合作，并且不断涌现新的有效合作模式；（4）已经产生了诸如"三重螺旋理论"、"战略联盟理论"、"全面合作理论"等创新理论，进一步推动了产学合作的健康发展。

二、美、日、德的产学合作组织概况

从国际范围来看，产学合作不是件新鲜事。近年来，世界各国根据自身的基本条件和发展目标，通过不断地探索，形成了各具特色的产学合作模式。

1. 美国的产学合作组织

作为产学合作发源地的美国，在发展过程中出现过不同的产学合作模式。这些模式的形成，使得学术界与产业界建立了多种形式的联系和合作关系，从而推动了科研成果产业化的进程。从二战前小规模、自发、分散的产学合作发展到如今，美国的产学合作已呈现出多层次、多形式、大规模的特点。其产学合作的形式主要有以下几种（谢开勇，2004）：

（1）企业资助大学科研。

企业资助大学科研具体又包括以下几种形式：1）提供资金援助。包括专项科研补贴、捐款、先进赠予等。提供这类无偿资助的多是一些实力雄厚的大公司，它们资助大学进行科研的目的不在于获取直接收益，而是为了同大学建立联系，为以后进一步开展联合研究打下基础。2）转让科研设备。企业以赠予方式或只收取象征性费用的方式向大学转让设备。这也是一种无偿资助的形式。3）设立由企业支付薪金的教学或研究职位。获得此类职位的大学教授，必须按出资者感兴趣的课题和要求进行研究。

（2）企业与大学联合研究。

联合研究是大学与企业合作研究的主要形式。企业与大学的联合研究按其组织形式又可细分为以下几类：1）合同研究。指大学根据企业的要求来确定研究课题，特点是企业对研究的资助额与研究成效直接挂钩。2）提供专项补贴。专项补贴一般提供给风险很大或有助于扩大某一学科领域的研究课题，所取得的科研成果主要用于解决企业感兴趣的技术问题。通常先由大学的学者或教授提出某一独特而有价值的课题设想，企业若有兴趣即与其达成协议，并提供专项补贴来承担部分研究费用。3）专项联合研究。通常由大学与工业界各自派出研究人员共同对某一研究课题进行合作研究，经费由双方共同承担。其中近一半的研究课题是着眼于基础研究的。4）工业—大学合作研究中心。这是近十几年来兴起的旨在支持大学与企业进行长期科研合作的组织形式，在高技术密集区和科学园区尤为多见。研究中心通常设在大学，但有很大的独立性，通常有自己的物质技术基础和研究人员，研究人员通常包括大学教授、研究生、高年级的学生和来自工业界的研究人员。研究中心一般是由大学学者提出企业感兴趣的课题或由政府的积极倡导而组建的。目前这类中心主要有三类：工业—大学合作研究中心、工程研究中心（ERC）和科学技术中心（STC）。它们分别在技术开发、应用研究、基础研究三个层次上推动美国工业的高速发展。

（3）大学参加企业科研。

该合作形式在美国产学合作中也占较大比重。具体形式有：大学教授去企业公司咨询、授课或作学术报告；大学研究人员到公司临时参加课题研究，以及企业到大学中公开招募学生从事一些课题的研究；公司科研人员到大学进修并取得学位；等等。目前，在高技术密集区和科学园区，大学参加企业科研的合作形式得到了很好的发展。

（4）大学科技园与高新技术工业园（城）。

这是美国产学合作的又一重要形式。到 2004 年，美国已建成的科技工业园区已超过 150 个，猛增了 10 倍以上，它们遍布全国，总数居世界之首，以硅谷模式为代表。硅谷的成功主要在于：一是技术开发投资主体既是风险投资者，又是创业者。二是有健全的激励机制。在硅谷，技术同资金等生产要素一样，享有价值索取权。三是文化氛围的作用。主要在于，没有森严的等级制度，这里充满了自由、宽松的气氛；失败不是耻辱，多次失败的经历甚至被认为是一种资历；冒险和创新精神在这里受到鼓励。

2. 日本的产学合作组织

日本的产学合作开始于 1983 年，当时政府为刺激企业加强和学校合作，制定了四种方式，包括：（1）合作式研究；（2）契约式研究；（3）企业界人员借调至学术界；（4）捐款。但直到 1990 年，日本的学术界和产业界才有更密切的合作关系。日本利用产学双方的资源、人力与设备，强化产学双方的联系并进行合作研究，希望借由产学合作，培植中小企业从事新产品开发的能力，并提升日本企业的竞争力。日本在政府科技政策的辅助下，积极推动研究应用及人才培育，鼓励企业研发与创新，使得其科技创新能力全面提升，成为世界科技与贸易大国。日本的产学合作具有以下特色：（1）学校教师对中小企业提供义务咨询服务；（2）产学双方共同参与研究；（3）产学双方建立长期合作关系；（4）运用人际关系建立合作基础；（5）运用组织发展产学合作。

日本产学合作项目类型主要可区分成八种：（1）受托研究制度。即高校接受来自民间企业委托的课题项目，同时按照委托者的要求，双方就研究范围、期限、经费、专利和版权所有、保密责任等签订合同。通过合同的形式实施委托研究，研究成果由委托者付给报酬。（2）共同研究制度。其主要方式是国立大学接受企业的研究经费，并把企业的研究人员请到高校的研究所、理工科教研室和专门设置的研究开发中心等地，与高校的研究人员一起平等地进行同一课题的共同研究，以获得高水平的成果。（3）受托研究员制度。即企业聘请大学研究人员对企业的技术研究人员进行指导，帮助企业提高其研究、开发能力，及其技术人员的技术水平。（4）奖学捐赠金制度。日本产业界资助高校的教学和科研活动，是自日本产学合作出现以来，就一直存在的较为普遍的产学合作形式之一。由于后来产业界资助高校的款项和金额逐年增加，因此日本文部省于1964年创设了这种奖学捐赠金制度，对资助金的接受和使用方法作了具体规定。这一制度对于活跃和振兴学术研究起到重要作用。（5）捐赠讲座、捐赠研究部门制度。国立大学可利用民间企业捐赠在校内开设"捐赠讲座"或"捐赠研究部门"（到1999年10月，共有19所国立大学开设了40个捐赠讲座、13个捐赠研究部门）。（6）共同研究中心。为促进高校（科研院所）与企业开展共同研究，日本文部省自1987年起，为那些重要的大学研究机构、国立大学附设研究所等配备大型的研究设备和大量的研究资料，将它们建设成更适宜于大型化、综合化项目的研究，面向国内以及国际开放的共同研究中心。（7）在研究基金项目下的开发研究。即文部省利用科学研究基金设立了一项研究奖励项目——"实验研究"，旨在鼓励具有实际应用潜力的实验研究。此类研究由大学研究人员和校外的研究人员合作完成。（8）大学科技园与高新技术工业园（城）。

3. 德国的产学合作组织

德国的产学合作由企业、学校与政府共同合作参与，其中大部分的企业均视此为重要的工作。换句话说，企业的积极参与不仅使德国的经济蓬勃发展，更使德国的教育在全球拥有举足轻重的地位。

德国的教育制度对产学合作有很大影响。包浩斯设计学院创设于1919年，是全世界把设计教育纳入正规教育的第一所学校。包浩斯的教育制度是典型"师徒式"的教育方式，全体师生可以共同工作，教师因此增长实务经验，学生因此得以发展自己的潜能，立下了"实务结合理论"的技能教育典范。因此，德国设计教育强调理论与实务结合，而学校的教学、研究及工业服务是不可区分的一个整体。学生于求学期间必须在工厂实习，而德国的大学教授也必须有产业实务经验，因此不但可以将实务经验传授给学生，并且可以进行企业所委托的研究，从事创新技术与知识扩散及新产品开发，以落实理论实用化的目的。

德国产学合作项目类型可区分为六种：（1）项目研究；（2）设计咨询服务；（3）创新技术与知识交流；（4）新产品开发；（5）设计专业训练；（6）工厂实习（陈 悦，1990）。

三、美国"工业—大学合作研究中心"

众所周知，美国是产学合作的发源地。近三十年来，美国学术界与产业界又建立起多种形式的联系和合作关系，推动科研成果产业化进程，同时造就与培养高新科技发展急需的人才。最具代表性并产生广泛影响的合作模式有：科技工业园区模式、企业孵化器模式、专利许可和技术转让模式、高技术企业发展模式、"工业—大学合作研究中心"计划，以及工程研究中心模式。其中，"工业—大学合作研究中心"最具有战略联盟的性质和特征（丁志勇等人，1994）。

1. I/UCRC 的产生和概念界定

美国"工业—大学合作研究中心"计划的酝酿要追溯到 20 世纪 70 年代，它是美国国家自然科学基金会（NSF）的"实验研究与开发激励计划"的一部分。NSF 于 1972 年作出决策：加强大学和工业的合作，以促进生产力的提高。当时有三种方案可以选择：1）鼓励工业进行实验性的 R&D 活动；2）促进大学在工业建立一个分支机构；3）倡导"工业—大学合作研究中心"。

经过充分酝酿和尝试，1990 年，I/UCRC 方案正式付诸实施。这些中心虽附属于大学，但与企业界有着紧密的联系，往往根据企业的要求开展课题研究。而 NSF 则对中心工作负有指导之责。此外，NSF 还向成立的每一个中心资助 5 万美元，企业界的赞助则不少于 30 万美元，大部分大学也为附属于自己的中心提供直接或间接的财政支持，创造条件让企业和大学之间达成一种协议，共同推进合作研究中心的工作。到 1989 年年末，已有 41 个中心建成，其中 22 个是独立运营的。美国比较著名的合作研究中心有麻省理工学院复合物加工研究中心、伦塞勒工学院计算机制图研究中心、罗得岛大学机器人研究中心、沃尔赛斯特工学院自动化技术研究中心等。现在，中心已有 700 多家成员，其中 90% 是企业公司，余下 10% 为州政府、国家实验室和其他政府机构。本节后的附录列出现有的 45 个 I/UCRC，它们主要覆盖电子技术、制造业、生物科技等 11 个科技领域。

简单地说，I/UCRC 就是建立在美国大学校园内的反映大学、工业、政府之间长期合作关系的、从事技术开发工作的一种新型产学合作组织，它们的成立都是建立在大学的研究兴趣和工业界的 R&D 需求相结合的基础上的，即直接面向工业界的需求。

2. I/UCRC 的使命与特征

I/UCRC 的总体使命是：（1）建立交叉学科的研究中心，更好地使用国家为支持大学和工业界间的工程与科学联合研究所提供的基金；（2）加强大学的工程科学研究与工业界之间的联系，将研究重点放在工业发展的需求上，促进大学向工业界转移技术；（3）建立培养人才的良好机制，培养出能够管理工程和技术系统以及能够从事具体研究的各类毕业生。

I/UCRC 作为一种新型的产学合作组织，具备了以下几大鲜明特征：

（1）其最大特点是，合作内容是直接面向企业需求的。它虽然隶属于大学，但与企业有着密切联系，往往根据企业实践要求开展课题研究，充分考虑研究成果的应用性和可转移性。

（2）在官产学的关系上，NSF 负有指导的责任，主要在项目启动经费资助、项目评估等环节发挥作用；企业的地位尤其重要，它在整个合作过程中都起着主人翁的作用；大学主要提供智力支持，教授、研究生、本科生均可参与项目。

（3）在资金赞助上，企业是主体，占 70% 以上，政府和大学起辅助作用。一般来说，NSF 向每一中心赞助 5 万美元作为启动资金，同时企业界赞助资金不少于 30 万美元，大部分大学也会为其所含的中心提供直接或间接的财政支持。

（4）研究成果的专利归大学所有，参加的公司不享有专利权，只具有使用权，通常根据相互之间的协议来确定发表研究成果的时间。由中心支持的计划，在一至五年之间，研究人员有权将其成果转移给某一公司，中心有权拥有该公司一定比例的股份，或者采取买断（一次性购买垄断专利）的方式。

I/UCRC 与众所周知的工程研究中心（ERC）有相似之处：两者都是以工业界的需求为动力的研究中心实体，都是处于科研活动上游部位与产品生产及应用下游部位之间的中游部位机构。但两者的不同也是明显的：（1）两者的任务偏向性不同，ERC 偏向于科研活动，而 I/UCRC 偏向于产品生产与应用；

（2）资金来源不同，ERC 的资金主要来源于政府，而 I/UCRC 的资金主要来源于工业界。

3. I/UCRC 的组织管理

I/UCRC 的组织形式大致有三种：（1）单一的有限制的伙伴关系，即一所大学与几家企业联合形成的中心，这种形式约占 55％～60％；（2）多家学校与多家企业进行合作，通常多家学校中有一所大学扮演主角，此种形式约占 20％～30％；（3）分布式的计划书的方式，即 I/UCRC 广泛与企业和大学以签合同的形式进行合作，这种形式占 10％。（李杰，1993）

从美国最近情况看，现在不断扩大的是第二种形式的比例，其目的是为了减少大学与工业界的相互摩擦，进一步加强大学与工业界的联系。

I/UCRC 计划往往由大学教授发起，进而组建研究中心。该教授必须具备良好的科研水平、组织建设能力和企业管理能力。如果中心可得到企业和所属大学的大力支持，那么它即可向 NSF 呈递申请成立合作研究中心的报告，并阐述已经取得的进展和中心成功运作的潜在实力。如果是两所或以上的大学，则必须提出成立跨校合作研究中心。如果该申请的可行性审查通过，NSF 将在最初五年里每年向研究中心资助 7 万美元，五年期满后，NSF 的资助会降到一个较低的水平，即接下来的五年里每年资助 3.5 万美元。除了 NSF 的基本资助外，研究中心和研究院还可以从 NSF 争取更多的资助。在中心生命周期的任何时候，NSF 均可通过组织其他基金会办事处共同参与计划来提供资助。

NSF 的资助旨在启动中心的项目，并非维持中心的运作，它是通过合作机制的杠杆原则支持 I/UCRC 的，相对来说只是很小的一部分。维持 I/UCRC 运作的资金最终还是来源于工业界、大学，以及 NSF 以外的其他资助者。目前，中心已拥有 700 多家会员，其中约 90％是工业企业，其余 10％包括各州政府、国家实验室与其他联邦机构，每个 I/UCRC 必须保证至少拥有由 6 家以上工业企业成员缴纳的 30 万美元会费，以及一个自给自足的资金计划。事实证明，即使没有 NSF 的资助，超过 80％的中心依旧能维持正常运作。

I/UCRC 附属于大学，大学负责中心的管理工作，中心主任由大学人员担任。I/UCRC 的管理架构见图 6—1（NSF，2008）。

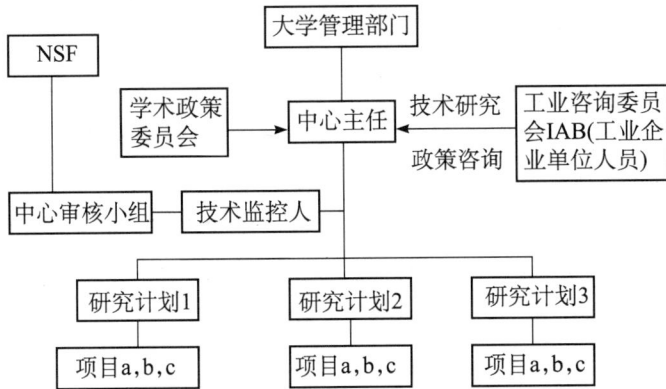

图 6—1 I/UCRC 的组织结构图

资料来源：NSF，2008。

I/UCRC 的管理是通过大学、NSF 和中心的工业赞助人之间的合作而进行的。中心设有工业咨询委员会（Industrial Advisory Board，IAB），是其参谋机构，主要由参加中心的企业代表组成。在整个合作研究过程中，NSF 和 IAB 进行协调、监督和提供咨询。此外，为了保证 I/UCRC 与工业界的联系和实现技术转移，中心还设有专门的学术政策委员会，由大学校长及其他高层领导（如大学教务长、副校长）组成，它为中心提供解决问题的重要决策，如专利许可、推广、使用权以及晋升和任期制等。中心主任直接向大学管理部门负责，在大多数情况下，直接向大学校长负责。

各种研究计划通常分为几个研究项目，这些项目往往由大学教授和在读研究生负责研究。借助项目，这些中心建立了非常有效的合作关系，这种合作充分发挥各种力量的优势：大学提供技能和知识；工业界提供他们对知识和技术的需求方向与参与市场竞争时面临的新挑战。

工业咨询委员会（IAB）是管理 I/UCRC 合作关系的专门机构。它是由工业企业单位的人员组成的咨询委员会，专门为中心的各方面事务提供咨询。从项目的选择到评估，再到战略计划的制定，该委员会在中心发挥着十分重要的作用。值得注意的是，所有成员共同担任着中心的职务。

如果工业界代表直接参与研究，那么 I/UCRC 将拥有更加强大的力量。每个中心一般都有一名首席研究员（通常为教授）和来自工业界的监管者（通常为IAB 指派的一名代表或 IAB 会员公司的工程师）。首席研究员的职责是密切监督学生研究的进展，而来自工业界的监管者通常可以对项目的研究方向产生直接的影响。工业界的广泛参与实现了技术的直接转移，解决了美国工业需求与大学科研成果之间的对接问题。此外，它还极大地提高了美国工业界的自主创新能力。

NSF 也是一个参与者。虽然 NSF 只提供了小部分的资助，但是它对中心的启动起着非常重要的推动作用。NSF 良好的管理机制确保每个 I/UCRC 能够遵循该模式成功运作。NSF 的角色是非常关键的，它使得工业界能够长远地考虑需求，同时监督每个中心的研究质量。NSF 还通过一种特有的评价机制确保高质量研究，评价者分别在质和量上评价工业界与大学之间的合作关系，他们的评价内容包括：（1）研究的质量和影响；（2）大学对合作的满意程度；（3）产业参与者的满意程度。年度评价结果都在中心存档，具体包括研究过程、科研成果、组织问题和财务问题。中心体现高质量的一个重要指标就是学者们在著名期刊杂志上发表的文章和由于研究的创新性成果而获得的奖励。

4. I/UCRC 的工业合作制度

（1）I/UCRC 的工业合作会员制。

一个中心建立后的数月内，一项主要的工作就是中心与大学及技术转移办公室合作建立一个 I/UCRC 成员合同计划。I/UCRC 的工业合作会员制保证了 I/UCRC 工业合作和技术转移的成效。

会员的吸纳是建立在大学与工业界双方自愿的基础上的，工业企业均通过签订会员协议申请成为中心会员，协议的签订与管理都由大学管理部门来负责。一般来说，中心的会员分为两种：普通会员和 VIP 会员。普通会员指的是履行最基本的会员义务的会员企业，而 VIP 会员指的是那些与中心研究项目相关的行业中的龙头企业，这类企业的加盟对中心的发展往往会起到异常重要的作用，因此中心为这类企业提供 VIP 会员的身份以鼓励其加盟。VIP 会员的优惠主要体现在会费上，他们可以每年交少量的年费，如 CBE 的 VIP 会员每年只需要缴纳 1 万美元的会员费。

每个 I/UCRC 根据各自的情况都会制定自己的一套会员协议，但其所包含的几项内容是大同小异的。一份标准的会员协议一般包括以下几方面条款：1）会员定义及会员生效时间等；2）会员的义务，如明确的会员费（标准的会费为每年 3 万美元）、保守机密（会员名录和相应的费用结构）等；3）会员拥有的权利，如获取知识资源的权利等；4）会员的管理条例，如通过 IAB 的方式参与中心的合作管理；5）出版物（由大学政策管理）；6）会员资格的终止（一些中心要求一个两到三年或者更长的会员义务，另有九个月的通知终止期，以防止对于学生资助的不利影响）。

I/UCRC 的会员拥有一些基本的权利和优势，主要有以下几方面：1）企业可从自身的需求出发，与中心共同确定短期和长期研究项目；2）企业可通过中心的信息交流平台及时方便地了解中心的科研进展及阶段性成果；3）企业有权使用中心的实验设施，同时可以使用中心的人才资源，主要是指那些从事项目研究的研究生；4）通过缴纳会费，借助其他公司的投资与联邦和大学的资源，企业的经济效益将大大提高；5）企业有机会与其他的会员企业建立商业上的合作伙伴关系；6）增加员工招募和培训机会，企业可招募中心的学生到自己的公司就职，也可以将公司的员工派遣到中心进行培训；7）会员可提高企业的知名度和信誉，由于知名大学的良好声誉，会员也可通过中心发展更多的客户，同时提高企业的知名度。I/UCRC 会员之间的信息交流十分通畅，分为正式和非正式两种：正式的交流方式主要包括中心的成立大会、中心介绍大会、研究讨论会、会员定期会议、反馈会议和短期课程；非正式的交流方式主要是指大学和企业的人员以个人的形式进行私下交流。

（2）I/UCRC 的 IAB。

所有的中心都设有 IAB，IAB 直接影响 I/UCRC 的管理过程，也直接决定了 ERC 工业合作和技术转移的实施方式及其效果。

IAB 由每个会员企业派一名代表参加，它的职责是提供各方面的咨询，主要包括以下几方面：1）为战略计划、发展提供建议；2）回顾基于战略计划的所有的进展；3）建议改变战略计划、研究、教育活动；4）识别与工业界合作的领域；5）讨论战略计划并基于研究结果提出修改建议；6）检查发明、发现并建议申请专利；7）检查计划和每个研究项目的方向；8）提供研究计划可能需要的资源；9）为工业合作提供场所或组织讨论会；10）进行 I/UCRC 年度 SWOT 分析。

四、简短的结论

产学合作的发展只要以解决问题为根本目的，就可能充满生机和活力。以解决问题为目的，也是各合作方的要求和利益所在。大学、研究机构的科研，其最终目的是解决现实中的问题；教育的目的是培养出可以解决问题的人才；工业界最关心的更是问题的解决。因而，产学合作的发展只有贯串问题解决这一主线，才能够吸引工业界的兴趣、获得政府的支持以及大学的加入，从而完成其三大使命，即所谓"一个中心任务"和"两个共同任务"。

"一个中心任务"是工业合作，即面向工业界的实际需求，展开问题导向的研究。

"两个共同任务"是研究和教育。大学的首要职能是教育，培养具备专业实践能力的科技人才，而产学合作的发展会极大地推动这一目标的实现。大学的另一个重要职能就是进行研究，尤其是对研究型大学而言。传统的大学研究通常是指基础研究，但随着社会的进步和大学的转型，应用研究、技术开发也已成为大学努力的方向。产学合作正为教育和研究构筑重要的基地。

综合来看，工业合作、研究、教育这三者之间是为了解决现实的工业问题而相互联结、发生作用的。为了解决现实的问题，需要政府提供相应的政策引导和支持，如资金支持、知识产权保护等；需要与大学保持密切的联系，因为大学向来是科学研究和智力资源的集中地；需要工业界的参与和合作，因为工业界对于现实的问题非常敏感，并且产学合作也应当为工业发展服务，以提高工业竞争力。解决问题需要投入大量的智力资源，包括大学的教师、学生、研究者，以及工业界的工程师，他们紧密合作，共同解决工业界的复杂问题。在解决问题的过程中，产学合作培养出了满足工业界需要的学生，加速了工程师的成长，产生了新的知识和技术，而新的知识和技术又组成或促进了新学科的发展。

从系统角度看，产学合作系统中输入的是三股力量：政府、工业界和大学的力量；而输出的也是三种产物：产品、科技人才和学术成果。

在系统输入方面：（1）政府的政策支持是产学合作发展的宏观环境因素，政府不仅为产学合作的研究提供了基础，而且为产学合作的发展提供了良好的政策支撑条件等。（2）大学不仅为产学合作提供了丰富的智力资源，而且在产学合作发挥其教育功能的过程中扮演了重要角色。产学合作的运作离不开大学的支持，大学的教育改革也离不开产学合作的创新经验和实践经验。（3）工业界是产学合作的工业合作伙伴，为产学合作提供了各种各样的新问题，并为产学合作提供了发展所需的大量资金。产学合作的正常运作还需要有工业界工程师、研究者、大学教师和学生的参与，他们是产学合作的具体承担者，正是他们的参与才使得产学合作能够实现其三大使命。

在系统输出方面：（1）主要输出是直接面向市场需求的高科技产品与服务，解决工业界的系列技术难题，实现科技成果的市场价值，从而提升国家的整体自主创新水平；（2）输出了一大批适合工业界需要的人才，也促进了工业界工程师的成长；（3）输出的科研成果会以出版物、文章等形式发表，为高校的研究工作作出重大贡献。

总而言之，产学合作的总目标就是：（1）聚焦技术开发研究，将研究重点放在工业发展的需求上，提升整体的技术创新水平；（2）加强大学的工程科学和工程技术研究与工业界之间的联系，通过市场的需求增强大学的科研实力；（3）建立培养人才的良好机制，培养出能够管理工程和技术系统以及能够从事具体研究开发的科技人才。只要我们瞄准目标，在政府、工业界和大学三方共同努力下，建设成功创新型国家指日可待。

（邹晓东　黄陈冲　撰文）

附录：I/UCRC 覆盖的科技领域

电子技术
（1）中心汽车电子研究中心（CAVE）：奥本大学
（2）通信电路与系统研究中心：亚利桑那州立大学、亚利桑那大学、仁斯里尔理工学院、夏威夷大学、俄亥俄州立大学合作
（3）冷却技术研究中心（CTRC）：普度大学

制造业
（4）电子设计中心：匹兹堡大学、马萨诸塞大学、佛罗里达中央大学、弗吉尼亚理工学院、卡耐基梅隆大学合作
（5）激光与等离子体制造研究中心（LAM）：弗吉尼亚大学、密歇根大学、南卫理公会大学合作
（6）精密计量研究中心（CPM）：北卡罗来纳大学
（7）智能汽车研究中心（筹建中）
（8）微粒系统研究中心（筹建中）

材料
（9）高分子复合材料工程中心（CAPCE）：俄亥俄州立大学、佛罗里达州立大学、威斯康星大学合作

续前表

（10）新型表面活性剂研究中心：哥伦比亚大学
（11）绝缘体研究中心（CDS）：材料研究实验室、宾州州立大学合作
（12）陶瓷和复合材料研究中心（CMCC）：拉特格斯大学、新墨西哥大学、宾州州立大学合作
（13）计算材料设计中心（CCMD）：宾州州立大学、佐治亚技术学院合作
（14）光聚作用研究中心（PC）：艾奥瓦大学、科罗拉多大学合作
生物科技
（15）生物分子相互作用技术研究中心（BITC）：新罕布什尔大学
（16）生物催化与生物大分子研究中心（CBBM）：理工大学
（17）林业研究中心（CAF）：俄勒冈州立大学、普度大学合作
基础设施系统
（18）物流配送研究中心（CELDi）：阿肯色大学、俄克拉何马大学、路易斯维尔大学、俄克拉何马州立大学、利哈伊大学、得州科技大学、佛罗里达大学合作
（19）建筑环境研究中心（CBE）：加州大学伯克利分校
（20）建筑物和桥梁修复研究中心（RB2C）：密苏里大学和北卡罗来纳州立大学合作
信息、通信、计算机
（21）网络保护研究中心（CPC）：艾奥瓦州立大学、新泽西技术学院合作
（22）计算机系统试验研究中心（CERCS）：佐治亚技术学院
（23）信息管理研究中心（CMI）：亚利桑那大学
（24）信息技术和组织研究中心（CRITO）：加州大学
（25）软件工程研究中心（SERC）：鲍尔州立大学、普度大学合作
（26）无线互联网技术研究中心（WICAT）：美国纽约理工大学、哥伦比亚大学合作.
（27）高性能重组处理研究中心：佛罗里达大学、乔治华盛顿大学、弗吉尼亚理工学院、杨百翰大学合作
能源与环境
（28）亚利桑那水质研究中心（WQC）：亚利桑那大学、亚利桑那州立大学合作
（29）燃料电池研究中心（CFC）：南卡罗来纳大学
（30）多相输运现象研究中心：密歇根州立大学、塔尔萨大学、佛罗里达中央大学合作
（31）电力系统工程研究中心（PSERC）：康奈尔大学、亚利桑那州立大学、加州大学伯克利分校、卡耐基梅隆大学、科罗拉多矿业学院、佐治亚理工学院、伊利诺伊大学、艾奥瓦州立大学、得州农工大学、华盛顿州立大学、威斯康星大学合作
（32）女王大学环境科学与技术研究中心（QUESTOR）：贝尔法斯特女王大学
制作工艺技术
（33）伯克利传感器与执行器研究中心（BSAC）：加州大学伯克利分校、加州大学戴维斯分校合作
（34）搅拌摩擦处理研究中心（CFSP）：美国南达科他州矿业科技学院、南卡罗来纳大学、杨百翰大学、密苏里大学合作
（35）膜应用科学与技术研究中心（MAST）：科罗拉多大学、辛辛那提大学合作
（36）硅片工程与缺陷科学研究中心（SiWEDS）：北卡罗来纳州立大学、加州大学伯克利分校合作

续前表

健康与安全
（37）健康管理研究中心（CHMR）：华盛顿大学西雅图分校、加州大学伯克利分校、医护管理网络、华盛顿健康基金会合作
（38）安全、搜寻和救援研究中心（SSR—RC）：南佛罗里达大学、明尼苏达大学、卡耐基梅隆大学合作
（39）鉴定技术研究中心（CITeR）：西弗吉尼亚大学
（40）微创技术诊断和治疗研究中心（筹建中）
（41）儿童伤害预防研究中心（C—Chips）：费城儿童医院
（42）视力研究中心（筹建中）
质量、可靠性及维修
（43）无损评价研究中心（CNDE）：艾奥瓦州立大学
（44）智能化维修系统研究中心（IMS）：辛辛那提大学、密歇根大学、密苏里大学合作
系统设计和仿真技术
（45）虚拟试验场仿真——机械与机电系统研究中心：艾奥瓦大学、得州大学奥斯汀分校合作

第3节　基于国际化战略的科技人力资源开发

当今世界，经济全球化程度日益加深，科技进步日新月异，综合国力的竞争愈发激烈。国家竞争力理论指出，知识经济时代国家竞争力的核心影响因素正由显性的经济、价值竞争力转变为隐性的教育、知识资源竞争力。高等教育国际化已经成为培养优秀科技人才、保持和提升国家竞争力的重要战略途径。本节分析这一问题的背景，并从美国、欧洲、日本相关个案的解读中，就如何把握高端科技人力资源的开发途径提供几点建议。

一、高等教育国际化的 HRST 开发内涵

随着高端人力资源在促进国家经济、社会发展中的作用的日益显著，世界各国对高端人才的培养日益重视，纷纷将 HRST 开发的国际化看做是保持和提升国际竞争力优势的重要途径，并制定了各种政策和法律，推动高层次人才的交流和吸引更多的科技人才。在这种国际竞争的形势下，我国的 HRST 开发也需要提升其竞争力，以满足国家、社会以及企业的需求。

我国有着世界上最大规模的 HRST，但是离 HRST 强国还相去甚远，这其中有我国高等教育在 HRST 开发国际化环节上的问题，然而对于优秀生源，特别是对于一流人才吸引力的不足也是造成这一差距的一个重要原因。此外，我国 HRST 开发国际化理念落后，国际化过程中 HRST 交流规模不合理，国际化交流程度亟待加强、形式急需规范，国际化 HRST 开发途径有待提升，这四个问题恰恰都与国际化的内涵相关。

然而，何谓国际化？关于高等教育的国际化，在理论界有不同的见解。代表性观点有：从活动方法这一角度的定义为"与国际研究、国际教育交流和技术合作有关的各种活动、计划和服务"；从能力方法来讲可定义为"一国为成功地参与日益相互依赖的世界作准备的过程。这一过程应该渗透到中学后教育系统的各个方面，促进全球理解，培育有效地生活和工作在多样化世界中的各种技能"；从精神气质方面来看，则侧重于注重和支持跨文化的、国际的视点和在首创性的大学与学院中形成国际化的精神气质和文化氛围，强调的是态度、观念方面的国际化；从过程方法来说，主要是把国际化看成是国际维度或把观念融入高等教育的各主要功能之中的过程，"注入"、"整合"、"渗透"、"结合"等词是描述这种方法特征经常用到的词汇。

但是，在 HRST 开发的实践中，所谓高等教育国际化，不外乎：

（1）教育理念的国际化。

首先，HRST 开发的国际化需要有国际化的教育理念，要用全球视角关注教育的发展。美国高等教育专家、前卡耐基高等教育政策研究理事会主席克拉克·科尔曾明确指出，"我们需要一种超越赠地学院传统的新的高等教育观念"，也就是高等教育要面向世界发展。澳大利亚政府认为"国际教育在澳大利亚的国际关系中占据着越来越重要的地位，能够在其国际关系中扩展经济、文化和人际层面，能够通过更广阔的国际视野丰富其教育培训系统，并拓宽社会维度"。1990 年，澳大利亚教育署在《没有国界和边界的教育》报告中要求国内各高校要把国际化作为自身的组织目标之一，同时要制定相应政策以推进和保证国际化进程的实施。

（2）教育目标、标准的国际化。

教育标准包括人才培养的定位和人才培养的标准两个方面。努力培养适应经济全球化、信息全球化，有国际意识、国际交往和国际竞争能力的人才是教育国际化的最主要目标。美国国会 1996 年通过的《教育国际法》明确指出，美国政府支持开展国际教育和推动高等教育全球化。韩国也提出方针:"造就站立于新世纪的新型韩国人。加强对国外学生、教师的吸纳以及学术方面的交流,培养国际关系方面的专门人才;加强外语教育,将韩国建成世界上的技术主权国和文化输出国;重点支持尖端技术的研究与开发;使大学研究机能世界化;加强对韩国文化的教育和宣传。"在韩国提出的这一目标中,能够明确地看到其高等教育国际化的目标是要获得专门的人才、技术并为其宣传,这些在 HRST 开发国际化的过程中体现得更加明显。

HRST 国际化培养需要采用国际标准认证,一方面能有效地提升 HRST 的培养质量,另一方面也有利于使培养出的 HRST 能得到国外相应学校和机构的认可。国际化的 HRST 质量标准是 HRST 国际化培养效果的保证,也是国际化培养的出路所在,只有使培养的过程和结果达到必要的国际化标准要求,才能在国际化道路上得到更好的发展。

(3) HRST 交流的国际化。

HRST 开发国际化中最重要的部分就是人员的交流,包括学生交流和教师交流两个部分。学生交流即留学生教育,是高等教育最具有代表性的内容之一,因为学生的异地求学是高等教育国际化进程中最持久、最直观也是最重要的形式,留学生是建立和发展国际合作的使者,是交流和传播科技成果的重要力量。派出与接收留学生的规模、层次和质量,从某种意义上说代表着一个国家国际化程度的高低。对于留学生的竞争不仅仅体现在对于留学生市场上利润的追逐上,各国都慢慢意识到留学生特别是博士留学生作为人力资源储备的重要性,纷纷加大政策扶持,吸引优秀留学生的到来。美国在 2001—2002 年间接收的留学生已达 582 996 人,为世界之最;大批的留学生在攻读完学位后留下,为美国提供了丰富的年轻人力资源。教师交流包括教师出国进修、访问学者、到国外应聘等多种形式(CGS,2007)。

(4) 教学方式、途径的国际化。

国际化的教学方式包括语言、教材、课程设置等。国际化的教学内容和课程的实施都需要以在高等学校加强语言教学为基础。因此,在推进高等教育国际化的进程中,加强语言教学是各个国家高等教育国际化迈出的第一步,体现在:一是加强对本国学生进行国际通用语言(通常为英语)的教学;二是加强对留学生进行本国语言的教学(尤碧珍,2006)。国际化的教材和课程设置以培养学生适应国际化、多元化的生活与工作为目的。国际化的教学方式不仅能增加对国外留学生的吸引力，同时也能让国内学生体验国外教学的状况，以及国外教材和教学的特色。

二、美、欧、日的国际化战略实施

（一）美国案例

1. 基于国家战略的研究生 HRST 开发

美国是国际上 HRST 最发达的国家，HRST 开发规模与质量居世界前列。2005 年，美国共有 4.4 万人被授予博士学位；1901—1999 年，美国研究型大学毕业的博士学位拥有者共获得 164 个诺贝尔奖（约占同期诺贝尔奖获得者总数的 1/4）。因此，世界各地的优秀生源纷纷前往美国攻读学位。2005 年，在美留学研究生规模达 26.4 万人，约占全美在校研究生的 17%，在工程和自然科学领域攻读博士学位的留学生规模占在美留学生规模的 40% 以上，这为美国提供了大量的核心科技人力资源储备，成为美国在世界范围内保持其竞争力优势的重要原因（CSEPP，1993）。

2006 年夏，来自美国各地的 225 名研究生院院长来到波士顿，参加美国研究生院委员会（Council of Graduate School）举办的每年一次的研究生院院长夏季研讨会，本次会议的主题就是"研究生教育在保持美国经济竞争力方面的重要性和角色转换问题"。

2007 年，美国研究生院协会发表题为《研究生教育：美国竞争和创新的支柱》的政策报告，呼吁政府和社会各界承认研究生教育在增强国家经济的竞争力和创新力方面所起的重要作用。报告认为，美国保持世界范围内竞争和创新领导者的角色将不再是理所当然的；研究生教育作为美国教育系统内极具活力的一部分，需要突出其在美国国家创新和竞争战略中的角色。该报告建议，在政府、企业和高等教育领导间建立协作关系，以培养一群高学历的劳动人口，并在研究生教育阶段鼓励他们创业；为研究生增加跨学科学习的机会，这些跨学科学习常发生在知识创造的最前沿；通过持续的评估和研究提高研究生教育的质量，并支持具风险的研究项目，为以知识为基础的全球经济准备高度训练有素的专业人员（CGS，2007）。

2. 美国借国际化推动本国 HRST 开发

美国研究生教育本身就是国际化的产物和结果，它是德国大学研究生教育培养模式和英国本科学院模式结合的产物。美国 HRST 开发国际化的历史可以追溯到 19 世纪的美国大学德国化运动。从 20 世纪 50 年代开始，美国教育委员会就提出要促进高等教育的国际化，改变美国大学以往只重视人文知识教育的传统，转而追求德国大学"教学与科研相结合"的理念。在具体实施过程中，美国为保证国际化的顺利开展，于 1966 年制定了《国际教育法》。20 世纪末，美国又颁布了《美国 2000 年教育目标法》。这些法律为美国高等教育、研究生教育的有序开展提供了重要的保证。

美国 HRST 开发的国际化是高等教育国际化的一个重要组成部分。从美国留学生的现状看，HRST 开发的国际化在学生的流动、教职员工的流动、课程的国际化、开展跨国教育交流等方面都得到了体现。特别是高校留学生人数的多寡，反映着一国高等教育国际化的发达程度，HRST 开发的国际化亦是如此。1960—1999 年间，在美国获得博士学位最多的国家和地区分别是：美国（345 939 人）、中国大陆（31 290 人）、印度（23 320 人）、中国台湾地区（20 926 人）。美国教师的国际化程度也相当高，政府资助、民间团体资助以及高校间的交流计划给予教师众多参与国际化交流的机会。进入新世纪以来，美国高校接收的国际学者人数逐年上升，2007—2008 年间达到 106 123 人；中国学者人数达到 23 779 人，占 22.4% 之多；排名紧随其后的五个国家分别是：印度、韩国、日本、德国和加拿大（见表 6—3）。导师队伍的国际化有利于课程设计和开发的国际化，便于建立一套国际化的课程体系，同时也能使美国学生在国内得到国际化观念的教育及培养（Aslanbeigui，et al，1998）。

表 6—3　　　　　美国从事研究与教学工作的国际学者人数统计

时 间	国际学者人数	从事研究性工作的学者人数	从事教学性工作的学者人数	兼任两者的人数
2000—2001	79 651	63 084	8 602	3 983
2001—2002	86 015	66 404	10 064	4 215
2002—2003	84 281	62 537	10 282	5 984
2003—2004	82 905	62 842	11 109	4 891
2004—2005	89 634	65 612	11 921	6 364
2005—2006	96 981	73 124	11 638	7 080
2006—2007	98 239	72 107	11 199	8 154
2007—2008	106 123	75 347	13 159	10 294

　　从外国留学生所选择的研究领域看，学习自然科学、工程技术等学科的学生远远多于学习人文社科的。其中的原因包括文化、观念上的差异，而这些差异对自然科学和工程技术的干扰较少。

　　美国吸引众多留学生的重要原因，是其丰富的教育资源和宽松的就业环境。美国政府和各州政府为大学 HRST 开发提供了大量的资金支持。2004 年的年度报告显示，攻读科学学位和工程学位的 HRST，不论是否为留学生，在经费的分配上自筹部分几乎为零，此外还有机会得到项目名称众多的奖学金。同时，由于美国 HRST 开发被全世界公认为高质量的代表，一旦获得美国的博士学位，在就业上就具备了明显的竞争优势，加上美国就业机会相对较多，每年来自世界各地的博士留学生络绎不绝，人才的集聚效应显著。

　　美国经济以及科学技术的发展在 HRST 开发国际化过程中也受益匪浅。在经济方面，留学生人数的大量增加具有对相关产业和服务的刺激作用，使英语等级能力的培训、招生、签证以及住宿等一系列行业都受益。在科学技术的发展方面，每年获得博士学位的留学生中有很大的一部分选择留在美国，这已经成为美国科学研究可持续发展的不竭动力。

　　美国 HRST 开发国际化的另一特色就是多样化的国际合作交流形式。如今，美国博士生培养的国际化已有设立海外分校、联合培养博士生、合作办学、远程教育等办学模式。美国政府从 1994 年开始花费 1 亿多美元建立了 332 个远程教育试点单位。在美国 HRST 培养使用远程教育过程中，高校开发了大批优秀的课件，课程的种类基本覆盖了美国高校所有的专业。网络的运用使得美国传播自身的价值观变得更加容易，同时世界各地的学生也能通过互联网及时了解本学科专业在国际上的最新发展情况。在科学技术的研究和开发中，美国高校采取国际企业合作、国外学术组织合作等新模式。这些新模式在提升科研人员国际化合作能力的同时，也提升了美国 HRST 开发国际化水平和美国高校的声誉。

（二）欧洲案例

1. 欧洲 HRST 开发的一体化进程

　　在欧洲，1999 年的《博洛尼亚宣言》提出于 2010 年建立欧洲高等教育区，2000 年的"里斯本战略"提出建立欧洲研究区。基于博士生培养的 HRST 开发作为联系这两大区的主要枢纽，必将成为欧洲政府、欧洲的大学以及欧洲大学协会（EUA）之后一系列政策优先考虑的对象。

在推进基于博士生培养的 HRST 开发一体化过程中，欧洲召开了官方层面的博洛尼亚研讨会以及各种学术会议。同时，根据 2003 年欧洲教育部长会议（柏林会议）后的《柏林公报》的精神，欧盟委员会委托欧洲大学协会对欧洲博士生培养的现状进行专项研究，并制定了基于博士生教育的 HRST 开发计划。该计划试图识别那些促成基于博士生培养的 HRST 开发成功的关键环境因素，并鼓励和促进欧洲层面在基于博士生培养的 HRST 开发上的合作。计划到目前为止已完成两个阶段。

计划的第一阶段从 2003 年柏林会议开始到 2005 年《卑尔根公报》发布为止。柏林会议后发布的《柏林公报》首次提出博士生培养是高等教育的第三阶段，人类社会应该将博士生视为"职业生涯早期的研究者"。2005 年 2 月，在萨尔兹堡召开的博洛尼亚会议上首次提出基于博士生培养的 HRST 开发的"十大原则"。这"十大原则"的内容主要涉及博士生培养的若干结论、所面临的挑战以及行动建议。

萨尔兹堡"十大原则"与国际化战略发展相关的内容有：

（1）博士生训练的核心内容是在原创性研究中促进知识的发展，同时博士训练必须满足就业市场日益增加的需求，这一需求并不仅仅来自学术界。

（2）嵌入公共策略和政策：大学作为公共机构，需要承担对博士计划和科研训练的设计要能应对包括合适的职业生涯发展机遇等在内的新挑战这一责任。

（3）多样化的重要性：欧洲范围内博士计划的多样性（包括联合博士学位）是保证质量和形成良好实践的基础。

（4）博士候选人同时也是早期研究者，他们对新知识的创造具有重要贡献，应该认可他们专业人员的地位，并给予相应的权利。

（5）达到一定规模（achieving critical mass）：博士计划应该寻求达到一定规模，并鼓励那些被引进欧洲大学的创新实践，切忌对大小迥异的欧洲国家采取"一刀切"的做法，不同的措施可能适应于不同的环境。博士计划创新实践的范围包括主要大学的研究生院，以及国际、国内和地区性大学间的合作。

（6）增强流动性：博士计划应该寻求地域、学科和部门间的流动性，以及大学间或大学与其他合作伙伴在综合框架内的国际合作。

（7）确保有适当的资助：发展优质博士计划以及博士候选者成功完成学业需

要适当和持续的资助。

随后，欧洲大学协会发表的《构建欧洲知识社会的博士生教育（2003—2005）》为政策制定者和欧洲大学提供了一个相互对话与沟通的机会，该报告向欧洲大学协会的成员以及政策制定者系统地描述了欧洲大学内基于博士生培养的HRST 开发现状。2005 年 5 月，在卑尔根部长级会议上，与会者认为要为博士生提供跨学科训练和可转移性技能开发及学习的机会，让他们能适应更宽广的就业市场的需要。同时，部长们还要求欧洲大学协会以及其他合作伙伴要以"博洛尼亚进程"后续工作组的责任感，在 2007 年的部长级会议上就萨尔兹堡"十大原则"在 HRST 开发方面的发展作进一步汇报。

计划的第二阶段从 2006 年开始。2006 年 12 月在法国尼斯召开的博洛尼亚研讨会得到了 400 多所大学及学术组织的支持。欧洲大学协会在分析"趋势 V"（TRENDS V）调查数据的基础上，通过总结尼斯会议以及其他若干研讨会的结论和成果，于 2007 年发表了题为《欧洲大学的博士生教育：成就与挑战》的研究报告。该报告对 37 个欧洲国家的基于博士生教育的 HRST 开发的组织形式、培养质量的监督机制、博士生的地位等方面的内容作了详尽的介绍，让政府清楚地了解欧洲基于博士生教育的 HRST 开发改革已经取得的成就以及还面临的问题。该研究报告在 2007 年的伦敦会议上被提交给与会的部长们。伦敦会议也是第二阶段基于博士生教育的 HRST 开发计划的结尾。伦敦会议提出扩大欧洲高等教育的范围，建立欧洲教育科研区。会后公布的《伦敦公报》对提升欧洲高等教育核心竞争力提出了若干改革的提议。

2. 欧洲 HRST 开发国际化的新进展

（1）加强基于博士生教育的 HRST 流动。

HRST 开发需要相互间的交流，欧洲许多大学也正在寻求一种交流机制以增强 HRST 的研究经历。HRST 的成功交流需要国际间和部门间亲密的合作与良好的组织，同时，欧盟和 45 个"博洛尼亚进程"成员国要处理好博士生阶段HRST 交流过程中的法律、管理和社会问题，例如签证、工作许可证以及社会安全保障问题。现在欧洲已经实行的交流计划有"玛丽·居里"计划、研究团队的国际合作或者个人的国外阶段性交流等。

对交流计划的支持能增进研究团队之间的联系和合作，也利于促成高质量的联合研究和博士生阶段 HRST 开发计划。欧洲的许多大学已经设计多种计划以支持博士生阶段 HRST 的交流：意大利卡塔尼亚大学按照本国宪法为处在国外交流阶段的博士生额外提供 50%的薪金。荷兰蒂尔堡大学经济和工商管理系内每个部门都有一定比例预算用于博士生的交流或参与国际会议的支出。

HRST 交流不仅发生在国际范围，同时也可以发生在部门间。大学和工业界之间的 HRST 交流就是一个良好的案例。欧洲的一些大学对培养工业的 HRST 已经积累了大量的经验，在那些大学的计划中，HRST 常常参与到工业界的某一项目中去，并同时有两位导师，一位来自大学，一位来自工业界。如英国伦敦大学学院新设立一个工业博士学位，该学位通过学校与工业界建立合作。又如全球生物加工领导者（Global Bioprocess Leadership）HRST 计划，有超过 60 位来自世界各地的工业界专家为该计划提供培养和管理，32 家企业参与该计划，并有超过 140 家企业从该培养计划中受益（Becher, et al, 1994）。

欧洲 HRST 开发的国际间流动和合作促成联合博士学位的产生。欧洲大学内的一些博士计划可以算是联合计划，但是这些计划主要以机构间和国家间的流动与合作为基础，并未实行统一的课程，称其为博士学位的国际化更为恰当。联合博士学位的实行有其特定的标准：相关机构合作产生一份培养和研究的共同计划（课程）以及有关机构对资助模式、责任分配（包括课程、交流安排、质量保证、事先签署）的共同认可。德国慕尼黑大学、爱尔兰都柏林大学以及其他 6 所学校共同参与了一个信息技术创新管理的 HRST 开发计划。该计划以多学科的网络合作和机构间的安排管理为基础，开发了共同的招生制度、质量标准、课程计划，并在两所大学内采取双重监督。博士生学位由国内大学颁发，但作为联合博士学位得到认可。

（2）以多样化的资助方式吸引国外留学生。

欧洲对于博士阶段的 HRST 的资助形式多样，不仅包含国内资助，还包含外部资助形式。萨尔兹堡"十大原则"中明确提出要对博士阶段的 HRST 提供适当且持续的资助，并要将其付诸实施。对博士生的教育和研究训练是博士阶段的 HRST 形成研究生涯的关键时期，而且博士生阶段对于博士生的未来研究生涯是否具有吸引力起着决定性的作用，这就需要政府和学校保证博士生阶段 HRST 的地位，为博士生阶段 HRST 提供适当的激励。

欧洲国家采用的资助机制有多种：有 2/3 国家的资助金实行政府拨款的方式，有近一半的国家选择竞争性奖助金方式，有 1/3 国家的资助机制采用混合型。同时，许多国家基金会、个人基金会以及其他机构（如欧洲科学基金会）也都是博士生阶段 HRST 开发额外的经费资助来源，博士生、研究生院或研究院也能从政府得到特殊的资助。从外部资助看，欧洲国家基本都认可欧盟科研构架计划和欧洲特别计划，其中包括"玛丽·居里"计划、"伊拉斯谟计划"，以及"Tempus"计划这些面向研究人员的计划；北欧国家设有地区性的"NORD-FORSK"计划；此外，中小国家采用"ESF"计划，稍大的国家则采用"Ful-bright"、"DAAD"和"British Council"等资助计划。

总之，欧洲国家对博士生阶段 HRST 资助的渠道、机制及模式是多样的。可以预见的是，由于有更多组织愿意资助博士生阶段 HRST 开发，资助方式的多样化还将增加。这样，协调不同的模式，形成对博士生阶段 HRST 的最佳资助模式，完善系统的博士生阶段 HRST 开发资助体系，将会吸引来自世界各地的博士生阶段 HRST，同时也会提升欧洲 HRST 开发的吸引力。

（3）博士生阶段 HRST 办学模式国际化。

欧洲博士生阶段 HRST 开发国际化办学普遍采取特许经营模式。特许经营是指，欧洲某个国家的博士生培养机构授权其他国家的博士生培养机构以授予学位、开设课程以及资格认证等方式进行合作（许长青等，2008）。特许经营的主要优势在于能使授权者和特许经营者双方都在过程内受益，也能为特许经营者所在国的博士生阶段 HRST 提供多样化的选择，使他们在不出国的情况下接受国外一流的博士生教育。欧洲博士生阶段 HRST 办学模式的另一新进展就是在国外设立分校，这些分校会提供与母校同样质量的教师队伍、课程设置以及学位考核标准。

远程教育和虚拟大学的设立是信息时代 HRST 开发国际化的一种全新模式。欧洲地区的信息技术设备一流，相应的人才储备充足，在开展网络远程教育方面具有得天独厚的硬件、软件条件。2000 年 3 月，欧盟在里斯本召开会议，提出了以信息技术革命为基础的经济发展计划——欧洲电子学习行动计划，该计划需要国家、高校、博士生教育相关机构和组织、网络公司之间有明确的分工和职责分配，通过资源共享，为 HRST 提供最新的科研资讯信息和及时的咨询反馈。欧洲在连接英国、法国、比利时等国国际化远程教育网络后，整合学术资源，开展教学活动，传播知识和技能。

新型的 HRST 开发国际化办学模式不仅提升了国际化输出国的文化意识和品牌，同时也提高了国际化输入国的 HRST 开发质量。欧洲 HRST 开发国际化办学模式的不断创新为 HRST 开发国际化的开展提供了良好的突破口，同时也通过这一过程达到了整合欧洲各国 HRST 开发资源、提升区域竞争力的目的。

（三）日本案例

日本研究生教育的国际化战略主要是为了提升科技创新能力，以此来增强国家的国际竞争力。日本大学发表的国际论文引用率不断提高，以 2001 年至 2005 年期间为例，有 3 所日本大学的排名位列世界前 30 名，分别是京都大学、大阪大学、东京大学。特别是在单项学科实力的排名中，日本大学表现得更为突出：东京大学化学学科排名全球第四，京都大学则位列全球第二；东北大学材料化学世界排名第二，大阪大学则为第五；东京大学物理学科更是位居全球第一。

为进一步保持并扩大日本现有的国际化水平，推进国际化战略的深层次发展，日本政府调整了科技发展战略，同时改革大学现有研究生教育国际化体制。就科技政策而言，日本政府强调四个方面：一是增加科研人员数量，提高科研人员水平，调动科研人员的创造性；二是提高基础研究水平，强化技术创新与科技成果转化能力；三是围绕国家利益与目标，对一些战略性的科技领域进行集中投入；四是促进科技领域的国际合作（赵庆典，2008）。

大学内的研究生教育作为科研的重要力量一直得到日本政府的大力支持。为应对全球化带来的日益严峻的挑战，日本的公立和私立大学都在重新审视与调整自己学校及研究生教育的国际化发展战略，纷纷把提高学校的科技创新能力放在突出位置，表现出一些新的进展和动向。具体的国际化战略规划包括：

（1）国际化道路紧跟国家科技发展战略趋向。过去，日本大学的科研形式主要以教师的自由与合作探索为主，完全以研究者个人兴趣为导向。近来，日本政府逐渐将竞争机制引入大学，减少科研拨款，增加竞争性研究经费，设立了 21 世纪重点科研基地（COE）工程项目，从而更加有利于国家政策对科技发展发挥引导作用。

（2）学校强化办学特色，形成自身竞争优势。为提高学校研究生教育的竞争优势，日本各大学十分重视依据自身情况并与比较优势相结合，以此规划本校国际化和研究生教育国际化的工作与任务。

（3）重视科技创新能力，积极参与社会服务。日本政府在科技政策的制定与法人化相关改革的过程中，一直强调大学和研究生教育应为国家与社会的发展服务的思想理念；而大学为了自身的发展，也逐渐主动地根据国家与社会的需要调整自身的战略规划，提升对科技创新服务社会的认识和重视程度，加强产学研合作。

（4）项目交流与合作，加大科研国际化。在日本政府的大力支持和推动下，日本大学特别是著名大学非常注重国际化办学和科研合作国际化。早稻田大学以达到国际一流的科研水平、从全球吸引一流人才为办学理念。立命馆大学设立科研国际化项目，积极鼓励师生在国际刊物上发表高水平的科研成果，同时构建一流的国际科研网络与平台；此外，立命馆大学设立博士后项目，为科研人员提供丰厚的待遇，吸引世界各地优秀的博士学位获得者及科研人员。

三、几点建议

1. 进一步提高国际化战略意识

当今世界经济、科技的竞争，从根本上而言都转化为对人才的竞争。人力资源已成为最重要的战略资源。应当根据本国高等教育在 HRST 开发及其国际化发展方面的现状，建立并完善 HRST 开发国际化相关法律体系，为高等教育在 HRST 开发的国际化发展上提供法律支持，以此发挥国家的引导作用。

当前，我国的 HRST 开发国际化虽已得到一定程度的重视和支持，但尚未发挥其吸引和造就一流人才、提高 HRST 开发创新力等作用，国际化合作也多以学术性研究为主，对于高等教育国际化战略发展的研究和探讨还比较缺乏，有必要将 HRST 开发的国际化提升至国家战略发展的高度去认识和实践。

2. 多方合作，共同努力

构建系统的 HRST 开发国际化体系，开展相关高水平的国际化实践，这些都不是政府、科研机构和大学以及 HRST 开发相关协会与组织中的任何一家所能单独完成的，而是需要三者的共同努力。

政府通过目标的制定、经费的调配，引导 HRST 开发相关协会和组织开展合作，扩大研究和学术国际交流，开拓合作项目，增加合作与交流的频率，为HRST 开发的国际化服务。学校在政府的支持和资金支撑下，结合自身学科特点，可以建立国际化平台，在国外设立研究机构，创新 HRST 开发国际化实践。只有多方共同努力，才能有效地将 HRST 开发国际化战略发展落到实处。

3. 提升研究生地位和待遇，吸引优秀人才

对博士阶段 HRST 的地位以及待遇的保证，不仅是高等教育机构的责任，也需要政府、学校乃至社会的共同努力。当前，我国博士阶段人才流失的现象非常明显，其中重要的原因就是在国内攻读博士学位的地位和待遇相对较差。博士阶段的 HRST 群体由于其价值一般不能在短时间内得到体现，因此往往得不到应有的重视。为改变其地位，可将他们作为职业生涯早期的研究者对待，提供相应的医疗保障、社会保险，保障其应有的社会权益。

一直以来，我国博士教育国际化多被理解成将博士送到国外学习和交流，但同样重要的是吸引国外留学生，这就是要把 HRST 开发放到国际竞争中去。地位和待遇问题不能解决，只会加剧人才向外的单向流动，无法达到提升我国国家竞争力的目的。

4. 创新国际合作与交流模式

进入新世纪以来，我国博士阶段 HRST 开发领域内的国际化合作与交流项目越来越多，我国已成为博士阶段 HRST 开发国际化的大国，国内外院校之间博士阶段 HRST 开发的合作科研、合作办学、学术交往发展迅速。但是当前我国博士阶段的 HRST 开发国际化的模式还相对简单，博士阶段 HRST 的留学项目、学者互访，博士阶段的 HRST 联合培养、中外合作办学等模式，还只停留在国际化中的较低层次。上文列述的国际远程教育、在国内建立国际化人才培育基地、在国外设立独立的跨国科研机构、多方联合博士学位、与工业界跨国合作教学等，都是可以借鉴和学习的。

目前，我国的博士已经越来越多地不再从事纯学术岗位的工作。在这种情况下，打通博士阶段的 HRST 与国际工业界合作与交流的渠道、创新该培养模式不失为一种有益的尝试和选择。美国 MIT 早在 80 年前就设立了实践化工工程师计划；英国也在 1992 年设立了工业博士计划，其博士阶段的 HRST 培养目标明确为研究工程师。这种模式的国际合作和交流如果成功，必将极大地提高我国 HRST 能力建设的水平。

5. 拓展资助渠道，完善资助体系

美国对于博士阶段的 HRST 提供的奖学金数量众多，因此每年吸引世界各地的博士留学生到美国学习交流。我国为留学生设立了中国政府留学奖学金、中国政府长城奖学金等奖学金项目，其余资助形式还包括贷款、"三助"，但资助渠

道还是相对单一、金额偏低，难以起到激励作用。建议我国在增加国家奖学金项目的同时，完善学校奖学金和工业界奖学金种类；学校则采取积极的政策，奖励那些取得优秀研究成果和学习成绩的本国及外国的学生；工业界也可以与学校合作设立相应的奖学金项目，吸引留学生到我国的企业实习、工作。

6. 调整和改革课程设置

信息化时代科技发展日新月异，经济全球化的步伐加快，学科发展速度也得到提升，交叉学科兴起，新兴学科出现，这些都要求我国 HRST 开发改变现有的课程设置模式，在教材和教学中增加前沿性内容。HRST 课程国际化的设置要注重对 HRST 的创新能力、知识前沿性的培养，要注重使课程的设计能及时反映国际上最新的研究动态和研究手段，用 seminar 和/或 project 代替部分课程教学。

7. 抢占前沿，跨越发展

2007 年，在加拿大班芙（Banff）召开了一次与研究生教育相关的国际会议，来自美国、加拿大、欧洲、澳大利亚和中国的高等教育领导达成了一项 Banff 共识。

Banff 共识认为，研究生教育（包括硕士生教育计划和 HRST 开发计划两种）是创造知识型经济的关键。研究生教育正在向国际化转型，Banff 会议是各国开展国际合作、分享研究生教育中最佳实践的重要一步。Banff 会议是 HRST 开发大规模国际合作与交流的开端，会议的焦点是为硕士及博士教育、共同学位、第二学位，以及其他国际合作的最佳实践创造机会。会议提出了当前研究生教育面临的问题与挑战，例如：需要国际对话，利益相关者并购如雇主和政策制定者，促进国际顶尖人才的流动，以及认识到研究生教育是地区和国家经济的驱动力。

在 Banff 共识九项原则中，与国际化发展有关的即有：

- 尊重通向我们共同目标的不同计划和不同的实施方式，并从中学习；
- 在研究生中培养针对全球事业的能力和意识；
- 在国与国之间促进大学间高质量的合作；
- 回顾和推断研究生以及博士后国际化的流动；
- 鼓励利益相关者、雇主、政策制定者以及大学促进和发展国际环境下的研究生教育；

● 建立一个便于探讨研究生教育中最佳实践的国际平台。

在 Banff 会议以前，研究生教育国际化合作的种种研究和实践，更多的是在学校层面推动的，而 Banff 会议提出了国家与国家之间的研究生教育的合作，以及合力打造研究生教育最佳实践的国际平台。会议的讨论与成果为我们展望了高端科技人力资源开发的前景，也为国际化战略实施提供了跨越发展的方向。

（项杨雪　韩　勤　撰文）

第 4 节　基于大学联盟的科技人力资源开发

20 世纪 90 年代末以来，联盟与合作已成为组织变革中的一个重要趋势。人们普遍认为，当今的时代是一个联盟的时代，基于单干的竞争已经演变成了基于合作的竞争。联盟从经济领域进入高等教育领域，使大学之间的竞争方式发生了根本变化。大学联盟是指在两个或两个以上的高等学校之间（或高校与其他特定组织、机构之间），围绕某一共同的战略目标，通过协议或联合组织等方式建立起来的互为补充、互相衔接的一种相互合作的联合体。其目的是增强高等学校的核心能力和长期竞争优势，在实现联盟战略目标的同时实现各个高校的战略目标。鉴于当今世界各国的竞争本质上是人才的竞争，大力开发科技人力资源，造就符合创新型国家建设需求的科技人才，正是各国高等学校的重要职责。因此，大学联盟成为科技人力资源能力建设的一项极有价值的战略选择。

本节借助美国 CIC 大学联盟、德国 TU9 联盟、法国巴黎高科等联盟实例，讨论该创新模式的结构和运行机制，揭示该战略实施对科技人力资源开发的作用和意义。

一、美国 CIC 大学联盟

参与美国 C1C（committee on institutional cooperation，CIC）大学联盟的12 所大学都是研究型大学，它们各自拥有较大的在校生规模、雄厚的师资力量、强大的科研实力和较高层次的学术水平。这12 所大学结成的联盟致力于发现和解决大学发展中的共同问题。联盟的形成与发展，不仅打造了世界级名校，而且对地区经济和社会发展作出了重大贡献。正如密歇根大学前校长詹姆斯·杜德斯达特（James Duderstadt）所说："这是非同寻常的、独一无二的联盟，会集了世界顶尖级的研究型大学。与加州大学系统、常春藤盟校、牛津、剑桥和其他欧洲、亚洲大学的合作相比，这 12 所大学开展更多的研究，培养更多的科学家、工程师、医生、律师。"

1. CIC 合作概况

CIC 大学联盟成立于 1958 年，由 12 所大学组成，分布在美国中西部 8 个州，包括芝加哥大学（University of Chicago）、伊利诺伊大学（University of Illinois）、密歇根大学（University of Michigan）、明尼苏达大学（University of Minnesota）、西北大学（Northwestern University）、普度大学（Purdue University）、威斯康星—麦迪森大学（University of Wisconsin-Madison）、印第安纳大学（Indiana University）、艾奥瓦大学（University of Iowa）、俄亥俄州立大学（Ohio State University）、密歇根州立大学（Michigan State University）和宾州州立大学（Penn State University）。

CIC 大学联盟的目的是致力于提高学术水平，促进资源共享合作。CIC 的工作哲学是帮助成员大学向深度发展，开发自己的强势领域，形成强强联合。该联盟主要本着以下基本原则来加强高校之间的合作：

（1）自愿合作。每个成员大学提名 1 名代表加入校际合作负责委员会（CIC Provost），并定期召开会议。这种自愿性合作方式，不仅有助于联盟采取有效和统一的行动，同时也保留了参与合作的各机构的自主权和个性。

（2）共享资源。CIC 成员通过沟通，避免重复设置课程和购置物资设备。在联盟中，无任何成员在孤军奋战。

（3）共同发展。联盟大学的合作对于教育发展的推动作用，远远胜于单一大学单独行动所起的作用。

2. CIC 的管理体系

12 所大学联盟成立校际合作负责委员会（CIC Provost），负责领导、指挥、协调活动和计划。联盟每年都要召开会议，制定 CIC 方针和程序，讨论和评估现有计划，提出新的倡议，解决共同关注的问题。有常设机构 CIC，负责处理日常事务。在 CIC 的帮助下，各大学成员组成了不同的组织团体，广泛开展专项的交流与合作。

CIC 的组织结构呈扁平化，有利于加速组织内部信息的传播、知识的分享，有利于教学创新、科研创新和管理创新。一言以蔽之，这一组织结构有利于达成知识共享、实现联盟目的。

3. 内部合作形式

从 1958 年开始，CIC 成员大学在广泛的领域内合作，所开展的合作项目主要分为三大类：扩大和共享资源；提供教师和管理人员培训；分享计划和课程。其中，第三类合作项目的内容包括：

（1）学者交流计划。

1963 年，CIC 启动了学者交流计划，成员学校的博士生可以利用其他学校的教育资源进行学习研究。通过该计划，每个学校的综合实力和学生素质都得到了提高。

（2）校园间在线课程共享。

自 2005 年 12 月起，CIC 建立了成员学校间的在线课程共享计划。该计划实现了成员学校之间学生的注册和学分转换，进一步加强了学校之间的联系与合作。

二、德国 TU9 联盟

TU9 是在工程技术和自然科学专业领域里最富传统的 9 所德国高校的联合体，在德国国内外均享有崇高的威望。创建于 2003 年的 TU9，最初是一个非正式的德国校长讨论会。2006 年 1 月 26 日，9 所成员学校联合起来成立了一个协会，并于 2006 年 6 月在柏林设立了办事处。TU9 联盟的成员有：亚琛工业大学（RWTH Aachen，1870）、柏林工业大学（TU Berlin，1821）、布伦瑞克工业大学（TU Braunschweig，1862）、达姆施塔特工业大学（TU Darmstadt，1836）、德累斯顿工业大学（TU Dresden，1828）、汉诺威大学（Leibniz Universität Hannover，1831）、卡尔斯鲁厄大学（Universität Karlsruhe（TH），1825）、慕尼黑工业大学（TU München，1827）、斯图加特大学（Universität Stuttgart，1829）。

1. TU9 联盟概况

这 9 所大学都有悠久的传统，均成立于德国工业革命前后，对德国工程技术和工程教育的发展产生了极大的影响，并在国内外大学中享有极好声誉。在过去两百年里，这 9 所大学的科学潜力、学科跨度和学生数量都在持续增长。这些共同点构成了它们组成大学联盟 TU9 的基础。以 9 所最富工科实力的院校为基础，TU9 旨在加强工程和自然科学方面的知识与研究，促进德国工科院校的战略合作，并促进各校科学和工程的发展，同时还特别致力于推动社会大众对于科技的积极态度。该联盟在相互沟通的基础上制定大学教育政策，鼓励成员学校不仅要与联邦政府、科研机构和德国国内大学进行战略合作，还要加强与工商业组织和国外大学的合作，以不断提升德国科技在国际上的地位。

在由德国政府主持的卓越创新计划中，TU9 连续两次获得了成功，一共有 7 个研究院和 11 个卓越学科群在 TU9 成立。除了卓越的研究水平外，TU9 在教学水平上也享有很高的声誉。在工科方面的领先地位和强大的自然科学实力，确保了这些学校的学生能够接受卓越的科学训练和职业规划。在德国，56％的有大学文凭的工程师毕业于 TU9，10％的学生在 TU9 求学深造。

这个联盟并没有很正式的内部合作机制。它通过举办科学活动和召开校长会议来加强沟通与交流，促进各成员学校在国内和国际合作，在新的学习项目的开发上相互合作，并致力于欧洲高等教育质量保障体系在世界范围内的推广。在其组织结构中提到，TU9 扮演的角色是：

- 便利各成员学校之间的合作；
- 加强与新闻媒体和公众的关系；
- 保持与政府、工商业和社会的联系；
- 进一步拓展 TU9 的国际市场。

由此可见，这个联盟发挥的是宏观上的协调作用，各个成员学校相对比较独立。然而，这些学校又具有下述若干共同之处，正是这些共同点构成了它们的合作基础。

2. 课程设置

德国高等教育属于联邦体制，高校具有很大的自主权，这些因素决定了不由联邦或州主管部门制定学科和专业目录，而是由各个高校自己决定开设具体专业。TU9 中的 9 所学校都是德国享誉海内外的老牌工科院校，都拥有高质量的课程设置，这是其最大的共同点。

这 9 所工业大学的课程设置主要基于工程科学和自然科学。以亚琛工业大学为例，该校现共有9个学院，分别是：数学、计算机科学和自然科学学院，建筑学院，土木工程学院，机械工程学院，土地资源与材料工程学院，电气工程与信息技术学院，人文学院，经济学院，医学院。从其学院分布上来看，2/3的专业是理工科方向的，其科目几乎覆盖了所有老牌大学可以提供的专业。学校有50％的学生选择技术工程专业，18％左右的学生选择理科专业。其他8所学校也都一样。9所学校在课程设置上的相似性以及在工程科学和自然科学上的强大实力是这一联盟的最根本基础。根据2007年《焦点》周刊的调查显示，这9所学校很多专业在排名上均居前列。表6—4给出了2007年《焦点》周刊对德国大学专业的排名。

表6—4　　　　　　　　　　TU9成员学校部分专业在德国的排名

电子技术	机械制造	土木工程
1. 慕尼黑工大	1. 亚琛工大	1 斯图加特大学
2. 德累斯顿工大	2. 斯图加特大学	2. 卡尔斯鲁厄大学
3. 亚琛工大	3. 慕尼黑工大	3. 慕尼黑工大
4. 斯图加特大学	4. 达姆施塔特工大	4. 亚琛工大
5. 达姆施塔特工大	5. 卡尔斯鲁厄大学	5. 布伦瑞克工大
6. 卡尔斯鲁厄大学	6. 柏林工大	
7. 布伦瑞克工大	7. 德累斯顿工大	
8. 柏林工大	10. 汉诺威大学	
经济工程学	经济信息学	化学
1. 亚琛工大	1. 达姆施塔特工大	1. 亚琛工大
2. 卡尔斯鲁厄大学	2. 亚琛工大	2. 慕尼黑工大
3. 达姆施塔特工大	5. 慕尼黑工大	
4. 慕尼黑工大	6. 斯图加特大学	
5. 斯图加特大学	8. 卡尔斯鲁厄大学	
6. 德累斯顿工大	10. 德累斯顿工大	
8. 柏林工大		

从表6—4可见，在电子技术和机械制造两个专业中，TU9占据了前十名中的八个席位；其中电子技术、机械制造、土木工程和经济工程学专业的前五名均为TU9的成员学校。这些都表明TU9的成员学校在工程专业上的强劲实力，也因此构成了它们建立联盟的根本基础。

高等学校实行联盟最为主要的目标，是弥补高校原有的战略缺口和增强自身的核心能力。如果联盟的核心能力与本校的核心能力雷同，往往造成联盟后虽然高校的规模扩大了，但其总体实力反而变弱了的局面，核心能力的雷同和内部整合的缺乏最终会导致联盟的失败。TU9 的各个成员学校虽然都以其在工程科学和自然科学方向上的强大优势著称，然而每所学校的强项专业又有所差异。从表 6—4 中我们也可以看出：每所学校都有自己的专业强项，例如慕尼黑工业大学在电子技术专业上是全德第一的，而亚琛工业大学则在机械制造、经济工程学和化学专业上位列第一。这就为各个学校核心能力的互补提供了保证，使得各个学校在已有专业强项的基础上，通过联盟内部的知识共享和相互学习，不断提升学校的综合实力，这一点也确保了联盟的成功发展。

"博洛尼亚进程"中欧洲学分转换系统（European Credit Transfer System，ECTS）的引入，进一步促进了高校间学生的流动性。TU9 成员学校之间相互承认对方学校的学分，也就是说学生的学分可在合作高校之间实现相互认可与换算。它表明合作高校的学生不仅可以通过学习本校的课程来获得相应学分，也可以通过学习联盟中其他院校提供的相关课程来获得所需学分。只要所修课程成绩合格，学生所取得的学分就可在合作院校间被认可。这就意味着学生可以根据自己的爱好或学校的专业强项选择在不同学校修读不同科目，这样不仅可以不断提高学生的专业素养，同时也提升了学校的学科实力。实行学分互换不仅可以扩大学生跨学科、跨校学习的范围，也便利了高校之间学生的转专业、转校等学籍手续，从而能促进高校间教学联盟与合作。TU9 承认成员学校的学士学位，学生可以在其中一所学校获得学士学位后，转入另一所学校攻读硕士或者博士学位。

虽然这些学校的学科设置均以工程科学和自然科学为主，但学校同样致力于提高经济学、人文和社会科学类的相关课程。这些课程作为培养工程师的辅助课程，扩大了工科学生的知识面，并大大加强了他们的人文素养。学生也可以把这些课程作为独立的专业课程来学习，也就是说，这些工科院校已不再只局限于理工科专业，而是向综合性大学迈进了一大步。

科学的学习意味着跨越学科界限，而不同学科间的合作往往引发创新。这 9 所学校都要求其学生学习主修专业之外的其他学科。随着新的学士（多为 6 学期）和硕士（多为 4 学期）两阶段的学制与学位制度取代传统初级学位并逐渐普及，这些学校不断引进很多新的课程，如工业工程、多媒体学习、计算机科学和生物技术等，而这些新的课程都建立在跨学科的基础之上。TU9 非常重视学科的交叉与融合，为学生提供综合的知识背景，重视学生的个性化选择，由学生掌握自主选课权，使学生能够在充分考虑自身个性和兴趣的基础上构建自身的知识结构，发展创造性，提高创新能力。

3. 国际拓展

作为研究型大学，这9所学校也是高度国际化的，与世界范围内的大学进行着紧密的战略合作，这使得专家和研究的充分交流成为可能。在过去20年里，随着教育的国际化，这9所大学已经系统地建立了到国外学习的制度和留学生课程。

双学位计划是指学生除了获得自己学校的学位外，还可以获得国外学校的学位。例如柏林工业大学，它与国外的合作大学一起提供了15个双学位的学习计划。这9所大学认为，在经济全球化时代，国外的工作经验对很多学生来说将是必需的。现在，这些学校有将近1/3的学生在国外完成他们的部分学业。学士和硕士学位的双轨制的引入为跨国界的交流学习创造了极好的条件；欧洲的学分转换系统承认在国外大学获得的学分，更进一步便利了国际高校间的战略合作。在不同环境下学习，不仅可以增加学生的专业知识，还可以锻炼他们的工作能力，为他们以后的职业生涯做好铺垫。同时，这些学校还非常注重吸引国际上的出色学生来校学习，增进合作，它们的留学生比例均高于德国其他学校的平均水平。这些学校还都设有一个留学生办公室（International Office），为留学生提供各种咨询服务和帮助。除学生外，大量的科学家和教师团队也经常去这些学校交流访问。这些都突出表现了它们的国际化特色。

4. 实践导向

TU9在注重教学和研究的同时，也非常重视学生的实践训练，主要有如下具体的措施：第一，学生在专业学习阶段必须完成两个较大的带有研究性质的课程设计。课程设计的题目事先公布，学生自己选择。第二，德国大学生在做毕业论文之前，还必须在与其专业对口的企业参加半年至一年的生产实习。实习结束后，学生要写出实习报告，实习单位对此给出鉴定，交给学校审查。实习完成的情况和实习报告通过与否，决定了学生能否参加毕业考试。第三，习题课、讨论课、实验课的课时较多，约占课程总学时的30%。

这些学校与大中型企业之间的密切合作，极好地反映出学校的研究和教学是以实践为导向的，这使得学生在学习期间就可以获得在工业界的实践经验，并与他们以后的职业建立起连接，为学生的职业规划创造了极好的条件。例如，亚琛工业大学有13个合作研究中心，其中的研究项目向学生开放，使得他们在早期就能获得有价值的实践经验。

除教学上的实践导向外，这些学校还从事面向职业实践的研究和开发：一是实践导向的，解决来自企业，特别是中小企业的急需解决的生产技术问题；二是应用导向的，完成与知识和工艺紧密相关的创新型产品与方法的开发，以及与技术和工艺紧密相关的研究成果的转化任务，其重点主要集中在工艺领域。研究领域的实践和应用导向，大大加强了对学生实践能力的训练，同时也为他们以后的工作提供了很好的基础知识和实践经验。

5. 充裕的资金

资金对于现代大学的发展来说至关重要。根据联邦统计局的资料，2005 年，TU9 吸引的外资在德国 383 所高等大学和院校吸引外资总额中占了 20％。在最高外资引入大学排名中，TU9 中的七所大学排在前十名（不包括医疗设施）。2006 年，卡尔斯鲁厄大学和慕尼黑工业大学成为德国首批三所"创新概念"大学之中的两所，每年获得政府补贴超过 10 亿欧元的科研经费。柏林工业大学获得了将近五分之一的第三方资助，这些是除去联邦国家资助外，学校从公共和私人机构得到的资金。充裕的资金支持为这些学校开展新的研究合作项目提供了保障，是这一联盟合作的关键因素。

三、法国巴黎高科（ParisTech）

1. ParisTech 概况

成立于 1991 年的 ParisTech 是由 12 所法国最有威望的工科院校组成的一个大学联盟。成员学校之间的合作得到了很好的发展，尤其是在国际项目合作上。联盟成员学校现为：国立路桥学校（ENPC，1747）、国立高等工艺制造学校（ENSAM，1780）、国立高等巴黎矿业学校（ENSMP，1783）、巴黎综合理工学院（EP，1794）、国立高等电信学校（ENST，1878）、工业物理和化学大学校（ESPCI，1882）、国立高等农业工程学校（ENGREF，1893）、国立巴黎高等化工学校（ENSCP，1896）、国立高等统计和经济管理学校（ENSAE，1942）、国立高等先进技术学校（ENSTA，1970）、巴黎高科生命食品及环境科学学校（Agro ParisTech，2007）、高等光学学校（SupOptique，1920）。

ParisTech 成立的目的在于：（1）提高联盟成员学校文凭的声望，使之具备与国外同等文凭相同的价值；（2）促使联盟成员学校的工程师培养质量和水平得到国外企业的认可；（3）综合发挥联盟成员学校的优势，协调学校间的活动并促进对外合作与交流；（4）实现联盟学校间的综合协调、资源共享、优势互补，形成富有法国特色的工程教育网络。

卓越的课程体系是 ParisTech 的合作基础。成员学校都设有顶级的工程硕士、科学硕士和博士学位，课程几乎覆盖了科学与工程的所有领域，学生拥有广泛而坚实的工程科学基础知识。同时，各校也注重培养学生的商业技能，使其能够有效地融入商业世界中。

ParisTech 的三条合作原则是：

- 致力于世界范围内的知识共享；
- 通过 12 所学校教师的共同努力，促进教育方法的发展；
- 激励新知识和通信技术的使用，促进成员学校的教学和教育创新。

2. ParisTech 的管理体系

ParisTech 是一个非营利组织，由专门委员会管理联盟的日常事务。每个成员学校选派一人（一般都是学校的主管）组成委员会，并在其中选举主席和副主席。其中，主席负责主持各个合作项目的运作，副主席负责联盟日常事务。另外，还有固定的工作人员负责国际化项目的运作。

ParisTech 在各个领域皆设有专门委员会，如教育委员会、研究委员会等（见图 6—2）。每个专门委员会都集合了各个成员学校在该领域的负责人，他们向专门委员会提出战略行动纲领，并协调成员学校在该领域的活动，充当了智囊团的角色。

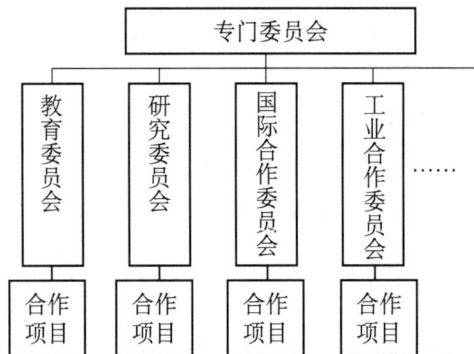

图 6—2　ParisTech 的组织架构图

3. ParisTech 的合作关系

法国是一个以科学发现和高技术工业闻名的国家，在物理、化学、医学、经济学和文学五大领域获得过 46 项诺贝尔奖，在数学领域获得过 6 项费尔兹奖。同时，法国还有很多世界知名企业，这为学校与企业间的合作提供了条件。

ParisTech 的每个成员学校都在不同领域有突出的成就，它们在教学与科研领域优势互补，其课程几乎覆盖了工程科学与技术的各个方面。强大的师资力量与完整的课程设置赋予了 ParisTech 世界一流大学联盟的规模与地位，并使其成为世界各著名大学的重要合作伙伴。得益于良好的合作关系与组织结构，ParisTech 为工程专业的学生提供了一流的教育，用最好的课程来吸引最优秀的学生。各个成员学校以独立或合作开课的方式，设立了完整的、高水平的科学与技术核心课程。工程硕士、科学硕士、MBA、博士学位以及继续教育，都是 ParisTech 的招牌学位或课程教育。

ParisTech 之所以有很高的教学质量，归因于它的教学理念和教学方法。在教学理念上，ParisTech 重视核心课程的基础知识，把数学和计算机科学视为未来工程师的基本工具；重视基于研究方法和研究工具应用的跨学科学习，使未来的工程师能够把握技术的变革；全面引入经济学、管理学和人际关系知识；将英语以外的第二外语归入必修课程。在师资力量上，ParisTech 有灵活且多样的教师队伍：除了终身教师外，还有客座教师和访问学者，他们主要来自工业界，从而保证教育紧跟工业界的发展，提高学生的学习效率，并让学生认识专业化的工程世界。综合而灵活的教学形式主要有讲座、小组讨论、案例学习、个人或团队项目等。由于学生数量有限，大量的一对一辅导得以实现。2003 年 11 月，ParisTech 成员学校之间还构建了一个网上开放课程，把各个学校的一系列教学资源放在网上实现资源共享。

除了内部成员学校之间的密切合作外，ParisTech 还积极开展与企业和国际组织的交流与合作。与企业的合作主要体现在教育和研究两个方面。在教育方面，通过 ParisTech 这个联盟平台，很多职业工程师都积极参加成员学校的教学活动。一般说来，终身教授担任更偏重于理论和原理的课程老师，而职业工程师则担任更偏重于技术的课程老师。除教学工作外，这些职业工程师还花大量时间组织学术讨论会，允许相关领域的学生参加，这就给学生提供了把学术知识应用到工业实践中去的机会。工程师们还参与界定联盟的课程目标和描绘未来工程师的技能，参与课程设置，并为学生提供国际项目或实习机会。

在研究方面，ParisTech 的研究涉及很多高科技和横向领域，这些领域都影响到工业和服务公司的活动，包括能源、原材料、土地规划和环境、交通、信息和通信技术、软件和复杂的系统工程、先进材料、光学、物理学和生物技术。此外，ParisTech 在经济、管理和社会领域的实验室首次提出了与创新和技术风险管理相关的问题，这些都是商业发展的关键问题。ParisTech 还研究合同与技术转让，吸引企业对研究项目提供资助。在国际合作方面，ParisTech 也有着悠久的历史，现与中国、巴西、俄罗斯等国都有联合培养项目和交流计划。

四、大学联盟的运作模型

理工科教育作为科技人力资源开发的主渠道，在教学资源有限的条件下，需要相关人员相互协作，整合资源，培养出具有全球胜任力和国际竞争力的科技人力资源。然而，简单地构建一个大学联盟难以达到科技人力资源开发的目标，它需要所有工程教育利益相关者团结在一起，优化大学联盟的内部运作环境和外部支撑体系。通过对上述几个大学联盟的考察分析，我们提出一个面向科技人力资源开发的大学联盟运作模型，如图 6—3 所示。

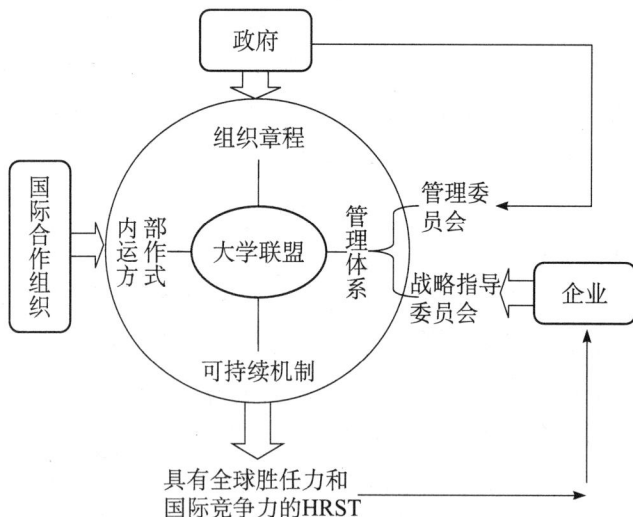

图6—3 大学联盟运作模型

模型的核心要素包括组织章程、管理体系、内部运作方式和可持续机制四个方面。具体而言，也就是通过明确、具体的组织章程，在成员学校之间达成一致的目标、工作方针、组织形式和合作方式；通过设置负责实际运作和管理监督的专门机构，制定整个联盟的目标、政策和规划，并对实际运行情况进行管理和监督，推进联盟长期的可持续的发展；通过互选课程、教师互聘、学生交流和资源共享等合作方式，整合各个学校的教学资源，提高办学效益，为培养更多高质量的科技人力资源提供基础。

在整合核心要素之后，还需要发挥政府、企业和国际合作组织的力量，营造良好的科研氛围，形成激励科学与技术研究和创新的宏微观环境，从各个维度推动科技人力资源的开发。政府提供配套的政策支持和财政资助；企业作为创新的主体，应该大力加强对研究开发的投入，展开与大学联盟的多种合作，如在职工程师的继续教育、工程师走进课堂和学生实习项目等；同时，大学联盟还要加强与各种工程教育国际机构和学校的合作与交流，借鉴其他组织的成功办学经验，鼓励学生去国外学校交流学习或到国外公司参加研究项目，保证学生毕业后的国际流动性和竞争力。

在模型的四项核心要素中，我们选择大学联盟的组织章程设计作简单讨论。

大学联盟不应当只是名义上的联合体或名校俱乐部，而应当是一个有具体战略目标和实质内容的组织。如果联盟成员各行其是，没有一个明确的章程，没有规范共同的行动准则或实施方案的框架，则联盟肯定难以持久，甚至无法运作。这就需要制定相关的规章制度来提供保障。该规章制度由各联盟成员协商讨论决定，目的是保证联盟的正常运作、约束和规范各盟校的相关行为。规章制度一经制定，各联盟成员必须遵守。以下几个事项皆是一个大学联盟章程可加考虑的：

（1）联盟是成员学校间自愿进行联合办学的机构，是一种全方位、多层次的校际协作组织。联盟实行自愿结合、互惠互利、发扬特色、协同发展的原则，每个成员学校都要承认联合办学章程，贯彻联合办学宗旨。

（2）联盟不改变各成员学校的现有体制，在联合办学中，发挥联合优势，多方筹集资金，多领域交流合作，实现社会效果与经济效益相统一，使联合办学稳步发展。

（3）联盟的宗旨是：在政府或权威机构的指导和支持下，充分利用各成员高校的教学、研究等资源，实行资源共享、优势互补；结合成员学校的实际，探索办学规律，推动教育改革，提高教育质量，为开发和培养适应全球化需要的科技人力资源作贡献。

（4）联盟的主要任务是：制定成员学校间的协作和工作计划，开展校际间的研究工作，组织有关项目的学术交流，建立并加强与国内外工程教育界和教育研究机构的联系，参加或发起国际性的学术交流。

（5）联盟的工作方针是：一切从实际出发，理论联系实际，实事求是，脚踏实地，加强与联盟外的教育界、产业界、政界以及其他教育研究机构的合作与交流。

（6）联盟的组织方式：各成员学校选派代表（校级领导或相关部门负责人）与政府主管官员组成管理委员会。委员会设主席、执行副主席，由成员学校民主协商从委员会成员中产生。主席负责联盟的整体运作并主持各项会议，执行副主席负责联盟的日常事务。另外，与联盟合作的企业选派职业工程师组成战略指导委员会，为联盟提供战略导向和意见，加强学校与企业的联系，并参与学校的课程设置，拉近学校课程与工业实践的联系。最后，管理委员会下设各个领域的项目小组，每个项目小组都集合各个成员学校在该领域的负责人，他们负责向管理委员会提出行动方案，并协调成员学校在该领域的活动，充当智囊团的角色。

（7）联盟的活动形式：联盟每年举行年会，审议工作报告，修订组织章程，完成新老成员交接，研究工作计划。管理委员会根据工作计划或情况需要，适时召开专题研究会、理论讨论会和工作研讨会。联盟的年会和研讨会，可适当邀请有关高等学校的教授、学者、学校领导人、教育科学研究人员以及产业界人士参加；某些学术会议可邀请国外同行参加，加强并发展与国外同行的交流与合作。

（8）联盟的财政来源：包括各成员学校的会员费，政府机构资助，公共或私人的捐赠，年会、研讨会、专题讨论会和联盟组织的其他活动的注册费及相关费用，以及经管理委员会核准的其他经费。

从大学联盟现有的实践看，理工科院校表现出实质性的参与积极性，而以文理科为主的综合性大学的相关个案比较罕见。究其原因，可能是大学联盟追求的是一种知识生产和应用的效果最大化。但不同学科的知识生产的属性和哲学有很大差异，例如对于理科而言，向来是"科学只有第一，没有第二"；而对于工科来说，更坚信"工程没有最好，只有更好"。对联盟认同程度的差异，事实上也就决定了联盟的宿命。

（孔寒冰　蔡　岚　撰文）

第 5 节　基于虚拟平台的科技人力资源开发

一、大学虚拟平台问题的提出

加快国家创新体系建设，对提高一国自主创新能力、提升一国国际竞争力具有重要意义。大学，尤其是理工科大学，是国家创新体系中的重要成员，更是知识创新体系中的主要力量，应在国家创新体系中发挥基础、生力军作用，成为科技创新的源泉，为创新体系提供科学知识基础，培养具有战略眼光和创新精神的人才。传统上，大学是由若干实体性的学术组织来承担人才培养和研究开发等任务。而信息时代的到来使全球的经济、社会发生快速变化，也使大学组织处在一个日益复杂与不确定的环境中，大学组织的变化与转型是不可避免的趋势。

美国工程院（NAE）前院长、计算机科学专家威廉·沃尔夫（William Wulf）教授在新近一篇文章《大学警觉：信息铁路来临》中写道：

"要思考大学的未来，我们必须提到信息技术。不只是想到它可以帮助我们做些什么，更需要考虑它将如何改变我们所做的一切。……对大学来说，信息技术的迅猛发展带来了新的机遇和挑战，但是这一点并没有得到普遍认可。下面的例子最能说明这个问题：

现在是 1895 年的元旦。我叫汉斯。我们一家七代在本地区用上好的牛角制作顶级的纽扣。今天，我得知铁路即将修到我们的村庄。我的朋友奥拉夫说，廉价的工业纽扣将通过火车过来，但它们根本不能与我的手艺竞争。

我认为他既是对的，也是错的。它们会来的，它们将与我的纽扣竞争。我必须作出一些选择。我可以成为新纽扣的分销商，或者我可以投资购买机器，制造和出口纽扣。或者，最接近我想法的是，我可以改进我的工艺并销售特制的纽扣给富人。

我家的生意死了。我无法挡住火车。我必须变革。

直截了当地说，大学就是与信息密不可分的，而信息的铁路已经铺过来了！"

必须清醒而充分地认识到，这种变化将是深刻、快速和非连续的，它不但将改变大学的智力活动，也将改变它们的组织方式、学术运行和管理模式。国家创新体系的建设、知识经济时代的来临、教育和研究对象的变化，已经对大学组织提出了改革转型的要求。然而，目前我国大学学术组织存在诸多弊端：多数组织停留于系所（室）合一为主的组织形式，发展空间受到钳制；教学科研活动个体化、短期化、封闭化，综合集成能力差；小作坊式生产，学科小而全，重复建设，资源浪费严重，资源利用率低下；人员流动性差，缺乏生机和活力。此外，大学里还存在着学术知识"近亲繁殖"和盲目崇拜团队领袖的现象，大大削弱了组织的创新能力（李睿，2006）。

从大学（尤其是理工科大学）的学术组织所处的环境与自身特点看，现有的组织形式难以满足新学科、跨学科的教学和科研活动的要求，必须大力进行变革和改造。虚拟学术平台的组织模式在国外已得到应用并取得成功。可以认为，将这种模式引入我国大学的学术组织中来，能够帮助组织解决自身的难题并应对外部环境的挑战，提高科技人力资源开发和创造科技成果的能力，满足建设创新型国家的需求。

二、大学虚拟平台的内涵与特征

1. 大学虚拟组织的内涵

要实现大学虚拟组织的有效运作，首先应对其内涵与特征有充分理解。

大学虚拟组织或平台，是虚拟组织的一种形式。对于其内涵，国内学者基本达成共识，认为大学虚拟组织是将虚拟组织概念渗透于大学所形成的一种教育和研究的新模式或新的创新组织（朱桂龙等，2002；沈霞，2007）。因此，对大学虚拟组织内涵界定的关键首先是对虚拟组织的理解。

虚拟组织的概念源于企业管理理论与实践。1991 年，Nagel、Goldman 和Preiss 等人在合作完成的《21 世纪制造企业研究：一个工业主导的观点》这一研究报告中，第一次提出了虚拟企业的概念。自此，国外学者兴起了对虚拟企业（virtual corporation）、虚拟团队（virtual team）、虚拟社区（virtual community）等的研究。Abbe Mowshowitz（1997）认为这些虚拟概念有共同的组织原则，因此以"虚拟组织"这一概念统一称之。国外学者对虚拟组织的研究在 1995 年后蓬勃出现，而国内学者对虚拟组织的研究始于 20 世纪 90 年代末。国内外众多学者的研究给出了多个关于虚拟组织的定义。由于学者们研究的视角不同，使得这些定义既有共通之处又有不同的侧重点。本书认为：虚拟组织是相互独立且具有核心能力的多个组织或组织单元为了达成共同的目标，通过信息通信技术（ICT）连接起来的资源共享、风险共担的动态联盟。虚拟组织出现的根本原因在于单个组织或组织单元不具备独立抓住某一市场机遇的能力，因此必须由多个组织或组织单元联合起来抓住市场机遇。

虚拟组织概念渗透于大学，首先是在大学的科研活动中形成新的组织模式，即大学虚拟科研组织。骆品亮等（2003）将虚拟科研组织分为两类：一是单个研发组织无形化，即某机构通过网络和通信技术把自己分散在不同地点的技术资源连接起来形成的研发组织；二是多个独立企业、大学、研究所的研发资源围绕特定目标，利用计算机网络和通信工具，以关系契约为基础连接起来而构成的一个动态研发网络组织，组织成员从而可以打破时间、地域或组织边界的限制，实现设备、人才等资源的互利共享。大学的虚拟科研组织以第二类虚拟科研组织形式为主。图 6—4 描述了大学虚拟科研组织与虚拟组织、科研组织及虚拟科研组织的概念逻辑关系。

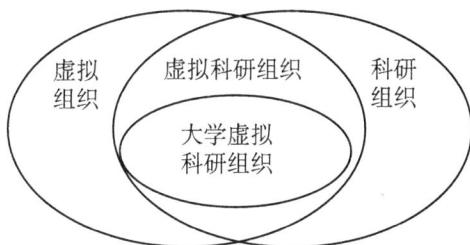

图 6—4　大学虚拟科研组织概念

2. 大学虚拟组织的特征

作为一种虚拟组织，大学虚拟组织是一种由大学科研活动形成的新的组织模式，具有虚拟组织的一般特征。虚拟组织的一般特征，概括起来有：

● 时空分散，跨边界：空间上，组织中的资源和参与人员分布于各地的各成员组织中，跨越了组织或地域边界；时间上，同步和异步交流方式并存。

● 核心能力集聚：组成虚拟组织的各方具有核心能力，在各自领域具有突出优势，各方核心能力和资源的整合使得虚拟组织具备了核心能力集聚的优势。

● 组织结构扁平化：来自不同组织的功能单元（整个组织或组织中的某一职能部门、团队等）组成扁平化且易于重构的柔性结构。

● 动态性：在生命周期的每个阶段，组织结构、人员构成和流程都是动态的。

● 技术驱动：通过计算机和信息通信技术，支持包括电子邮件、电话会议、远程监控、认知、计算、模拟、群组信息管理工具等在内的系统。

同时，由于大学具有教学、研究与社会服务三大职能，因此大学虚拟组织除了具有上述虚拟组织的一般特征外，还有其在人才培养、知识生产与转移等方面的特点。以大学虚拟科研组织为例，其特征即包括：

● 人才培养：大学中虚拟科研组织的主要任务是科学研究，但同时也必须成为人才培养的基地，组织通过提供理论联系实际的机会，培养创新型人才，特别是培养集技术与经营管理知识于一身的复合型人才。

● 科技成果孵化器：大学虚拟科研组织一方面要加快自身科研成果的市场转化，另一方面应扶持培育企业、社会经济中的优秀项目，促进经济发展。

● 知识生产与传播：大学虚拟科研组织将分散的仪器设备、科学家联系起来，有利于交流合作，促进知识生产；通过信息与通信技术的支持，可以更便捷地将科学知识向普通大众传播。

虚拟组织的一般特征，使得大学虚拟组织具备了工作效率、核心能力、组织结构、成本及风险控制等方面的优势。大学运用虚拟科研组织的形式进行科研活动，利用上述优势，解决科研活动中面临的种种困境，实现资源有效整合、提升科研能力、提高科研效率并增加成果产出，有利于人才培养、科技孵化器、知识生产与传播等方面功能的发挥，满足大学自身发展和国家、社会发展的需求。

三、大学虚拟平台的实践——以 nanoHUB 为例

现今，人们发现，要实现组织目标，越来越需要与身处异地的人开展合作或者协调。理工科大学中从事科学与工程领域研究的人员更是深有感触，他们发现将科学理解上升到一个新的层次的资源、知识和能力不可避免地分散于各地。因此，科学家和工程师需要访问便利、能够完成科学集成、有效解决问题及其有竞争优势的工作环境。而上文所述的虚拟科研组织，通过计算机、信息与通信技术组织协调各种资源，为科学家与工程师们创造了这样的工作环境。

美国在组建与参与大学虚拟组织上走在前列。为了研究地震、癌症、气候、

纳米技术等一系列重大问题，同时造就这类新学科、跨学科的人才，美国一些大学在 NSF 等机构的支持下成立了一批由大学、企业、研究所组成的虚拟组织，例如：预测地震与分析地震结果的南加州地震中心（Southern California Earthquake Center，SCEC，http：//www.scec.org），联系研究者、临床医生和病人，支持癌症研究合作的癌症生物医学信息网（cancer Biomedical Informatics Grid，caBIG，http：//cabig.nci.nih.gov），聚焦于纳米研究、教育与合作的纳米中心（nanoHUB，http：//www.nanohub.org）等。本部分将详细介绍 nano-HUB，展示虚拟组织在理工科大学中的作用。

1. nanoHUB 概况

介绍 nanoHUB 应首先提到计算纳米网络（network for computational nano-technology，NCN）。NCN 是 NSF 资助的支持国家纳米计划（National Nano-technology Initiative，NNI）的一个大学网络，成立于 2002 年 9 月，其核心由普度大学、加州大学伯克利分校、西北大学、伊利诺伊大学、诺福克州立大学和德州大学埃尔帕索分校 6 所大学组成。NCN 为完成国家纳米计划的任务专门建立了网站 http：//www.nanohub.org。起初 nanoHUB 只是指这一网站，随着该网站在纳米领域的广泛传播与应用，使得 nanoHUB 成为 NCN 的代称，而网站成为其联系各类用户的纽带。

nanoHUB 建立时，纳米技术还是一项新科技。nanoHUB 把目标聚焦于纳米电子学、纳米机电学、纳米光子学和生物医药纳米仪器上，只为研究者提供与纳米研究相关的在线模拟工具。如今，nanoHUB 已发展至研究、教育与合作三个领域，除了在线模拟工具外，它还提供更多的资源（动画、教程、讲演等），满足人们对纳米科学技术教育与合作的需求。nanoHUB 已成为向研究者、教师和学生等用户提供纳米科学与技术相关资源的一站式门户网站。nanoHUB 是一个专注于纳米科技领域的虚拟社区，成为虚拟科研组织的典型。

2. nanoHUB 的运作模式

在访问 nanoHUB（http：//www.nanohub.org）时，用户可以免费注册，登录后就可以使用网站上绝大部分资源。用户只需一台能连入 Internet 的计算机，通过浏览器就可以使用这些功能，而不用下载额外软件。支持这些功能实现的，是由超级计算机和数据存储设备组成的复杂系统。

nanoHUB 运行在赛博设施上（"赛博设施"英文原词为 cyberinfrastructure，

是美国 NSF 在 2003 年提出的一个术语，指新的研究环境构建于分布式计算机、信息与通信技术的基础设施上。对于 cyberinfrastructure，国内还未有一致译法，本书将它译为"赛博设施"）。nanoHUB 所使用的赛博设施是网格计算平台——In-VIGO。有了强大的硬件支持，nanoHUB 通过中间件技术创建了研究者、教育者和学生所需的访问与共享资源的环境及技术。中间件是由计算机专家利用开源的软件包开发的，纳米领域相关的研究者、教育者和学生是 nanoHUB 上纳米科技相关资源（模拟工具、教程、讲演等）的提供者和使用者。

nanoHUB 的运作模式可简要表示如图 6—5。

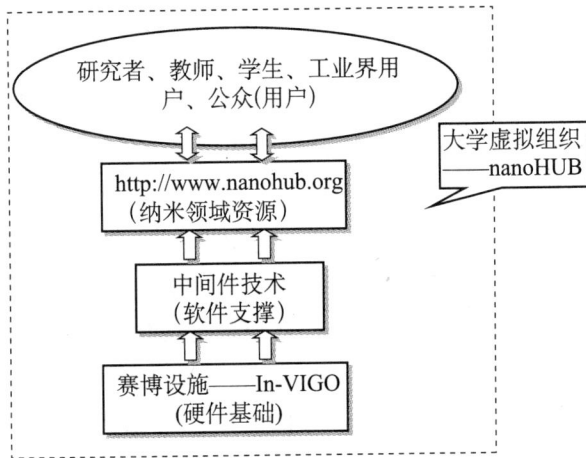

图 6—5　nanoHUB 运作模式

3. nanoHUB 的特征

nanoHUB 具备了上文所提及的大学虚拟组织的所有特征：

（1）时空分散，跨越地域与组织边界。

nanoHUB 运作模式图（见图 6—5）的最上层与最底层——成员（研究者、教师、学生、公众等）与赛博设施的组成反映了这一特点。

nanoHUB 是以网站为纽带联系起来的虚拟科研组织，是一个无边界的网络组织。对于参与 nanoHUB 的成员可以从两个角度分别讨论，一个是组织层面的，另一个是参与个体层面的。图 6—5 中最上层列举了参与 nanoHUB 的个体成员。2008 年 7 月至 2009 年 6 月间，有 90 147 名用户访问了 nanoHUB，其中有 9 687 名是注册用户。这些用户主要来自北美、欧洲和亚洲，分布在教育机构、工业界及政府等部门（数据来源于 http：//www. nanohub. org/usage 上的统计）。可见，nanoHUB 的成员跨越了组织与地域边界，在空间上散布于世界各地。同时，nanoHUB 的成功运作依托于赛博设施。如同道路、桥梁、电网、水系统等基础设施支撑了现代社会的运作，由分布式计算机及通过信息与通信技术连接的数据存储系统、先进设备等组成的赛博设施是现代科学研究的基础。赛博设施的建设是一项庞大工程，无法由单一机构承担，往往需要在国家或区域层面统一协调，将散布在大学、科研机构或企业中的先进设备通过高性能的网络连接起来，并进行相应改造升级而完成。因此，赛博设施不可避免地是在空间上分散的。

时间上的分散主要是指异步交流。nanoHUB 的沟通交流方式是同步与异步交流并存的。师生在教学过程中、研究者在研究与合作过程中都存在着这两种沟通方式。

（2）核心能力集聚。

一般虚拟组织对成员进入设置了门槛，即成员在各自领域必须有突出优势与核心能力。而 nanoHUB 并没有此限制，这是 nanoHUB 与一般虚拟组织的不同之处，但这并不妨碍其核心能力的集聚。上文已有论述，关于 nanoHUB 的成员可在组织与个体层面展开讨论。从组织层面看，NCN 的 6 所大学是其核心成员，即普度大学、加州大学伯克利分校、西北大学、伊利诺伊大学、诺福克州立大学和德州大学埃尔帕索分校。这 6 所大学在理工科领域都有自己的特长，具有丰富的人力、仪器设备资源。支撑 nanoHUB 的赛博设施主要是 In-VIGO，In-VIGO 是在 NSF 等机构资助下，由原先的 PUNCH 改造升级而成。PUNCH 是建立于 1996 年的普度大学计算网络中心，由 16 所大学、4 个研究中心和 6 家公司组成，为用户提供访问大学和公司的模拟工具。In-VIGO 为用户提供了众多计算资源，部署了许多交互性的应用，并且提供了与 TeraGrid、OSG（TeraGrid 和 OSG 均为美国的网格计算平台）或其他校园网格计算资源的互联，拓展了可利用的资源。

赛博设施等物质资源为 nanoHUB 运作提供了基础，但虚拟社区无法决定什么是最有用的内容。nanoHUB 通过其核心 NCN 会聚了纳米领域卓越的科学家与教育者，科学家负责该领域的知识、研究方法的提供与甄别，教育者提供与改进教学方法。新的模拟工具是 nanoHUB 上最为关键的资源，而这些工具的开发需要纳米领域研究者的积极参与，并由计算机专家和软件工程师协助完成。由此可见，从个体成员角度看，nanoHUB 的成功运作，除了需要普通用户的积极参与外，更需要纳米领域科学家、计算机专家、软件工程师、教育专家的合作。因此 nanoHUB 会聚了各领域众多的专家，具有人力资源集聚优势。

设备、计算资源和人力资源的集聚，构成了 nanoHUB 的核心能力。

（3）组织结构扁平化，成员的动态性。

从组织层面看，nanoHUB 作为虚拟组织，其核心成员是 NCN，它构建了 nanoHUB 网站，该网站即为这一虚拟组织的平台。NCN 主要通过 nanoHUB 网站将其他组织、个人联系起来，形成了纳米领域领先的虚拟社区，为 NNI 服务。这一虚拟社区的组织层级很简单，即 NCN 组织的管理者与一般的参与者。管理者在社区形成之初发挥了关键作用，即组织计算机专家和软件工程师对网站的搭建，组织纳米领域科学家与教育者的参与。在 nanoHUB 成功运作后，各参与者能自发开展活动，基本不需要管理者的协助，此时管理者退居幕后，从事 nano-HUB 运行维护和管理工作。可见，nanoHUB 实现了组织结构扁平化。

参与 nanoHUB 的组织除了核心成员 NCN 外，还有合作成员与一般成员。合作成员是指与 NCN 在资源共享、科研项目等方面有合作的组织，例如前文提及的 TeraGrid、OSG 等在计算、存储、实验设备等资源方面存在着合作的网格计算平台。无论是资源共享还是项目合作，都有暂时性与动态性的特点，当资源受到限制或科研项目需要时，NCN 将与别的组织开展合作。此外，有些组织平时会利用 nanoHUB 上的资源开展自己的科学研究、教学等活动，也有些组织会在 nanoHUB 上共享模拟工具、学习组件、课程等，这些只是使用资源或提供资源的组织是 nanoHUB 的一般成员，而一般成员更具动态性。

（4）信息与通信技术驱动。

用户所接触的 nanoHUB 是一个网站，其背后有复杂的软硬件支撑。在 na-noHUB 运作模式图（见图 6—5）中，由下至上的第一层与第二层即为其支撑技术。其中核心层是赛博设施，nanoHUB 主要使用的是 In-VIGO 这一平台，同时也可连接 TeraGrid、OSG 等网格计算平台，这些平台由分布式计算机、通信网络等组成，成为 nanoHUB 所依托的运行环境。赛博设施上面的一层是中间件技术，nanoHUB 通过中间件技术把用户界面与计算资源连接起来。中间件技术隐藏了网格计算的复杂性，让用户集中精力于研究或学习，而无须将精力投于资源背后的基础结构。除了赛博设施与中间件技术这两项最根本的技术外，nano-HUB 还涉及文件封装、传递等技术，这些技术都采用了国际通用标准，如实现内容管理功能的 Mambo。Mambo 是一个开源的内容管理系统，满足了 nano-HUB 内容管理的需求，实现了分布式远程管理资料的功能。

信息与通信技术的支持，为 nanoHUB 的运行创造了环境。

4. nanoHUB 的功能

nanoHUB 带来了革命性的资源共享、使用与合作的手段。nanoHUB 会聚了昂贵的设备仪器、丰富的纳米相关的知识及众多的科学家、教育专家，成为了纳米领域教学、研究与合作的最完善的虚拟科研组织。nanoHUB 具备了动画、课程、学习组件、笔记、讲演、出版物、模拟工具等资源，在教学、科研与合作上展示了强大的功能：

● 教学：nanoHUB 既是内容的提供者，又是在线实验室。教师可以寻找模拟工具、家庭作业、课程模块或者相关讲演，用于课堂教学或布置给学生课外学习。学生可以搜索讲演、播客、动画或者在线课程，更好地理解纳米技术概念。nanoHUB 给学生提供了动手的机会，他们可以尝试利用真实的机器和数据做实验，得到学习的机会。

● 研究：nanoHUB 具备 185 种工具（此数据统计于 2009 年 10 月 8 日，实时数据可查 http://www.nanohub.org/usage），允许用户在自己的计算机上输入自己的数据和参数来运行科学实验，nanoHUB 将会以图形用户界面（GUI）的方式直观地将计算结果反馈给用户。nanoHUB 为中小机构的研究者提供了以往无法获得的仪器设备的使用机会，使得更多人能投入纳米领域的研究。

● 合作：nanoHUB 允许用户上传自己的工具、课程资料和研究成果内容，与其他人分享。nanoHUB 为个人研究者提供了展示研究成果的平台。此外，用户可以共享来自实验的数据，可以指出科学异常或者寻求帮助，通过在线研讨的形式，讨论共同关注的问题，激发灵感。

四、对理工科大学构建虚拟科研组织的建议

nanoHUB 是美国大学虚拟组织运作的典型，其成功实践展示了虚拟组织在大学科研、教学上的巨大作用，特别是在推动系统级科学研究、提高科学研究效

率、造就杰出人才、提升大学竞争力上的作用。纳米科学与技术是一个新兴的、庞大的、跨学科的系统级科学，研究的实施需要高性能的计算机、昂贵的设备和卓越的科学家的参与，单一学校显然无法全面开展研究。nanoHUB 在 NSF 的支持下通过虚拟组织形式将主要分布于各大学中的计算机、实验设备联系起来，既让原先因条件受限无法开展研究的科学家投入了这一领域的研究，也让原本利用效率低下的实验设备物尽其用，减少资源的浪费，更通过组织卓越科学家及教育专家的参与，推动纳米科学与技术在研究和实践上的进步以及纳米科技知识的传播。

nanoHUB 所利用的虚拟社区形式是虚拟组织的具体形式之一。虚拟组织代表了大学组织尤其是其研究组织的发展方向，是我国理工科大学应对内外困境、提升办学能力的有效的组织模式。借鉴 nanoHUB 的成功经验，重点有以下几个方面：

1. 信息与通信技术平台：虚拟组织运作的基础

虚拟组织时空分散、跨越组织与地域边界的特性，使其运作必须依赖于现代化的信息与通信技术。一些虚拟科研组织运作效率不高甚至失败的原因之一，就是技术平台支撑的不足。对于技术平台支撑不足，人们的直觉反应往往是在硬件设施上投入不足。当然，硬件设施能力的不足会影响虚拟组织的有效运作，但这也容易形成这样一个误区，即许多信息与通信技术平台的设计者认为只要有了先进的硬件就能有效支撑虚拟组织的运作。这些设计者忽略了技术标准不统一、工具使用过程烦琐等因素都会给成员的工作带来不便甚至麻烦，使得成员们放弃使用这些技术，让先进的技术平台被闲置而造成支持力不足。

nanoHUB 成功运作的原因之一，就是其构建了有效运作的支撑平台。nanoHUB 依靠 In-VIGO、TeraGrid、OSG 等网格技术平台，在硬件上得到了保证；在工具设计上使用了中间件技术，使用户规避了平台背后复杂的系统，能够方便使用 nanoHUB 上的资源；在文件传输上使用了与国际通用标准接轨的文件封装与传输技术，方便了资源的传递，达到了知识传播的目的。

因此，设计支撑平台时，在硬件能力得到保证的前提下，要同时考虑技术的易用性和通用性，才能保证平台的有效运作，发挥平台的支撑作用。

2. 政府调控：理工科大学虚拟科研组织组建的推动力

虚拟组织的核心思想在于将现有的分散资源根据市场机遇进行快速集成。虚拟企业以营利为主要目的，它的形成具有自发性与主动性，市场机制发挥着重大作用。当某些企业发现了市场机遇的存在，而单个企业又因自身资源限制等因素无法独享这一机遇时，企业为了抓住机遇，会分析自身及其他企业的核心能力，并根据机遇对核心能力的需要，进行合作伙伴选择，依据一定的组织模式形成虚拟企业，进而分享机遇并从中获利。

与以企业为主的虚拟企业这类虚拟组织相比，大学虚拟组织具有非营利性的特征。这一特征使得市场机制的作用减弱，因此必须由政府参与，发挥政府调控的作用，推动虚拟组织的设计、开发和组建。在大学虚拟组织的创新和建构中，政府的作用主要体现在以下两个方面：一是虚拟平台建设，二是项目或任务引导。正如前文所述，现今我国理工科大学科研组织要对系统级科学展开研究，需要科研平台的支撑，包括高精尖的仪器设备、高性能计算机与高效的网络连接等，而这需要庞大的资金支持，不是单个大学、科研院所能承担的，必须由政府资助建设。在资源总体不足、需要政府资助建设的同时，我国理工科大学科研组织中也存在着因各自为政、缺乏统筹规划而造成的重复建设、设备闲置、使用效率低下等资源浪费的问题，因此，科研平台的建设应当包括对现有资源的有效整合。资源的整合也需要发挥政府的作用，政府通过政策制度的设计引导各大学共享仪器设备等资源。

除了在平台建设上直接资助与整合现有资源外，政府对大学虚拟科研平台组建的推动作用还体现在科研项目计划的引导上。如今，科学研究变得越来越复杂、庞大，具有跨学科的特性，系统级科学的研究已经不可回避。系统级科学的研究水平，是国家科技竞争力的重要体现，甚至关系到全人类的发展。而单个科研机构无法进行这样的研究，需要政府组织引导科研机构的联合。资助科研项目计划是引导各机构联合组成虚拟科研平台的最直接的有效途径。nanoHUB 正是因得到美国国家纳米计划的资助才建立起来的。

3. 信任与协调：大学虚拟平台有效合作的保证

信任是合作的基础，对任何组织都非常重要，而对大学虚拟平台的重要性尤为突出。地域的接近性、经历的相似性、文化认同度等的减少，一定程度上会妨碍大学虚拟组织成员间的相互认可，进而影响合作，因此更需要通过建立信任关系以促进合作。成员间的信任水平，决定了成员对组织的认可度，进而决定了成员为组织贡献核心能力的意愿，影响组织的绩效。信任是组织中各成员成功合作和稳定发展的前提与关键因素。

此外，大学虚拟组织往往是由多个大学参与组成的，这些成员虽有共同的目标，但同时也有各自的目标，因此虚拟组织具有鲜明的多重主体和多重目标的特性。这一特性使得成员间较易出现矛盾和冲突，而矛盾和冲突若得不到妥善解决，将对组织的正常运作造成影响。协调不仅是信任建立的基础，更是解决矛盾和冲突的有效途径。而且即使成员之间具有良好的信任关系，在合作过程中也需要不断地进行协调，以保证组织整体目标的达成。

大学虚拟组织的动态性、沟通方式中包含大量的非面对面交流等特点，使协调变得更加复杂和多样化，需要更灵活、主动、预防的协调机制，需要在协调中考虑更多的因素，如提高异地孤立组织成员的归属感，处理时区差异、文化差异，提高沟通的有效性等显著问题。

4. 考核与激励制度：参与人员动力的源泉

学术工作结果具有不确定性、成员贡献难以量化、不同成员工作可比性不强等特点，使得学术组织的人员考核与激励成为难点。大学现有的评价体系就存在着考核指标不系统、无法反映学术工作实际状况、考核程序操作性不强等问题。

大学虚拟组织除了上述特点与存在的问题外，其虚拟特点决定了对人员的考核与激励变得更加复杂。首先，虚拟组织不具备实体性，可能无法直接对参与的人员进行激励，需要人员所属实体组织进行考核与激励；而实体组织需要在虚拟组织参与人员与非参与人员、虚拟组织参与人员的虚拟组织工作之间与非虚拟组织工作之间等作出平衡。其次，虚拟组织的人员分别来自不同的实体组织，而实体组织各自的评价体系之间存在差异，各组织对人员参与虚拟组织的支持力度也存在差异。最后，参与虚拟组织的人员较传统组织的人员更具有核心能力，具有更高水平的知识与技能，更加注重尊重与自我实现，存在着对知识技术成长的强烈需求，因此需要不同的激励手段。

大学虚拟组织人员考核与激励的复杂性，决定了在建立评价体系时要慎之又慎，既要考虑虚拟组织的整体目标，又要兼顾各实体组织的发展需要；既要考虑保证人员的物质需求，又要考虑满足人员实现自我发展的需要；既要有量化指标，也需要有弹性。只有构建科学合理的考核与激励制度，才能创造和谐的工作氛围，挖掘人员的潜力与创造力。

　　大学虚拟组织平台所具备的特征和 nanoHUB 所展示的强大功能，为我们提供了很好的思路。在信息化的时代，大学必须改革创新、引领潮流，为加强科技人力资源开发、提供更多有价值的知识成果作出应有贡献。

（郑忠伟　李　文　孔寒冰　撰文）

第 7 章

对策：HRST 战略设计与行动计划

一、HRST 战略设计的背景

（一）我国 HRST 总量与现状

"科技人力资源"的正式英文表达为"human resources in science and technology"，简称"HRST"。该术语始见于 1995 年由 OECD 和欧盟共同发布的《科技人力资源手册》（又称《堪培拉手册》），与众所周知的术语"知识经济"几乎出现在相同的时间。概括地讲，科技人力资源（HRST）是指实际从事或有潜力从事系统性科学和技术知识的生产、发展、传播和应用活动的人力资源，既包含实际从事科技活动的劳动力，也包含可能从事科技活动的劳动力。

"科技人力资源"涉及的范围很广，较为重要的概念包括"科技活动人员"、"科学家和工程师"、"R&D 人员"以及"科技工作者"、"科技人才"等。其中，前三个概念的意义具有国际可比性，无论是作为学术概念还是作为政策概念都有明确清晰的界定，并且被广为认可和使用。相比之下，"科技工作者"、"科技人才"或"科技人员"等则是我国独有的说法，主要体现在政策文件之中，其确切内涵从未被明确界定。

2008 年 12 月 12 日，科学技术部发展计划司发布了《2007 年我国科技活动人员投入情况分析》（以下简称《2007 分析》）。《2007 分析》称：

"2007 年中国科技人力资源总量达到 4 200 万人，比 2006 年增加 400 万人，增长 10.5%。其中大学本科及以上学历约为 1 800 万人，比 2006 年增长 12.5%。根据美国《科学与工程指标 2008》，2006 年美国具有大学学位的科学工程劳动力总量（相当于中国的本科及以上学历科技人力资源总量）为 1 700 万人。中国本科级以上科技人力资源总量已经赶上美国。"

2009 年 12 月 30 日，科学技术部发展计划司发布《2008 年我国科技人力资源发展状况分析》（以下简称《2008 分析》），这是由官方提供的我国科技人力资源的最新权威资料。《2008 分析》称：

"2008 年我国科技人力资源总量达到 4 600 万人，比 2005 年增加 1 100 万人，增长 31.4％。其中大学本科及以上学历的人数约为 2 000 万，比 2005 年增长 37.9％。自 2000 年以来我国科技人力资源总量年均增长率为 11.6％；其中大学本科及以上学历的人数年均增长 11.3％。"

根据科技部的上述"科技人力资源"统计口径，相关数据中的"科技人力资源总量"主要指那些已经完成科学与工程技术类高等教育和未接受高等教育但实际从事科技相关职业的人力资源；相关数据中的"科技人员"主要指那些从事科技相关职业的专业技术人员（包括工程技术人员、农业技术人员、科学研究人员、卫生技术人员、教学人员）和那些直接从事 R&D 科技活动（包括基础研究、应用研究、试验发展）的人力资源，两者均为"在岗的"科技人力资源。

显而易见，这两组统计数据并未涉及那些正在接受高等教育而尚未从事科技职业的人力资源，即有待开发的潜在科技人力资源。但潜在科技人力资源却是构成未来科技人力资源的重要来源，对其发展趋势和结构特征进行考察，是预测未来科技人力资源构成所必需的。

中国科技人力资源总量的增长归功于高速发展的中国高等教育。经过改革开放三十多年来特别是世纪之交十年来的奋斗，我国教育的整体水平实现了历史性跨越，拥有世界上最大规模的教育。截至 2009 年年底，高等教育（包括普通高等教育、成人高等教育、高等教育自学考试、广播电视大学和现代远程教育等）的在学总规模已达到 2 900 多万人，居世界第一。其中，普通本科和研究生规模分别达到 2 144.7 万人和 140.5 万人。预计 2010 年高等教育在学人数将达 3 000 万。总人口中具有大学以上文化程度的超过 7 000 万人，位居世界第二。高等教育毛入学率达到 24％以上，已跨入国际公认的高等教育大众化阶段。可以说，我国已经成为人力资源大国，并开始向人力资源强国这一新的奋斗目标进军。

2009 年，全国高校毕业生规模达到 611 万人，比 2008 年的 559 万人增加

52 万人（见图 7—1）。在校研究生数量由 1986 年的不足 10 万人，发展到 2009 年的超过 140.5 万人；毕业研究生则达到 37.1 万人。

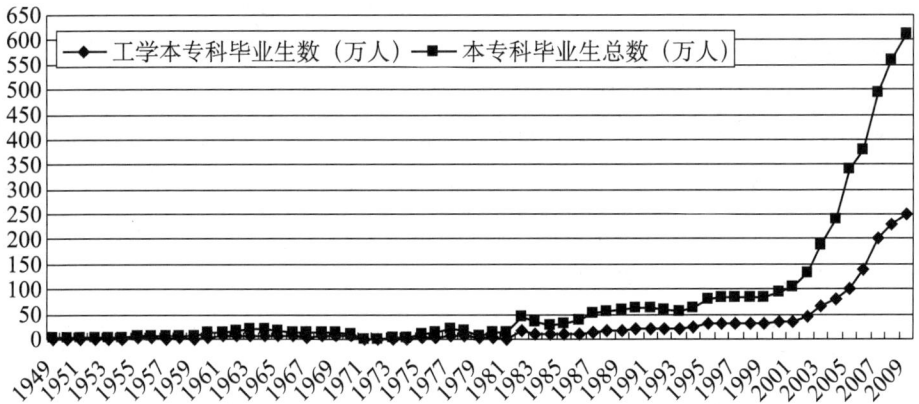

图 7—1　我国高等教育六十年本专科毕业生数

在我国科技人才的培养方面，总体上亦是成绩斐然。新中国成立时我国仅有理工院校 28 所；2008 年工科院校达到 672 所左右，约占 2008 年全国普通高校 1 928所的 34.9％。目前，全国开设有理工科专业的普通高校有 1 700 多所，占普通高校总数的 90％以上；理工科专业在校生 800 多万人，占普通高校在校生总数的 45％以上，其中工科在校本专科生超过 650 万人，约占全国高校在校生总数的 36％。2009 年，全国普通高等学校毕业生达到 596.1 万人，其中理工科毕业生就超过 240 万，占当年毕业总人数的 40％以上。

因此，结合教育部历年公布的普通高等教育分学科学生数，并综合科技部《中国科技统计 2009 年度报告》和历年《科技统计报告》等相关分析报告，我们汇集整理了如表 7—1 所示的全国 HRST 和专业技术人员、科技活动人员总量相关数据。

目前，中国科技人力资源总量居世界第一。自 2000 年以来，我国科技人力资源总量年均增长率为 10.5％。2008 年，科技人力资源总量达到 4 600 万人，比 2000 年增加 2 100 万人，增长 84％。其中：

● 2008 年研发人员（R&D）总量已达到 196.5 万人，比 2000 年增加了 104.1 万人，增长了近 112.7％，年均约增长 14.1％。目前，我国研发人员总量仅次于美国，居世界第二位。

● 2008 年科学家与工程师达到 343.5 万人，比 2000 年增加了 138.9 万人，约增长 67.9%，年均约增长 8.5%。

● 2008 年大学本科及以上学历的人数约为 2 000 万，比 2000 年翻了一番，年均增长 12.5%。根据美国《科学与工程指标》统计，我国本科及以上学历科技人力资源总量已经赶上并超过美国。

在数量不断上升的同时，中国人口科技素质也在继续上升，每万人中科技人力资源数从 2006 年的 289 人、2007 年的 318 人增加到 2008 年的 338 人。

表 7—1　　全国 HRST 和专业技术人员、科技活动人员总量（2000—2009 年）

（单位：万人）

	2000	2001	2002	2003	2004	2005	2006	2007	2008	2009
全国 HRST 总量	2 500	2 600	2 800	3 000	3 250	3 500	3 800	4 200	4 600	NA
其中：本科及以上学历人员	1 000	1 050	1 100	1 200	1 300	1 450	1 600	1 800	2 000	NA
专业技术人员总量	2 165.1	2 169.8	2 186.0	2 174.0	2 178.3	2 197.9	2 229.8	2 254.5	2 309.9	2 354
其中：工程技术人员	555.1	531.6	528.9	499.3	480.8	NA	NA	NA	NA	NA
农业技术人员	67.0	67.5	66.7	68.3	70.5	NA	NA	NA	NA	NA
卫生技术人员	337.2	339.0	340.2	344.1	353.2	NA	NA	NA	NA	NA
科学研究人员	27.5	26.6	26.3	27.5	28.2	NA	NA	NA	NA	NA
教学人员	1 178.3	1 205.1	1 223.9	1 234.7	1 245.6	NA	NA	NA	NA	NA
科技活动人员总量	322.4	314.1	322.2	328.4	348.1	381.5	413.2	454.4	406.7	575
其中科学家工程师	204.6	207.2	217.2	225.5	225.2	256.1	279.8	312.9	343.5	393
全国 R&D 人员（全时当量万人年）	92.4	95.7	103.5	109.5	115.3	136.5	150.2	173.6	196.5	230
其中：科学家工程师（万人年）	69.5	74.3	81.1	86.2	92.6	111.9	122.4	142.3	159.2	184

资料来源：中国教科网，2010，http://www.edu.cn。

可以说，新中国成立六十多年来，发生了翻天覆地的巨大变化，科技事业也取得长足发展。党和国家始终把科学技术摆在战略地位，从"向科学进军"到

"科学技术是第一生产力"，从"科教兴国"到"建设创新型国家"，在国家发展的关键时期作出一系列重大决策部署。经过六十多年的奋斗，我国已经成为科学技术体系较为完备、科技人力资源总量居世界第一、科技成果不断涌现的科学技术大国。六十多年来，我国科技事业在艰难中起步，在改革中前行，在创新中发展，为经济发展、社会进步、民生改善和国家安全提供了强有力的支撑。

为了更清楚地分析我国科技人力资源变动情况，我们汇集了如表7—2所示的全国HRST总量、本科及以上学历人员总量和年度本专硕博毕业生总量相关数据。

表7—2　　全国HRST总量、年度变化量及年度本专硕博毕业生总量（万人）

（单位：万人）

年度	全国HRST总量	年度本专硕博毕业生总量	全国HRST年度变化量 [n年度—（n—1）年度]
2000	2 500	101	
2001	2 600	110	100
2002	2 800	142	200
2003	3 000	253	200
2004	3 250	254	250
2005	3 500	326	250
2006	3 800	403	300
2007	4 200	479	400
2008	4 600	546	400

资料来源：《中国科技统计2009年度报告》和历年《科技统计报告》；普通本、专科分学科学生数，分学科研究生数（总计），见 http://www.edu.cn。

由表7—2可知，自2000年开始，我国历年HRST总量呈明显增长趋势，其中的本科及以上学历人员数量也呈同样的增长情况。相比较而言，本科及以上学历人员数量的增长速率低于HRST总量增长速率（如图7—2中深色条形图增长趋势快于浅色条形图增长趋势）。为把几组数据的变化趋势方便地放在一起进行比较分析，我们在图7—2中绘制了两组纵坐标，即左侧和右侧纵坐标数量级，其中，左侧纵坐标表征全国HRST和本科及以上学历人员的数量指标，右侧纵坐标表征年度本专硕博毕业生的数量指标。从图7—2中可知，代表HRST总量的深色条形图的增长趋势与代表年度本专硕博毕业生人数的折线图的增长趋势趋同。

由图 7—2 和表 7—2 可知，我国 HRST 总量年度增幅近似等于我国高等教育系统每年培养的本专硕博毕业生总量的年度增幅，即我国高等教育系统近些年来为国家 HRST 建设提供了坚实的人才基础，在人才的供应量上已呈现较理想的发展趋势。但同时，结合其中本科及以上学历人员的增长速率与 HRST 增长速率并不匹配这一现象来看，应该有两种现象隐藏在这些数据背后：一是可能有大量本专硕博毕业生在毕业后几年内转专业，不再从事工程科技工作，流作他用，导致后来的统计中具有本科及以上学历的 HRST 数量减少；另一现象可能是我国早期的 HRST 学历结构不甚理想，且基数较大，虽然近些年来高等教育系统为 HRST 的建设提供了大量后备军，但在优化现有的 HRST 学历结构方面还作用甚微。

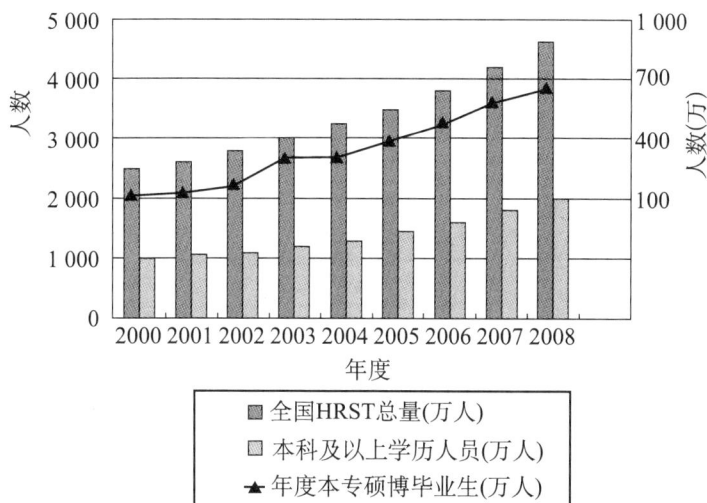

图 7—2　全国 HRST 总量、本科及以上学历人员总量及年度本专硕博毕业生总量
说明：图中右侧纵坐标人数表示年度本专硕博毕业生数据。

（二）我国 HRST 结构现状及变动趋势

在查找科技部关于 HRST 的统计数据时，我们获得了 2000—2004 年的工、农、卫、科研和教学人员数量的分类统计表（见表 7—3）。而图 7—3 是根据我国 HRST 总量及表 7—3 中的人员数量绘制的结构趋势比较图。从图 7—3 中可以看出，位置最高的一条折线代表的是四年来教学人员数量，次高的折线代表的是工程技术人员数量。从四年的序列数据来看，本应在科技人力资源中承担重要科技任务的工程技术人员总量不仅不占优势，且呈现下滑趋势。其他类别人员，如农业技术、卫生技术和科研人员在这四年中变化也不是特别明显，而且人数总量也在 HRST 总量中呈现明显劣势。

由此可知，我国在 2004 年之前的 HRST 人员结构非常不理想：虽然 HRST 总量超过 2 000 万，但其中工程技术人员和科研人员的总量和增量都不可观。对比我国近十年来高速增长的 GDP 和工业建设情况可知，我们并不具备依靠众多科技人员提供的先进生产力来获得经济快速发展的能力，显而易见，我们的经济增长仍然处于依靠廉价劳动力要素市场驱动、大规模投资驱动和外需市场拉动实现繁荣的局面，而远未实现创新驱动和内需拉动的局面。

表 7—3　　全国 HRST 总量中工、农、卫、科和教学人员数量（2000—2004 年）

（单位：万人）

年度	工程技术人员	农业技术人员	卫生技术人员	科学研究人员	教学人员
2000	555.1	67	337.2	27.5	1 178.3
2001	531.6	67.5	339	26.6	1 205.1
2002	528.9	66.7	340.2	26.3	1 223.9
2003	499.3	68.3	344.1	27.5	1 234.7
2004	480.8	70.5	353.2	28.2	1 245.6

资料来源：《中国科技统计 2009 年度报告》和历年《科技统计报告》。

因为数据缺失，图 7—3 仅描绘了 2000—2004 年的 HRST 人员结构变动数据（图中的折线）。但根据前述数据分析可知：高等教育系统每年产出的毕业生增幅，近似等于近年来的 HRST 增幅，亦即本专硕博毕业生是我国近年来 HRST 的主要后备军。当然，我们认为有必要对近年来本专硕博毕业生的培养结构进行针对性分析，由此来考察我国 HRST 为何呈现如此结构现状，以弥补表 7—3 中 HRST 人员结构化趋势数据中近几年来的数据短缺。

为便于展示数据比较结果，我们将检索到的高教系统毕业生总量按大类专业领域进行了汇总，分别为：文史哲、社科（管理学、经济学、教育学、法学）、理、工、农、医、军事学，以及师范生。表 7—4 为 2000—2008 年的高等教育系统毕业生学科分布情况，图 7—4 是根据表 7—4 的各学科毕业生年度总量数据绘制的趋势变化图。

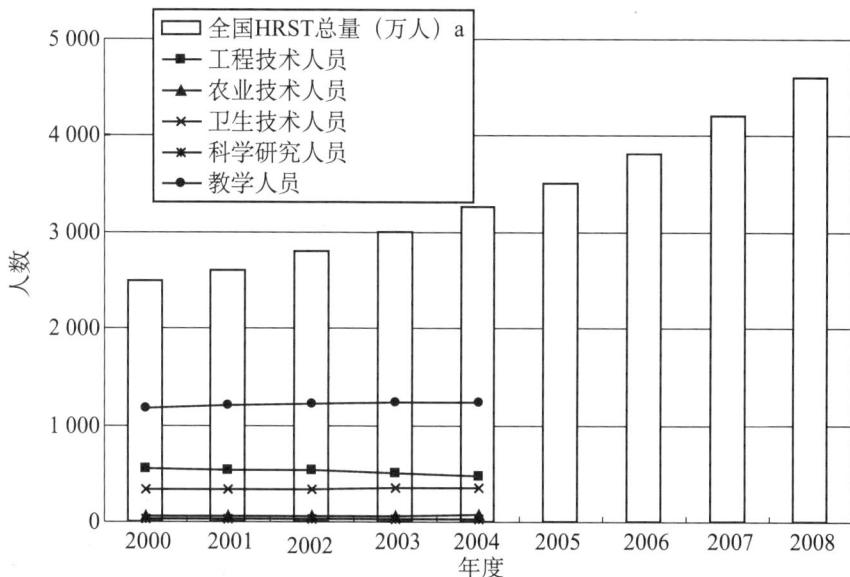

图 7—3　全国 HRST 总量及人才结构分布图（2000—2004 年）

由表 7—5 可知，在学科分布上，我国以理工农医学科为主的科技人力资源在校生和毕业生均占全体在校生和毕业生的一半左右，但近年呈现比例下降趋势，由 2000 年的 57.9% 降至 2008 年的 50.8%，这与社会对科技人力资源的需求态势有所错位。由图 7—4 可知，作为 HRST 后备军的本专硕博历年毕业生，在毕业生总量呈现大幅上升的情况下（见图 7—4 中条形图的增长情况），除工学毕业生的总量和发展趋势均略趋上行外，农、医、理三科均未有明显增量，大量毕业生的毕业专业集中在社科和文史哲。这一学科结构变动表明，近年来我国在 HRST 后备军培养方面同样存在着较严重的结构化问题，HRST 中需求量最大和重要性最强的工程科技人才队伍其实并不能从高等教育体系中得到有效的补充。此外，近年来，我国高校毕业生就业率持续下滑，2009 年毕业生就业率仅为 86.6%，高职毕业生就业率已经高于本科毕业生就业率，而工科毕业生就业率最高。但结合高校毕业生就业情况我们可获知，理工农医类毕业生毕业后也并不全部流入我国的核心 HRST 体系，而是有相当一部分精英人才改作他用（如出国、报考公务员、转换专业工作等）。因此，HRST 储备人才的流向问题也是近年来 HRST 人才结构不理想的主要原因。这也和我们前面对 HRST 学历结构进行考察时进行的猜想之一相吻合。

表 7—4　　　　　　　高等教育系统毕业生学科分布（2000—2008 年）　　　　（单位：人）

年度	总　计 （博硕本专）	理科总计 （博硕本专）	理学	工学	农学	医学
2000	1 008 336	583 577	106 277	378 654	32 652	65 994
2001	1 103 890	598 567	124 466	373 822	30 679	69 600
2002	1 418 150	758 531	141 360	489 920	39 074	88 177
2003	2 528 294	1 402 432	255 156	899 819	72 162	175 295
2004	2 541 929	1 328 296	225 030	868 222	64 729	170 315
2005	3 257 684	1 648 374	186 895	1 163 927	75 569	221 982
2006	4 030 610	2 028 305	226 368	1 436 240	86 030	279 667
2007	4 789 746	2 407 369	266 149	1 708 751	99 627	332 842
2008	5 464 323	2 773 595	292 911	1 965 172	110 619	404 893

年度		文科总计 （博硕本专）	文史哲	社科	军事学	总计外： 师范生
2000		424 759	167 024	257 735	0	152 583
2001		505 323	175 235	330 071	17	210 837
2002		659 619	219 005	440 581	33	256 961
2003		1 125 862	362 378	763 169	315	346 965
2004		1 213 633	397 710	815 864	59	386 531
2005		1 609 311	445 395	1 163 802	114	449 734
2006		2 002 305	563 549	1 438 639	117	493 445
2007		2 382 377	681 871	1 700 343	163	545 822
2008		2 690 728	792 529	1 898 001	198	546 410

资料来源：教育部普通本、专科分学科学生数，分学科研究生数（总计）（http://www.edu.cn）。

表 7—5　　　　　　全国普通高等学校分学科学生数（千人）（2003—2007 年）

	2003		2004		2005		2006		2007	
	毕业生	在校生	毕业生	在校生	毕业生	在校生	毕业生	在校生	毕业生	在校生
学生数	1 877.5	11 085.6	2 391.2	13 335.0	3 068.0	15 617.8	3 774.7	17 388.4	4 477.9	18 849.0
理学	173.0	1 004.5	207.5	1 156.1	164.9	967.9	197.2	1 047.9	230.9	1 106.0
工学	644.1	3 693.4	812.1	4 367.2	1 091.0	5 477.2	1 341.7	6 143.9	1 594.1	6 720.5
农学	50.1	249.7	59.6	280.2	69.5	308.1	77.2	331.6	88.3	351.0
医学	111.4	814.7	154.2	976.3	202.6	1 132.2	253.3	1 268.6	300.4	1 368.3
管理学	281.3	1 784.3	381.1	2 272.7	506.2	2 780.4	656.1	3 233.4	822.1	3 614.5
哲学	1.2	6.0	1.3	10.0	1.3	6.3	1.4	6.8	1.3	7.6
经济学	88.2	604.1	113.7	731.3	163.0	857.8	204.0	921.4	235.9	971.0
法学	110.4	560.9	133.4	629.5	163.5	697.2	186.2	710.2	204.8	703.1
教育学	117.1	592.1	146.7	724.4	280.1	1 022.7	322.3	1 029.6	352.7	1 038.6
文学	286.9	1 719.2	367.1	2 118.2	415.2	2 318.7	524.8	2 642.4	635.0	2 895.6
历史学	13.9	56.7	14.5	60.1	10.7	49.4	10.6	52.5	12.3	54.6

资料来源：教育部普通本、专科分学科学生数，分学科研究生数（总计），见 http://www.edu.cn。

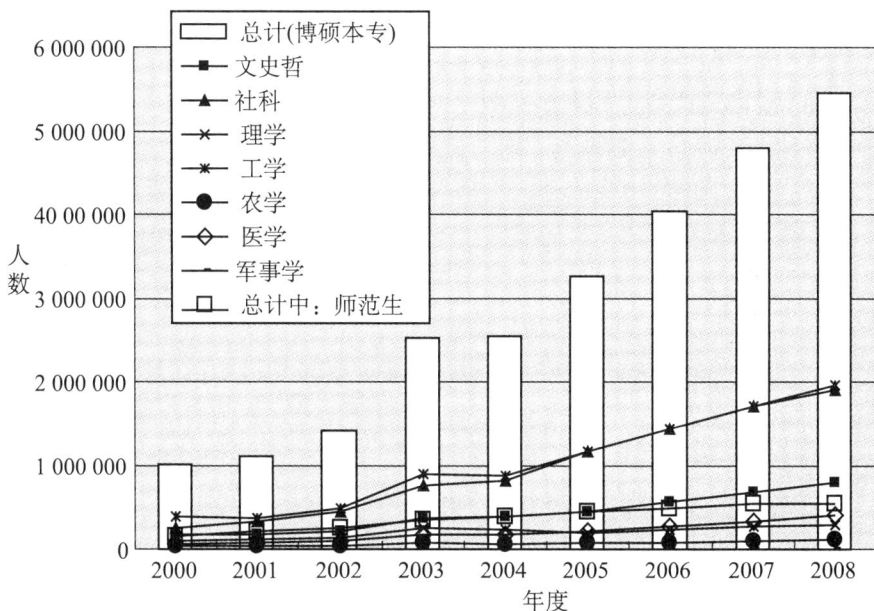

图 7—4　高等教育系统毕业生学科分布结构及发展趋势（2000—2008 年）

（三）中国 HRST 存在的问题与思考

由上可知，尽管我国科技人力资源建设取得了一系列举世瞩目的成就，然而，我们也必须客观地看到，当前所存在的一系列深层次问题仍不能忽视。我国科技人力资源现状与实际需求之间仍存在着较大的差距和不适应性，特别是在创新程度、人才培养质量等指标上仍与世界水平相差甚远，这些都必须引起高度重视。

目前阻碍我国科技人力资源能力建设的深层次障碍主要体现在如下方面：

1. 缺少顶层设计，结构性失衡严重

自 1999 年开始，我国高等教育经历了十年之久的大幅度扩招，保持了世所罕见的年均增长 20% 左右的高速增长态势，从精英化阶段进入了大众化阶段。据国务院学位办统计，我国目前有学士学位授予权的高校有 700 多所，美国有 1 000 多所；我国具有博士学位授予权的高校已超过 310 所，美国只有 253 所。我国每年授予博士人数超过 5 万人，已达到与美国博士学位授予量相当的水平，但在培养质量上差距巨大。

据预测，到 2020 年，我国各种类型的高层次创新人才至少要有 3 万～4.5 万人，才能基本满足建设创新型国家的需要。对 2000—2007 年世界 39 个国家人才资本对经济增长贡献率调查的结果表明：排在第一位的美国为 64.5%，而我国仅为 15.5%；2006 年，我国人才国际竞争力在 59 个国家和地区中排名第 25 位。由于缺乏优秀尖子人才，我国基础研究和前沿技术产生重大科学价值并得到国内外公认的重大成就相对较少，使我国难以在激烈的国际科技竞争中占据科学前沿并把握重大的发展方向，难以取得真正具有开创性的研究成果。与创新型国家所具有的特征相比，目前我国科技创新能力还十分薄弱。

因此可以说，虽然我国科技人力资源培养实现了规模数量的快速增长，但却并未带来人才培养结构的同步优化。目前，我国高等教育体系主要存在着三大结构不合理现象：（1）学科领域结构不合理，不同学科招生培养数量差异较大；（2）学位教育在区域结构上不合理，不同地区的高等教育发展不平衡；（3）学术性学位和专业学位结构不合理，注重职业能力培养的专业学位不足 25%。鉴于我国高等教育规模增速过快的局面，教育部在连续十年大幅度扩招之后，终于在 2006 年提出将控制高校招生增幅，本专科生的增长率控制在 10% 以内，硕士的增长率将维持在 6%，博士的增长率将低于 2%，未来目标是专业学位占到 60%，并将大力发展职业类研究生学位。十年大幅度扩招使得我国高校毕业生面临着越来越严峻的就业形势。这种局面从 2003 年开始，估计十年之内不会得到根本改变，其内因就在于我国众多高校在扩招时没有注意到人才培养结构的平衡。

此外，我国高校科技人力资源培养结构有结构性失调和相对过剩的倾向。一方面，由于我国现有的产业结构和企业技术水平无法吸纳与支撑如此庞大且快速膨胀的具有高期待值的就业大军，造成为数不少的理工科毕业生就业困难；另一方面，具有实际需求的招聘单位也的确难以找到可用的科技人才。据统计，在我国每年成功实现就业的 160 多万理工科毕业生中，实际符合用人单位需求的不足半数，而能够满足跨国公司在中国用工需要的则不足 20 万。如跨国公司要求理工科毕业生不但要理论知识扎实、动手能力强，而且外语听、说、读、写、译基本功也要好，但绝大部分毕业生却因种种原因无法满足跨国公司的这些需要。

通过分析可以发现，我国不少高校"关门办学"和脱离社会需求背后的原因是多方面的，但根本原因则在于高校面向社会需求办学的动力机制不足。无论是在利益机制、激励机制还是约束机制上，我国高校都缺乏面向社会办学的根本动力。其主要原因在于高校的办学资源和自身发展动力主要是由政府直接调控的，而学生学费、社会支持等只占高校办学经费的很小一部分。因此，高校在专业设置、培养模式、学科发展、师资考核乃至高教改革等一系列环节上，都不必向学生负责，更无须向社会负责，而只需向教育部等主管部门负责。学生和用人单位并非是高校主要的衣食父母，高校面向学生需求和面向社会办学的动力机制自然也不足，甚至会发生动力机制的扭曲。因此，高校办学目标与社会需求方向的匹配程度就在很大程度上取决于高校管理者的思维模式和教育理念了。当前，政府常常期待通过高校自主办学或借助让市场去自由调控的机制来解决毕业生能力和市场需求不相匹配的问题。但在这种办学理念、管理体制和运行机制下，由于政府未能有效地对高校的学科设置与办学方向加以引导，放松了自己的宏观管理责任，所以常常并不能取得预期效果。

2. 产学不合作，师生实践能力均不足

高素质的师资队伍是科技人力资源培养和能力建设的关键与保障。但在目前看来，我国既有科研教学水平又有实践能力的教师严重缺乏。归根溯源，主要有两点原因：一是由于高校与产业界目标和利益不一致，存在着鸿沟。在现阶段，我国的产业结构与企业实力决定了大部分企业注重"技术引进"，而忽视了能够带来长远发展的自主创新行为，更缺乏破釜沉舟搞创新的信心与决心。应该说，国家鼓励创新和支持高素质、创新型科技人力资源培养的政策不到位，以及企业创新力量不足、创新成本高昂、创新风险巨大、创新收益难以保证、创新速度难以体现的现实情况，不但会导致企业自主创新的动力机制不足，也会影响教师通过产学合作途径来获取产业经验的机会，进而导致理工科师生的实践能力每况愈下。二是由于作为指挥棒的工科教师绩效评价体系"去工化"所致。受工科教师绩效评价复杂、指标难以量化的长期困扰，一直以来我国高校都缺乏一套科学、系统地测度工科教师工作绩效的评价体系，只得照搬侧重"理论研究"的理科评价体系。如对工科教师的科研与教学评估、职称晋升往往和理科教师一样，以科研经费、科技成果（论文、著作、获奖、知识产权及其他）、学术兼职等指标为考核标准；对符合工科教师特点的团队创新绩效、产学合作绩效和技术服务绩效等甚少考核，更难以实行工科教师对产业界的科技与经济贡献、在产业界实习或工作时间的最低要求等限制性约束机制，进而长期形成了工科教师既难有机会、更缺乏动力到产业界实践，而产业界科技人才也难以进入高校任教的局面。

从长远看，培养和引进"双师型"教师成为当务之急，而建立起"科学高效、导向明确、重点突出、支撑有力"的工科教师绩效评估体系更为重要。为提高工科教师的积极性与创造性，必须引入竞争和淘汰机制，建立健全利益机制、激励机制和约束机制，而其基础就在于绩效管理和绩效考核。而绩效评估指标是指导教师工作的指挥棒，应慎重地科学制定。必须紧密结合工科教师的基本功能、工作目标和基本特点来选取评估指标。评估指标也不宜过多和过于分散，以避免偏离主要方向。在具体的绩效指标选取上，应有个体绩效和群体绩效两个方面。前者指对教师个体的科研经费、科技成果、学术兼职等指标的考核；后者应结合工程实际，进行基于重大项目的团队考核，如对产学合作联动性、科技创新引领性（如重大项目自主设计能力、核心技术突破能力、关键技术领先开发能力、新市场开拓能力、自主知识产权掌握程度等）、科技服务效能（如科技服务数量、服务范围、服务水平、服务质量、服务政策、服务机制、服务满意度等）和产业带动提升性（如产品与服务档次提升程度、劳动生产率提高程度、产业结构优化程度等）等方面的考核。

3. 教学内容陈旧，培养方式落后

目前，我国科技人力资源培养的教学内容与课程结构相对陈旧，而且由于受到滞后的专业目录限制，不能根据现代科技发展的前沿性、多学科、跨学科、综合化的发展趋势而适时变化，更不能引领产业升级与发展。在教学环节及其学位设置上也过于强调理论、强调科学研究的需要，疏于理论与实际结合、科学研究与国家目标结合。加之学科和学位过度专门化，且培养方案刻板，使科学基础和工程实践两败俱伤。除土木工程和建筑学科外，多数科学和工程学位计划缺少国际专业界认同的学术标准与专业标准，即使有各式各样的教学评估、大学排名和质量工程，也未能为教育质量的提升提供有效保证。

4. 学科之间沟壑难平，跨学科困难重重

我国长期存在着科技、经济、社会与教育发展严重脱节的现象，直接导致了学科的封闭割据，形成了各自为政的利益格局和相应教育模式。同时，教育科研宏观管理层面也缺少有效规划和有力的指导，缺少统一的科技教育制度设计和持续的政策支持，进一步加剧了新学科产生和发展的困难。21世纪是全球范围内科学与技术迅猛发展、经济与社会文化加速碰撞和交融的时代，科学和工程学科正走向多学科协同与整合，新的知识体系尤其是已经凸显生命力的若干交叉学科

正在形成与发展，但我国目前现有的教育模式难以适应这一形势。

5. 大学缺乏国际竞争力，人才流失严重

在全球化的形势下，国际间对能源、市场和人才的竞争日趋激烈，其中对人才的争夺更是不见硝烟。就目前来看，我国科技人力资源无论是在开放意识上，还是在知识、能力和素质上，都还非常缺乏竞争力。当前，国际人才流动的加剧，既为科技教育事业带来发展契机，也带来了严峻的挑战，我国正面临着大量优秀科技人才流失的局面。

当前，中国已成为世界上最大的移民输出国。截至 2010 年 6 月 16 日，国务院侨办宣布，中国海外侨胞的数量已超过 4 500 万，以绝对数量稳居世界第一。2009 年到美国投资移民的 EB-5 类签证的中国申报人数已经翻了一番，从 2008 年的 500 人上升到超过 1 000 人。同时，近十年来申请各国技术移民的人数与投资移民相比，大约为 20：1。美国国务院公布的数据则显示，2010 财年获批的 EB-5 类签证移民总数还将大幅增长，而中国申请人在其中所占的比重将可能提高至 70% 左右。另一热门国度则是加拿大，2009 年，加拿大吸收全球投资移民目标数为 2 055 名，中国就占了 1 000 人，而仅在魁北克移民局审理的投资移民中，中国申请人就占据了七成。

但更具争议的还不在此。据教育部统计，从 1978 年到 2009 年年底，我国各类出国留学人员总数达 162.07 万人，留学回国人员总数达 49.74 万人（占 30.7%）。在留学学成人员中，有 62.3% 选择回国发展，近四成选择在国外发展。截至 2009 年年底，以留学身份出国、目前在外的留学人员有 112.34 万人，其中 82.29 万人在国外进行专科、本科、硕士、博士等阶段的学习以及从事博士后研究或学术访问等。一般对发展中国家而言，留学生学成回国的合理比例至少要超过 2/3，而目前中国留学人员学成后归国的比例要低于这个比例。流出海外的青年才俊，相当于 30 所北大、30 所清华的所有在校本科生。

2010 年 6 月，《国家中长期人才发展规划纲要（2010—2020 年）》正式颁布。纲要强调要通过强化人才工作的组织领导、健全人才发展规划体系、加强人才基础性建设等工作，突出培养造就创新型科技人才，努力造就一批世界水平的科学家、科技领军人才、工程师和高水平创新团队，注重培养一线创新人才和青年科技人才，大力开发国民经济和社会发展重点领域急需的紧缺专门人才，以及培养造就一大批拔尖创新人才。纲要精神再次提醒教育界和科技界的管理者与政策制定者：人力资源是我们人类赖以生存的地球上的第一资源，而在当今科技文明时代，科技人力资源又是其中最重要的一种人力资源。

因此，在当前全球高新技术发展的关键阶段，需要从结构优化、量质并举、人才流向引导等方面，在国家层面实施有关科技人力资源的重要战略措施。要响应国家人才规划的最新号召，关键在于科学布局 HRST 后备军的培养结构，并建立系统的人才导向体制，使得 HRST 在顺畅的发展通道上拓展其专业空间。这样才能在应对全球已然兴起的关键科技领域的激烈竞争中，为国家发展提供强大的科技人力资源保障。

目前，世界各发达国家都在积极抢占科技人力资源的制高点，通过增总量、重质量、优结构和强竞争，积极加强科技人力资源能力建设，紧锣密鼓地加大科技人力资源投入，为在未来关键科技领域抢占先机而积极应对。在这一关键时刻，我国尤其要加强科技人力资源能力建设，实施科教集成的综合创新战略，积极探索人才培养模式创新，构筑产学研战略联盟机制，走科技人力资源强国之路。而这一战略目标实施的关键，就是要举全国之力，重点加强科技人力资源能力建设，尤其是要着眼于未来，加快科教集成创新战略，打造一批具有"世界水平的科学家、科技领军人才、工程师和高水平创新团队"，注重培养"一线创新人才和青年科技人才"，大力开发"经济社会发展重点领域急需紧缺专门人才"，这是实施自主创新战略和建设创新型国家的必由之路。

二、战略与行动方案

（一）基本思路

1. 战略实施背景

党的十七大报告提出，提高自主创新能力、建设创新型国家是国家发展战略的核心，是提高综合国力的关键。从现在起到 2020 年是中国发展的重要战略机遇期，我们迫切需要培养造就一大批创新能力强、适应经济社会发展需要的高素质、创新型科技人力资源。科技人力资源能力建设是科教强国的重要组成部分，也是创新型国家建设和自主创新战略最为关键的基础性、战略性、支撑性和引领性工程之一。因此，开发高素质、创新型科技人力资源已经成为新时期高等教育发展的一项重要任务，是我们坚持科教兴国战略和建设创新型国家的一项重要高等教育改革，是事关国家发展的一项重要举措。

当前，加快高素质、创新型科技人力资源能力建设具有极端重要的意义，因为它是：

（1）转变经济发展方式、提高科技创新能力的迫切需要；

（2）由制造大国迈向制造强国的迫切需要；

（3）加强民生建设、提高大学生就业能力的迫切需要；

（4）创造有利于中国发展的国际环境的迫切需要；

（5）提高中国高等教育国际影响力的迫切需要。

总之，积极推进科教集成创新，面向现实问题，回归工程实践，打破学科边界，依靠集成创新，实施系统变革，乃是我国科技人力资源能力建设的必由之路。

2. 方案设计思想

我国高素质、创新型科技人力资源培养计划应以邓小平理论和"三个代表"重要思想为指导，深入贯彻落实科学发展观，全面贯彻党的教育方针，树立"面向产业、面向未来、面向世界"的教育理念；坚持科教集成创新战略，以社会需求为导向，以实际工程为背景，以科学技术为主线，着力提高学生的科技意识、科技素质和科技实践能力。该计划要主动服务我国"走中国特色新型工业化道路"的战略，主动服务依靠科技进步转变经济发展方式的战略，主动服务"走出去"战略，主动服务行业和企业的需求。

该计划将致力于实现教育理念、教学内容、培养模式、学科集成、教学路径与人才战略的综合创新，其核心工作就是通过"拓宽口径、夯实基础、重视设计、加强综合、回归实践"来不断推进科技教育改革，在新的起点和更高的平台上谋求高等教育的跨越式发展。该计划以"重基础、重设计、重创造"为特色，以完善知识结构、强化综合能力和提高工程素质为培养核心，通过不断丰富工程内涵、优化学生知识结构、强化学生素质教育、重视学生能力培养、突出学生工程实践，达到强化整合培养的要求。

具体来说就是，在教育理念创新上，积极构建现代教育观，坚持实践性、综合性与创造性的发展方向，坚持"以人为本、和谐发展、整合培养、集成创新、追求卓越"的指导方针，坚持树立 PKAQ 〔personality（人格）、knowledge（知识)、ability(能力)、quality(素质)〕四位一体、"宽专交"并行和3M(多规格、多通道、模块化)体系完备的工科人才培养理念;在教学内容创新上,秉承"核心要凝聚、边界要跨越、知识要融通、交叉要创新"的指导思想,不断完善知识结构、强化实践能力和提高综合素质;在教学路径创新上,坚持以问题为导向,重视工程实践,采取归纳为主、演绎为辅的教学模式;在人才培养模式创新上,积极探索各种行之有效的模式,把综合教育改革及其人才培养模式创新作为培养高素质、创新型科技人才的重要途径。

(二)行动计划

1. 行动目标识别

我们认为,高素质、创新型科技人力资源能力建设,应面向未来人类社会的发展和我国国民经济的科学、持续发展,面向全球知识经济时代,面向现代科学(技术)前沿,面向集多学科知识于一体的更宽广的工程领域,培养立志投身于与国民经济发展密切关联的科技事业,具有扎实的数理化基础知识和宽阔的国际视野,具有深厚的文化底蕴和优良的综合素质,具有在国际环境下从事科学技术或工程管理的潜力,具有将最新科学(技术)成果转化为生产力的创造潜能,具有高新技术产品的研制开发能力,具有团队精神和管理与协调大型科技工程的领导潜质的复合型精英科技人才。因此,高素质、创新型科技人力资源能力建设行动计划,以培养和造就一大批创新能力强、适合经济社会发展需要的各类优秀科技人才,为建设创新型国家、实现工业化和现代化奠定坚实的人力资源基础作为工作目标,进而有效促进我国高等教育改革,努力建设具有世界先进水平的中国特色社会主义现代高等教育体系,促进我国从教育大国走向教育强国,不断增强我国的核心竞争力。

(1)从模式创新入手,以教学环节、课程体系与能力训练建设为改革主线,通过基础课程、工程科学与技术课程、工程设计、创新试验、科研训练、工程实践、国际培养等众多环节的改革设计和具体实施来提供切实可行的行动方案与操作指南。鼓励国内一流高校努力成为未来科技人才及其领军人物的摇篮。

(2)从学生的综合素质、基础理论、动手实践、创新设计、实践训练等多个环节,全方位提高其动手实践能力、自主设计能力和综合创新能力,指导学生充分利用优质的教学与实验资源以及先进的设计和实践训练手段,强化学生的自主学习和研究型学习意识，切实增强学生解决复杂科技问题的能力。

（3）使学生的优秀毕业设计和优秀论文数量明显增长，设计能够得到学生本人和家长的高度肯定并受到导师和社会一致好评的人才培养模式，使之在自我评价、教师评价与社会评价等综合评价方面都取得显著成效。

2. 行动方案的关键点

高素质、创新型科技人力资源能力建设应在专业设置、课程体系、培养途径、教学运行机制、教学组织形式、教学管理等方面不断探索和实践，走科教集成综合创新之路，在培养目标、培养规格、教学计划等方面不断取得新突破。

（1）在培养战略上，实施 SEIM（科学教育、工程教育、创新教育与管理教育）集成创新人才培养战略。鼓励高校邀请相关企业共同深入研究和制定基于 SEIM 战略的教学改革、课程体系、培养环节、模式创新和工程实践，对科技人力资源进行学科集成创新和知识整合培养。鼓励各学科结合自身优势和特点，不断明确培养目标和凝聚学科特色，依托自身核心能力来不断增强其高等教育国际竞争力。

（2）在培养标准上，结合高校定位、优势、特色与服务面向等，分别制定人才培养的通用标准和行业标准，并将培养标准细化为知识能力大纲和矩阵表，依据知识能力大纲对课程进行整合，将知识能力大纲落实到具体的课程和教学环节，以加强学生自身能力建设。

（3）在课程设置上，让高水平的工程类通识课程（如工程导论、工程史、工程科学、工程哲学、系统科学与工程、工程设计、工程管理、工程服务、工程经济学等）进入工科学生教学培养体系。实行工程基础模块（如工程导论、工程原理、数学建模、系统科学与工程等）、工程设计模块（由数据结构基础、计算机图形学、设计思维与表达、嵌入式系统、计算机辅助创新等工程设计方法与工具类课程组成）、工程管理模块（由科技人才领导力开发、生产与运行管理、项目管理、科技管理、创业管理等综合管理类课程组成）、工程实践模块（由工程研究与实践、专项实践设计等课程组成）等课程整合培养。学生可根据自己的基础和志趣选择某一课程模块修读一定的学分。

（4）在教学组织上，鼓励教师设置能力培养型课程，如自学课、讨论课、设计课、研究课、训练课、竞赛课等，通过必修课、选修课和实践课，以及理论教学、课堂分组讨论、课后团队设计与开发、多位教师独立综合评价设计成果、创新项目和系统方案等环节来保证高素质、创新型科技人力资源能力建设的贯彻落实。

（5）在教学创新上，遵循工程的实践集成、创新特征与精髓，大力推进教学方法的改革和创新。加快推进学科会聚与跨学科创新平台建设，合理设置学科，强调适度综合，注重学生"宽专交"能力的构建。大力鼓励创新型教学改革与实践活动，以"强化设计与创造力培养"为核心，着力推动 CDIO、PBL（以问题为基础的教学法）、探究式学习、基于项目的学习、案例教学、发现式学习、适时教学等多种创新教学方法和方式。

（6）在能力建设上，以能力培养为主线，构建起相互衔接、适应学科特点的实验教学体系和多层次、创新型的实践训练体系，全面培养学生的科学作风、实验技能，以及思维创新能力、综合分析能力和发现解决问题的能力。积极推进毕业设计实战计划，鼓励学生深入企业学习、参与导师科研项目和参加各类科技竞赛，全面增强其创新能力。

（7）在学科建设上，切实处理好特色专业与强势专业的关系、专业建设与学科建设的关系和大类培养与专业培养的关系，全面实施优质课程建设计划，对特色专业建设提供稳定经费支持，不断提高课程质量，大力实施专业特色培育计划，突出专业特色优势，强化专业看家本领。

（8）在实践环节上，强化"四实"（课程实习、生产实习、毕业实习、科研实践），突出"四化"（国际化、产业化、研究化、专门化），注重"四性"（自主性、创新性、实践性、兴趣性），面向高等教育国际化培养一流工科人才，坚持人才培养与社会需求相结合、与产业需求相结合。

（9）在实验教学上，建立基础规范实验、综合设计实验、研究探索实验三层次的实验教学体系，通过远程实时控制、学科以及企业新实验学术交流、全天候开放等实验教学手段，倡导以学生"自我学习、自由探索、自主实验、自行管理"的"四自"模式为宗旨的实验教学新模式。提倡建立科研结合型的专业特色教学实验室，鼓励教师将自己的科研成果转化为实验内容，吸引学生更早地进入实验室从事研究性工作；建立实验转化型的基础实验室，鼓励实验技术人员刻苦钻研实验技术，积极开展自制实验设备的研究。不断完善教学实验室的建制规章和平台条件，切实加强实验室管理体制和运行机制，实现实验教学资源的优化配置和跨部门服务效能提升。

（10）在平台打造上，分别采取平台构建策略、纵深推进策略和点上突破策略等，重点打造各类人才培养模式创新实验区。充分发挥综合工程训练、实验教学示范中心、国家人才培养和基础课程基地以及省级实验教学示范中心的作用，积极推进实验教学示范中心建设工作。加快形成国家、省、校三级实验中心建设的合理布局，为高素质、创新型科技人力资源培养提供坚实的条件保障。

（11）在产学合作上，大力实施校企联盟战略，积极推进名企名校产学合作教育，联合知名企业加快建立一批产学实训基地和青年就业创业见习基地；积极推行实习生制度，建立产学合作教育专项经费资助制度。高校与行业部门可以联合实施行业的"高素质、创新型科技人力资源能力建设行动计划"，校企联合制定企业培养方案，共同制定学生在企业学习期间的培养目标、培养标准和培养方案，对企业的工程实践条件、师资配备（应与学生规模相适应）等基本要素，提出切实可行的实践方案。建立产学合作教育委员会，吸收产业界知名人士全面参与教育指导和教学改革工作。

（12）在国际教育上，全力推进国际化教育，大力提升未来科技人力资源国际化能力，将国际化教育作为培养未来科技人力资源的重要目标之一。高校不断扩大高等教育的对外开放，拓展学生的国际视野，提升学生跨文化交流、合作和竞争的能力，培养能够适应企业"走出去"战略需要的国际化科技人力资源，扩大来华接受高等教育的留学生规模。积极鼓励工科学生进入海内外跨国企业学习，建立专项经费资助制度，鼓励学生参加国际性的交流、学习、研究和会议，不断增强实践意识和综合能力。

（13）在出口通道上，高校扩大全日制工程硕士和工学硕士推荐免试研究生比例，推荐免试研究生名额单独下达。保研生不但可以自由选择攻读的学科和专业方向，而且其中部分优秀学生还将进入国际化联合培养通道，被选派到海内外著名大学和科研机构攻读博士学位。高校既为学生提供多层次、多出口和"宽专交"的教学方案与工程训练，也为教师因材施教、培养多样化人才和学生自主构建知识结构提供发展与创新空间。

（14）在师资建设上，全面增强师资队伍的工程实践意识和能力，建设一支拥有一定工程经历的高水平工程型师资队伍。大力培养和引进"双师型"教师，不断优化研究、实践和教学的专职及兼职教师的结构，使参加"高素质、创新型科技人力资源能力建设行动计划"的"双师型"教师比例达到 30%～40%。高校可从企业直接聘请具有丰富工程实践经验的工程技术人员和管理人员。高校设立面向企业创新人才的客座教授和研究员岗位，聘请有丰富工程实践经验的企业工程技术人员和管理人员来校担任专、兼职教师，承担专业课程教学任务，指导毕业设计。在实施吸引优秀留学人才和海外科技人才回国（来校）工作措施时，要特别关注具有在世界 500 强企业中工作的经历的人才。

（15）在培养经费支持上，联合知名企业发起设立"高素质、创新型科技人力资源能力建设专项基金"。以高校启动资金为引导，积极筹集社会资金，吸引社会各界资金进入，重视校友捐赠，对教育创新形成长期稳定的支持和鼓励，特别是支持面向国家经济建设主战场及产业升级的教育创新和人才培养。基金面向高校，采取竞争机制，以资助"项目"和"人才"的方式，择优重点支持高等教育改革与创新实践活动，包括产学合作项目、教学模式创新项目、国际交流项目、创新设计活动、实习创新项目、创新教育实验室建设项目等，并不断加大对参与专业的经费投入，支持相应的高等教育教学改革、工科师资培养、校内外学习实验实训基地建设、联合培养补贴和学生对外交流等。

三、对策建议

高素质、创新型的科技人力资源，是实施自主创新战略和建设创新型国家的第一战略资源。高素质、创新型科技人力资源能力提升工程，也是国家科技创新战略最为关键的基础性工程之一。

面向 2020 年，科技人力资源培养计划及其能力提升工程，既是国家科技创新战略最为关键的基础性、战略性、支撑性和引领性工程之一，也是我国未来十年创新型国家建设的重要支撑计划。这是一项长期的、复杂的系统工程，既需要政府组织、企业、高等院校、科研院所、科技中介、科技平台等社会各界的积极参与和跨组织合作，更需要注重发挥政府的组织与协调作用。教育部、中国科学院、中国工程院、科学技术部、人力资源和社会保障部、财政部等单位和部门，应当整合优势、突出特色、强调重点，联合发起"高素质、创新型科技人力资源能力建设行动计划"，力争在未来十多年的世界竞争中抢夺并占领高素质、创新型科技人力资源的制高点。

1. 具体的九条建议

（1）在研究型大学建设中，应当解放思想、拓新思路，认真研究和借鉴创业型大学的经验。

以创新型国家建设为导向，坚持育人为本，摆正大学科研、服务与育人的关系。认清创业型大学的兴起对改造大学传统、推进大学发展的意义，将 21 世纪的中国大学建设成为推动社会发展和个人发展的时代中枢。我国科技人力资源培养应从战略层面上对人才培养进行结构优化和建立关键学科人才培养的紧急响应机制，并从政策设置层面上对人才流向进行引导，避免在高层次人才领域持续出现"千军万马备战国考"的局面，引导人才流向国家重点关注的科技领域，以面向未来的竞争态势，迎接全球新一轮的科技竞争。

（2）改造理论脱离实践的书斋式教育，努力创建、试验与探索新的创新创业教育模式。

对国内外创新创业教育的最佳实践要广泛发掘、认真总结与宣传，借以改造陈旧的课程模式、教学模式、课外活动模式和人才评价模式。尤其在研究生教育层次上，要把创新创业教育更加密切地贯串于培养过程始终。

鼓励我国各类高等院校通过教育理念、教学内容与培养模式的综合创新来实现学科创新、路径创新和战略创新。

（3）设计和实施多样化的人才培养计划。

除大力改革传统的专业教学计划或培养计划外，借鉴国内外课程改革的创新经验，设置多种特色学位计划，包括面向专业实践、面向跨学科、面向尖端科技、面向全球问题（能源、环境、人口、粮食、灾疫等）的特色计划，以及创意设计类硕士、工程与公共政策硕士、理管结合的专业科学硕士（PSM）等新颖学位计划，使新兴学科和学位计划的创设与前沿关键技术的开发密切联系起来。

（4）坚持多样化人才培养目标，加强分类管理，鼓励特色办学。

对设置科学与工程专业的高校进行合理分类和科学定位，如划分为研究生院校、普通本科院校、高等职业院校等。严格按照分类管理、分类考核的原则，推进不同高校实施不同的人才培养规格与模式。

针对社会各界对目前人才培养深表忧虑的倾向，应高度重视培养质量，严格培养标准，严把入口关和出口关，加强包括学生自我评价、教师评价、用人单位评价在内的综合评价。

鼓励高校结合自身优势和特点，既可以努力创办高水平的研究型大学，也可以致力于创办符合学校实际的特色性大学。同时，鼓励高校不断明确办学方针和凝聚学科特色，依托自身核心能力来不断提升文化软实力和教育竞争力。

（5）创新与选择有效的 HRST 开发的战略工具和方略，包括系统再造、产学合作、国际合作、大学联盟、虚拟平台等战略与举措。

HRST 开发战略的基本点是面向问题、面向实际，"通过集成来创新"（Innovation through Integration），集成的对象即任何显性的、隐性的知识，特别是改革发展中创造出来的种种最佳实践。应大力鼓励创新型教学活动，积极尝试和推广 CDIO、PBL 等创新教育模式，注重在参与现实世界的系统和产品生产的过程中学习工程的理论与实践，实现人才培养诸环节的无缝连接，使学生的知识结构、专业素质与综合能力得到完整、全面的提升。

（6）高度重视学科会聚与跨学科创新平台建设，合理设置学科，强调适度综合，注重学生"宽专交"能力的构建。

高校应科学设置基础课程和专业课程，教学环节必须严格、规范，培养学生扎实的学科基础和专业能力。

高校应秉承"核心凝聚、边界跨越、交叉融合、知识创新"的原则，大力推进教学内容创新。鼓励高校适当调整专业设置及其课程安排，增加跨学科的专业门类和学位类别。鼓励本科生适度接触跨学科的课程和内容。

鼓励具备条件的高校积极推进组织机构改革，通过设立新型组织部门来统筹协调招生就业、教学组织和专业设置等各项工作。鼓励具备条件的高校对本科一年级学生实行大类培养和通识教育；对二年级以上本科生实行基于"宽、专、交"的整合培养；对研究生实行"高、精、尖"的专业培养。

（7）针对高校教师缺少专业实践的状况，全面增强师资队伍的实践意识和能力。

高度重视并不断完善"工科教师评价制度"，组织有关专家研究、设计和制定一套适合工科特色的、可操作的评价体系，并将毕业生优秀程度、科技贡献程度及产业实践程度等引入评价系统，以实现个体绩效与团队绩效的综合考核。

大力培养和引进"双师型"教师，在高等学校中设立面向企业创新人才的客座研究员岗位，选聘实践经验丰富的行业或企业高级专家到学校任教或兼职。制定和规范科技人才兼职办法，引导和规范高等学校科技人才到企业兼职。

不断强化工科师生的工程经历和实践能力，并设置准入门槛。通过制定政策，规定一定比例的工科年轻教师在工业界进行一至两年的博士后工作，并选派一批青年教师走出校门，到世界 500 强企业实地工作一至两年，增强解决实际问题的能力。工科生进入企业学习一年以上，全面增强工程实践能力。

（8）通过校企互动的方式积极构建产学合作教育网络，为高素质、创新型科技人力资源开发提供多样化的实践通道。

实践性教学是科技人才培养的重要环节，是培养学生创新意识、创新精神和创新能力的重要手段和方法。为此应该：

积极搭建产学合作教育网络。通过此平台，从学生的综合素质、基础理论、动手实践、创新设计、实践训练等多个环节全方位地提高其动手实践能力、自主设计能力和综合创新能力。

鼓励高校建立产学合作委员会，吸收政府、产业界等各层面人士全面参与教育指导工作，对专业设置、课程计划、培养模式提出咨询意见。

制定《产学合作促进法》，通过立法保障合作平台与合作机制的建立，规定企业的权利、责任与义务，推动高校与产业界的深度互动，从宏观上引导、扶持和保障各个层次产学合作的进行。支持企业为高等学校和职业院校建立学生实习、实训基地。制定产学合作教育政策（实习生制度、产学合作教育经费拨款等），对参与合作教育的企业给予政策优惠。通过税收等优惠政策促进该计划的开展，对于接收学生进行实训的企业可给予免税或其他优惠政策等待遇。

（9）全力推进国际化教育，大力提升科技人才国际化能力。

高素质、创新型科技人力资源短缺已经成为全球性的普遍问题。基于国际竞争与国际合作的考虑，应在如下环节加大教育创新和出台举措：

努力扩大学生的对外交流活动，为学生提供跨文化的交流机会和国际化实践机会，以扩展学生的全球视野、增长学生的学识才干和提高学生的国际竞争力。

采取"走出去"的方式，高度注重与国内外著名企业和大学研究所、实验室的交流及合作，定期选拔学生到著名企业参与工程设计与实践训练项目，以及选派优秀学生到海外著名大学的研究所或实验室访学；采取"请进来"的方式，定期聘请海内外知名专家学者等来校为师生举办重大科技领域专题讲座，重点介绍大型科技项目的预研、设计、研发、组织及实施等环节的经验教训。

设立专项奖学金，为学生提供更多的机会参与国际交流，并扩大国际交流资助面和提高资助额度；将高校学生国际交流程度列为重要的评估指标之一。

扩大教育部"引智计划"立项范围，加大立项强度。结合国家自主创新战略、重大科技专项和重点创新项目，采取团队引进、核心人才带动引进等多种方式引进海外优秀人才。海外高层次留学人才回国工作不受用人单位编制、增人指标、工资总额和出国前户籍所在地限制。妥善解决好海外优秀人才回国或来华工作的医疗保险、配偶就业、子女上学等问题。

2. 相关的保障措施

为保障"高素质、创新型科技人力资源能力建设行动计划"的顺利实施，应当成立"高素质、创新型科技人力资源能力建设实施领导和管理小组"，配备责任教授，由高校主管教学的副校长牵头，相关部门领导参加。

鼓励学校成立由行业专家参与的科技人力资源培养计划专家组，各专业成立由行业专家参与的专家组，让企业人士参与工程人才培养，与企业联合制定人才培养方案和专业培养标准。根据培养标准，校企联合制定培养大纲、实习内容、评价方式。

鼓励高校为学生提供多层次、多出口的教学方案与实践训练，建立科技人力资源培养基地，相关部门应积极配合参与组织实施。

为进一步推进高素质、创新型科技人力资源能力建设，充分调动师生投身高素质、创新型科技人力资源能力建设和教学改革的积极性，应在激励机制、保障体系、管理体制、运行机制、政策配套等方面给予全方位改革和条件保障，尤其是在建设师资队伍、完善办学条件、健全管理体制、提供政策保障等多方面给予全力支持。

（1）不断完善教学条件，在教材使用与建设、促进学生主动学习的扩充性资料使用、配套教材的教学效果、实践性教学环境以及网络教学环境等方面不断丰富与完善，鼓励教师采用国际一流的原版教材和双语教学示范课程。依托现有的教学资源与教学条件优势，充分发挥国家工科基础课程教学基地、省级工程实验教学示范中心和工程训练示范中心，以及基础实验室、工程专业实验室、工程综合实验室和创新实验实践基地的工程实训作用。

（2）不断完善科研条件，鼓励学生到国家重点实验室、国家工程研究中心和专业实验室完成各种科学研究、科技计划、工程实践和各类竞赛训练，为学生实践和创新能力培养奠定良好的基础。加强图书馆与资料室等信息资源建设，积极打造先进的科研条件平台。建立起以导师负责制和自主学习为核心的培养机制。鼓励学生尽早进入实验室和参与科研课题，为其个性化成长创造条件。指导教师根据学生的兴趣与特长，在深度和广度上不断提升其对学科专业情况、个人学业规划以及发展方向的认识，并负责指导学生科研能力的训练。

（3）不断加强师资队伍建设，建立起一支教学与科研并重、核心骨干相对稳定、结构合理的师资队伍。选派经验丰富的一线教师参与高素质、创新型科技人力资源培养教学与科研工作，分别承担通识课、平台课和专业课的教学与实践工作，并通过积极引进海内外知名专家担任兼职教师，更有针对性地加强学生的基础教育、高等教育、实践教育和创新教育。此外，重点加强师资队伍的专业结构、学科结构、年龄结构、学历结构和职称结构，保证核心骨干课程主要由工科学院资深教师和海内外知名工程科技专家进行授课与指导实践。

（4）贯彻落实经费政策。教学经费主要用于教学运行管理、课程建设、教学改革、实验教学、实验室建设与设备维护、学生实习、毕业设计、各类科技竞赛等，保证至少 80％以上经费直接用于学生培养。对各级各类教学改革项目获得立项的教师给予业绩点补贴，并对获得教育部、省教学研究立项的项目给予配套经费支持。高校出台专门师资考核与晋升政策，鼓励经验丰富的教师承担必修课、选修课和实践课的教学工作，并积极引进海内外知名专家担任兼职教师，不断强化基础教育、高等教育、实践教育和创新教育。高校鼓励教师积极实施教学改革，努力探索人才培养规律，引导学生实践创新。对于指导学生参与创新实践计划和科研训练的教师，高校应给予相应奖励。高校对承担高等教育改革任务的教师给予政策配套，包括教改经费配套、教学业绩津贴发放，以及教学改革成果奖励等。对科技竞赛和科研训练指导教师提供适当教学津贴，对指导学生正式发表高水平论文的教师给予奖励，使创新实践优秀项目享受省级教学改革项目待遇、创新实践良好项目享受校级教学改革项目待遇等。

（5）完善监督保障体系。要建立健全高校的激励机制、约束机制、监督机制与反馈机制，不断强化教学质量监控体系。即：通过各种奖励制度、年度考核、职称晋升、岗位聘任等措施形成激励机制；通过各种规章制度，在高校、教师、学生中形成工作规范和约束机制；通过教育部、管委会、专家委员会、社会公众等形成监督机制；通过学生评价、教师评价、社会评价等综合评价形成反馈机制，不断提高运行绩效。

面对各国对科技人力资源的激烈争夺，我们必须居安思危，不断增强开放意识，以战略眼光来看待这场对知识资本和智慧财富的争夺，并作出积极的应对。

在信息化、全球化的大背景下，必须坚持融科技、经济、社会和教育于一体的集成创新战略，建立起与国家战略、发展模式和社会需求相适应的教育创新系统，通过教育理念、教学内容和培养模式的综合创新来实现学科创新、路径创新和战略创新。正因为教育创新和科技人力资源能力建设是一项长期的、复杂的系统工程，才更需要政府、高校、企业、学生等社会各界的积极参与和跨组织合作，尤其需要注重发挥政府部门的组织和协调作用。同时，"高素质、创新型科技人力资源能力建设行动计划"也需要在创新理念、指导方针、操作模式、管理体制、运行机制、重要工程、主要工作、保障体系等方面，进一步提出和制定更为详尽的执行方案与实施细则，提出更具有操作性的行动指南和实施步骤。

（柳宏志　撰文）

参 考 文 献

第 1 章

Augustine（2005）. Rising Above The Gathering Storm：Energizing and Employing America for a Brighter Economic Future，2005

BIS（2009）. Annual Report 2009，Department for Business Innovation & Skills，UK

BMBF（2006）. The High-Tech Strategy for Germany，Federal Minister of Education and Research，2006

BMBF（2009）. Research and Innovation for Germany：Results and Outlook，Section 111-Innovation Policy Framework，Federal Minister of Education and Research，2009

CC（2003）. National Innovation Initiative, Council on Competitiveness, http：//www. compete. org/ about-us/initiatives/nii

CC（2004）. Innovate America, National Innovation Initiative Summit and Report，Council on Competitiveness，2004

Duderstadt（2008）. Engineering for a Changing World A Roadmap to the Future of Engineering Practice，Research，and Education，The Millennium Project，The University of Michigan

EU（2006）. Creating an Innovative Europe, Report of the Independent Expert Group on R&D and Innovation ，EUR 22005，2006

EU（2009a）. CIP-Competitiveness and Innovation Framework Programme 2007—2013，http：//ec. europa. eu/cip/index _ en. htm, Last modified：12 Aug 2009

EU（2009b）. PROGRESS TOWARDS THE LISBON OBJECTIVES IN EDUCATION AND TRAINING：Indicators and benchmarks，2009

GCSP（2009）. Grand Challenge Scholars Program, http：//www. grandchallengescholars. org/

NAE（2008）. Grant Challenges for Engineering, National Academy of Engineering，USA，http：//www. engineeringchallenges. org/

UK（2004）. SCIENCE AND INNOVATION INVESTMENT FRAMEWORK 2004：2014，July 2004

385

UN（1992a）．Agenda 21，http：//www.un.org/esa/sustdev/documents/agenda21/ english/ agenda21toc.htm♯sec1，1992

UN（1997）．Governance for sustainable human development，A UNDP policy document，United Nations Development Programme，January 1997

USA（2006）．AMERICAN COMPETITIVENESS INITIATIVE，Domestic Policy Council Office of Science and Technology Policy，Bush Administration，February 2006，http：//www.nist.gov/ director/reports/ACIBooklet.pdf

USA（2009）．A Strategy for American Innovation：Driving Towards Sustainable Growth and Quality Jobs，http：//www.whitehouse.gov/assets/documents/SEPT_20__Innovation_Whitepaper_FINAL.pdf

USC（2007）．The America COMPETES Act，PUBLIC LAW 110—69—AUG.9，2007，United States Congress，http：//sharp.sefora.org/wp-content/uploads/2007/11/pl110—69.pdf

UN（2006）．《确定施政和公共行政基本概念和术语》，联合国经济和社会理事会公共行政专家委员会第五次会议，2006年3月27日至31日议程项目5，纽约

UN（1992b）．《联合国环境与发展会议的报告，1992年6月3日至14日，里约热内卢》（联合国出版物，出售品编号C.93.I.18和更正），第一卷：《会议通过的决议》，决议1，附件二

陈乐，李晓强，王沛民．科技人力资源开发及其两个重要指数．高等工程教育研究，2007（2）

樊春良，佟明，朱蔚彤．学科交叉研究的范例——美国科学和技术中心（STC）的学科交叉研究．中国软科学．2005（11）

国务院．中国21世纪议程——中国21世纪人口、环境和发展白皮书.http：//www.acca21.org.cn/cca21pa.html，1994

胡锦涛．在全国科学技术大会上的讲话．新华网，2006-01-09

黄群．德国高技术战略的重点计划.http://www.syb.ac.cn/ydhz/hzlt/200806/t20080626_1865841.html

江洋．欧盟发布《欧洲创造与革新宣言》离不开教育．中国教育报，2010-1-12.www.jyb.cn，2010-01-12

江泽民．加强人力资源能力建设，共促亚太地区发展繁荣．人民日报，2001-5-16

江泽民．加强合作，共同迎接新世纪的新挑战．人民日报，2001-10-22

科学技术部发展计划司，中国科学技术指标研究会主编．弗拉斯卡蒂丛书．北京：新华出版社，2002

内阁府．イノベーション25戦略.http：//www.kantei.go.jp/jp/innovation/chukan/chukan. pdf

宁弦.《商业周刊》：全球国家创新能力排名新加坡第 1 中国 27. http：//
www. kmcenter. org/html/s2/200903/17——7786. html

胡锦涛：走中国特色自主创新道路、为建设创新型国家而奋斗. http：//theory. peo-
ple. com. cn/GB/49169/49171/4012810. html

王沛民，孔寒冰编著. 面向高新科技的大学学科改造. 杭州：浙江大学出版社，2005

日本文部科学省. 科学技術白書，平成 19 年版. http：//www. mext. go. jp/b _ menu/
hakusho/html/hpaa200701/index. htm

胡锦涛主持中共中央政治局会议讨论政府工作报告. http：//news. xinhuanet. com/poli-
tics/2010——02/22/content _ 13026203. htm

第 2 章

Auriol，Laudeline and Bernard Felix，Martin Schaaper（2010）. Mapping Careers and of
Mobility Doctorate Holders：Draft Guidelines，Model Questionnaires and Indicators-the OECD/
UNESCO institute for statistics/eurostat careers of doctorate holders（CHD）project，http：//
www. oecd. org/dataoecd/6/25/39811574. pdf

BMBF（2006）. The High-Tech Strategy for Germany，Federal Ministry of Education and
Research（BMBF），2006

BMBF（2009）. Research and Innovation for Germany Results and Outlook，Federal Minis-
try of Education and Research（BMBF），Section 111-Innovation Policy Framework 11055 Berlin，
2009

Cervantes，Mario（1999）. Background Report：an Analysis of S&T Labor Markets in
OECD Countries，http：//www. oecd. org/dataoecd/37/54/2751230. pdf

CHANG，KENNETH（2009）. White House Pushes Science and Math Education，ht-
tp：//www. nytimes. com/2009/11/23/education/23educ. html

Commission of the European Communities（2006）. Delivering on the Modernization Agenda
for Universities Education，Research and Innovation

Delaine，David A. ，et al（2009）. The Student Platform for Engineering Education Devel-
opment（SPEED）-Empowering the Global Engineer. http：//www. worldspeed. org/images/
stories/main _ pages _ /SEFI _ Submission _ 2. pdf

Dugger，William E. ，Jr. （1993）. The Relationship between Technology，Science，Engi-
neering and Mathematics，EDRS，ED—366—795，Dec. 1993

Ellis，Anne（2006）. Addressing the STEM Workforce：Maintaining US Competitiveness and Innovation in a Global，Economy & Ensuring National Security，PTC-MIT Consortium，http：//www. aiaa. org/pdf/public/stem2. pdf

European Business Summit（2009）. Skills and Innovation：fostering EU human capital

European Commission（2007）. Towards a European Research Area，Science，Technology and Innovation，Key Figures，2007

Eurostat（2008）. Human Resources in Science and Technology

Gago，José Mariano（2004）. Increasing Human Resources for Science and Technology in Europe，REPORT to be presented at the EC conference EUROPE NEEDS MORE SCIENTISTS，Brussels，2 April 2004

GAO（2005，2006）. Higher Education：Science，Technology，Engineering，and Mathematics Trends and the Role of Federal Programs，U. S. Government Accountability Office，GAO—06—114，October 2005；GAO—06—702T，May 3，2006

GIER（2008）. Weekly Report：Deficits in Education Endanger Germany's Innovative Capacity，German Institute for Economic Research No. 14/2008 Volume 4，December 8，2008

Graversen，Ebbe K.（2002）. Knowledge Transfer By Labor Mobility in the Nordic Countries，2002

Guinet，Jean（2008）. National innovation strategies-some lessons from OECD country. OECD-world bank conference on innovation and growth，Paris，2008

Guinet，Jean（2009）. China's innovation capabilities and policies，World Bank FDP Forum 2009，Washington DC，2009

Johansson，Leif（2009）. ERT Mathematics，Science & Technology Education Report：The Case for a European Coordinating Body

NAE & NRC（2009）. Engineering in K-12 Education：Understanding the Status and Improving the Prospects，THE NATIONAL ACADEMIES PRESS，2009

Nas，Svein Olav（2008）. HRST Data as Innovation Indicators-the Nordic Experience，2008

Nelson，R. R.，ed.（1993）. National Innovation Systems：A Comparative Analysis. New York（NY）Oxford University Press. 1993

NRC（1992）. National science education standards，National Committee on Science Education Standards and Assessment，National Research Council，1992

NSB（2010）. Science and Engineering Indicators 2010，National Science Board，2010

NSB（2010）. Science and Engineering Indicators 2010，the National Science Board，http：//www. nsf. gov/statistics/seind10/

NSF（1996）. Shaping the Future：New Expectations for Undergraduate Education in Science，Mathematics，Engineering，and Technology（NSF 96—139）

NSF（2008）. FY 2009 Budget Request to Congress，February 4，2008，www. nsf. gov/about/budget/fy2009/pdf/entire ＿ fy2009. pdf

OECD（1995）. Canberra Manual，1995

OECD（1997）. National Innovation System. Paris：OECD，1997

OECD（2003）. Science，Technology and Industry：Scoreboard 2003

OECD（2004a）. Science，Technology and Industry：Outlook 2004

OECD（2004b）. S&T Statistical Compendium 2004，1：21—21

OECD（2005）. Science，Technology and Industry：Outlook 2005

OECD（2006）. Funding Systems and Their Effects on Higher Education Systems，COUNTRY STUDY-GERMANY，2006

OECD（2007）. OECD Science，Technology and Industry Scoreboard，2007：61—62

OECD（2008a）. Education at a glance 2008—OECD Indicators，Paris，2008：203—204

OECD（2008b）. The Global Competition for Talent：Mobility of the Highly Skilled ，2008：http：//www. oecd. org/sti/stpolicy/talent

OECD（2008c）. Improving Education Outcomes in Germany. OECD Economics Department Working Papers，No. 611

OECD（2009）. OECD Factbook，http：//www. oecd. org/document/62/0，3343，en ＿ 21571361 ＿ 34374092 ＿ 34420734 ＿ 1 ＿ 1 ＿ 1 ＿ 1，00. html

Pokholkov，Yuri（2009）. Russian Engineering Education：History，Current Status and Challenges，http：//www. ifees. net/activities/documents/LuenyMorell-Welcome-FINALv2 ＿ smalleropening. ppt

Pokhollkov，Yuri（2008）. The EU-Russia Common Space for Science and Education as an opportunity for enhanced university cooperation. http：//www. crp-eut. org/ 2008 ＿ Pokholkov. pdf

TUP（2010）. Tomsk Polytechnic University，http：//www. tpu. ru/eng/mission. htm

WEF（2008）. The Global Competitiveness Report 2007—2008，World Economic Forum

WEF（2009）. The Global Competitiveness Report 2008—2009，World Economic Forum

WEF（2010）. The Global Competitiveness Report 2009—2010，World Economic Forum

OECD（2000）. 科技人力资源手册. 弗拉斯卡蒂丛书. 北京：新华出版社，2000

陈劲，陈钰芬等. 国家创新能力的测度与比较研究. 技术经济，2009（8）

杜谦，宋卫国，高昌林. 建立我国科技人力资源统计的建议. 统计研究，2004（3）

高欣. 教育全球化和国际化形势下俄罗斯对外教育新动向. 清华大学教育研究, 2003 (6)

黄群. 德国高技术发展战略与其创新态势. 中国高新技术企业, 2007 (4)

李春生, 时月芹. 波洛尼亚进程框架下俄罗斯高等教育系统的改革. 比较教育研究, 2006 (9)

张男星, 杨冬云. 论俄罗斯教育的国际化. 俄罗斯研究, 2005 (1)

郑绪涛. 中国自主创新能力影响因素的实证分析. 工业技术经济, 2009 (5)

中国科协调研宣传部, 中国科协发展研究中心. 中国科技人力资源发展研究报告, 2008-4

朱学彦, 孔寒冰. 科技人力资源开发探究: 美国 STEM 学科集成战略解读. 高等工程教育研究, 2008 (2)

第3章

ASU (2010). Innovation Challenge. http://entrepreneurship. asu. edu/

Bush, V., Chair (1950). Report of the Panel on the McKay Bequest to the President and Fellows of Harvard College, Harvard University Printing Office, 1950

Clark, B. R. (2004). Sustaining Change in Universities: Continuities in Case Studies and Concepts. U. S.: McGraw-Hill Education, 2004

Crow, Michael M. and C. Tucker (2001). The American research university system as America's de facto technology policy. Science and Public Policy, 2001

Crow, Michael M. (2002). A new American university: the new gold standard. Inaugural Address, 2002

Crow, Michael M. (2008). The Future of the Research University: Meeting the Global Challenges of the 21st Century, 2008. Kauffman-Planck Summit on Entrepreneurship Research and Policy, June 8—11, 2008, in Bavaria, Germany

Dodge, Barnett, Chair (1961). Engineering Education at Yale University, Report of the Committee for the Study of Engineering Education, October 23, 1961

Faust, D. G. (2007). Launch of Harvard School of Engineering and Applied Sciences, September 20, 2007. http://www. president. harvard. edu/speeches/

Guizzo, E. (2008). Engineering the Harvard Engineer, IEEE Spectrum, April 2008

Harvard (2010a). Founding and early history of engineering and applied sciences at Harvard, http://www. seas. harvard. edu/our-school/facts-history/history/

Harvard (2010b). "Greatest hits" in engineering and applied sciences research, http://www. seas. harvard. edu/our-school/facts-history/milestones

Harvard (2010c). SEAS Today, http://www. seas. harvard. edu/our-school/facts-history/seas-today

Harvard（2010d）. Overview of the academic leadership and administration，http：//
www. seas. harvard. edu/administration/leadership

Herrmann，Wolfgang A.（2008）. The Future of the European University：Issues，Entrepreneurship，and Alliances. The Future of the Research University：Meeting the Global Challenges of the 21st Century ［C］. Ewing Marion Kauffman Foundation，2008：68—74

Herrmann，Wolfgang A.（2008）. The Future of the European University：Issues，Entrepreneurship，and Alliances. The Future of the Research University：Meeting the Global Challenges of the 21st Century ［C］. Ewing Marion Kauffman Foundation，2008：68—74

Ho，Y. C.（2007）. Harvard Celebrates the launching of the School of Engineering and Applied Sciences，September 20，2007，http：//www. sciencenet. cn/u/何毓琦/

KCIEE（2010a）. Keller Center for Innovation in Engineering Education，http：//
blogs. princeton. edu/kellercenter/index. html

KCIEE（2010b）. 2009 Annual Report，http：//commons. princeton. edu/kellercenter/annualreport2009/

Kelly，Brooks Mather（1974）. Yale：A History，Yale University Press，New Haven，
Connecticut，1974

Letchford，J.（2009）. A small school with grand ambitions，Staff Reporter，
Sep. 22，2009

Narayanamurti，V（2010）. SEAS launch speech，http：//www. seas. harvard. edu/our-school/facts-history/history/launch/seas-launch-speech-v. -narayanamurti

Princeton（2010）. School of Engineering and Applied Science Records，1884—2002，Princeton University Library，Mudd Manuscript Library

Roy，Mark J.（2001）. University of Connecticut，Arcadia Publishing，2001

Schulte，Pete（2004）. The Entrepreneurial University：A Strategy for Institutional Development ［J］. Higher Education in Europe，2004，（2）：122

Slaughter，Sheila & Larry L. Leslie（2001）. Expanding and Elaboratingthe Concept of Academic Capitalism. organization，2001，Vol. 8，No2：154—161

TUM（2010a）. TUM. The Entrepreneurial University，http：//portal. mytum. de/tum/
index _ html

TUM（2010b）. Entrepreneurial Future，On this Institutional Strategy，http：//
www. excellence-initiative. com/muenchen-tum

Warren，C. H.（1948）. Sheffield Scientific School：The First Hundred Years，The Scientific Monthly，67，1，58—63，Jul. 1948

Yale（1919a）. The Organization of Yale University and the Sheffield Scientific School，Science，New Series，49，1253，18—19，Jan. 3，1919

Yale（1919b）. Report on University Reorganization，Committee on Educational Policy of the Yale Corporation，March 17，1919

Yale（1932）. The School of Engineering of Yale University，Science，New Series，75，1954，603，Jun. 10，1932

Yale（1945）. Reorganization of the Sheffield Scientific School of Yale University，Science，New Series，101，2616，169，Feb. 16，1945

Yale（1981）. Engineering Education and Research at Yale，March 21，1981

Yale（2010）. Yale engineering through centuries，http：//www. eng. yale. edu/eng150/timeline/index. html

Yokoyama，Keiko（2006）. Entrepreneurialism in Japanese and UK universities：Governance，management，leadership，and funding. Higher Education，2006，（52）：523—555

［美］Clark，Burton R. 建立创业型大学：组织上转型的途径. 王承绪译. 北京：人民教育出版社，2003

［美］Clark，Burton R. 大学的持续变革——创业型大学新案例和新概念. 王承绪译. 北京：人民教育出版社，2008

白寿彝总主编.《中国通史》第十一卷. 近代前编（下册）. 上海：上海人民出版社，1999

常建坤，李时椿. 论美国创业活动和创新精神及其对中国的启示. 南京财经大学学报，2007（06）

丁学良. 什么是世界一流大学. 高等教育研究，2001（3）

［美］弗兰克·罗德斯. 创造未来：美国大学的作用. 王晓阳等译. 北京：清华大学出版社，2007

［美］亨利·埃兹科维茨. 大学与全球知识经济. 夏道源等译. 南昌：江西教育出版社，1999

［美］亨利·埃兹科维茨. 麻省理工学院与创业科学的兴起. 王孙禺，袁本涛等译. 北京：清华大学出版社，2007

刘继安. 我们离世界一流大学有多远. 中国教育报，2002-3-12

彭绪梅. 创业型大学的兴起与发展研究. 大连理工大学博士学位论文，2008

王雁，孔寒冰，王沛民. 世界一流大学的现代学术职能——英国剑桥大学案例. 清华大学教育研究，2002（1）

徐理勤. 博洛尼亚进程中的德国高等教育改革及其启示. 德国研究，2008（3）

浙江大学课题组．慕尼黑工业大学调研报告．见：国务院学位委员会办公室编．透视与借鉴——国外著名高等学校调研报告2008（下）．北京：高等教育出版社，2008

第4章

Becker，Kurt（2008）．NYU-Poly & Invention，Innovation，and Entrepreneurship in a Challenging Economic Environment，http：//catt. poly. edu/content/researchreview08/CATT _ Overview _ SP. pdf

Hultin，Honorable Jerry MacArthur（2008）．The University's Role in Economic Growth: Creating an Innovation Economy . . . and Society，http：//archive. poly. edu/president/ _ doc/Universities _ and _ Economic _ Development _ October _ 2008. ppt

Katz，J.（2003）．The chronology and intellectual trajectory of American entrepreneurship education. Journal of Business Venturing，2003，（18）：283—300

Kauffman Foundation（2007）．Entrepreneurship in American Higher Education. Kauffman Foundation，2007

Poly（2010a）．http：//www. poly. edu/academics

Poly（2010b）．http：//www. poly. edu/press-release/2009/10/27/nyu-poly-launches-unique-undergrad-forum-invention-innovation-and-entrepren

Raveché，Harold J.（2008）．A New Model for Academic Entrepreneurship：Successes and Lessons，http：//research. ncku. edu. tw/re/commentary/e/20080801/1. html

Reynolds，P. D.，Hay，M. & Camp，S. M.（1999）．Global entrepreneurship monitor. Kansas City，MO：Kauffman Center for Entrepreneurial Leadership. 1999

SIT（2010）．http：//www. stevens. edu/

邓汉慧等．美国创业教育的兴起发展与挑战．中国青年研究，2007（9）

刘沁玲．美国高校的创业教育——理念与机构运作．世界教育信息，2004（10）

梅伟惠．美国高校创业教育模式研究．比较教育研究，2008（5）

牛长松．美国创业教育的发展历程及其启示．职业技术教育，2007（1）

日本文部科学省．"平成19年度学校基本调查速报"，2007－08

日本文部科学省科学技术政策研究所．"大学等発ベンチャー現状と課題に関する調査2007—2008"，2009－12

沈蓓绯．美国高校创业教育特色分析．教育发展研究，2010（5）

［日］太田 肇．ベンチャー企業の「仕事」脱日本的雇用の理想と現実．中公新書，2001

［日］土井教之．ベンチャービジネスと起業家教育［関西学院大学産研叢書］．御茶ノ水

書房，2002

向东春，肖云龙．美国百森创业教育的特点及其启示．现代大学教育，2003（2）

株式会社大和総研．平成20年度大学大学院における起業家教育実態調査報告書．日本経済産業省委託調査，2009‑02

株式会社日本インテリジェントトラスト．"大学等における起業活動の総合的推進方策に関する調査研究"報告書．日本文部科学省委託調査，2007‑09

第5章

BIS（2008）．Innovation Nation White paper，http：//www. bis. gov. uk/policies/ innovation/white‑paper，2008

CED （2010）．Master of Engineering Design，http：//msep. mcmaster. ca/ced/program. html，2010

CSBi（2010）．http：//csbi. mit. edu/，Computational and Systems Biology Initiative，2010

DCMS （2008）．Creative Britain‑New Talents for the New Economy，http：//www. culture. gov. uk/reference _ library/publications/3572. aspx，2008

EPP （2010）．The Master of Engineering and Public Policy Program，http：//msep. mcmaster. ca/epp/program. html

Frans A. J（2006）．Science‑trained professionals for the Innovation Ecosystem：Looking Back and Looking Ahead，Industry & Higher Education，20（4）：273—277，2006

Frans A. J，and Sheila Tobias（2003）．Linking Science and Business：Examples of Educational Innovation，paper presented at the WACE 2003 Conference，Rotterdam，26‑29 August，Leiden，http：//www. liacs. nl/TechRep/2003/tr03—02. html. 2003

GSFS（2010）．http：//www. k. u‑tokyo. ac. jp/index. html. en，The Graduate School of Frontier Sciences，2010

Haslam，R. T. （1921）．The School of Chemical Engineering Practice of the Massachusetts Institute of Technology，Vol. 13，No. 5，465—468

III （2010） ．http：//www. iii. u‑tokyo. ac. jp/english/courses/index. html， Graduate School of Interdisciplinary Information Studies，2010

KGI（2005）．http：//www. kgi. edu/，Keck Graduate Institute，2005

Mattill，J. （1991）．The Flagship，the M. I. T. School of Chemical Engineering Practice 1916—1991，Privately Printed，December 1991

MIT（2003）．MIT Reports to the President 2002‑2003，http：//web. mit. edu/ annualre‑

ports/pres03/index. html，2003

MIT（2010a）. History of Department of Chemistry，http：//web. mit. edu/ chemistry/ www/about/history. html

MIT（2010b）. History of Chemical Engineering at MIT，http：//web. mit. edu/ cheme/a-bout/history. html

MIT（2010c）. Practice School，http：//web. mit. edu/cheme/academics/ practice/history. html

NAS（2004）. Facilitating Interdisciplinary Research，http：//www. nap. edu/ catalog. php? record＿id＝11153，2004

NPSMA（2009）. http：//npsma. org/，WHAT IS A PSM DEGREE?，National Professional Science Master's Association，2009

Reamer，Andrew（2003）. Technology Transfer and Commercialization：Their Role in Economic Development，Washington，D. C.，U. S. Department of Commerce，Economic Development Administration，August 2003

Servos，J. W.（1980）. The Industrial Relations of Science：Chemical Engineering at MIT，1900—1939，Isis，Vol. 71，No. 4，530—549

Sheila Tobias & Leslie B. Sims（2006）. Training Science and Mathematics Professionals for an Innovation Economy：The Emergence of the Professional Science Master's in the USA，Industry & Higher Education，20（4）：263—267，2006

Simons，C（2002）. New Career Paths for Science-Trained Professional，http：// www. sciencemasters. com/conference＿board＿full＿report. pdf，2002

Smith，Bruce（2010）. Doctor of Philosophy in Microsystems Engineering，http：// www. rit. edu/programs/program＿detail. php? id＝457

Todai（2010）. http：//www. u-tokyo. ac. jp/index/c00＿e. html，The University of Tokyo，2010

Walker，W. H.（1917）. The School of Chemical Engineering Practice：A Year's Experience，The Journal of Industrial and Engineering Chemistry，Vol. 9，No. 12，1087—1089

XCEEi（2010）. Master's degree in Engineering Entrepreneurship and Innovation，http：// businessinnovation. ca/

Zinner，Helmut（1995）. Microsystems-The European approach，Sensors and Actuators，1995，（46—47）：1—7

陈其荣. 诺贝尔自然科学奖与跨学科研究. 上海大学学报（社会科学版），2009（5）

封松林，王渭源，王跃林. 微系统进展与我院微系统发展战略思考. 科学发展，2003（1）

黄群. 德国高技术战略的重点计划. 政策管理，2008（8）

厉无畏. 对我国文化创意产业发展的再思考. 上海经济，2010（2）

刘平. 英国、日本、韩国创意产业发展举措与启示. 社会科学，2009（9）

万方数据. 电子信息产业调整振兴规划要点. 中国信息界. http：//c. wanfangdata. com. cn/periodical/zgxxj/2009—5. aspx

张学文. 跨学科发展与创新的组织形式——美日一流大学的成功经验与启示. 中国软科学，2009（2）

第6章

Aslanbeigui, Nahid and Veronica Montecinos（1998）. Foreign students in U. S. doctoral programs. The Journal of Economic Perspectives. Summer，1998（12）：171

Banff（2007）. The Banff Consensus：Integrating the Creative Capabilities of Western Canada into the Global Innovation System，University of Calgary，2007

Becher，Tony，Mary Henkel & Maurice Kogan（1994）. Graduate Education in Britain. London：Jessica Kingsley Publishers Ltd，1994

Bordogna，Joseph（1997）. Making Connections：The Role of Engineers and Engineering Education，The Bridge，Vol. 27，No. 1-Mar 1997，http：//www. nationalacademyof engineering. com/Publications/TheBridge/Archives/EngineeringCulture/MakingConnectionsTheRoleofEngineersandEngineeringEducation. aspx

Bordogna，Joseph，et al（1993）. Engineering education：Innovation through integration，Journal of Engineering Education，82（1）：3—8，1993

Bordogna，Joseph，et al（1995）. An Integrative and Holistic Engineering Education，Journal of Science Education and Technology，4（3）：191—198，1995

CGS（2007）. Report on graduate education and American competitiveness. http：//www. cgsnet. org/Default. aspx? tabid＝240&mid＝440&newsid440＝47&

CIC（2008）. CIC Member Universities，http：//www. cic. net/Home/AboutCIC/ CICUniversities. aspx

Crawley，Edward F.，et al（2009）. CDIO Syllabus，Leadership and Entrepreneurship，June 2009，http：//www. cdiofallmeeting2009. fi/materials/4CDIO _ Syllabus _ Leadership _ and _ Entrepreneurship. pdf

CSEPP（1993）. Science，Technology，and the Federal Government：National Goals for a New Era. Committee on Science，Engineering，and Public Policy. Washington，D. C.，National Academy Press，1993

EUA（2007）. Doctoral Programmes in Europe's Universities: Achievements and Challenges. European University Association. 2007

Mowshowitz, A. （1997）. Virtual organization. Commun. ACM，1997. 40（9）：30—37

Nagel, R. N., et al.（1991）. 21st century manufacturing enterprise strategy. 1991，Bethlehem, PA: Iacocca Institute, Lehigh University

NSF（1997）. BEST PRACTICES SUMMARY REPORT，ENGINEERING EDUCATION INNOVATORS CONFERENCE，April 7—8，1997，Arlington，Virginia

NSF（1998）. The Action Agenda for Systemic Engineering Education Reform，Guidelines for Submission of Proposals，nsf98—27

NSF（2000）. Graduate Education Reform in Europe，Asia and The Americas and International Mobility Of Scientists and Engineers: Proceeding of an NSF Workshop. 2000

NSF（2007）. Industry/University Cooperative Research Centers Program（I/UCRC），http：//www. nsf. gov/funding/pgm_summ. jsp? pims_id=5501&org=IIP&from=home

NSF（2008）. Industry/University Cooperative Research Centers: Model Partnerships. http：//www. nsf. gov/eng/iip/iucrc/directory/overview. jsp

ParisTech（2008）. Institute of Science and Technologies Paris Institute of Technology. http：//www. paristech. org/en/index. html

TU9（2008）. German Institutes of Technology. http：//www. tu9. de/

Wells, Herman B. （2002）. A Case Study on Inter-institutional Cooperation，http：//www. cic. net/Libraries/News-Pub/HistoryOfCIC. sflb

Whitehouse（2006）. Domestic Policy Council of rice of Science and Technology Policy. American Competitiveness Initiative: Leading the World in Innovation http：//www. Whitehouse. gov/stateoftheunion/2006/aci/aci06-booklet. pdf，2006

Wulf, William（2008）. The Future of the Research University: Meeting the Global Challenges of the 21st Century，2008 Kauffman-Planck Summit on Entrepreneurship Research and Policy，June 8—11，2008，in Bavaria，Germany

［美］Crawley, Edward F., et al. 重新认识工程教育——国际 CDIO 培养模式与方法. 顾佩华等译. 北京：高等教育出版社，2009

陈悦. 德国技术创新的实践及对我国的借鉴. 科学学与科学技术管理，1999（3）

陈学飞. 西方怎样培养博士——法、英、德、美的模式与经验. 北京：教育科学出版社，2002

丁志勇，曾晓萱，侯世昌. 美国工业/大学合作研究中心（IUCRC）的形成和发展. 中外科技政策与管理，1994（4）

李杰．美国国家科学基金会大学工业合作研究中心项目主任李杰访华报告（内部稿）．
1993－10－10

李睿．高校"虚拟"学术团队及特性初探．煤炭高等教育，2006（1）

骆品亮等．合作 R&D 的组织形式与虚拟研发组织．科研管理，2002（6）

沈霞．虚拟 R&D 团队的组织构建及其动态管理研究．上海交通大学博士学位论文，2007

王沛民．中国工程院创新型工程科技人才培养研究课题，政策建议（内部讨论稿），
2008－04－22

吴世明，黄达人，王沛民．系统规划工科学位和研究生教育，《中美德英日五国工程学位
和研究生教育比较研究》（学位办 85 重点课题），http：//www.meng.edu.cn/htmls/yjtd/re-
search.jsp? research_number＝0002

谢开勇．国外高校产学研合作模式分析．中国科技论坛，2004（1）

许长青．高等教育国际化：欧洲案例研究．外国教育研究，2008（1）

尤碧珍．欧盟国家高等教育国际化研究——以法、德、英为研究对象．山东师范大学硕
士学位论文，2006

袁韶莹，杨瑰珍．日本政府大力推进产学研合作事业的发展．外国教育研究，1999（1）

赵庆典．日本、韩国高水平大学建设的启示与思考．国家教育行政学院学报，2008（2）

朱桂龙等．虚拟科研组织的管理模式研究．科学学与科学技术管理，2002（6）

第 7 章

科学技术部发展计划司．2007 年我国科技活动人员投入情况分析．科技统计报告，2008（19）

科学技术部发展计划司．2008 年我国科技人力资源发展状况分析．科技统计报告，2009（28）

中国教科网．中国科技统计 2009 年度报告．教育部普通本、专科分学科学生数，分学科
研究生数（总计）．http：//www.edu.cn

后　记

　　历时一年半的教育部科学技术委员会战略研究重大专项"科技人力资源能力建设研究"完成之际，适逢《国家中长期人才发展规划纲要（2010—2020年）》和《国家中长期教育改革和发展规划纲要（2010—2020年）》先后正式颁布。两个规划纲要把包括科技人力资源在内的人才开发与使用问题，再次摆上我国坚持科学发展、深入改革开放的重大议程。希望我们的这个研究成果，能为规划纲要的实施贡献微薄之力。

　　本课题研究以翔实数据和典型个案作为分析的依据，努力把握科技人力资源能力建设的国际动向和战略举措，力图准确揭示能力建设的重要途径和经验借鉴，并结合我国科技人力资源现状与问题，提供针对性的对策建议。本研究的最大着眼点，是把科技和教育整合起来、把大学的科教创新和创新型国家建设联系起来作整体思考；用较多的案例阐明三类能力建设创新的最佳实践，同时把能力建设的战略选择和解题方案聚焦在系统性改革、产学合作、国际化、大学联盟和信息虚拟平台五个方面。研究涉及的众多议题，本课题仅仅作了初步讨论，今后极有必要作进一步深入探讨。

　　在研究过程中，课题组得到了教育部科学技术委员会和教育部科技司领导的大力支持，尤其是得到了科技委秘书处领导的具体指导和帮助，在此表示衷心感谢。

　　本课题由教育部战略研究基地——浙江大学科教发展战略研究中心为主研力量，同时得到浙江大学政策研究室和发展规划处、研究生院和本科生院的通力合作，得到浙大"教育经济与管理"学科及"管理科学与工程"学科博士点师生的热情参与，在此一并表示谢意。

陈　劲

2010年7月28日

图书在版编目（CIP）数据

科技人力资源能力建设研究/孔寒冰等著．

北京：中国人民大学出版社，2010.11

教育部科学技术委员会战略研究重大专项

ISBN 978-7-300-13050-7

Ⅰ．①科…

Ⅱ．①孔…

Ⅲ．①科学研究事业—劳动力资源—资源管理—研究—中国

Ⅳ．①G322

中国版本图书馆 CIP 数据核字（2010）第 226409 号

教育部科学技术委员会战略研究重大专项

科技人力资源能力建设研究

孔寒冰　陈劲 等　著

Keji Renliziyuan Nengli Jianshe Yanjiu

出版发行	中国人民大学出版社				
社　　址	北京中关村大街 31 号		**邮政编码**	100080	
电　　话	010 - 62511242（总编室）		010 - 62511398（质管部）		
	010 - 82501766（邮购部）		010 - 62514148（门市部）		
	010 - 62515195（发行公司）		010 - 62515275（盗版举报）		
网　　址	http://www.crup.com.cn				
	http://www.ttrnet.com（人大教研网）				
经　　销	新华书店				
印　　刷	涿州星河印刷有限公司				
规　　格	170 mm×228 mm　16 开本		**版　　次**	2010 年 12 月第 1 版	
印　　张	26.5 插页 1		**印　　次**	2010 年 12 月第 1 次印刷	
字　　数	438 000		**定　　价**	58.00 元